UML基础与Rose建模实用教程

第三版

谢星星 周新国 编著

清华大学出版社
北京

内容简介

本书理论和实践紧密结合，以图文并茂、实例丰富、讲解详尽、实用性强的特色讲解学习 UML 图以及创建 UML 图中模型元素的基础理论和 Rose 建模工具的使用。

全书共分 15 章，分别介绍运用统一建模语言 UML 进行软件建模的知识以及 Rational Rose 2007 工具的使用方法。书中前 4 章介绍面向对象、UML 建模语言和 Rational Rose 建模工具的一些基本理论和概念；第 5 章到第 12 章详尽介绍 UML 中用例图、类图、对象图、序列图、协作图、状态图、活动图、包图、构件图和部署图的概念，并介绍在实际开发中如何使用它们；第 13 章和 14 章通过两个综合案例对使用 Rational Rose 进行 UML 建模的全程进行深入剖析；第 15 章介绍 Rational Rose 2007 工具的安装与开发环境，最后在附录中收录 6 个项目案例的系统建模来强化读者对本书内容的理解。此外，本书每章配有习题，读者可用于检验自己对 UML 软件建模和应用知识的掌握程度。本书附赠近 20 小时的多媒体视频教程，方便读者下载学习。

本书可作为大专院校计算机软件工程专业学生学习 UML 和面向对象设计技术的教材，也可作为软件开发人员和系统架构设计人员自学 UML 的参考和指导用书。

图书在版编目（CIP）数据

UML 基础与 Rose 建模实用教程 / 谢星星，周新国编著.—3 版.—北京：清华大学出版社，2020.5
（2022.8重印）
ISBN 978-7-302-55278-9

Ⅰ. ①U… Ⅱ. ①谢… ②周… Ⅲ. ①面向对象语言－程序设计－教材 Ⅳ. ①TP312.8

中国版本图书馆 CIP 数据核字（2020）第 051223 号

责任编辑： 夏毓彦
封面设计： 王 翔
责任校对： 闫秀华
责任印制： 丛怀宇
出版发行： 清华大学出版社
网 址：http://www.tup.com.cn，http://www.wqbook.com
地 址：北京清华大学学研大厦 A 座　　邮 编：100084
社 总 机：010-83470000　　邮 购：010-62786544
投稿与读者服务：010-62776969，c-service@tup.tsinghua.edu.cn
质量反馈：010-62772015，zhiliang@tup.tsinghua.edu.cn
印 装 者： 三河市铭诚印务有限公司
经　　销： 全国新华书店
开　　本： 190mm×260mm　　**印　张：** 23　　**字　数：** 626 千字
版　　次： 2011 年 1 月第 1 版　2012 年 12 月第 2 版　2020 年 6 月第 3 版　**印　次：** 2022 年 8 月第 3 次印刷
定　　价： 69.00 元

产品编号：062601-02

前 言

UML（Unified Modeling Language，统一建模语言）是一种标准的软件建模语言，用于对软件模型绘制可视化的标准蓝图或者以图表的方式对所要开发的产品进行可视化描述的一种工具。UML 可以应用于各种开发方法中为任何要开发的目标系统建立模型，特别适用于以面向对象的思维方式对软件建模。而 Rational Rose 是用于 UML 建模的工具软件包，通过它可以便捷、高效地完成 UML 的建模工作。UML 和 Rational Rose 这二者一起使用，堪称绝配。本书将带领读者进入 UML 知识的殿堂，通过学习掌握 UML（统一建模语言）的基础知识，并以完整的开发过程为实例，向读者介绍如何将 UML 运用到实际的项目开发中。另外，在每章的后面还给出了丰富的习题，让读者能够马上将所学的知识学以致用。希望不同的读者在学习的过程中均有所获。

本书的内容

本书主要的内容共分 15 章和 6 个建模实例附录。

第 1 章：介绍面向对象编程的基本知识。将这一内容放在第 1 章是因为 UML 是基于面向对象的建模语言，只有对面向对象知识有一个大致的了解，才能进行后续的学习。

第 2 章：介绍 UML 的基本内容，包括 UML 的概念、公共机制、对象约束语言等。对于 UML 的其他一些内容，如未来发展在本章中也简要地做了介绍。

第 3 章：介绍 UML 的主流开发工具——Rational Rose，包括 Rational Rose 的起源、如何支持 UML 以及 Rational Rose 中的 4 种视图模型。

第 4 章：简要介绍 Rational 统一过程（Unified Process）——一个优秀的软件开发实践，让读者对 Rational 统一过程的内容有整体的认识。本章的重点介绍 Rational 统一过程的内容和结构。

第 5 章：介绍用例图的概念和作用，讲解用例图的重要组成元素和如何通过 Rational Rose 创建用例图与用例图的各个元素，以及如何创建它们之间的关系。

第 6 章：介绍 UML 中的类图和对象图。首先介绍类图和对象图的基本概念及其作用，接着介绍类图的组成元素以及如何创建这些模型元素。

第 7 章：介绍 UML 中交互图的一种序列图。首先讲解序列图的基本概念及其作用，接着介绍序列图的组成元素以及如何创建这些模型元素，最后借助一个简单的用例交互过程来了解如何创建序列图。

第 8 章：介绍交互视图的另外一种图——协作图。内容涵盖协作的基本概念以及协作图的各种使用方法。

第 9 章：介绍 UML 中用于系统动态建模的状态图（Statechart Diagram），讲解状态图通过建立类对象的生命周期模型来描述对象随时间变化的动态行为，如何从整体上理解状态图，怎样掌握状态图的画法等。

第 10 章：介绍活动图的概念和作用，讲解活动图的重要组成元素，介绍如何通过 Rational Rose 创建活动图和活动图的各个元素，并创建它们之间的关系。

第 11 章：详细介绍包图中的基本概念以及它们的使用方法，如何熟练使用包图描述系统的组织结构。

第 12 章：详细讲解 UML 中描述系统的物理实现和物理运行情况的构件图和部署图，如何根据构件图和部署图的基本概念，创建图中的各种模型元素，描绘出系统的物理结构，如何将前面介绍过的其他图结合起来，完成对整个系统的建模。

第 13 章：以一个图书管理系统为例，将前面各章介绍的 UML 的各种图形以及模型元素综合起来，完成一个对图书管理系统的建模实例。

第 14 章：以超市信息管理系统为例，继续介绍 UML 的建模过程和如何使用 Rational Rose 2007 工具。通过系统的用例模型、系统的静态模型、系统的动态模型以及系统的部署模型这 4 个方面来给超市信息管理系统建模。

第 15 章：介绍 Rational Rose 2007 的使用，包括如何安装、启动界面和主界面以及相关使用和设置等。

附录 A 是各章课后习题的参考答案。

附录 B~G 分别是考试成绩管理系统、网上教学系统、高校教材管理系统、汽车租赁系统、ATM 自动取款机系统和网上选课系统共 6 个建模案例，用以加深读者对 UML 建模知识的理解，强化使用 Rational Rose 工具的熟练度。

本书的特点

- 理论实践 紧密结合

本书在介绍理论知识的同时，每一章结合大量案例的讲解，力求让读者在理解基础知识之后，就能快速学以致用，加以实践。每章的后面都配有课后习题，便于读者课后检验自己的学习成果。

- 赠送视频 源码教学

在本书提供的下载文件中，包含了源码文件、多媒体教学视频和 PPT 课件，整体的多媒体教学视频长达 20 小时。读者可以随时观看教学视频同步学习，该视频中不仅包括了基础知识的讲解，还有 Rational Rose 建模过程的详细操作步骤的演示。

本书下载请扫描下面的二维码：

如果在下载过程中遇到问题，可发送邮件至 booksaga@126.com 获得帮助，邮件标题为“UML 基础与 Rose 建模实用教程（第三版）”。

- *图文并茂 步骤详细*

在具体介绍 Rational Rose 软件功能时，本书提供了详细的图例，详尽地说明了每一步功能的实现，让读者一眼就能明了整个功能的使用方法和绘制步骤。每一个步骤都以通俗易懂的语言进行讲述，读者只需要“依葫芦画瓢”，就可以轻松地完成软件的建模。

面向的读者

本书既可以作为大专院校计算机软件工程专业学生学习 UML 和面向对象技术的教材，也可作为广大软件开发人员和系统架构分析设计人员自学 UML 的参考和指导用书。

版本说明

本书前两版多年来深受读者和师生的亲睐，由于技术的发展和教学需求的变化以及读者的建议，本书在前两版畅销书的基础上进行版本升级和修订，并新增一章有关 Rational Rose 2007 的使用，包括如何安装、启动界面和主界面以及相关使用和设置等。

由于作者水平有限，书中错误、纰漏之处难免，欢迎广大读者、师生批评斧正。

编 者

2020.3

目　录

第 1 章

面向对象概述

目前，面向对象技术已经是计算机软件开发的一种主流开发技术了，随着其研究内容不断深化，应用领域不断扩大，特别是业界对面向对象技术研究与产品化方面的广泛支持，使得面向对象技术愈加体现出强大的生命力。面向对象技术作为一种先进的设计和构造软件的技术，使得通过计算机解决问题的逻辑方式更加符合人类的思维方式，更能直观地描述客观的现实世界。

本章首先介绍面向对象的基本概念，并将它与面向过程进行对比，然后展开到面向对象的基本特征和方法论，最后简要介绍在开发过程中使用的一些开发方法以及为什么要使用 UML。

1.1 面向对象基本概念

面向对象是一种先进的软件技术，其概念来源于程序设计本身。从 20 世纪 60 年代面向对象的概念提出到现在，面向对象已经发展成为一种成熟的程序设计思想了，并且成为软件开发领域的主流技术之一。面向对象的程序设计（Object-Oriented Programming，简称为 OOP）立意于创建软件代码的重用性，并具备更好地模拟现实世界环境的能力。顾名思义，面向对象的程序设计通过程序设计语言中的“封装”机制，把传统程序中的函数或过程“封装”进面向对象编程所必需的“对象”中。另外，面向对象的程序设计语言使得复杂的编程工作变得更加条理清晰、易于编写、易于调试和维护等。

1.1.1 什么是对象

对象（Object）是面向对象（Object-Oriented，OO）系统的基本构造块，是一些相关的变量和方法（Method）的软件集。对象经常用于建立对现实世界中我们身边的一些物体或事物的模型。对象是理解面向对象技术的关键。

我们可以看看现实生活中的物体或事物（Object 这个单词本来就有“物体、物品”的意思），比如教室里面的桌子、椅子、电脑等，我们都可以把它们认定为对象（Object）。根据《韦氏大词典》（Merriam-Webster’s Collegiate Dictionary）的词典释义，对象是：

（1）某种可为人感知的事物。

（2）思维、感觉或动作所能作用的物质或精神体。

该释义的第一部分“某种可为人感知的事物”便指的就是我们熟悉的“对象”。它是可以看到和感知到的“东西”，而且可以占据一定事物的空间。这个释义或许让我们感觉这是在上哲学课。现在，让我们以图书管理系统为例，解释一下这个释义的第一部分。我们想象一下图书管理系统中围绕图书管理这个概念应该有哪些物理对象：

- 到图书馆借书的学生。
- 管理借阅的老师。
- 管理图书信息的计算机。
- 借阅的图书。
- 存放图书的书架。
- 图书馆这个建筑物。

在图书馆这个地方还可以找到很多的对象，但是这些对象并不都是我们所要创建的图书管理系统所必须的。不过，现在不用担心这个，在使用用例进行需求分析时，我们会进行详细的讲解。

释义的第二部分是“思维、感觉或动作所能作用的物质或精神体”，也就是我们所说的“概念性对象”，我们还以图书管理系统为例，可以列举出：

- 学生所在的院系。
- 学生的学号。
- 图书的编号。

这些概念性的对象不具有直接的具象，不能像物理事物那样能直接看到、听到或触摸到，但是它们在描述抽象模型和物理对象时，仍然起着非常重要的作用。

软件对象可以这样定义：软件对象是一种将状态和行为有机地结合起来形成的软件构造模型，它可以用来描述现实世界中的一个对象。

我们可以用软件对象来代表现实世界中的对象，例如用一个动画程序来代表现实世界中正在飞行的飞机，或者用可以控制虚拟电子机械的程序来代表现实世界运行的机械车。同样，我们可以用软件对象来代表一个抽象的概念，比如，按键事件就是一个用于 GUI 窗口系统的公共对象，它可以代表用户按下鼠标按钮或者键盘按键所触发的事件。

1.1.2 面向对象与面向过程的区别

在面向对象的程序设计（Object Oriented Programming，OOP）方法出现之前，结构化程序设计占据着主流。结构化程序设计是一种自上而下的设计方法，通常指使用一个主函数来概括出整个程序需要做的事情，而主函数由一系列子函数所组成。对于主函数中的每一个子函数，又可以被分解为更小的子函数。结构化程序设计的思想就是把大的程序分解成具有层次结构的若干个模块，每个模块再分解为下一层模块，如此自顶向下、逐步细分，把复杂的大模块分解为许多功能单一的小模块。结构化程序设计的特征就是以函数（Function）或过程（Procedure）为中心，也就是以功能为中心来描述系统，用函数或过程来作为划分程序的基本单位，数据在过程式设计中往往处于从属的位置。我们可以看出，结构化程序设计的优点是易于理解和掌握，但是这种模块化、结构化、自顶向下与逐步求精的设计原则有它的局限性，当任务明确、逻辑结构清晰而且需求变化相对较少时，结构化程序设计是可以胜任的。

然而，在比较复杂的问题或是在开发中需求变化比较多的情况下，结构化程序设计往往就显得力不从心。这是因为结构化程序设计是自上而下的，这要求设计者在一开始就要对需要解决的问题有一定的了解。在问题比较复杂的时候，要做到这一点会比较困难，而当开发中的需求发生变化时，以前对问题的理解也许会变得不再适用。事实上，开发一个系统的过程往往也是一个对系统不断了解和学习的过程，而结构化程序设计的方法忽略了这一点。另外，结构化程序设计的方法把密切相关、相互依赖的数据和对数据的操作相互分离了，这种实质上的依赖与形式上的分离使得大型程序的编写变得愈加困难，难于调试、维护和修改。在拥有多人进行协同开发的项目组中，程序员彼此之间很难读懂对方的代码，代码的重用变得十分困难。由于现代应用程序的规模越来越大，因而对代码的可重用性和易维护性的要求也越来越高，面向对象的程序设计技术对这些要求则提供了很好的支持。

面向对象的程序技术是一种以对象为基础，以事件或消息来驱动对象执行处理的程序设计技术。从程序设计的方法上来说，它是一种自下而上的程序设计方法，它不像面向过程的程序设计那样一开始就需要使用一个主函数来概括出整个程序，面向对象的程序设计往往从问题的一部分着手，一点一点地构建出整个程序。面向对象的程序设计是以数据为中心，使用类（Class）作为表现数据的工具，类是划分程序的基本单位，而函数在面向对象的程序设计中成了类的接口。面向对象的程序设计这种以数据为中心而不是以功能为中心来描述系统的设计方法，相对来讲，使程序具有更好的稳定性。它将数据和对数据的操作封装到一起，作为一个整体进行处理，并且采用数据抽象和信息隐藏技术，最终被抽象成一种新的数据类型——类（Class）。类与类之间的联系以及类的重用性催生了类的继承、多态等特性。类的集成度越高，越适合大型应用程序的开发。另外，面向对象程序运行时的控制流程是由事件来驱动的，而不再由预先设定的顺序来引导程序的执行。事件驱动程序的运行机制以消息的产生与处理为核心，靠消息的循环机制来实现所谓事件驱动的执行方式。更为重要的是，我们可以在编程过程中采用不断成熟的各种框架（比如.NET 的.NET Framework 等），使用这些框架能够帮助我们迅速地将程序构建起来。面向对象的程序设计方法还能够使程序的结构清晰简单，极大地提高了代码的可重用性，有效地减少了程序维护的工作量，从而提高了软件的开发效率。

在结构上，面向对象的程序设计和结构化程序设计也有很大的不同。结构化的程序设计首先应该确定的是程序流程的走向，函数间的调用关系，函数间的依赖关系。一个主函数依赖于其子函数，这些子函数又依赖于更小的子函数，而在程序中，越小的函数往往是具体细节的实现，这些具体的实现又常常变化。于是，程序的核心逻辑依赖于外延的细节，程序中本来应该是比较稳定的核心逻辑，也因为依赖于易变化的部分而变得不稳定起来，一个细节上的小小改动也有可能在依赖关系上引发一系列变动。可以说这种依赖关系也是过程式程序设计不能很好应对需求变化的原因之一，而一个合理的依赖关系本应该是倒过来的，即细节的实现应该依赖于核心的逻辑。而面向对象的程序设计是由类的定义和类的使用这两个部分组成，主程序中定义对象并规定它们之间消息传递的方式，程序中的一切操作都是通过面向对象的消息发送机制来实现的。对象接收到消息后，启动消息处理函数完成相应的操作。

关于在程序实现上的不同，下面仍然以图书管理系统为例来说明，在使用结构化的程序设计时，首先需要在主函数中确定图书管理要做哪些事情，分别使用函数来“表述”这些事情，使用一个分支选择程序进行任务的选择，然后再将这些函数进行细化的实现，确定调用的流程等。而使用面向对象的程序技术来实现图书管理系统是，以图书管理系统中的学生为例，我们要了解图书管理系统中学生的主要属性，比如学号、院系等；学生会执行什么操作，比如借书、还书等，并且把这些数据及其操作当成一个整体来对待，形成一个类，即学生类。使用这个类，我们可以创建不同的学生实例，也就是创建许多具体的学生模型，每个学生拥有不同的学号，一些学生在不同的院系，他们都可以在图书馆借书和还书。学生类中的数据和操作都是可供应用程序进行共享的，我们可以在学生类的基础上派生出大学生类、大专生类、研究生类等，这样就可以实现代码的重用了。

类与对象是面向对象的程序设计中最基本和最重要的概念，也是创建和使用 UML 图的基础，必须仔细理解和掌握，并且在学习中不断强化和深入。

1.1.3 对象与类的确定

面向对象的技术认为客观世界是由各种各样的对象所组成的，每个对象都有自己的数据和操作，不同对象之间的相互联系和作用构成了各种系统。在面向对象的程序设计中，系统被描绘成由一系列完全自治、封装的对象所组成，而且对象与对象之间通过对象暴露在外的接口进行调用的。对象是组成系统的基本单元，是一个具有组织形式的含有信息的实体。比如可以这样表述：有一个名字叫张三的人。人这个实体对象，包含姓名是张三这个信息。而类是创建对象的模板，在整体上可以代表一组对象，比如创建人这个类，它就代表人这个概念，可以使用这个类来表达张三、李四等。设计类而不是设计对象可以避免重复编码，类只需要编码一次就可以实例化属于这个类的任何对象。

对象（Object）是由状态（State）和行为（Behavior）构成的。事实上，属性（Property）、状态（State）还有数据（Data）这些在各种书中提到的概念，意思都相似，都是用于描述一个对象的数据元素，这些概念具体到各种语言便有不同的叫法。对象的状态值用来定义对象的状态。例如，当判断学生是否可以借书的时候，可以对学生的学号（不妨称为第一个状态）和学生的目前借书数量（可以称为第二个状态）来进行判断。行为（Behavior）、操作（Operation）以及方法（Method）这些在各种书中提到的概念，是用于描述访问对象的数据或修改、维护数据值的操作。如上文描述学生的行为，“告诉图书管理员你的学号”和“选择需要借阅的图书”等。对象只有在具有状态和行为的情况下才有意义，状态用来描述对象的静态特征，行为用来描述对象的动态特征。对象是包含客观事物特征的抽象实体，封装了状态和行为，在程序设计领域可以用“对象 = 数据 + 数据的操作”来表达这种设计思路。

类（Class）是具有相同属性和操作的一组对象的集合，即抽象模型中的“类”描述了一组相似对象的共同特征，为属于该类的全部对象提供了统一的抽象描述。例如名为“学生”的类被用于描述能够到图书馆借阅图书的学生对象的集合。

类的定义要包含以下的要素：

- 定义该类对象的数据结构（属性的名称和类型）。
- 对象所要执行的操作，也就是类的对象要被调用执行哪些操作，以及这些操作进行时对象要执行哪些操作，比如数据库操作等。

类是对象集合的再抽象，类与对象的关系如同一个模具和使用这个模具浇注出来的铸件一样，类是创建软件对象的模板。类给出了属于该类的全部对象的抽象定义，而对象是符合这种定义的一个实体。类具有以下两个作用：

- 在内存中申请并获得一个数据区，用于存储新对象的属性。
- 把一系列行为和对象关联起来。

一个对象又被称作类的一个实例，也称为实体化（Instantiation）。术语“实体化（Instantiation）”是指对象在类声明的基础上被创建出来的过程。比如声明了一个“学生”类，可以在这个基础上创建一个“姓名叫张三的学生”对象。

类的确定和划分没有一个统一的标准和方法，基本上依赖于设计人员的经验、技巧以及对实际项目中问题的把握。通常的标准是“寻求共性、抓住特性”，即在一个大的系统环境中，寻求事物的共性，将具有共性的事物用一个类进行表述，在具体的程序设计时，具体到某一个对象，要抓住对象的特性。确定一个类的步骤通常包含以下方面：

- 确定系统的范围，如图书管理系统，需要确定一下和图书管理相关的内容。
- 在系统范围内寻找对象，该对象通常具有一个和多个类似的事物。比如在图书管理中，某院系有一个名叫张三的学生，某院系一个名叫李四的学生，都是学生。
- 将对象抽象成为一个类，再按照上面有关类的定义，确定类的数据和操作。

在面向对象的程序设计中，类和对象的确定是非常的重要，是软件开发的第一步，软件开发中类和对象的确定直接影响到软件的质量。如果划分得当，对于软件的维护与扩充以及软件的重用性方面都有很大的帮助。

1.1.4 消息和事件

当使用某一个系统的时候，用鼠标单击一个按钮之后，通常会显示相应的信息，以图书管理系统为例，单击“图书管理系统”界面中的某一个按钮时，会显示出当前的图书信息。那么当前的程序是如何运行的呢？

- “图书管理系统”界面中的某一个按钮会把鼠标单击事件作为消息发送给相应的对象。
- 对象接收到消息后进行响应，它把图书的相关信息提供给界面。
- 界面将图书的相关信息显示出来，任务就完成了。

可以看得出，在这个过程中首先要触发一个事件，然后发送消息，那么消息是什么呢？所谓消息（Message）是指描述事件发生的信息，是对象间相互联系和相互作用的方式。一条消息主要由 5 部分组成：消息的发送对象、消息的接收对象、消息的传递方式、消息的内容（参数）、消息的返回。传入消息内容的目的有两个：一个是让接收请求的对象获取执行任务的相关信息；另一个是行为指令。

那么什么是事件呢？所谓事件通常是指一种由系统预先定义而由用户或系统发出的动作。事件作用于对象，对象识别事件并作出相应的响应 。对象的方法集可以无限扩展，而事件的集合通常是固定的，用户不能随便定义新的事件。不过，现代高级程序设计语言中可以通过一些其他的技术在类中加入事件。通常大家所熟悉的一些事件，比如 Click（用鼠标左键单击对象时发生的事件）、Load（当界面被加载到内存中时发生的事件）等。

对象通过对外提供的方法（Method）在系统中发挥自己的作用，当系统中的其他对象请求这个对象执行某个方法时，就向该对象发送一条消息，对象响应这个请求，完成指定的操作。程序的执行取决于事件发生的顺序，按消息产生的顺序来驱动程序的执行，不必预先确定消息产生的顺序。

1.2 面向对象的基本特征

面向对象技术强调的是在软件开发过程当中，对于客观世界或问题域中事物的认知，采用人类在认知客观世界过程中普遍运用的思维方法，直观、自然地描述有关事物。

抽象、封装、继承、多态是面向对象程序的基本特征。正是这些特征使得程序的安全性、可靠性、可重用性和易维护得以保证。随着面向对象技术的发展，把这些思想用于硬件、数据库、人工智能技术、分布式计算、网络、操作系统等领域，越来越显示出它的优越性。

1.2.1 抽象

人们每天都要应对身边的各种各样的信息，比如电子邮件、新闻信息等，要想办法从这些信息中提取出精华，人们的大脑懂得如何去简化所接收的信息，让信息细节通过抽象（Abstraction）这一过程进行管理。通过抽象可以进行以下操作：

（1）将需要的事物进行简化

大家都熟悉的地球仪，作为一种抽象，地球仪上标明了地球信息的特征，在地球仪上可以清楚地看到各个大洲的位置，各个大洲的具体形状等。就必要性而言，地球仪并不包括真实世界中的所有存在物，比如你在什么位置、学校在什么位置、学校的教学楼是什么样的，等等。如果地球仪上真的有这些东西，是难以想象的，因为很难把重要的地球特征表述出来。相反，人们会根据地球的特征，比如地球的形状、五个大洲的位置、形状等绘出地球仪，如果制作的是一个大型的地理信息系统，可能关注的东西会更多。总之，抽象真实世界的不同特征是根据使用对象的不同或者是使用者的类型不同进行确定的。

以图书管理信息系统为例，从学生的角度来看，关注的是能否借书、能否还书。对于图书管理员而言，关注的往往是能否更好地维护好图书，等等。而他们都不会关注图书馆有多少个卫生间等特征。

通过抽象能够识别和关注当前状况或物体的主要特征，淘汰掉所有非本质的信息。也就是说，通过抽象可以忽略事物中与当前目标无关的非本质特征，强调与当前目标有关的特征。

（2）将事物特征进行概括

如果能够从一个抽象模型中剔出足够多的细节，那它将变得非常通用，能够适应于多种情况或场合，这样的通用抽象通常都很有用。以学生为例，抽象出“学号”、“姓名”、“学院”、“年级”等来描绘学生，能够描绘出学生的一般功能，但是要具体到如学生在教室里的座位号等，描述力就差了一些。

抽象模型越简单，展示的特点越少，它就越通用，也就越具有普适性。抽象越复杂，就越具有限制性，用于描述的情况也就越少。

（3）将抽象模型组织为层次结构

通过抽象按照一定的标准系统地对信息进行分类处理，以此来应付系统的复杂性，这一过程被称为分类（Classification）。

例如在科学领域中将自然物区分为动物、植物和矿物质。动物应该满足：①有生命；②能够自主运动；③对外界刺激能够产生反应。可以按照这个条件将一些自然物划分为动物，比如飞翔的天鹅、水中游的鲸鱼，还有狗和猫等。当有了这个规则并且按照这个规则进行分类时，把一个物体划分为适当的类别就相当简单了。我们可以将动物再分类，定义出不同的规则将其继续区分，直到能够构造出一个自顶向下渐趋复杂的抽象层次结构为止。比如可以把飞翔的天鹅划分为鸟类，将猫和狗划分为哺乳类。图 1-1 是一个抽象层次结构的例子。

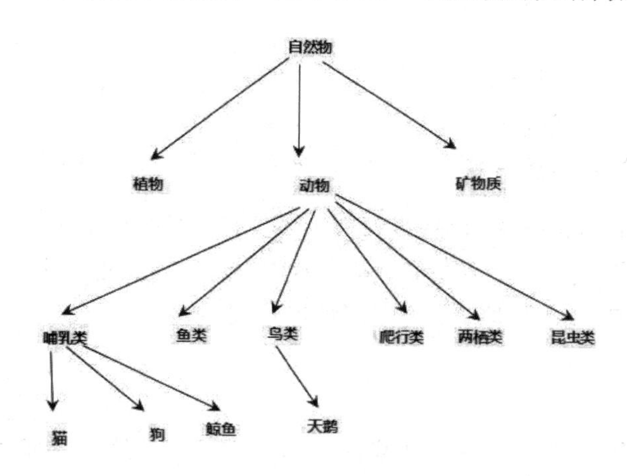

图 1-1　自然物的抽象层次结构示例

然而，在抽象过程中，由于规则的不严格，会导致抽象面临着挑战。比如前面所说的鲸鱼，可以划分为哺乳类，但是也有标准让其划分为鱼类。合适的规则集合对于抽象非常的重要。

（4）将软件重用得以保证

抽象强调实体的本质、内在的属性。在认知新的事物时，通常会搜索以前创建和掌握的抽象模型，用来更好地抽象。当认知到大卡车后，抽取出大卡车的抽象模型，再去认知小汽车的时候通常会自动联想到大卡车。将两者特性进行对比，并且找到可供重用的近似抽象的过程，称为模式匹配和重用。在软件系统开发过程中，模式匹配和重用也是面向对象软件开发的重要技术之一，它避免了每做一个项目都必须重新开始的麻烦。如果能够充分地利用抽象的过程，在项目实施中将获得极大的生产力。良好的抽象无论什么时候都不会过时。

抽象忽略了事物中与当前目标无关的非本质特性，强调与当前事物相关的特性，并将事物正确地归类，得出事物的抽象模型，并且为对象的重用提供了保障。可以通过类来实现对象状态和行为的抽象。

1.2.2 封装

封装（Encapsulation）就是把对象的状态和行为绑到一起的机制，把对象作为一个独立的整体，并且尽可能地隐藏对象的内部细节。封装有两个含义：一是把对象的全部状态和行为结合起来，形成一个不可分割的整体，对象的私有属性只能够由对象的行为来修改和读取；二是尽可能隐藏对象的内部细节，与外界的联系只能够通过对象提供的外部接口来实现。

封装的信息屏蔽作用反映了事物的相对独立性，可以只关心它对外所提供的接口，即能够提供什么样的服务，而不用去关注其内部的细节问题（例如如何具体实现的）。比如对于计算机而言，通常关注的是其能够干什么，而不用关注计算机内部的构造和实现各种功能的具体过程。

封装的结果使对象以外的部分不能随意去更改对象的内部属性或状态，如果需要更改对象内部的属性或状态，需要通过公有的访问控制器来进行。比如，当你初次碰到一个人时，你想知道对方的名字，直接把手伸进他的口袋拿名片是不允许的，但是你可以使用被社会所接受的方式，礼貌地询问对方来获取信息。通过公有的访问控制器来限制直接存取对象的私有属性，这样做有以下的好处：

- 避免对封装数据的未授权访问。
- 帮助保护数据的完整性。
- 当类的私有方法必须修改时，这种修改在整个应用程序内的影响是有限的。

但是，在实际项目中如果一味地强调封装，对象的任何属性都不允许外部直接读取，反而会增加许多无意义的操作，给编程增加了负担。为避免这一点，在程序设计语言的具体使用过程中，应该根据需要和具体情况来决定对象属性的可见性。

1.2.3 继承

对于客观事物的认知，既应当看到其共性，也应该看到其特性。如果只考虑事物的共性，不考虑事物的特性，就不能反映出客观世界中事物之间的层次关系，从而不能完整地、正确地对客观世界进行抽象地描述。如果说运用抽象的原则就是舍弃对象的特性，提取其共性，从而得到适合一个对象集合的类的话，那么在这个类的基础上，再重新考虑抽象过程中被舍弃的那一部分对象的特性，则可以形成一个新的类，这个类具有前一个类的全部特征，是前一个类的子集，从而形成一种层次结构，即继承结构。以学生为例，可以分为小学生、中学生、大学生、研究生等，通过抽象得到一个学生类以后，可以通过继承的方式分别得到小学生、中学生、大学生、研究生等类，并且这些类包含学生的特性，图 1-2 展示了这样一个继承的结构。

继承（Inheritance）是一种连接类与类之间的层次模型。继承是指特殊类的对象拥有其一般类的属性和行为。继承意味着“自动地拥有”，即在特殊类中不必对已经在一般类中所定义过的属性和行为重新进行定义，而是特殊类自动地、隐含地拥有其一般类的属性和行为。继承对类的重用性，提供了一种明确表述共性的方法，即一个特殊类既有自己定义的属性和行为，又有从一般类继承下来的属性和行为。尽管继承下来的属性和行为在特殊类中是隐式的，但无论在概念上还是实际效果上，都是这个类的属性和行为。继承是传递的，当这个特殊类被它更下层的特殊类继承的时候，它继承来的和自己定义的属性和行为又被下一层的特殊类继承下去。有时把一般类称为基类（Base Class），把特殊类称为派生类（Derived Class）。

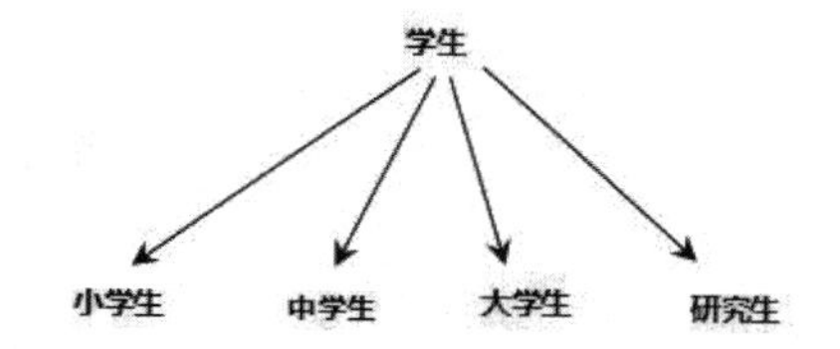

图 1-2　学生类继承结构示例

继承在面向对象软件的开发过程中，有其强有力和独特的一面，通过继承可以达到以下目的。

- 使派生类能够比不使用派生方式（就是继承方式）进行描述的类更加简洁。
- 能够重用和扩展现有类库的资源。
- 使软件易于维护和修改。

在软件开发过程中，继承性实现了软件模块的可重用性、独立性，缩短了开发周期，提高了软件的开发效率，同时使软件易于维护和修改。继承是对客观世界的直接反映，通过类的继承，能够实现对问题的深入抽象描述，也反映出人类认知问题的发展过程。

1.2.4　多态

多态是指两个或多个属于不同类的对象，对于同一个消息或方法调用所做出响应的能力。面向对象设计也借鉴了客观世界的多态性，体现在不同的对象可以根据相同的消息产生各自不同的动作。例如，在“图形”基类中定义了“绘图”这个行为，但并不指定这个行为在执行时画出什么样的图形。派生类“椭圆”和“矩形”都继承了图形类的绘图行为，但其功能却不同：一个是要画出一个椭圆，另一个是要画出一个矩形。这样一个画图的消息发出以后，椭圆类和矩形类的对象根据接收到这条消息后各自执行不同的画图行为。如图 1-3 所示，就是多态性的表现。

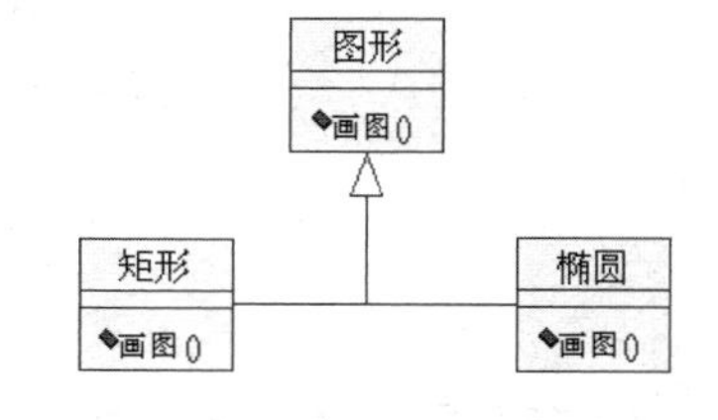

图 1-3　图形多态性示例

具体到面向对象的程序设计而言，多态性（Polymorphism）是指在两个或多个属于不同类中具有相同的函数名对应多个具有相似功能的不同函数，有点拗口，换句话说，就是可以使用相同的调用方式来调用这些具有不同功能的同名函数。

继承性和多态性的结合，可以生成一系列虽然类似但却独一无二的对象。由于继承性，这些对象共享许多相似的特征；由于多态性，针对相同的消息，不同对象可以有独特的表现方式，实现个性化的设计。

上述面向对象技术的几个特征，为提高软件的开发效率起着非常重要的作用，通过编写可重用的、可维护的、可修改的、可共享的代码等的方式，可以充分发挥面向对象技术的优势。

1.3　面向对象方法论

面向对象开发方法的精髓就是从不稳定的需求中分析出稳定的对象，以对象为基础来组织需求、构建系统。这种开发的方法包括面向对象的分析和面向对象的设计。

1.3.1　面向对象的分析

面向对象的分析的目的是认知客观世界的系统并对系统进行建模。因此就需要在面向对象的分析过程中根据客观世界的具体实例在问题域中准确、具体、严密地分析模型。构造分析模型的用途有三种：第一种是用来明确问题域的需求；第二种是为用户和开发人员提供明确的需求；第三种是为用户和开发人员提供一个协商的基础，作为后续的设计和实现的框架。需求分析的结果应以文档的形式存在。

如图 1-4 是面向对象的分析之过程。

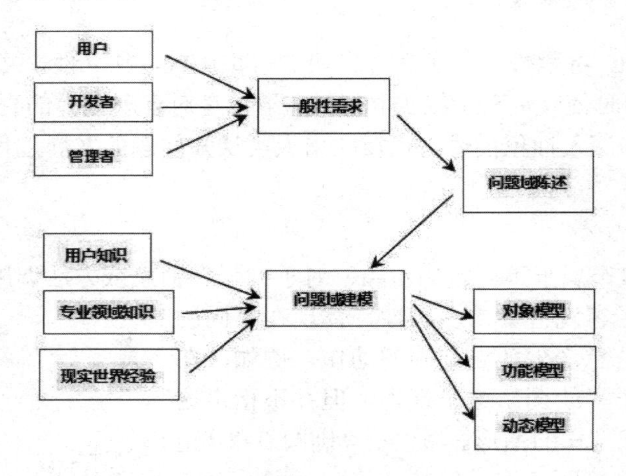

图 1-4　面向对象的分析之过程

1. 获取需求内容的陈述

系统分析的第一步就是获取需求内容的陈述。分析者必须同用户一块工作来提炼这些需求，必须搞清楚用户的真实意图是什么，其中的过程涉及对需求的分析及关联信息的查找。

以“图书管理信息系统”为例，图书管理信息系统的需求内容之陈述：在图书管理信息系统中，要为每个借阅者建立一个账号，并给借阅者发放借阅卡（借阅卡可以提供借阅卡号、借阅者名），账户中存储借阅者的个人信息，借阅信息以及预定信息。持有借阅卡的借阅者可以借阅书刊、返还书刊、查阅书刊信息、预定书刊并取消预定，但这些操作都是通过图书管理员进行的，即借阅者不直接与系统交互，而是图书管理员充当借阅者的代理通过图书馆网络系统与系统交互。在借阅书刊时，需要输入所借阅的书刊名、书刊的 ISBN/ISSN 号，然后输入借阅者的图书卡号和借阅者名，完成后提交所填表格，系统验证借阅者是否有效（在系统中存在账号），若有效，借阅请求被接受，系统查询数据库系统，看借阅者所借阅的书刊是否存在，若存在，则借阅者可以借出书刊，建立并在系统中存储借阅记录。借阅者还书后，删除关于所还书刊的借阅记录。如果借阅者所借的书刊已被借出，借阅者还可预订该书刊，一旦借阅者预定的书刊可以获得，就将书刊直接寄给借阅者（为了简化系统，预定书刊可获得时就不通知借阅者了）。借阅的主要对象是学生和教师，学生包括专科生、本科生和研究生等。每种借阅对象的借阅书本的时间限制不同。系统管理员完成系统维护工作，维护包括日志、管理员权限、用户信息、图书信息、数据库维护等工作。

图 1-5 给出图书管理信息系统的网络结构示意图。

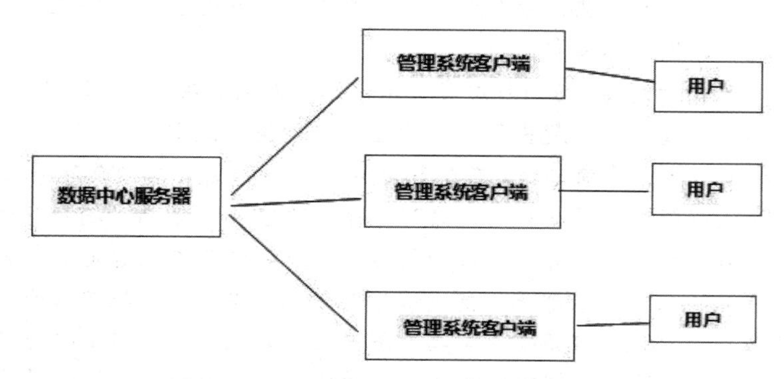

图 1-5　图书管理信息系统的网络结构示意图

2. 建立系统的对象模型结构

系统分析的第二步就是建立系统的对象模型结构。

要建立系统的对象模型结构首先是要标识和关联类，因为类的确定以及关联影响了整个系统的结构和解决问题的方法，其次是增加类的属性，进一步描述类和关联的基本网络，在这个过程中可以使用继承、包等来组织类，最后是将操作增加到类中去作为构造动态模型和功能模型的副产品。下面就分别介绍这些内容。

（1）标识和确定类

构造对象模型的第一步是标出来自问题域的相关的对象类，这些对象类包括物理实体和概念的描述。所有类在应用中都应当是有意义的，在问题陈述中，并非所有类都是明显给出的。有些是隐含在问题域或一般知识中的。通常来说，一个确定类的过程包括从需求说明中选取相关的名词，确定一些暂定类，然后对这些类进行分析，过滤掉不符合条件的类。如图 1-6 是一个确定类的过程。

图 1-6　确定类的过程

查找问题陈述中的所有名词，产生如下的暂定类，如表 1-1 所示。

表 1-1　产生的暂定类

软件	图书管理信息系统	图书管理员	借阅者
账号	个人信息	借阅信息	预定信息
借阅者的代理	书刊名	书刊的 ISBN/ISSN 号	图书卡号
系统管理员	日志	用户信息	图书信息
数据库维护	管理员权限	学生	教师

接下来根据下列标准，去掉一些不必要的类和不正确的类。

- 消除冗余类。如果存在两个类表述了同一个信息，那么保留最富有描述能力并且和系统紧密相关的类。如“借阅者”和“学生和教师”就是重复的描述，因为“借阅者”最富有描述性，因此保留它。
- 消除与系统不相干的类。与问题没有关系或根本无关的类，在类的确定中应当去除掉。例如，打扫图书馆的卫生超出了图书管理信息系统的范围。
- 模糊类。由于类必须是确定的，有些暂定类中边界的定义模糊或范围太广，如“软件”和“借阅者的代理”就是模糊类，就这个系统而言，它是指“图书管理信息系统”。
- 属性。某些名词描述的是其他对象的属性，应当把这些类从暂定类中删除。但是，如果某一个名词的独立性很重要，就应该把它归属到类，而不把它作为属性。如“书刊名”和“书刊的 ISBN、ISSN 号”属于图书信息的属性，应当去除掉这些类。
- 操作。如果问题陈述的名词中有动作含义的名词，则含有这样描述操作的名词就不应当是类。但是，具有自身性质而且需要独立存在的操作应该描述成类。例如我们只构造电话模型，“拨号”就是动态模型的一部分而不是类，但在电话拨号系统中，“拨号”是一个重要的类，它包含拨号的日期、时间、通话的地点等属性。

在图书管理信息系统中，根据上面的标准，把“软件”“借阅者的代理”“书刊名”“书刊的 ISBN/ISSN 号”“学生”“教师”等这些类去掉。

（2）准备数据字典

为所有建模实体准备一个数据字典来进行描述。数据字典应当准确描述各个类的精确含义，描述当前问题中的类的范围，包括对类的成员、用法方面的假设或限制等。比如，图书信息应当包括书刊名、书刊的 ISBN、ISSN 号、书刊的分类、书刊的作者、书刊的出版日期、书刊的出版社等。

（3）确定关联

关联是指两个或多个类之间的相互依赖。一种依赖表示一种关联，可用各种方式来实现关联，但在分析模型中应删除实现的考虑，以便设计时更为灵活。关联常用描述性动词或动词词组来表示，其中有物理位置的表示、传导的动作、通信、所有者关系、条件的满足等。从问题陈述中抽取所有可能的关联表述，把它们记录下来，但不要过早去细化这些表述。

系统中所有可能的关联，大多数是直接抽取问题中的动词词组而得到的。在陈述中，有些动词词组表述的关联是不明显的。最后，还有一些关联与客观世界或人的假设有关，必须同用户一起核实这种关联，因为这种关联在问题陈述中找不到。

图书管理信息系统问题陈述中的关联如下：

- 每个人建立一个账号。
- 借阅卡可以提供借阅卡号、借阅者名。
- 账户中存储借阅者的个人信息，借阅信息以及预定信息。
- 持有借阅卡的借阅者可以借阅书刊、返还书刊、查阅书刊信息、预定书刊并取消预定。
- 图书管理员充当借阅者的代理与系统交互。
- 学生包括专科生、本科生和研究生。
- 系统管理员完成系统维护的工作。
- 维护包括日志、管理员权限、用户信息、图书信息、数据库维护等工作。
- 账号访问个人信息。
- 账号访问借阅信息。
- 账号访问预定信息。
- 系统提供记录保管。
- 系统提供账户安全。

（4）确定属性

属性是个体对象的性质，通常用修饰性的名词词组来表示。形容词常常表示具体的可枚举的属性值，属性不可能在问题陈述中完全表述出来，必须借助于应用域的知识以及对客观世界的知识才可以找到它们。只考虑与具体应用直接相关的属性，不要考虑那些超出问题范围的属性。首先找出重要属性，避免那些只用于实现的属性，要为各个属性选取有意义的名字。

（5）使用继承来细化类

使用继承来共享公共属性，以此对类进行组织，一般可以使用下列两种方式来进行。

- 自底向上：通过把现有类的共同性质一般化为父类（Parent Class 或 Super Class），寻找具有相似的属性关系或操作的类来发现继承。例如“本科生”和“研究生”是类似的，可以一般化为“大学生”。这些一般化的结果常常是基于客观世界边界的现有分类，只要可能，尽量使用现有概念。
- 自顶向下：将现有的类细化为更具体的子类。具体化常常可以从应用域中明显看出来。在应用域中枚举各种情况是最常见的具体化的来源。例如：菜单可以有固定菜单、顶部菜单、弹出菜单、下拉菜单等，这样就可以把菜单类具体细化为各种菜单的子类。当同一关联名出现多次且意义也相同时，应尽量具体化为相关联的类。在类层次中，可以为具体的类来分配属性和关联。各属性和关联都应分配给最一般的适合的类，有时也加上一些修正。应用域中各个枚举情况是最常见的具体化的来源。

（6）完善对象模型

对象建模不可能一次就能保证模型是完全正确的，软件开发的整个过程就是一个不断完善的过程。模型的不同组成部分多半是在不同的阶段完成的，如果发现模型的缺陷，就必须返回到前期阶段去修改，有些细化工作是在动态模型和功能模型完成之后才开始进行的。

3. 建立对象的动态模型

进行分析的第三步是建立对象的动态模型，建立对象的动态模型一般包含下列几个步骤：

（1）准备脚本：动态分析从寻找事件开始，然后确定各个对象的可能事件顺序。

（2）确定事件：确定所有外部事件。事件包括所有来自或发往用户的信息、外部设备的信号、输入、转换和动作，可以发现正常事件，但不能遗漏条件和异常事件。

（3）准备事件跟踪表：把脚本表示成一个事件跟踪表，即不同对象之间的事件排序表，对象为表中的列，给每个对象分配一个独立的列。

（4）构造状态图：对各个对象类建立状态图，反映对象接收和发送的事件，每个事件跟踪都对应于状态图中一条路径。

4. 建立系统功能模型

进行分析的第四步是建立对象的功能模型，功能模型用来说明值是如何计算的，标明值与值之间的依赖关系及相关的功能。数据流图有助于表示功能的依赖关系，对状态图的活动和动作进行标识，其中的数据流对应于对象图中的对象或属性。

（1）确定输入值、输出值：先列出输入值和输出值，输入值和输出值是系统与外界之间事件的参数。

（2）建立数据流图：数据流图说明输出值是怎样从输入值得来的，数据流图通常是按层次组织的。

5. 确定类的操作

在建立对象模型时，确定了类、关联、结构和属性，还没有确定操作。只有建立了动态模型和功能模型之后，才可能最后确定类的操作。

1.3.2 面向对象的设计

面向对象的设计是把分析阶段得到的需求转变成符合成本和质量要求的、抽象的系统实现方案的过程。从面向对象的分析到面向对象的设计，是一个逐渐扩充模型的过程。

系统设计确定实现系统的策略和目标系统的高层结构。对象设计确定问题解空间中的类、关联、接口形式及实现运用的算法。

1. 面向对象的设计之准则

面向对象的设计之准则包括模块化、抽象、信息隐藏、低耦合和高内聚等特征，下面就对这些特征进行一一介绍。

（1）模块化：面向对象的开发方法很自然地支持了把系统分解成模块的设计原则——对象就是模块。它是把数据结构和操作这些数据的方法紧密地结合在一起所构成的模块。类的设计要很好地支持模块化这一准则，这样使系统能够具有更好的维护性。

（2）抽象：面向对象的方法不仅支持对过程进行抽象，而且还支持对数据进行抽象。抽象方法的好坏以及抽象的层次都对系统的设计有着很大的影响。

（3）信息隐藏：在面向对象的方法中，信息隐藏是通过对象的封装来实现的。对象暴露接口的多少以及接口的好坏都对系统设计有着很大的影响。

（4）低耦合：在面向对象的方法中，对象是最基本的模块，因此，耦合主要指不同对象之间相互关联的紧密程度。低耦合是设计的一个重要标准，因为这有助于使系统中某一部分的变化对其他部分的影响程度降到最低。

（5）高内聚：在面向对象的方法中，高内聚也是必须满足的条件，高内聚是指在一个对象类中应尽量多地汇集逻辑上相关的计算资源。如果一个模块只负责一件事情，就说明这个模块有很高的内聚度；如果一个模块负责了很多毫不相关的事情，则说明这个模块的内聚度很低。内聚度高的模块通常很容易理解，很容易被复用、扩展和维护。

2. 面向对象的设计之启发规则

在面向对象的设计中，可以通过使用一些实用的规则来指导设计人员进行面向对象的设计。通常这些面向对象的设计之启发规则包含以下的内容：

（1）设计的结果应该清晰易懂：使设计结果清晰、易懂、易读是提高软件可维护性和可重用性的重要措施。显然，人们不会重用那些他们不理解的设计。

（2）一般到具体结构的深度应适当：通常来说，从一般到具体的抽象过程，抽象得越深，对于程序的可移植性也就越好，但是抽象层次过多会给程序的编写和维护带来很大的麻烦，一般来讲，适度的抽象能够更好地提高软件的开发效率和简化维护的工作。具体的情况需要系统分析员根据具体的情况进行抽象。

（3）尽量设计小而简单的类：系统设计应当尽量去设计小而简单的类，这样便于程序的开发和管理。

（4）使用简单的消息协议：简单的消息协议有助于帮助记忆和测试，一般来讲，消息中参数的个数不要超过 3 个。

（5）使用简单的函数或方法：以面向对象的设计方法设计出来的类，其中的函数或方法通常要设计得尽可能小，一般只有 3~5 行源代码即可。

（6）把设计变动减至最小：通常情况下，设计的质量越高，设计结果保持不变的时间也越长。即使出现必须修改设计的情况，也应该使修改的范围尽可能小。

3. 系统设计

系统设计是问题求解及建立解决方案的高级策略。必须制定解决问题的基本方法，系统的高层结构形式包括子系统的分解、确定并发性、子系统分配给软硬件、数据存储管理、资源协调、软件控制实现、人机交互接口等。

系统设计一般是先从高层入手，然后细化。系统设计要决定整个结构及风格，这种结构为后面可以做出更详细策略的设计提供了基础。以下是整个系统设计的一般步骤。

（1）系统分解：系统中主要的组成部分称为子系统，子系统既不是一个对象也不是一个功能，而是类、关联、操作、事件和约束的集合。

（2）确定并发性：分析模型、现实世界及硬件中不少对象均是并发的。

（3）处理器及任务分配：各并发子系统必须分配给单个硬件单元，要么是一个一般的处理器，要么是一个具体的功能单元。

（4）数据存储管理：通常各数据存储可以将数据结构、文件、数据库组合在一起，不同数据存储要在费用、访问时间、容量及可靠性之间做出折中考虑。

（5）全局资源的处理：必须确定全局资源，并且制定访问全局资源的策略。

（6）选择软件控制机制：系统设计必须从多种方法中选择某种方法来实现软件的控制。

（7）人机交互接口的设计：设计中的大部分工作都与稳定的状态行为有关，但必须考虑用户使用系统的交互接口。

1.4　面向对象的建模

在建筑业中，建模是一项经过检验并被人们广泛接受的工程技术。人们在建造房屋和大厦等建筑物的时候，首先会搭建建筑物的模型，建筑物的模型能给用户带来实际建筑物的整体印象，并且可以建立数学模型来分析各种因素对建筑物造成的影响，比如建筑物的地面压力、地震等。在面向对象的开发和设计中，面向对象的建模以面向对象开发者的观点构造和创建所需要的系统，本节将讲述为什么在创建系统模型中要使用 UML 对系统进行面向对象的建模，以及使用 UML 如何形成面向对象的建模之开发模式。

1.4.1　为什么要用 UML 建模

模型建模不仅仅适用于建筑行业，比如城市在进行规划的时候通常都有自己的规划模型等。如果不首先构造这些模型就进行城市的建设，那简直是难以想象的。一些设备，比如 ATM 机也需要一定程度的建模，以便更好地理解要开发的系统。在社会学、经济学和商业管理领域也需要建模，以证实人们理论的正确性。

那么，模型是什么？模型就是对客观世界的形状或状态的抽象模拟和简化。模型提供了系统的概述（Sketch）和蓝图（Blueprint）。模型给人们展示系统的各个部分是如何组织起来的，模型既可以包括详细的计划，也可以包括从很高的层次考虑系统的总体计划。一个好的模型包括那些有广泛影响的主要元素，而忽略那些与给定的抽象水平不相关的次要元素。每个系统都可以从不同的方面用不同的模型来描述，因而每个模型都是一个在语义上闭合的系统抽象。模型可以是结构性的，强调系统的组织。它也可以是行为性的，强调系统的动态方面。对象建模的目标就是要为正在开发的系统制定一个精确、简明和易理解的面向对象模型。

为什么要建模？一个基本理由是：建模是为了能够更好地理解正在开发的系统。

通过建模，要达到 4 个目的：

（1）模型有助于按照实际情况或按照所需要的样式对系统进行可视化。

（2）模型能够规化约束系统的结构或行为。

（3）模型给出了指导构造系统的模板。

（4）模型对做出的决策进行文档化。

那么具体到软件所涉及的人员，包括系统用户、软件开发团队、软件的维护和技术支持者，系统建模都有什么作用呢？

（1）对于软件系统用户，软件的开发模型向他们描述了软件开发者对于软件系统需求的理解。让系统用户查看软件对象模型并且找到其中的问题，这样可以使软件开发者不至于从一开始就发生错误。

（2）对于软件开发团队而言，软件的对象模型有助于帮助他们对软件的需求以及系统的架构和功能进行沟通。需求和架构的一致理解对于软件开发团队是非常重要的，可以减少不必要的麻烦。

（3）对于软件的维护和技术支持者而言，在软件系统开始运行后的相当长的一段时间内，软件的对象模型能够帮助他们理解程序的架构和功能，迅速地对软件所出现的问题进行修复。

建模并不仅仅针对大型的软件系统，甚至一个小型的通讯录软件也能从建模过程中受益。事实上，系统越大、越复杂，建模的重要性就越大，一个很简单的原因就是：人们对复杂问题的理解能力是有限的，人们往往不能完整地理解一个复杂的系统，所以要对它进行建模。通过建模，可以缩小所研究问题的范围，一次只需要重点研究它的一个很小的方面，这就是“分而治之”的策略和方法，即把一个困难问题划分成一系列能够解决的小问题，对这些小问题的解决也就构成对复杂问题的解决。一个选择适当的模型可以使建模人员在较高的抽象层次上工作。

那么我们选择什么工具对软件对象进行建模呢？

早在20世纪90年代以前，业界就有一股主要的力量，把出现的各种主要的建模技术整合到一起，从而创建了一种通用的建模符号，即统一建模语言（Unified Modeling Language，UML），它是面向对象方法建模领域的三位巨头James Rumbaugh、Grady Booch和Ivar Jacobson合作的结果。事实上经过发展，UML语言成为大众所接受的标准建模语言，成为工业标准的对象建模语言。

James Rumbaugh、Grady Booch和Ivar Jacobson这三位同时也为一种被称为Rational统一过程（Rational Unified Process，RUP）的全面开发做出了巨大贡献。RUP是一种完善的软件开发方法，包括建模、项目管理和配置管理工作流。

学习一种有效的、通用的建模技术，使自己能够阅读、选用和评估类似RUP的开发方法，并且把来自于不同方法论的适合自己开发程序所需要的过程、符号和工具结合到一起，打造自己的实践开发手段。每个项目都能从一些建模中受益，即使在一次性的软件开发中——由于可视化编程语言的支持，可以轻而易举地扔掉不适合的软件。建模也能帮助开发组织更好地对系统计划进行可视化，并帮助他们正确地构造模型，使开发工作进展得更快。

1.4.2　以面向对象的建模为基础的开发模式

正如任何事物一样，软件也有其孕育、诞生、成长、成熟和衰亡的生命过程，我们称其为“软件的生命周期”。软件的生命周期可以分为六个阶段，即制定计划、需求分析、设计、编码、测试、运行和维护。软件开发可以采用多种途径进行开发。软件开发模式是跨越整个软件生命周期中系统开发、运行和维护所实施的全部工作的框架，它给出了软件开发活动各个阶段之间的关系。软件项目可以遵循不同类型的开发过程，目前，可以将常见的软件开发模式大致可分为如下的4种类型：

（1）在第一代软件开发过程模式中，软件需求是要求完全确定的，如瀑布模型等。这类开发模式的特点是软件需求在开发阶段已经基本上被完全确定，软件生命周期的各项活动按顺序固定，软件开发按阶段进行。其缺点是如果在开发后期要改正早期已经存在的问题，那么需要付出昂贵的代价，从用户这个角度来讲，开发需要等待较长时间才能够看到软件产品，这样大大增加了软件开发的风险系数。

（2）由于第一代软件开发过程模式的改进，诞生了在开始阶段只提供基本需求的渐进式开发模型，如喷泉模型和演化模型等。这类开发模型的特点是软件开发的开始阶段只需要提供基本的需求，软件开发过程的各个活动是迭代的，所以也被称为迭代式开发。通过迭代过程实现软件的逐步演化，最终得到软件产品。在此引入了风险管理，采取早期预防措施，增加了项目成功的几率，提高了软件质量；其缺点是由于在开始阶段需求的不完全性，对于软件的总体设计带来了困难，从而也削弱了产品设计的完整性，这对风险技能管理水平带来了很大的挑战。

（3）以体系结构为基础或基于构件的开发模型，如基于构件的开发模型和基于体系结构的开发模型等。这类模型的特点是首先利用获取的需求分析结果来设计出软件的总体结构，然后通过基于构件的组装方法来构造软件系统。这样软件体系结构的出现使得软件的结构框架更清晰，有利于系统的设计、开发和维护。

（4）轻量级的开发模型，这种开发模型强调适应性而非预测性、强调以人为中心，而不以流程为中心，以及对变化的适应和对人性的关注，其特点是轻载、基于时间、紧凑、并行并基于构件的软件开发过程。在所有的敏捷方法中，XP（eXtreme Programming）方法是最引人注目的一种轻型开发方法。

以下将简单地分析瀑布模型、喷泉模型、基于构件的开发模型、XP（eXtreme Programming）方法等软件开发模型。

1. 瀑布模型

瀑布模型也被称为生命周期模型，其核心思想是按照相应的工序将问题进行简化，将系统功能的实现与系统的设计工作分开，便于项目之间的分工与协作，即采用结构化的分析与设计方法将逻辑实现与物理实现分开。瀑布模型将软件生命周期划分为项目计划、需求分析、软件设计、软件实现、软件测试、软件运行和维护这 6 个阶段，并且规定了它们自上而下的次序，如同瀑布一样下落，每一个阶段都是依次衔接的。采用瀑布模型的软件开发过程如图 1-7 所示。

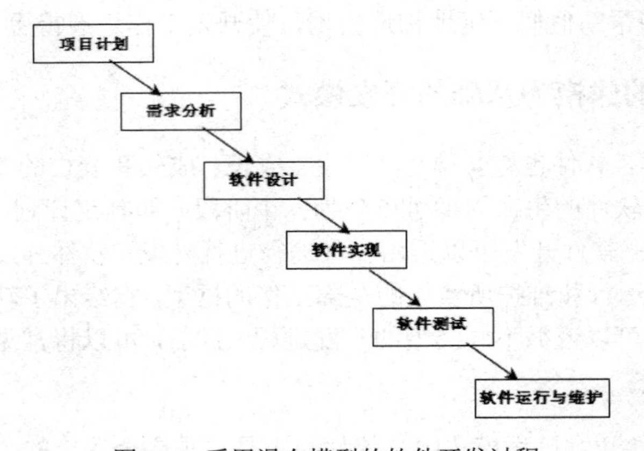

图 1-7　采用瀑布模型的软件开发过程

瀑布模型是最早出现的软件开发模型，在软件工程中占有重要的地位，它提供了软件开发的基本框架。它的过程是从上一项活动接收该项活动的工作对象作为输入，利用这一输入实施该项活动应完成的内容，然后给出该项活动的工作成果，并作为输出传给下一项活动。同时评审该项活动的实施，若确认，则继续下一项活动；否则返回到前一项，甚至更前面的活动。

瀑布模型为项目提供了按阶段划分的检查点，这样有利于在软件开发过程中人员的组织及管理。瀑布模型让项目人员在当前阶段完成后，才去关注后续阶段，这样有利开发大型的项目。然而，软件开发的实践表明，瀑布模型也存在以下的缺陷：

（1）只有在项目生命周期的后期才能看到结果。

（2）通过过多的强制完成日期和里程碑来跟踪各个项目阶段。在项目开发过程中缺乏足够的灵活性，特别是对于需求不稳定的项目更加麻烦。

（3）在软件需求分析阶段，要完全的确定系统用户需要的所有需求是一件比较困难的事情，甚至可以说是不太可能的。

尽管瀑布模型存在一定的缺陷，但是它对很多类型的项目而言依然是有效的，特别是在一些大型项目进行开发时依然有效。如果正确地使用瀑布模型，可以节省大量的时间和金钱。对于正在进行开发的项目而言，是否使用瀑布这一模型主要取决于开发者能否理解客户的需求以及在项目的进程中这些需求的变化程度，对于能够在前期进行确定需求分析的项目，瀑布模型还是有其价值的。

2. 喷泉模型

喷泉模型是一种以对象为驱动、以用户需求为动力的模型，主要用于描述面向对象的软件开发过程。该模型认为软件开发过程自下而上、周期的各阶段是相互重叠和多次反复的，就像水喷上去又可以落下来，类似一个喷泉。各个开发阶段没有特定的次序要求，并且可以交互进行，可以在某个开发阶段中随时补充其他任何开发阶段中的遗漏。采用喷泉模型的软件开发过程如图 1-8 所示。

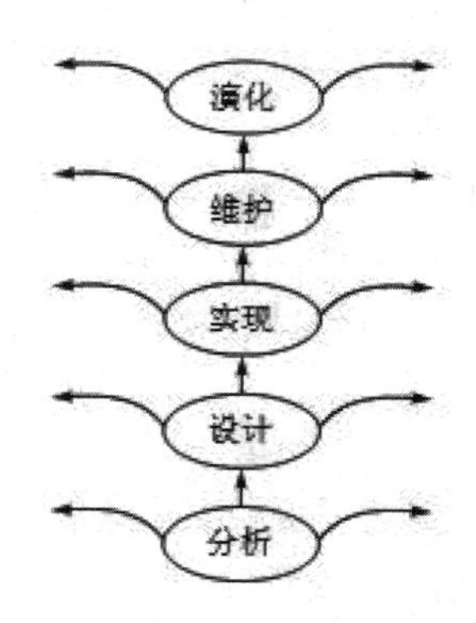

图 1-8　采用喷泉模型的软件开发过程

喷泉模型主要用于面向对象的软件项目，软件的某个部分通常被重复多次，相关对象在每次迭代中随之加入渐进的软件成分，各项活动之间无明显边界。由于对象概念的引入，表达分析、设计及实现等活动只用对象类和关系，从而可以较容易地实现活动的迭代和无间隙。

喷泉模型不像瀑布模型那样，需要分析活动结束后才开始设计活动，设计活动结束后才开始编码活动。该模型中的各个阶段没有明显界限，开发人员可以同步进行开发。其优点是可以提高软件项目的开发效率，节省开发时间，适应于面向对象的软件开发过程。由于喷泉模型在各个开发阶段是重叠的，因此在开发过程中需要大量的开发人员，由此不利于项目的管理。此外这种模型要求严格管理文档，使得审核的难度加大。

3. 基于构件的开发模型

基于构件的开发模型利用模块化方法将整个系统模块化，并在一定构件模型的支持下复用构件库中的一个或多个软件构件，通过组合手段高效率、高质量地构造应用软件系统的过程。基于构件的开发模型融合了喷泉模型的许多特征，本质上是后者演化而来的，开发过程是迭代的。基于构件的开发模型由软件的需求分析和定义、体系结构设计、构件库建立、应用软件的构建，以及测试和发布 5 个阶段组成，采用这种开发模型的软件开发过程如图 1-9 所示。

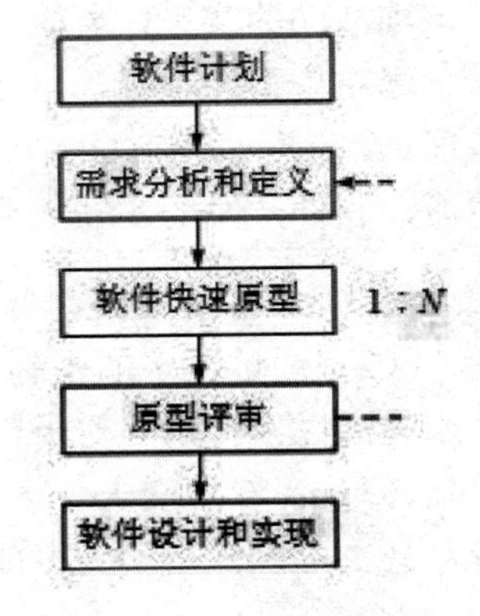

图 1-9　采用基于构件的开发模型的软件开发过程

构件作为重要的软件技术和工具得到了极大地发展，这些新技术工具有 Microsoft 的 DCOM、Sun 的 EJB，以及 OMG 的 CORBA 等。基于构件的开发活动从标识候选构件开始，通过搜查已有构件库，确认所需要的构件是否已经存在。如果已经存在，则从构件库中提取出来复用；否则采用面向对象的方法开发构件。之后，利用提取出来的构件通过语法和语义检查，再将这些构件通过“胶合”代码组装到一起来实现最终系统，这个过程是迭代的。

基于构件的开发方法使得软件开发不再一切从头开发，开发的过程就是构件组装的过程，维护的过程就是构件升级、替换和扩充的过程。它的优点是构件组装模型催生了软件的复用，提高了软件开发的效率。构件可由一方定义其规格说明，再由另一方来实现，然后供给第三方使用。构件组装模型允许多个项目同时开发，因而降低了费用，提高了可维护性，可实现分步提交软件产品。

由于采用自定义的组装结构标准，缺乏通用的组装结构标准，因而引入了较大的风险。可重用性和软件高效性不易协调，需要精干的有经验的分析人员和开发人员，一般开发人员插不上手。客户的满意度低，并且由于过分依赖于构件，所以构件库的质量影响着产品的质量。

4. XP 方法

敏捷方法是 20 世纪 90 年代兴起的一种轻量级的开发方法，到现在已经非常成熟，它强调适应性而非预测性、强调以人为中心，而不以流程为中心，以及对变化的适应和对人性的关注，其特点是轻载、基于时间、紧凑、并行并基于构件的软件开发过程。在所有的敏捷方法中，XP（eXtreme Programming）方法是最引人注目的一种轻型开发方法，它规定了一组核心价值和方法，消除了大多数重量型开发过程中不必要的产物，建立了一个渐进型的开发过程。该方法将开发阶段的四个活动（分析、设计、编码和测试）混合在一起，在全过程中采用迭代增量开发、反馈修正和反复测试。它把软件生命周期划分为用户故事、体系结构、发布计划、交互、接受测试和小型发布 6 个阶段，采用这种模型的软件开发过程如图 1-10 所示。

XP 模型通过对传统软件开发的标准方法重新进行审视，提出了由一组规则组成的一些简便易行的过程。由于这些规则是通过在实践中观察使软件高效或缓慢的因素而得出的，因此它既考虑了保持开发人员的活力和创造性，又考虑了开发过程的有组织、有重点和持续性。XP 模型是面向客户的开发模型，重点强调用户的满意程度。开发过程中对需求改变的适应能力较强，即使在开发的后期，也可较高程度地适应用户的改变。

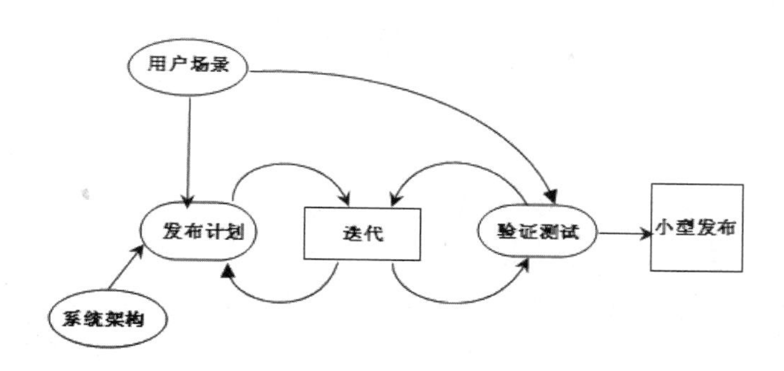

图 1-10　采用 XP 方法的软件开发过程

XP 开发模型与传统模型相比具有很大的不同，其核心思想是沟通（Communication）、简单（Simplicity）、反馈（Feedback）和进取（Aggressiveness）。XP 开发小组不仅包括开发人员，还包括管理人员和客户。该模型强调小组内成员之间要经常进行沟通和交流，在尽量保证质量的前提下力求过程和代码的简单化；来自客户、开发人员和最终用户的具体反馈意见可以提供更多的机会来调整设计，保证把握正确的开发方向；进取则包含于上述 3 个原则中。

XP 开发方法中有许多新思路，如采用“用户故事”代替传统模型中的需求分析，“用户故事”由用户用自己领域中的词汇，在不考虑任何技术细节的情况下，准确地表达自己的需求。XP 模型的优点如下：

（1）采用简单计划策略，不需要长期计划和复杂模型，开发周期短。
（2）在全过程采用迭代增量开发、反馈修正和反复测试的方法，软件质量有保证。
（3）能够适应用户经常变化的需求，提供用户满意的高质量软件。

上面讲述的各种开发模型或方法，或许不能一概而论地作为面向对象的建模基础之开发模式，但是在这些开发模型或方法中，都包含了软件的需求分析、软件的设计、软件的开发、软件的测试和软件的部署。在每一个阶段，可以借助于面向对象的建模和这些开发模型形成一套适合自己或企业的开发方式。

开发模式或方法毕竟是方法，如同在冷兵器时代的排兵布阵和火器时代的排兵布阵一样，都有自己的技巧和策略，由于一个是面向过程而另一个是面向对象，这种的不同也就赋予了不同的方法论。在这些开发模型中，对于适用 UML 和面向对象的开发的代表就是 Rational 统一过程（Rational Unified Process，RUP），我们将在第 4 章详细讲解。

1.5　本章小结

在本章中，我们从宏观角度介绍了面向对象的技术，让读者对面向对象的技术在实现方面和建模方面有大致的了解。本章内容重点强调的是面向对象的基本特征以及面向对象的方法论。在后面我们将详细讲解 UML、UML 的建模工具 Rose 和统一软件的开发过程等内容。

习题一

1. 填空题

（1）软件对象可以这样定义：所谓软件对象，是一种将______和______有机地结合起来形成的________________，它可以用来描述现实世界中的一个对象。

（2）类是具有相同属性和操作的一组对象的集合，也就是说，抽象模型中的“类”描述了__________________，为属于该类的全部对象提供了统一的抽象描述。

（3）面向对象的程序的基本特征是______、______、______和______。

2. 选择题

（1）我们可以认为对象是_______。

（A）某种可为人感知的事物

（B）思维、感觉或动作所能作用的物质

（C）思维、感觉或动作所能作用的精神体

（D）不能被思维、感觉或动作作用的精神体

（2）类的定义要包含以下的要素________。

（A）类的属性　　（B）类所要执行的操作

（C）类的编号　　（D）属性的类型

（3）面向对象的程序的基本特征不包括______。

（A）封装　　（B）多样性

（C）抽象　　（D）继承

（4）下列关于类与对象的关系说法不正确的是_____。

（A）有些对象是不能被抽象成类的

（B）类给出了属于该类的全部对象的抽象定义

（C）类是对象集合的再抽象

（D）类是用来在内存中申请并获得一个数据区，用于存储新对象的属性

3. 简答题

（1）什么是对象？试着举出三个现实中的例子。

（2）什么是抽象？为什么说抽象在面向对象的程序设计中比较重要？

（3）什么是封装？它有哪些好处？

（4）什么是继承？试举出三个继承的例子。

（5）面向对象的分析的过程有哪些？

（6）面向对象的设计有哪些准则？

（7）为什么要使用 UML 来建模？

第 2 章

UML 概述

在 20 世纪 80 年代末至 90 年代，面向对象的方法出现了一个发展高潮，UML 便是在这个高潮下的产物。它不仅统一了 Booch、Rumbaugh 和 Jacobson 的表示方法，而且对其做了进一步的发展，并最终成为大众所接受的标准建模语言。

本章将介绍 UML 的基本内容，包括它的起源、发展、如何形成以及它的目标等。对于 UML 的其他一些内容，如概念机制、公共机制、对象约束语言和未来的发展，在本章中也会进行简要介绍。本章的学习重点是了解 UML 的概念和范围以及 UML 公共机制。

2.1 UML 的起源与发展

在第 1 章中介绍过建模在很早以前就已经出现了。在面向对象的建模上，被公认的面向对象的建模语言最早出现于 20 世纪 70 年代中期。在面向对象建模的竞技场上，最繁盛的时期是 1989 年到 1994 年，在这短短的 5 年时间内，面向对象的建模语言的数量从不到十种增加到了五十多种。从 90 年代中期开始，一些比较成熟的方法受到了学术界与工业界的推崇和支持，其中最有代表性的是 Booch 1993、OOSE 和 OMT-2 等，它们是当时影响最大的几种面向对象的方法论。

尽管这些面向对象的方法都比较优秀，但是不同程度和不同领域的开发人员却无法鉴别这些面向对象的开发方法的长处，为了能够让不同程度和不同开发领域的开发人员能够很好的进行沟通，并交流他们在开发各种系统的过程中所积累的经验和成果，业内研究人员和众多的厂商都开始意识到有必要对这些已经存在的并且是比较好的方法进行充分分析，汲取众长，创建一种统一的建模语言。

统一的建模语言的创建首先开始于 1994 年 10 月，Grady Booch 和 Jim Rumbaugh 首先致力于这一工作的研究，他们将 Booch 93 和 OMT-2 统一起来，并于 1995 年 10 月发布了第一个公开版本，称之为统一方法 UM 0.8（Unified Method）。1995 年秋，面向对象的软件工程（Object-Oriented Software Engineering，OOSE）方法的创始人 Ivar Jacobson 也加入到这个队伍中，并且带来了其在 OOSE 方法中的成果。经过 Grady Booch、Jim Rumbaugh 和 Ivar Jacobson 三人的共同努力，于 1996 年 6 月和 10 月分别发布了两个新的 UML 版本，即 UML 0.9 和 UML 0.91，并且正式将 UM 重新命名为 UML（Unified Modeling Language，统一的建模语言）。1996 年，一些机构将 UML 作为其商业策略已日趋明显。UML 的开发者得到了来自公众的正面反应，并倡议成立了 UML 成员协会，以完善、加强和促进 UML 的制定工作。当时的成员有 DEC、HP、I -Logix、Itellicorp、IBM、ICON Computing、MCI Systemhouse、Microsoft、Oracle、Rational Software、TI 以及 Unisys 等 700 多家公司。这些公司表示支持采用 UML 作为其标准建模语言。这一机构对 UML 1.0（发布于 1997 年 1 月）及 UML 1.1（1997 年 11 月 17 日）的制定和发布起了重要的促进作用，如图 2-1 所示。1997 年 11 月 17 日，对象管理组织（OMG）开始采纳 UML 作为其标准建模语言，于是 UML 成为了业界的标准。从此，UML 的相关发布、推广等工作交由 OMG 负责。至此，UML 作为一种定义良好、易于表达、功能强大且普遍适用的建模语言，融入了软件工程领域的新思想、新方法和新技术，成为面向对象技术学习中不可缺少的一部分。UML 的作用不仅在于支持面向对象的分析与设计，还支持从需求分析开始的软件开发的全过程。

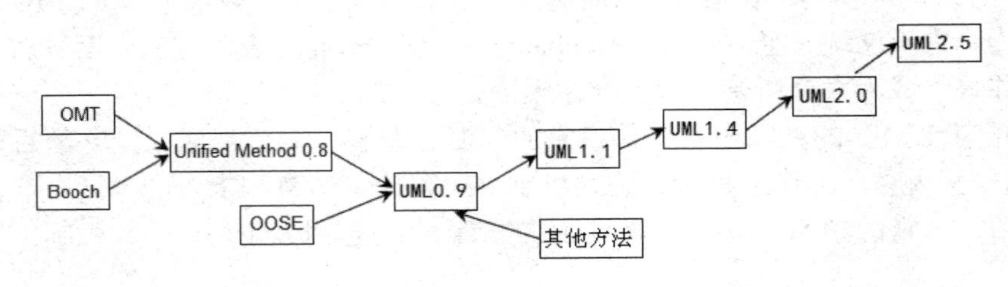

图 2-1　UML 的主要发展历程

从 UML 纳入到 OMG 开始，OMG 对于 UML 的修订工作也从来没有停止过。产生了 UML 1.2、UML 1.3 和 UML 1.4 等版本，目前，最新的版本是 UML 2.5，该组织正在为 UML 3.0 努力。

目前，许多的软件工具开发厂商在自己的产品中支持或计划支持 UML 标准。许多的软件工程方法学家也正在使用 UML 的表示法进行以后的研究工作。UML 的出现深受计算机界的欢迎，因为它集中了许多专家的经验，减少了各种软件开发工具之间无谓的分歧。

2.2　UML 的目标

UML 作为一种建模语言，它有多个目标，总结起来主要有以下几个方面：

- UML 作为一种建模语言，它为用户提供了一种易用的、具有可视化的建模能力的语言，使用该语言可以进行系统的开发工作，并且能够进行有意义的模型互换。这是

UML 最重要的目标。

- UML 为面向对象建模语言的核心概念提供了可扩展性和规约机制。这组核心的机制尽可能地在不同的领域保持不变。
- 为理解建模语言提供了一种形式化的基础。建模语言的形式化能够帮助人们对语言的理解。UML 还能够通过使用精确的自然语言来表达大多数业务操作的含义。
- 鼓励面向对象的各种工具市场的成长和繁荣。
- 支持高级的开发概念，例如构件、协作、框架和模式等。这些概念清晰明确的定义能够有益地带来面向对象模型的重用。
- 集成优秀的实践成果和经验。UML 发展背后的一个关键因素和动力就是 UML 已经综合了业界的最佳实践，这些实践包含对抽象层次、问题域、架构、生命周期阶段、项目实施技术等的不同观点。

UML 的这些目标在某种程度上说它已经达到了，它能够在保持尽可能简单的同时满足实际的系统在各个方面建模的需求，并且拥有足够的表达能力来描述现代软件系统中出现的所有概念。UML 是一个通用语言，与一种通用程序设计语言一样，也是一个庞大的标准符号体系，它提供了多种模型，比先前的建模语言更复杂也更全面。

2.3 UML 的概念范围

UML 作为一种对软件系统进行规约、构造、可视化和文档化的语言，它融合了 Booch 方法、OMT 方法和 OOSE 方法的核心概念，取其精华、去其繁杂，形成了一种统一的、公共的、具有广泛适用性的建模语言。UML 设计者的任务是建立一种具有统一语义的公共元模型，然后是建立一套公共的基于这些统一语义的符号体系。UML 的设计者推出了一种以用例为驱动、以体系结构为中心、迭代和增量的开发过程。UML 定义了一套建模语言，该语言与面向对象的组织在核心建模概念上是一致的，并且 UML 允许通过自身的扩展机制在表达上有所不同。

通常可以将 UML 的概念和模型分为静态结构、动态行为、实现构造、模型组织和扩展机制这几个部分。我们知道，模型包含两个方面的含义：一个是语义方面的含义；另一个是可视化的表达方法，即模型包含语义和表示法。这种划分方法只是从概念上对 UML 进行划分，并且这也是较为常用的划分方法。下面从可视化的角度来对 UML 的概念和模型进行划分，将 UML 的概念和模型划分为视图、图和模型元素。下面将对这些内容进行介绍。

2.3.1 视图

UML 是用模型来描述系统的结构或静态特征以及行为或动态特征的，它从不同的视角为系统的架构建模形成系统的不同视图（View）。视图是表达系统某一方面特征的 UML 建模构件的子集。在每一类视图中使用一种或两种特定的图以可视化的方式来表示视图中的各种概念。

按照逻辑观点对应用领域中的概念建模，视图模型被划分成三个视图域，分别为结构分类、动态行为和模型管理。

- 结构分类：描述了系统中的结构成员及其相互关系。类元（Classifier）包括类、用例、构件和节点。类元为研究系统动态行为奠定了基础。类元视图包括静态视图、用例视图、实现视图以及部署视图。
- 动态行为：描述了系统随时间变化的行为。行为利用从静态视图中抽取的瞬间值的变化来描述。动态行为视图包括状态机视图、活动视图和交互视图。
- 模型管理：说明了模型的分层组织结构。包是模型的基本组织单元。特殊的包还包括模型和子系统。模型管理视图跨越了其他视图并根据系统开发和配置组织这些视图。

UML 还包括多种具有扩展能力的组件，这些组件包括约束、构造型和标记值，它们适用于所有的视图元素。

现在总结一下，在 UML 中主要包括的视图为静态视图、用例视图、交互视图、实现视图、状态机视图、活动视图、部署视图和模型管理视图。物理视图对应于利用自身的实现结构建模，例如系统的构件组织和建立在运行节点上的配置。由于实现视图和部署视图都是反映了系统中的类映射成物理构件和节点的机制，可以将其归纳为物理视图。下面分别对静态视图、用例视图、交互视图、状态机视图、活动视图、物理视图和模型管理视图等视图进行简要的介绍。

1. 静态视图

静态视图是对应用领域中的各种概念以及与系统实现相关的各种内部概念进行的建模。静态视图主要是由类与类之间的关系构成，这些关系包括：关联、泛化和依赖关系，依赖关系具体可以再分为使用和实现关系。可以从以下三个方面来了解静态视图在 UML 中的作用。

首先，静态视图是 UML 的基础。模型中静态视图的元素代表的是现实系统应用中有意义的概念，这些系统应用中的各种概念包括真实世界中的概念、抽象的概念、实现方面的概念和计算机领域的概念。比如说，一个图书管理系统由下列各种概念构成：图书馆、图书、图书管理员、借阅者、图书借阅信息等。静态视图描绘的是客观世界的基本认知元素，是建立一个系统中所需概念的集合。

其次，静态视图构造了这些概念对象的基本结构。静态视图不仅包括所有的对象数据结构，同时也包括对数据的操作。根据面向对象的观点，数据和对数据的操作是紧密相关的，将数据和对数据的操作可量化为类。比如，图书对象可以携带数据：出版社、出版日期、图书编号、图书的价格，还包含对图书基本信息的操作，比如以一定倍数计算丢失图书的索赔价格等。

最后，静态视图也是建立其他动态视图的基础。静态视图用离散的模型元素描述具体的数据操作，尽管不包括对具体动态行为细节的描述，但是这些元素是类所拥有并使用的元素，使用和数据同样的描述方式，只是在标识上进行区分。静态视图要建立的基础就是说清楚在进行交互作用的是什么以及怎样进行的，如果无法说清楚这些，那么也就无从构建静态视图。

静态视图的基本元素是类元和类元之间的关系。类元是描述事物的基本建模元素，静态视图中的类元包括类、接口和数据类型等。为了方便理解和可重用性，大的单元必须由较小的单元组成。通常使用包来描述拥有和管理模型内容的组织单元。任何元素都可被包所拥有。可以通过拥有完整的系统视图的包来了解整个系统的构成。对象是从构造的系统的包中分离出来的离散单元，是对类的实例化，所谓实例化是指将对象设置为一个可识别的状态，该状态拥有自己独立的实体，其行为能被触发。类元之间的关系有关联关系、泛化关系和依赖关系，依赖关系具体可以再分为使用和实现关系。

静态视图的可视化表达的图主要包括类图。有关类图的详细内容，我们将在后面进行介绍。

2. 用例视图

用例视图描述了系统的参与者与系统进行交互的功能，是参与者所能观察和使用到的系统功能的模型图。一个用例是系统的一个功能单元，是系统参与者与系统之间进行的一次交互作用。当用例视图在系统的参与者面前出现时，用例视图捕获了系统、子系统和用户执行的操作。它将系统描述为系统的参与者对系统有用功能的需求，这种需求的交互功能被称为用例。用例模型的用途是标识出系统中的用例和参与者之间的联系，并确定什么样的参与者执行了哪个用例。用例使用系统与一个或多个参与者之间的一系列消息来描述系统所进行的交互作用。系统参与者可以是人，也可以是外部系统或外部子系统等。

图 2-2 是一个网上招聘系统的用例视图。这是一个精简的例子，但却包含了系统是什么、用户是什么、各种用户在这个系统中做什么事情等内容。

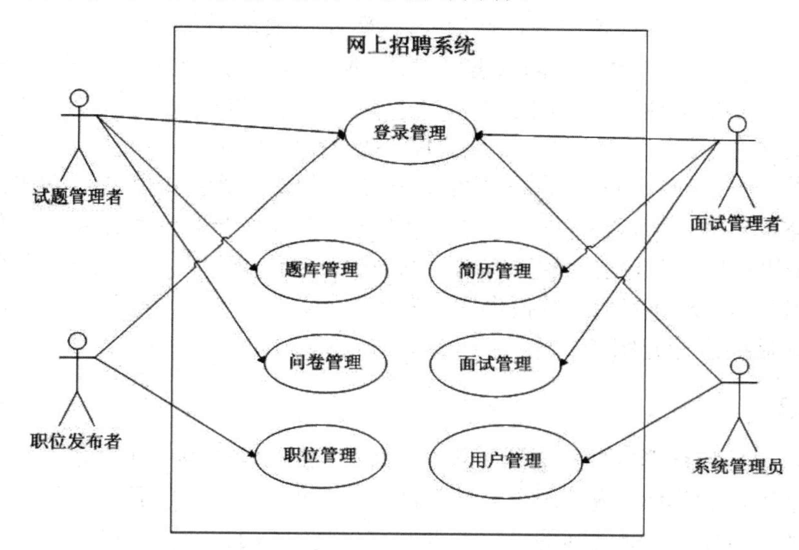

图 2-2　用例视图举例

用例视图使用用例图来进行表示。我们将在后面介绍用例图的细节内容。

3. 交互视图

交互视图描述了执行系统功能的各个角色之间相互传递消息的顺序关系，是描绘系统中各种角色或功能交互的模型。交互视图显示了跨越多个对象的系统控制流程。通过不同对象间的相互作用来描述系统的行为，描述的方式有两种：一种是以独立的对象为中心进行描述的；另外一种方式是以相互作用的一组对象为中心来进行描述的。以独立的对象为中心进行描述的方式被称为状态机，它描述了对象内部的深层次行为。以相互作用的一组对象为中心进行描述的方式被称为交互视图，它适合于描述一组对象的整体行为。通常来讲，这一整体行为代表了做什么事情的一个用例。交互视图的一种形式表达了对象之间是如何协作完成一个功能，也就是所谓的协作图的形式。交互视图的另外一种表达形式反映了执行系统功能的各个角色之间相互传递消息的顺序关系，也就是所谓的序列图的形式，这种传递消息的顺序关系在时间上和空间上都能够有所体现。

总之，交互视图可运用两种图的形式来表示：序列图和协作图，它们各有自己的侧重点。序列图和协作图的细节内容将在后面进行介绍。

4. 状态机视图

状态机视图是通过对象的各种状态建立模型来描述对象随时间变化的动态行为。状态机视图也是通过不同对象间的相互作用来描述系统的行为，所不同的是它是以独立的对象为中心进行描述的。在状态机视图中，每一个对象都拥有自己的状态，这些状态之间的变化是通过事件进行触发的。对象被看作是通过事件来触发并做出相应的动作来与外界的其他对象进行通信的独立实体。事件表达了对象可以被使用或操作，同时也反映了对象状态的变化。可以把任何会影响对象状态变化所发生的事情称为事件。状态机是由描述对象状态的一组属性和描述对象变化的动作所构成的。

状态是使用类的一组属性值来进行标识的，这组属性根据所发生的不同事件而进行不同的反应（或响应），从而标志对象的不同状态。处于相同状态的对象对同一事件具有相同的反应，处于不同状态下的对象会通过不同的动作对同一事件做出不同的反应。

状态机同时还包括用于描述类的行为事件。对一些对象而言，一个状态代表执行的一步。

状态机视图是一个对象对自身所有可能状态的模型图。一个状态机由该对象的各种状态以及连接这些状态的符号所组成。每个状态对一个对象在其生命周期中满足某种条件的一个时间段建模。当一个事件发生时，它会触发状态间的转换，导致对象从一种状态转化到另一种新的状态。与转换相关的活动执行时，转换也同时发生。有关状态机用状态图来表达状态图的细节内容，我们将在后面进行介绍。

5. 活动视图

活动视图是一种特殊形式的状态机视图，是状态机的一个变体，用来描述执行算法的工作流程中涉及的活动。通常活动视图用于对计算流程和工作流程建模。活动视图中的状态表示计算过程中所处的各种状态，活动视图使用活动图来体现对象的活动状态和动作状态。活动图中包含描述对象活动或动作的状态以及对这些状态的控制。

活动图包含对象活动的状态。活动的状态表示命令执行过程中或工作流程中活动的运行。与等待某一个事件发生的一般等待状态不同，活动状态等待计算处理过程的完成。当活动完成时，执行流程才能进入活动图的下一个活动状态。当一个活动的前导活动完成时，活动图的完成转换被触发。活动状态通常没有明确表示出引起活动状态转换的事件，当出现闭包循环时，活动状态会异常终止。

活动图也包含对象的动作状态，它与活动状态有些类似，不同的是动作状态是一种原子活动操作（即不可分的活动操作），并且当它们处于活动状态时不允许发生转换。

活动图还包含对状态的控制，这种控制包括对并发的控制等。并发线程表示能被系统中的不同对象和人并发执行的活动。在活动图中通常包含聚合和分叉等操作。在聚合关系中每个对象有它们自己的线程，这些线程可以并发执行。并发活动可以同时执行也可以顺序执行。活动图能够表达顺序流程的控制，还能够表达并发流程的控制，单纯地从表达顺序流程这一点上说，活动图和传统的流程图很类似。

活动图不仅可以对事物进行建模，也可以对软件系统中的活动进行建模。活动图可以很好地帮助人们理解系统高层活动的执行过程，并且在描述这些执行过程中不需要去建立协作图所必须的消息传送细节，可以简单地使用连接活动和对象流状态的关系流表示活动所需的输入输出参数。

6. 物理视图

前面所提到的物理视图包含有两种视图，分别是实现视图和部署视图。物理视图对应于自身实现结构的建模，例如系统的构件组织情况以及运行节点的配置等。物理视图提供了将系统中的类映射成物理构件和节点的机制。为了可重用性和可操作性的目的，系统实现方面的信息也很重要。

实现视图将系统中可重用的模块包装成为具有可替代性的物理单元，这些单元被称为构件。实现视图用构件及构件间的接口和依赖关系来表示设计元素（例如类）的具体实现。构件是系统高层的可重用的组成部件。

部署视图表示运行时的计算资源的物理布置。这些运行资源被称为节点。在运行时，节点包含构件和对象。构件和对象的分配可以是静态的，也可以在节点之间迁移。如果含有依赖关系的构件实例放置在不同的节点上，部署视图可以展示出执行过程中的瓶颈。

实现视图使用构件图来表示，部署视图使用部署图来表示。有关构件图和部署图的细节内容，我们将在后面进行介绍。

7. 模型管理视图

模型管理视图是对模型自身组织进行的建模，是由自身的一系列模型元素（如类、状态机和用例）构成的包所组成的模型。模型是从某一视角以一定的精确程度对系统所进行的完整描述。模型是一种特殊的包。一个包（Package）还可以包含其他的包。整个系统的静态模型实际上可看成是系统最大的包，它直接或间接包含了模型中的所有元素内容。包是操作模型内容、存取控制和配置控制的基本单元。每一个模型元素包含或被包含于其他模型元素中。子系统是另一种特殊的包。它代表了系统的一个部分，它有清晰的接口，这个接口可作为一个单独的构件来实现。任何大的系统都必须分成几个小的单元，这使得人们可以一次只处理有限的信息，并且分别处理这些信息的工作组之间不会相互干扰。模型管理由包及包之间的依赖组成。模型管理信息通常在类图中表达。

2.3.2　图

UML 的本意是要成为一种标准的统一语言，使得 IT 专业人员能够进行计算机应用程序的建模。UML 与程序设计语言无关，Rational Rose 的 UML 建模工具被广泛应用于各种程序语言的开发中。

UML 作为一种可视化的建模语言，其主要表现形式就是将模型进行图形化表示。UML 规范严格定义了各种模型元素的符号，并且还包括这些模型和符号的抽象语法和语义。当在某种给定的方法学中使用这些图时，它使得开发中的应用系统更易于理解。UML 的内涵远不只是这些模型描述图，还包括这些图对这门语言及其用法背后的基本原理。最常用的 UML 图包括：用例图、类图、序列图、状态图、活动图、构件图和部署图。

前面按照视图的观点对 UML 进行了说明，在每一种视图中都包含一种或多种图。在本章中，不深入讨论每种图的细节问题。因此，下面仅对每种图进行简要说明，更详细的信息将在后面进行介绍。

1. 用例图

用例图描述了系统提供的一个功能单元。用例图的主要目的是帮助开发团队以一种可视化的方式理解系统的功能需求，包括基于基本流程的“角色”关系，以及系统内用例之间的关系。使用用例图可以表示出用例的组织关系，这种组织关系包括整个系统的全部用例或者是完成相关功能的一组用例。在用例图中画出某个用例方式就是在用例图中绘制一个椭圆，然后将用例的名称放在椭圆的中心或椭圆下面的中间位置。在用例图上绘制一个角色的方式是绘制一个人形的符号。角色和用例之间的关系可以使用简单的线段来描述，如图 2-3 所示。

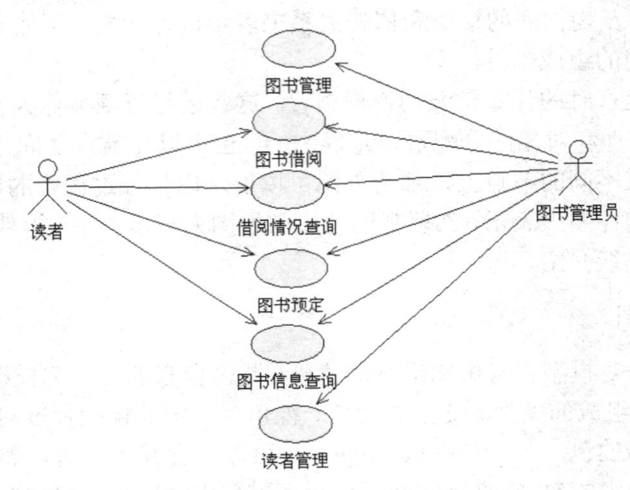

图 2-3 用例图示例

用例图通常用于表达系统或者系统范畴的高级功能。在图 2-3 中，可以很容易看出该系统所提供的功能。整个系统提供了图书管理、图书借阅、借阅情况查询、图书预定、图书信息查询和读者管理的功能。在这个系统中，允许读者进行图书借阅、借阅情况查询、图书预定和图书信息查询的功能。它也允许图书管理员进行所有功能的操作。

此外，在用例图中，没有列出的用例表明该系统不能完成的功能，或者说是这些功能和系统是不相关的。

2. 类图

类图显示了系统的静态结构，表示了不同的实体（人、事物和数据）是如何彼此关联的。类图可用于表示逻辑类，逻辑类通常就是用户的业务所谈及的事物，比如图书馆、图书等。类图还可用于表示实现类，实现类就是程序员处理的实体。实现类图或许会与逻辑类图显示一些相同的类。

类在类图的绘制上使用包含三个部分的矩形来描述，如图 2-4 所示。最上面的矩形部分显示类的名称，中间的矩形部分显示了类的各种属性，下面的矩形部分显示了类的操作或方法。

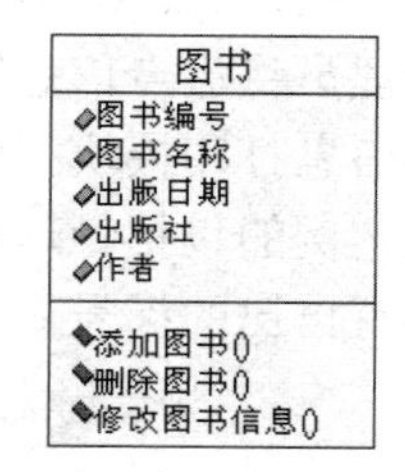

图 2-4 类图示例

类图的这种简单形式让每个开发人员都很容易知道类图是什么、如何去绘画基本类图。在类图中，需要注意的是对类与类之间关系的描述。类与类之间的关系通常有依赖、泛化和关联这三种关系，如果把接口也看成一种类，那么还有实现关系，即类对接口的实现。对于图 2-5 这样的类图，使用带有顶点指向父类的箭头的线段来绘制泛化关系，并且这种箭头是一个封闭的三角形。如果两个类都彼此知道对方，则应该使用实线来表示关联关系；如果只有其中一个类知道该关联关系，则使用非封闭的三角形箭头来表示（这种箭头也被称为开箭头）。还有一个类对接口的实现，使用带有顶点指向接口的箭头的线段来绘制，这种箭头仍然是一个封闭的三角形。

在图 2-5 中，可以看到泛化关系和关联关系。人员类是对图书管理员和读者的泛化。读者和图书信息相关联。

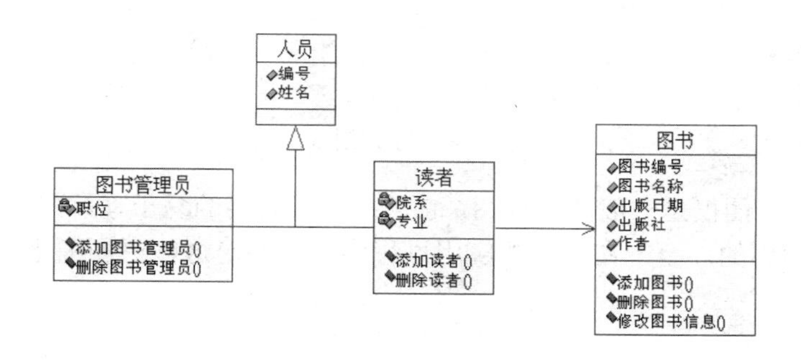

图 2-5 相对完整的类图示例

一个类图可以整合其他许多概念，这将在后面进行详细的介绍。

3. 序列图

序列图显示了一个具体用例或者用例一部分的一个详细流程。它几乎是自描述的，序列图不仅可以显示流程中不同对象之间的调用关系，还可以很详细地显示对不同对象的不同调用。序列图有两个维度：垂直维度也称时间维度，以发生的时间顺序显示消息或调用的序列；水平维度显示消息被发送到的对象实例。序列图在有的书中也被称为顺序图。

序列图的绘制和类图一样也是非常简单的。横跨图的顶部，每个框表示每个类的实例或对象。在框中，类实例名称和类名称之间使用冒号分隔开来，例如 myBook：Book，其中 myBook 是实例名称，Book 是类的名称。如果某个类实例向另一个类实例发送一条消息，则绘制一条具有指向接收类实例的开箭头的连线，并把消息或方法的名称放在连线上面。消息也分为不同的种类，可以分为同步消息、异步消息、返回消息和简单消息等。

对于序列图的阅读也是非常简单。从左到右启动序列的类实例，然后顺着每条消息往下阅读即可。图 2-6 是一个简单的序列图示例。

通过阅读图 2-6 中的示例序列图，可以明白管理员是如何获得盘点信息报表的过程。首先，管理员将盘点信息发送给操作员，操作员将信息审核后发送给商品盘点模块，商品盘点模块调用信息打印模块打印输出信息，最后操作员将盘点信息的打印报表给管理员。其中可以看作是类实例的包括管理员、操作员、商品盘点模块和信息打印模块。在每一步的操作和运行过程中，都有自己的标号，格式是标号、冒号和动作，如图 2-6 中所示。

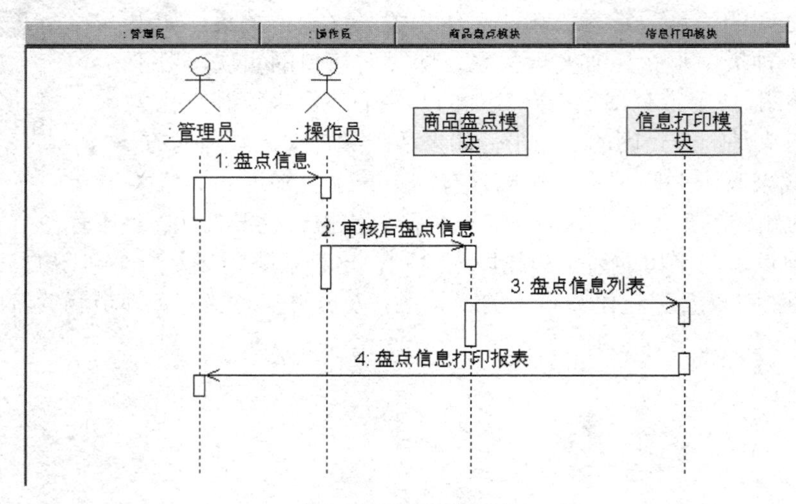

图 2-6　序列图示例

图 2-6 中的序列图仅是一般的序列图，它只显示了必要的易于理解的信息，以及一些对象是如何表示嵌套调用的。至于在实际的应用过程中，需要对这些更加细化一些。

4. 状态图

状态图表示某个类所处的不同状态以及该类在这些状态中的转换过程。虽然每个类通常都有自己的各种状态，但并不是每个类都需要有一个自己的状态图。只对“感兴趣的”或“需要注意的”的类才使用状态图进行描述。通常来讲，“感兴趣的”或“需要注意的”的类是那些在系统活动期间往往具有三个或更多种潜在状态的类。

如图 2-7 所示，这是一个银行账户的一个状态图。状态图的符号集包含下列五个基本的元素：

- 初始起点，使用一个实心圆来绘制。
- 状态之间的转换，使用具有开箭头的线段来绘制。
- 状态，使用圆角矩形来绘制。
- 判断点，使用空心圆来绘制。使用判断点可以根据不同的条件进入不同的状态下。
- 一个或者多个终止点，它们使用内部包含实心圆的圆来绘制。

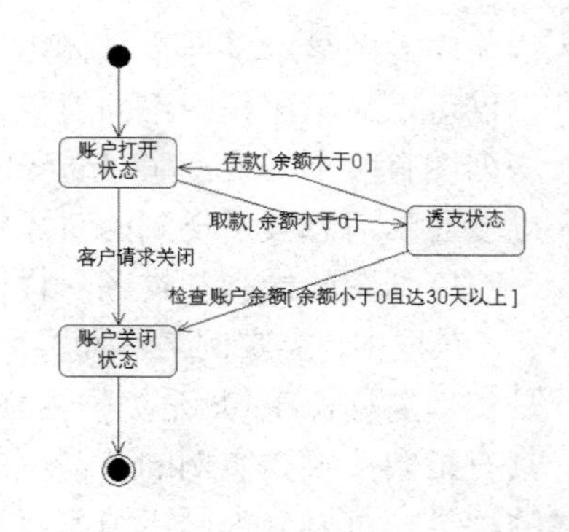

图 2-7　状态图示例

要绘制状态图，首先绘制起点和一条指向该类的初始状态的转换线段。状态本身可以在图上的任意位置绘制，然后只需使用状态转换线条将它们连接起来。

图 2-7 中的状态图表达这样一些信息：从中可以看出银行的账户最初处于账户打开状态。当客户取款时，如果账户的余额小于 0，则此时账户进入了透支状态。如果客户请求关闭，账户进入账户关闭状态。账户处于透支状态时，如果客户存款，使得账户的金额大于 0，这样账户就会直接进入打开状态。如果检查账户余额时，账户的余额小于 0，并且时间已经达到三十天以上了，那么这个账户直接进入关闭状态。

5. 活动图

活动图是用来表示两个或者更多的对象之间在处理某个活动时的过程控制流程。活动图能够在业务单元的级别上，对更高级别的业务过程进行建模，或者对低级别的内部类操作进行建模。和序列图相比，活动图更能够适合对较高级别的过程建模。

在活动图的符号上，活动图的符号集与状态图中使用的符号集非常类似，但是还有一些差别。在活动图中，和状态图一样，活动图的初始活动也是先由一个实心圆开始的。活动图的结束也和状态图一样，由一个内部包含实心圆的圆来表示。和状态图不同的是，活动是通过一个圆角矩形来表示的，可以把活动的名称包含在这个圆角矩形的内部。活动可以通过活动的转换线段连接到其他活动中，或者连接到判断点，这些判断点根据判断点的不同条件需要执行不同的动作。在活动图中，出现了一个新的概念就是泳道（Swimlane）。可以使用泳道来表示实际执行活动的对象。

如图 2-8 所示的活动图，具有两条泳道，表示两个对象的活动控制：销售人员和客户。沿箭头方向的活动或对象依次为：销售人员、确定客户需求、获取订单、客户、填写订单、付款、销售人员、交付订单、发货、客户、接受货物，最后结束。

该活动图中有两条泳道，显示出有两个对象控制着各自的活动：销售人员和客户。销售人员确定客户需求后，然后获取订单，将订单转交给客户，客户填写订单内容并且客户付款。销售人员交付已经付款的订单，然后发货给客户，客户接受货物完成整个货物的交易。在这个过程中，两个对象各自扮演着自己的角色，完成整个销售活动。该活动图还表明，客户接受货物是整个过程中的最后一步。

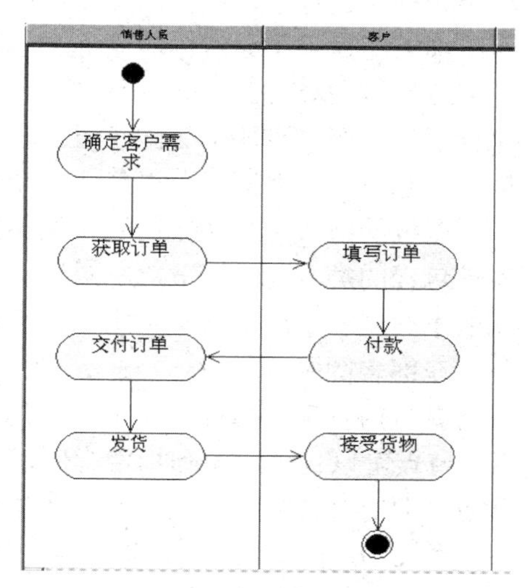

图 2-8　活动图示例

6. 构件图

前面所提到的这些图提供的都是系统的逻辑视图，但是要指出某些功能实际存在于哪些地方，还需要构件图来表示。构件图提供了系统的物理视图，它是根据系统的代码构件来显示系统代码的整个物理结构。其中，构件可以是源代码组件、二进制组件或可执行组件等。在构件中，包含它需要实现的一个或多个逻辑类的相关信息，从而也就创建了一个从逻辑视图到构件视图的映射，根据构件的相关信息很容易就分析出构件之间的依赖关系，并可以指出其中某个构件的变化将会对其他的构件产生什么样的影响。总之，构件图的用途是显示系统中的某些构件对其他一些构件的依赖关系。

一般来说，构件图最经常用于实际的编程工作中。在以构件为基础的开发（CBD）中，构件图为系统架构师提供了一个为解决方案进行建模的自然形式。

如图 2-9 所示，显示了一个构件图。它包含了四个构件，分别是报表工具、Web 服务、Servlet API 和 JDBC API。从报表工具构件指向 Web 服务、Servlet API 和 JDBC API 构件的带箭头的线段，表示出报表工具构件依赖于这三个构件。

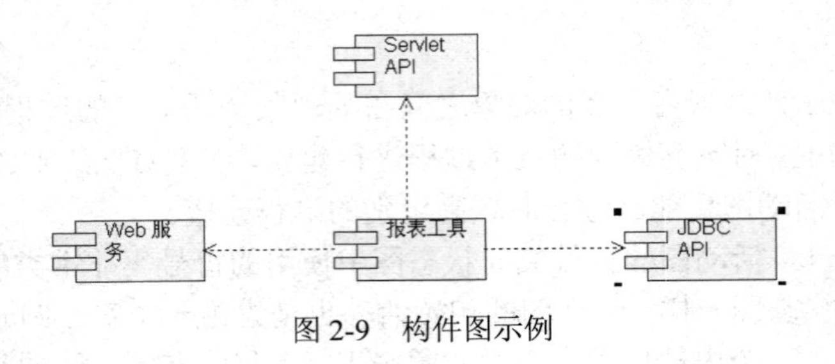

图 2-9　构件图示例

7. 部署图

部署图是用于表示该软件系统如何部署到硬件环境中，它显示出在系统中的不同构件在何处运行，即彼此的物理连接和分布，以及如何进行彼此的通信。部署图对系统运行情况的物理连接和分布进行了建模，因此系统的生产人员就能够很好地利用这种图来部署实际的系统。

部署图显示了系统中的硬件和软件的物理结构。这些部署图可以显示实际的计算机和设备（节点），以及它们之间必要的连接，同时也包括这些连接的类型。在部署图中显示的节点内，包含了如何在节点内部分配了可执行的构件和对象，以显示这些软件单元在某个节点上的运行情况。并且，部署图还可以显示各个构件之间的依赖关系。

系统的部署图从系统的物理结构的节点来显示属于该节点的构件，然后使用构件图显示该构件包含的类，接着使用交互图显示该类的对象参与的交互，最终到达某个用例。可以说，系统的不同视图是用来在总体上给出系统一个整体的、一致的描述。

在部署图中，图的符号表示增加了节点的概念。节点用来表示计算资源运行时的物理对象，通常具有内存和处理能力。节点可能具有用来辨别各种资源的构造型，如 CPU、设备和内存等。节点可以包含对象和构件实例，一个节点可以代表一台物理机器，或代表一个虚拟机器的节点。要对节点进行建模，只需绘制一个三维立方体，节点的名称位于立方体的上部。

图 2-10 中的部署图表明，用户使用运行在本地机器上的浏览器访问应用服务器，并通过 HTTP 协议连接到应用服务器上。此图还表明应用服务器通过 ODBC 数据库接口连接到它的数据库服务器上。客户端浏览器、应用服务器和数据库服务器包含了实际部署的所有节点。

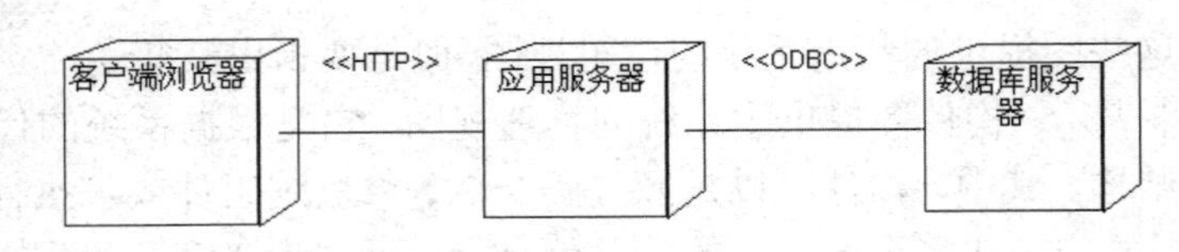

图 2-10　部署图示例

2.3.3 模型元素

可以在图中使用的基本概念统称为模型元素。模型元素使用相关的语义、关于元素的正式定义和确定的语句来准确定义。模型元素在图中用相应的元素符号来表示。模型元素可以划分为面向对象的事物的描述和对事物关系的描述。利用相关元素符号可以把模型元素形象直观地表示出来。一个元素符号可以存在于多个不同类型的图中，但是具体以怎样的方式出现要依据图的相关规则来确定。下面按照事物和关系来划分这些模型元素并加以说明。

1. 事物

事物是 UML 模型中面向对象的基本模块，它们在模型中属于静态部分。事物作为对模型中最具有代表性的成分的抽象，在 UML 中，定义了四种基本的面向对象的事物，分别是结构事物、行为事物、分组事物和注释事物。

（1）结构事物（Structural Thing）

结构事物是 UML 模型中的名词部分，这些名词往往构成模型的静态部分，负责描述静态概念和客观元素。在 UML 规范中，一共定义了七种结构事物。这七种结构事物分别是类、接口、协作、用例、主动类、构件和节点。下面分别对这七种结构事物进行说明。

- 类（Class）。如前面所叙述的一样，UML 中的类完全对应于面向对象分析中的类，它具有自己的属性和操作。因而在描述的模型元素中，也应当包含类的名称、类的属性和类的操作。它和面向对象的类拥有一组相同属性、相同操作、相同关系和相同语义的抽象描述。一个类可以实现一个或多个接口。类的可视化描述通常如图 2-11 所示。
- 接口（Interface）。接口由一组操作的定义组成，但是它不包括对操作的实现进行详细的描述。接口用于描述一个类或构件的一个服务的操作集。它描述元素的外部可见的操作。一个接口可以描述一个类或构件的全部行为或部分行为。接口很少单独存在，往往依赖于实现接口的类或构件。接口的图形表示如图 2-12 所示。

图 2-11 类的一般表示方法　　　　图 2-12 接口的一般表示方法

- 协作（Collaboration）。协作用于对一个交互过程的定义，它是由一组共同工作以提供协作行为的角色和其他元素构成的一个整体。通常来说，这些协作行为大于所有元素行为的总合。一个类可以参与到多个协作中，在协作中表现了系统构成模式的实现。在 Rational Rose 中，没有给协作提供单独的符号，在标准的 UML 符号元素中，它的符号如图 2-13 所示。
- 用例（Use case）。用例用于表示系统所提供的服务，它定义了系统是如何被参与者所使用的，它描述的是参与者为了使用系统所提供的某一完整功能而与系统之间发生的一段交互行为。用例是对一组动作序列的抽象描述。系统执行这些动作将产生一个对特定的参与者有价值而且可观察的结果。用例可结构化系统中的行为事物，从而可视化地概括系统需求。用例的表示如图 2-14 所示。

图 2-13　协作的可视化表示方法　　　　图 2-14　用例的表示方法

- 主动类（Active class）。主动类的对象（也称主动对象）有自动启动控制的活动，因为主动对象本身至少拥有一个进程或线程，每个主动对象由它自己的事件驱动控制线程来控制与其他主动对象并行执行。被主动对象所调用的对象是被动对象。它们只在被调用时接受控制，而当它们返回时将控制摒弃。被动对象被动地等待其他对象向它发出请求，这些对象所描述的元素的行为与其他元素的行为并发执行。主动类的可视化表示和一般类的表示相似，特殊的地方在于其外框为粗线。在许多 UML 工具中，主动类的表示和一般类的表示并无区别。在后面有关协作图的章节中，会对主动对象进行详细的介绍。
- 构件（Component）。构件是定义良好接口的物理实现单元，它是系统中物理的、可替代的部件。它遵循且提供一组接口的实现，每个构件体现了系统设计中特定类的实现。良好定义的构件不直接依赖于其他构件而依赖于构件所支持的接口。在这种情况下，系统中的一个构件可以被支持正确接口的其他构件所替代。在每个系统中都有不同类型的部署构件，如 JavaBean、DLL、Applet 和可执行 exe 文件等。在 Rational Rose 中，使用如图 2-15 所示的形式来表示构件。
- 节点（Node）。节点是系统在运行时切实存在的物理对象，表示某种可计算资源，这些资源往往具有一定的存储能力和处理能力。一个构件集可以驻留在一个节点内，也可以从一个节点迁移到另一个节点。一个节点可以代表一台物理机器，或代表一个虚拟机器的节点。在 Rational Rose 中，包含两种节点，分别是设备节点和处理节点。这两种节点的表示方式如图 2-16 所示，它们在图形表示上稍有不同。

图 2-15　构件的表示方法　　　　图 2-16　两种不同类型的节点表示方法

（2）行为事物（Behavioral Thing）

行为事物是指 UML 模型的相关动态行为，是 UML 模型的动态部分，它可以用来描述跨越时间和空间的行为。行为事物在模型中通常使用动词来表示，例如“上课”“还书”等。可以把行为事物划分为两类，分别是交互和状态机。

- 交互（Interaction）。交互是指在特定的语境（Context）中，一组对象为共同完成一定的任务，而进行的一系列消息交换而组成的动作，以及在消息交换的过程中形成的消息机制。因此，在交互中包括一组对象、连接对象间的消息，以及消息发出的动作形成的有序序列和对象间的普通连接。交互的可视化表示主要通过消息来表示。消息由带有名字或内容的有向箭头来表示，如图 2-17 所示。
- 状态机（State Machine）。状态机是一个类的对象所有可能的生命历程的模型，因此状态机可用于描述一个对象或一个交互在其生命周期内所经历的状态序列。当对象探测到一个外部事件后，它依照当前的状态做出反应，这种反应包括执行一个相关动作或转换到一个新的状态中去。单个类的状态变化或多个类之间的协作过程都可以用状态机来描述。利用状态机可以精确地描述类对象的行为。状态的可视化表示如图 2-18 所示。

图 2-17　消息的表示方法　　　　图 2-18　状态的表示方法

（3）分组事物（Grouping Thing）

分组事物是 UML 对模型中的各种组成部分进行事物分组的一种机制。可以把分组事物当成是一个“盒子”，那么不同的“盒子”就存放不同的模型，从而模型在其中被分解。目前只有一种分组事物，即包（Package）。UML 通过包（Package）这种分组事物来实现对整个模型的组织，包括对组成一个完整模型的所有图形建模元素的组织。

包是一种在概念上对 UML 模型中各个组成部分进行分组的机制，它只存在于系统的开发阶段。在包中可以包含有结构事物、行为事物和分组事物。包的使用比较自由，可以根据自己的需要划分系统中的各个部分，例如可以按外部 Web 服务的功能来划分这些 Web 服务。包是用来组织 UML 模型的基本分组事物，它也有变体，如框架、模型和子系统等。包的表示方法如图 2-19 所示。

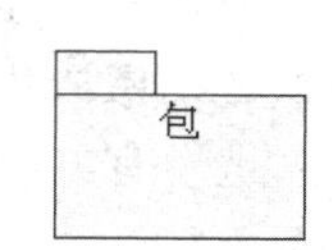

图 2-19　包的表示方法

（4）注释事物（Annotational Thing）

注释事物是 UML 模型的解释部分，用于进一步说明 UML 模型中的其他任何组成部分。我们可以用注释事物来描述、说明和标注整个 UML 模型中的任何元素。有一种最主要的注释事物，称为注释（Note，或称为注解）。

注释是依附于某个元素或一组建模元素之上，对这个或这一组建模元素进行约束或解释的简单注释符号。注释的一般形式是简单的文本说明。注释可以帮助我们更加详细地解释要说明的模型元素所代表的内容。注释的符号表示如图 2-20 所示。在方框内，填写需要注释的内容。

注释的内容

图 2-20　注释的符号表示方法

2. 关系

在前文提到，UML 模型是由各种事物以及这些事物之间的各种关系构成的。关系是指支配、协调各种模型元素存在并相互作用的规则。UML 中主要包含四种关系，分别是依赖、关联、泛化和实现。

（1）依赖（Dependency）关系

依赖关系指的是两个事物之间的一种语义关系，当其中一个事物（独立事物）发生变化就会影响另外一个事物（依赖事物）的语义。如图 2-21 所示，反映了事物 NewClass 依赖于事物 NewClass2。

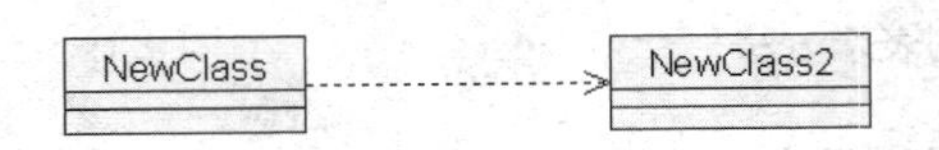

图 2-21　依赖关系示例

（2）关联（Association）关系

关联关系是一种事物之间的结构关系，用它来描述一组链，链是对象之间的连接。关联关系在系统开发中经常会被用到，系统元素之间的关系如果不能明显地由其他三类关系来表示，都可以被抽象成为关联关系。关联关系可以是聚合（Aggregation）或组合（Composition），也可以是没有方向的普通关联关系。聚合是一种特殊类型的关联，它描述了整体和部分间的结构关系。组合也是一种关联关系，描述了整体和部分间的结构关系，表示部分是不能够离开整体而独立存在。如图 2-22 所示，反映了职员和经理之间的关联关系。职员是雇员，经理是雇主，这是对这种关联关系角色的定义。

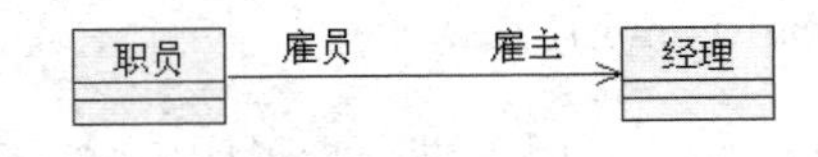

图 2-22　关联关系示例

（3）泛化（Generalization）关系

泛化关系是事物之间的一种特殊/一般关系，特殊元素（子元素）的对象可替代一般元素（父元素）的对象，也就是在面向对象的方法论中常常提起的继承。通过继承，子元素具有父元素的全部结构和行为，并允许在此基础上再拥有自身特定的结构和行为。在系统开发过程中，泛化关系的使用并没有什么特殊的地方，只要注意能清楚明了地刻画出系统相关元素之间所存在的继承关系即可。如图 2-23 所示，反映了货车和运输工具之间的泛化关系。

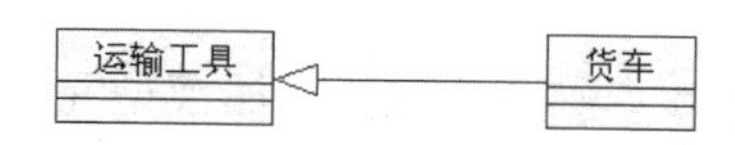

图 2-23　泛化关系示例

（4）实现（Realization）关系

实现关系也是 UML 元素之间的一种语义关系，它描述了一组操作的规约和一组对操作的具体实现之间的语义关系。在系统的开发中，通常在两个地方需要使用实现关系，一种是用在接口和实现接口的类或构件之间；另一种是用在用例和实现用例的协作之间。当类或构件实现接口时，表示该类或构件履行了在接口中规定的操作。如图 2-24 所示，描述的是类对接口的实现。

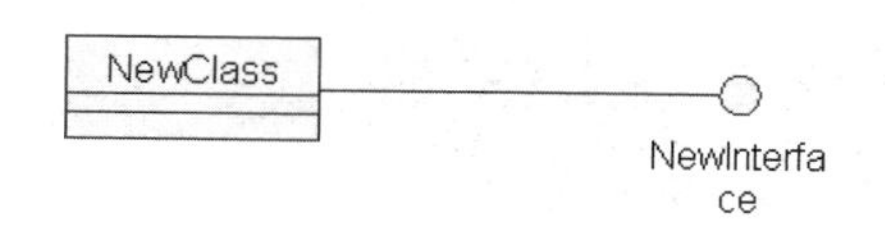

图 2-24　实现关系示例

2.4　UML 的公共机制

在 UML 中，共有四种贯穿于整个统一建模语言并且一致应用的公共机制，这四种公共机制分别是规格说明、修饰、通用划分和扩展机制。我们通常会把规格说明、修饰和通用划分看作为 UML 的通用机制。其中扩展机制可以再划分为构造型、标记值和约束。

这四种公共机制的出现使得 UML 的语义描述变得较为简单，下面将对 UML 的通用机制和扩展机制进行说明。

2.4.1　UML 的通用机制

UML 提供了一些通用的公共机制，使用这些通用的公共机制（简称通用机制）能够使 UML 在各种图中添加适当的描述信息，从而完善 UML 的语义表达。通常，使用模型元素的基本功能不能够全面地表达所要描述的实际信息，这些通用机制可以有效地帮助更加全面的表达，以助于我们进行更有效的 UML 建模。UML 提供的这些通用机制，贯穿于整个建模过程的方方面面。前面提到，UML 的通用机制包括规格说明、修饰和通用划分三个方面，下面分别对这三个方面进行说明。

1. 规格说明（Specification）

如果把模型元素当成一个对象来看待，那么模型元素本身也应该具有很多的属性，这些属性用于维护属于该模型元素的数据值。属性是使用名称和标记值（Tagged Value）来定义的。标记值指的是一种特定的类型，可以是布尔型、整型或字符型，也可以是某个类或接口的类型。UML 中对于模型元素的属性有许多预定义说明，例如在 UML 类图中的 Export Control，这个属性指出该类对外是 Public、Protected、Private 还是 Implementation。有时候也将这个属性的具体内容称为模型元素的特性。

模型元素的实例需要附加的相关规格说明来添加模型元素的特性，最简单的方式是用鼠标双击某个模型元素，然后弹出一个关于该元素规格说明的窗口，在这个窗口内显示了该模型元素的所有特性。如图 2-25 所示，它是一个关于类的规格说明。

2. 修饰（Adornment）

在 UML 的图形表示中，每一个模型元素都有一个基本符号，这个基本符号可视化地表达了模型元素最重要的信息。用户也可以把各种修饰细节加到这个符号上以扩展它的含义。这种添加修饰细节的做法可以使图中的模型元素在视觉效果上发生一些变化。例如，在用例图中，使用特殊的小人来表达 Business Actor，如图 2-26 所示。该表示方法相对于参与者的表示发生了颜色和图形方面的细微变化。

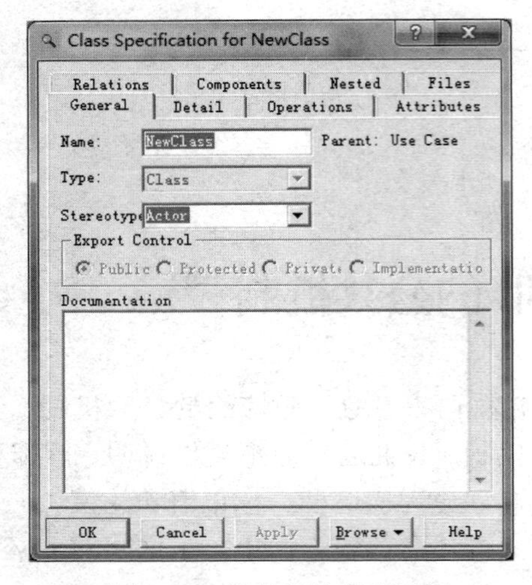

图 2-25　类的规格说明示例

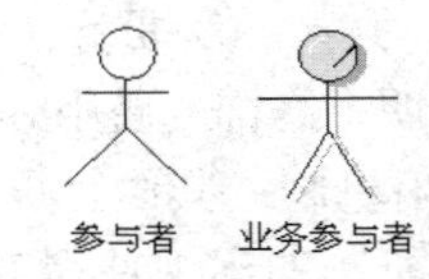

图 2-26　Business Actor 图形表示

不仅在用例图中，在其他的一些图中也可以使用修饰，例如，在类图中，把类的名称用斜体来标识以表示该类是抽象类等。这类修饰的用法，在这里就不一一举例了。

另外，有一些修饰包含了对关系多重性的规格说明。这里的多重性是指用一个数值或一个范围来指明关联到一定数目的实例。在 UML 图中，通常用修饰来添加信息并放在元素的旁边。如图 2-27 所示，这里的修饰表达了一个教师可以教一位到多位学生。

在 UML 众多的修饰符中，还有一种修饰符是比较特殊的，那就是前文提到的注释（Note）。注释是一种非常重要的并且能单独存在的修饰符，用它可以附加在模型元素或元素集上用来表示约束或注释信息。如图 2-28 所示，这是对图书类的注释示例。

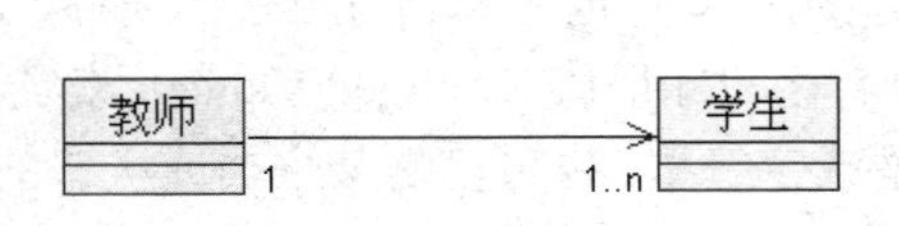

图 2-27　有数目关系的修饰示例

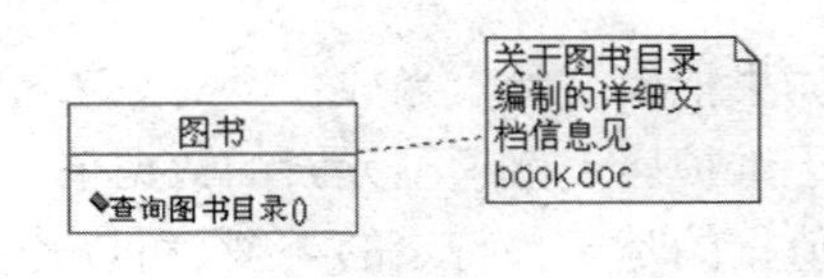

图 2-28　对于图书类的注释示例

3. 通用划分（General Division）

通用划分是一种保证不同抽象概念层次的机制。通常可以采用两种方式进行通用划分，一种是对类和对象的划分，另外一种是对接口和实现的分离。类和对象的划分是指类是一个抽象而对象是这种抽象的实例化。接口和实现的分离是指接口声明了一个操作接口，但是却不实现其内容，而实现则表示了对该操作接口的具体实现，它负责如实地实现接口的完整语义。

类和对象的划分保证了实例及其抽象的划分，从而使得对一组实例对象的公共静态和动态特征无需一一管理和实现，只需要抽象成一个类，通过类的实例化实现对对象实体的管理。接口和实现的划分则保证了一系列操作的规约和不同类对这些操作的具体实现。

2.4.2 UML 的扩展机制

尽管 UML 已经是一套功能较强、表现力非常丰富的建模语言，但是有时仍然难以准确表达模型的许多细小方面。为此，UML 的开发者们为 UML 设计了一种简单通用的扩展机制，用户可以使用扩展机制对 UML 进行扩展和调整，以便使其与一个特定的方法、组织或用户相一致。扩展机制是对已有的 UML 语义按不同系统的特点合理地进行扩展的一种机制。下面将介绍三种扩展机制，它们分别是构造型（Stereotype）、标记值（Tagged Value）和约束（Constraint）。

构造型扩充了 UML 的词汇表，允许针对不同的问题，从已有的基础上创建新的模型元素。标记值扩充了 UML 的模型元素属性，允许在模型元素的规格中创建新的信息。约束扩充了 UML 模型元素的语义，允许添加新的限制条件或修改已有的限制条件。使用这些扩展机制能够让 UML 满足各种开发领域的特别需要。

1. 构造型（stereotype）

在对系统建模的时候，会发现现有的一些 UML 构造块在一些情况下不能完整无歧义地表示出系统中的每一元素的含义，因此需要利用构造型来扩展 UML 的词汇，可以利用它来创造新的构造块，这个新创造的构造块既可以从现有的构造块派生，又专门针对我们要解决的问题。

构造型就像在模型元素的外面重新添加了一层外壳，这样就在模型元素上又加入了一个额外语义。通常来讲，由于构造型是对模型元素相近的扩展，所以一个元素的构造型和原始的模型元素经常使用在同一场合。构造型可以是基于各种类型的模型元素，比如构件、类、节点以及各种关系等。对构造型的使用通常是使用那些已经在 UML 中预定义了的构造型，这些预定义的构造型在 UML 的规范以及介绍 UML 的各种书中都有可能找到。

构造型的一般表现形式为使用“<<”和“>>”包含构造型的名称，例如<<use>>、<<extends>>等。<<use>>和<<extends>>构造型的名字就是由 UML 预定义的。使用这些预定义的构造型用于调整一个已存在的模型元素，而不是在 UML 工具中添加一个新的模型元素。这种策略保证了 UML 工具的简单性。突出的表现在对关系的构造型的表示上。比如在用例图中，对两个用例进行关联。可以使用如图 2-29 所示的方式简单表示“依赖或实例化”关系。如果要使用附加的构造型，只需要用鼠标双击关系的连线，在弹出的对话框的“Stereotype”选项中选

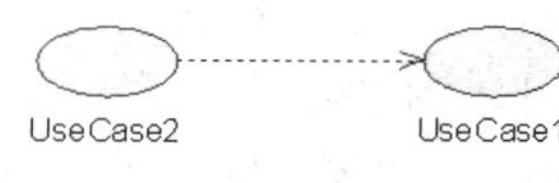

图 2-29　未适用构造型示例

择相应的构造型即可。假设选择“include”关系，效果则如图 2-30 所示，在关系的表示上，只需要添加相应构造型即可。

构造型的表现形式并不都是使用“<<”和“>>”来表示，有的是通过图形的改变来表示的。比如，某个类，使用的构造型是“Service”，在 Rational Rose 中它的表示方法如图 2-31 所示。

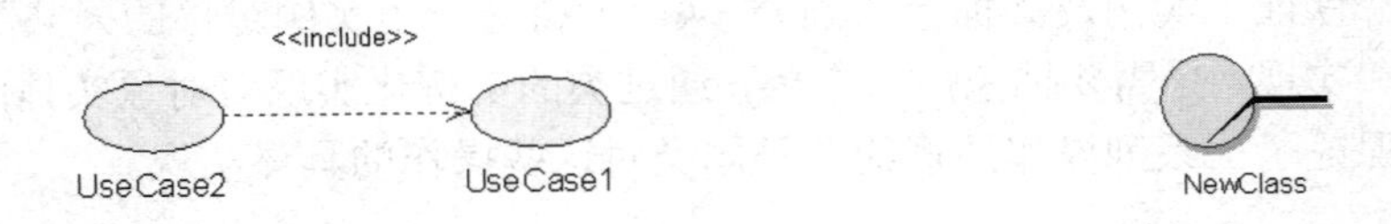

图 2-30　使用“include”构造型示例　　　　图 2-31　“Service”的构造型表示

用户也可以自己来定义构造型，即用户自定义构造型，其格式按照构造型的一般表现形式来表示。

综上所述，构造型是一种优秀的扩展机制，它能够有效地防止 UML 变得过度复杂，同时还允许用户进行必要的扩展和调整。

2. 标记值（Tagged Value）

标记值是由一对字符串构成，这对字符串包含一个标记字符串和一个值字符串，用来存储有关模型元素或表达元素的一些相关信息。标记值，可以用来扩展 UML 构造块的特性，也可以根据需要来创建详述元素的新元素。标记值可以与任何独立元素相关，包括模型元素和表达元素。标记值是当需要对一些特性进行记录的时候而给定元素的值。

通过标记值可以将各种类型的信息都附属到某个模型元素上。如元素的创建日期、开发状态、截止日期和测试状态等。将这些信息进行划分，则主要包括：对特定方法的描述信息、建模过程的管理信息（如版本控制、开发状态等）、附加工具的使用信息（如代码生成工具），或者是用户自定义连接的信息。

标记值用字符串表示，字符串由标记名、等号和值构成，一般表现形式为“{标记名=标记值}”。各种标记值被规则地放置在大括弧内。如图 2-32 所示，它是关于一个版本控制信息的标记值。

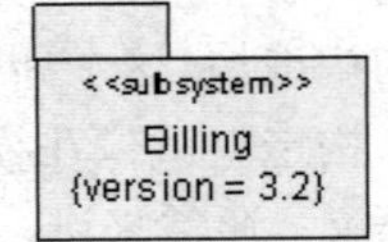

图 2-32　版本信息的标记值

3. 约束（Constraint）

如果需要对 UML 构造块的语义进行扩展，就可以使用约束机制，这种机制用于扩展 UML 构造块的语义，允许建模者和设计人员增加新的规则和修改现有的规则。约束可以在 UML 工具中预定义，也可以在某个特定需要的时候再进行添加。约束可以表示 UML 规范中不能表示的语义关系。

约束使用大括号和大括号内的字符串表达式来表示，即约束的表现形式为“{约束的内容}”。约束可以附加在表元素、依赖关系或注释上。例如，“{信息的等待时间小于 10 秒钟}”。

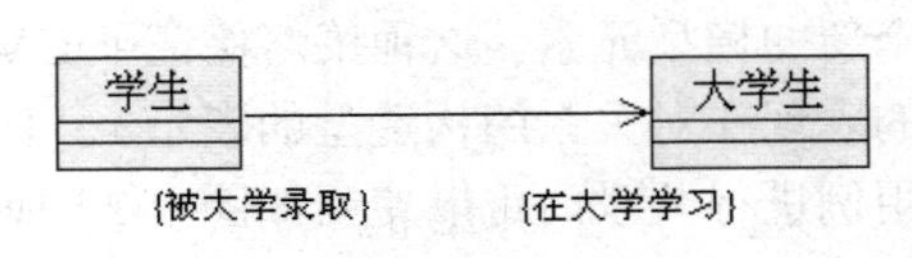

图 2-33　约束条件示例

图 2-33 显示了学生类和大学生类之间的关联关

系。但是，要具体地表达就需要定义一定的约束条件。例如只有学生被大学录取才能被称为大学生、大学生应该是在校学习的。在定义了这些约束以后，分别加入到对应的元素中。这些约束信息能够有助于对系统的理解和准确地应用系统，因此，在定义约束信息时，应尽可能准确地去定义这些约束信息。一个不佳的约束定义还不如不去定义。

在上述情况下，约束是在图中直接定义的，不过，前文也提到，约束是可以被预定义的，它可以被当作一个带有名称和规格说明的约束，并且在多个图中使用。要想进行这种定义，就需要依赖一种语言来表达约束，这种语言被称为对象约束语言（Object Constraint Language，OCL）。下一小节来介绍这种对象约束语言。

2.5 UML对象约束语言

对象约束语言（Object Constraint Language，OCL）是一种能够使用工具来进行解释和表达UML约束的标准方法。前文讲解约束的时候提到，在实际建模的过程中，约束可以在UML工具中预定义，也可以在某个特定需要的时候再进行添加。与此对应，建模人员也有两种方式来使用字符串进行表达约束：一种是利用规范的对象约束语言来表达；另外一种就是使用自然语言进行表达。对象建模语言只是对那些使用模型驱动架构开发的人员或者力求让他们的模型能以任意方式执行的建模人员来说是非常有用的。在这里，深入探讨对象约束语言，只简单介绍对象约束语言的特征和基本内容。

对象约束语言包含如下四个特性：

（1）对象约束语言不仅是一种查询（Query）语言，同时还是一种约束（Constraint）语言。

（2）对象约束语言是基于数学的，但是却没有使用相关数学符号的内容。

（3）对象约束语言是一种强类型的语言。

（4）对象约束语言也是一种声明式（Declarative）语言。

对象约束语言的基本内容包含对象约束语言的元模型结构、对象约束语言的表达式结构和各种条件。这些条件包括不变量、前置条件和后置条件。

对象约束语言提供了一套能够使用工具来进行解释和表达UML约束的标准方法。有关对象约束语言的更加详细的信息，请参阅相关的规范。

2.6 本章小结

在本章中，对UML做了一个整体的概述，有助于读者在宏观上把握UML的基本内容，为后续章节的学习打下基础。本章首先介绍了UML的起源和发展的历程，接着介绍了UML的目标，并对UML的目标主要包括的几个方面进行归纳概述。然后重点介绍了UML的概念范围，对UML的概念进行阐述，分别从视图、图和模型元素这三个方面进行说明。

在下一章中，我们将介绍UML建模工具Rational rose。

习题二

1. 填空题

（1）在 UML 中主要包括的视图为_______、______、交互视图、______、______、物理视图和________。

（2）UML 图包括：_______、______、序列图、______、活动图、_______和________。

（3）用例视图描述系统的________与系统进行交互的功能，是________所能观察和使用到的系统功能的模型图。一个________是系统的一个功能单元，是________与系统之间进行的一次交互作用。

（4）________是通过对象的各种状态建立模型来描述对象随时间变化的动态行为，并且它是以独立的对象为中心进行描述的。

（5）________的主要目的是帮助开发团队以一种可视化的方式理解系统的功能需求，包括基于基本流程的“角色”关系，以及系统内________之间的关系。

（6）在 UML 中，定义了四种基本的面向对象的事物，分别是_______、______、分组事物和________等。

2. 选择题

（1）UML 图不包括_____。

（A）用例图　　（B）类图

（C）状态图　　（D）流程图

（2）下列关于视图的说法不正确的是________。

（A）用例视图描述了系统的参与者与系统进行交互的功能

（B）交互视图描述了执行系统功能的各个角色之间相互传递消息的顺序关系

（C）状态机视图是通过对象的各种状态建立模型来描述对象随时间变化的动态行为

（D）构件视图表示运行时的计算资源（例如计算机以及它们之间的连接）的物理分布

（3）构件不包括______。

（A）源代码构件　　（B）二进制构件

（C）UML 图　　（D）可执行构件

（4）下列关于交互视图说法正确的是_____。

（A）交互视图描述了执行系统功能的各个角色之间相互传递消息的顺序关系，是描绘系统中各种角色或功能交互的模型

（B）交互视图包含类图和序列图

（C）交互视图的主要目的是帮助开发团队以一种可视化的方式理解系统的功能需求

（D）交互视图是参与者所能观察和使用到的系统功能的模型图

（5）下列关于对象约束语言的特性，说法不正确的是______。

（A）对象约束语言不仅是一种查询（Query）语言，同时还是一种约束（Constraint）语言

（B）对象约束语言是一种弱类型的语言

（C）对象约束语言是基于数学的，但是却没有使用相关数学符号的内容

（D）对象约束语言也是一种声明式（Declarative）语言

3. 简答题

（1）简述 UML 的起源与发展。

（2）简述 UML 的目标。

（3）在 UML 中包含哪些视图？这些视图都对应哪些图？

（4）静态视图有什么作用？

（5）UML 中都包含哪些图？简述这些图的作用。

（6）简述包的作用？

（7）UML 中的模型元素的关系主要有哪些？

（8）简述 UML 的公共机制。

第 3 章

Rational Rose 概述

在目前许多支持 UML 的工具中，Rational Rose 算得上是最出名的分析和设计面向对象软件系统的可视化工具。总的来说，Rational Rose 是一个完全的、具有能满足所有建模环境（包括 Web 开发、数据库建模以及各种开发工具和语言）需求能力和灵活性的一套解决方案。Rational Rose 允许系统开发人员、系统管理人员和系统分析人员在软件的各个开发周期内，建立系统的需求和体系结构的可视化模型，并且能够将这些需求和体系结构的可视化模型转换成代码，帮助系统开发。

本章将介绍 UML 的主流开发工具——Rational Rose，包括它的起源和发展、如何支持 UML 以及其他相关的技术等。通过本章的学习，希望读者能够对 Rational rose 有个大致的了解，便于读者学会使用 Rational Rose 这种复杂的建模工具。本章学习的重点是 Rational Rose 的四种视图模型。

3.1 Rational Rose 的起源

Rational Rose 是由 Rational 软件开发公司设计、开发的一种重要的可视化建模工具。在前面所提到的对于 UML 的创建有着特殊贡献的人物——Grady Booch、Jim Rumbaugh 和 Ivar Jacobson 三人，他们都曾经在 Rational 软件开发公司担任首席工程师。由于这三位在 UML 和面向对象领域大师级人物的贡献，使得 Rational Rose 成为可视化软件建模工具的首选。2003 年 10 月，Rational 软件开发公司合并到 IBM 公司之后，IBM 公司为 Rational 系列建模工具的发展推出了一系列的工具。Rational Rose 在发布的每一时期的版本中通常包含以下三种工具：

- Rose Modeler：仅仅用于创建系统模型，但不支持代码生成和逆向工程。
- Rose Professional：可以创建系统模型，包含了 Rose Modeler 的功能，并且还可以使用一种语言来进行代码的生成。
- Rose Enterprise：Rose 的企业版工具，支持前面的 Rose 工具的所有功能。并且支持各种语言，包括 C++、Java、Ada、CORBA、Visual Basic、COM、Oracle8 等，还包括对 XML 的支持。模型的组件还可以使用不同语言来生成。

3.2　Rational Rose 对 UML 的支持

像 UML 这样一种既复杂又覆盖面广泛的建模语言，它的使用需要良好的建模工具来支持，如果没有很好的工具进行支持，那么大量的 UML 图的维护、同步，以及提供一致性等工作几乎是不可能实现的。Rational Rose 建模工具能够为 UML 提供很好的支持，下面从以下六个方面来进行说明：

（1）Rational Rose 为 UML 提供了基本的绘图功能。为 UML 提供基本的绘图功能是 Rational Rose 作为一个建模语言工具的基础。Rational Rose 提供了众多的绘图元素，形象化的绘图支持使得绘制 UML 图形变得轻松有趣。Rational Rose 工具不仅对 UML 的各种图中元素的选择、放置、连接以及定义提供了卓越的机制，还提供了用以支持和辅助建模人员绘制正确图的机制。当图中的一个元素用法不当或一个特定操作与其他的操作不一致时，Rational Rose 就会向用户发出一条警告信息。例如，在用例视图中，如果创建了一个名称为“教师”的类，那么再到逻辑视图中创建一个“教师”的类时就会出现一条警告信息为“Class ‘教师’ now exists in multiple name spaces”。

Rational Rose 同时也提供了对 UML 的各种图的布局设计的支持，包括允许建模人员能够重新排列各种元素，并且自动重新排列那些表示消息的直线，以便这些直线互不交错。

（2）Rational Rose 为模型元素提供了存储库。Rational Rose 的支持工具维护着一个模型库，这个模型库相当于一个数据库，该数据库中包含模型中使用的各种元素的所有信息。这个模型库包含了整个模型的基本信息，用户可以通过各种图来查看这些信息，如图 3-1 所示。

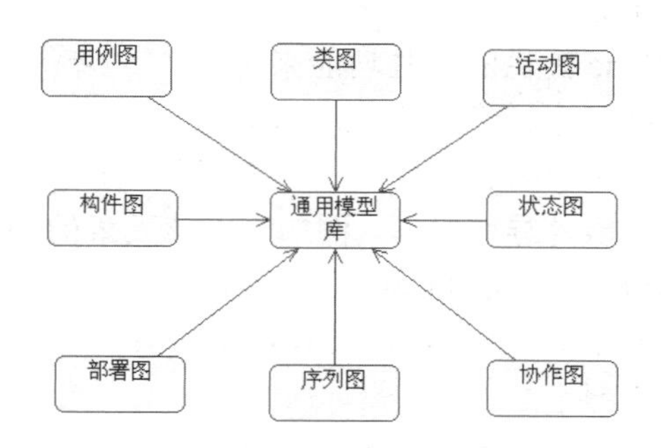

图 3-1　Rational 通用模型库示例

Rational Rose 通用模型库提供了一个包含了来自于所有图（这些图是为了确保模型的一致

性）的全部信息的模型库，并且该模型库使得通用工具能够进行文档化和重用。

借助于模型库提供的支持，Rational Rose 建模工具可以执行以下几项任务：

- 非一致性检查。如果某个元素在一个图中的用法与其他图中的不一致，那么 Rational Rose 就会提出警告或禁止这种行为。
- 审查功能。利用 Rational Rose 模型库中的信息，我们可以通过 Rational Rose 提供的相关功能对模型进行审查，指出那些还未明确定义的部分，显示出那些可能的错误或不合适的解决方案。我们可以通过选择“Tools”（工具）下的“Check Model”（审查模型）选项来进行模型信息的审查。
- 报告功能。Rational Rose 可以通过相关功能产生关于模型元素或图的相关报告，例如，我们可以选择“Report”（报告）下的“Show Usage”（显示使用情况）选项来报告在图中的某个模型元素的使用情况，假设选择的是一个类，名称为“教师”，如果这个类没有被使用到，就会出现这样的提示信息：“No Diagrams where class 教师 is used”。
- 重用建模元素和图功能。对于已创建的模型，Rational Rose 支持重复使用这个模型中的模型元素和图，这样，在一个项目创建的建模方案或部分方案可以很容易地重用于另一个项目的建模方案。在 Rational Rose 中，提供了单元控制（Unit Control）功能，通过该功能可以在多人协作分析设计时，每个人可以通过它来实现不同的包。

（3）Rational Rose 为各种视图和图提供了导航功能。为了给用户带来方便，Rational Rose 工具提供了导航功能，这种导航功能不仅适用于各种模型的系统，也便于用户的浏览。在 Rational Rose 左侧的树型浏览器中，用户可以方便地浏览各个模型元素或图。在 Rational Rose 中，用户不仅可以方便地浏览不同的图，并且可以搜索某个模型元素。例如，假设一个类的名称为“教师”，位于一个用例图中，另外在一个协作图中也存在该类的实例化对象，可以通过选择“报告”|“显示实例化信息”（Report | Show Instances）来查看“教师”类实例化的信息。如图 3-2 所示。

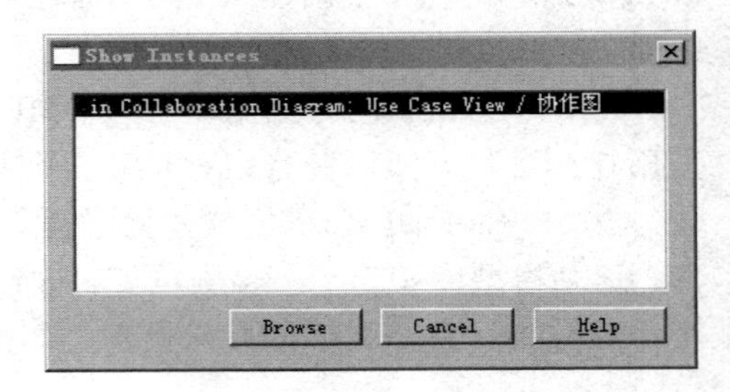

图 3-2　显示“教师”类的实例化信息

在 Rational Rose 的每一个模型元素中，都具有关于这个模型元素的一些超链接信息，这些链接信息在图上通常是看不到的，只能通过 UML 工具来访问它们。我们可以通过 Rational Rose 提供的一些功能来访问这些信息，例如当用户选择某个模型元素并用鼠标右键单击该元素时，在该模型元素的右侧会出现一个菜单，在这个菜单中列举出了一些常用操作，同时为用户提供了相关功能的导航操作，例如查看该元素的相关规格说明，或者是关于类的一些属性和操作信息。另外，Rational Rose 还允许用户对 UML 图中的某些内容部分进行展开和收合操作。例如 Rational Rose 允许用户展开包来查看整个包的内容，之后将展开的包收合起来，以便查看它周围的其他包。

在 Rational Rose 中还提供了一些功能来处理复杂的图，如“ref”“par”等，通过这些功能可以分离出或突出显示用户对该图感兴趣的部分，并且还能够针对图中的某些部分进行细化。

（4）Rational Rose 提供了代码生成功能。Rational Rose 的代码生成功能可以针对不同类型的目标语言生成相应的代码，这些目标语言包括 C++、Ada、Java、CORBA、Oracle、Visual

Basic 等。这种由 Rational Rose 工具生成的代码通常是一些静态信息，例如类的有关信息，包括类的属性和操作，但是类的操作通常只有方法（Method）的声明信息，而方法主体内通常是空白的并不包含实际的代码，需要由编程人员自己来填补。

现在假设一种代码生成的情况，如果已经从 Rational Rose 的模型中生成了相应的代码，并开始编写各种方法主体的代码，但是接着又对这些模型进行了修改，这时会发生什么事情呢？是不是根据更新后的模型再次生成代码框架时，手工编写的那些代码就会丢失呢？事实上，情况并非如此。那些由 Rational Rose 工具生成的代码包含了标志，这些标志显示了哪段代码是由模型生成的，而哪段代码则是由编程人员手工编写的。当从模型重新生成代码时，代码生成器不会涉及手工编写的代码部分，因此这部分代码也就不会丢失。针对如何生成代码，在本章中后面将进行详细的讲解。

（5）Rational Rose 提供了逆向工程功能。逆向工程与代码生成功能正好相反。利用逆向工程功能，Rational Rose 可以通过读取用户编写的相关代码，在进行分析以后，生成并显示出与用户代码结构相关的 UML 图。一般来说，根据代码的信息只能创建出静态结构图，如类图，然后依据代码中的信息列举出类的名称、类的属性和相关操作。但是，从代码中无法提取那些详细的动态信息。

（6）Rational Rose 提供了模型互换功能。当利用不同的建模工具进行建模时，常常会遇到这样一种情况：在一种建模工具中创建了模型并将其输出后，接着想在另外一种建模工具中将其导入，由于各种建模工具之间提供了不同的保存格式，这就造成了导入往往是不可能实现的。为了实现这种功能，一个必要的条件就是在两种不同的工具之间采用一种用于存储和共享模型的标准格式。标准的 XML 元数据交换（XML Metadata Interchange，XMI）模式就为 UML 提供了这种用于存储和共享模型的标准。最新版本的 Rational XDE 提供了 XMI 的内在支持，关于 XMI 的更多信息，可以查阅 OMG 的 XMI 相关规范。

3.3 Rational Rose 的四种视图模型

使用 Rational Rose 建立的 Rose 模型中包括四种视图，它们分别是用例视图（Use Case View）、逻辑视图（Logical View）、构件视图（Component View）和部署视图（Deployment View）。在 Rational Rose 中创建一个项目时，就会自动包含这四种视图，如图 3-3 所示。每一种视图针对不同的模型元素，具有不同的用途。在下面的几个小节中将分别对这四种视图进行说明。

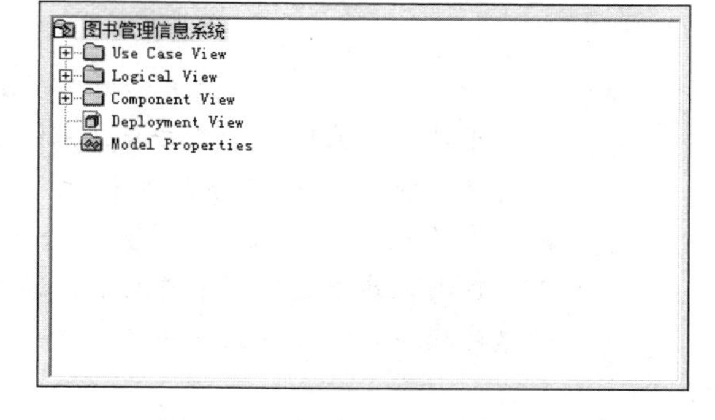

图 3-3 Rose 模型中的四种视图

3.3.1 用例视图（Use Case View）

在用例视图（Use Case View）中包括了系统中的所有参与者、用例和用例图，必要时还可以在用例视图中添加序列图、协作图、活动图和类图等。用例视图与系统中的实现是不相关的，它关注的是系统功能的高层抽象，适合于对系统进行分析和获取需求，而不关注于系统的具体实现方法。如图 3-4 所示，这是一个图书管理信息系统的用例视图示例。

在用例视图中，可以创建多种的模型元素。在浏览器中选择 Use Case View（用例视图）选项，单击鼠标右键，就可以看到在视图中允许创建的模型元素，如图 3-5 所示。

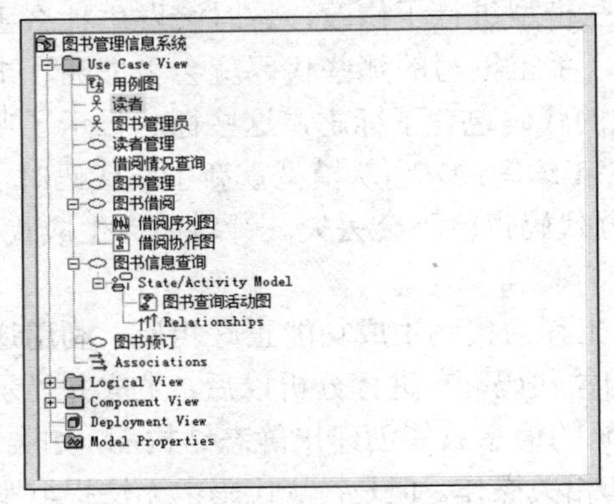

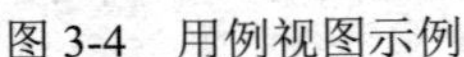
图 3-4　用例视图示例

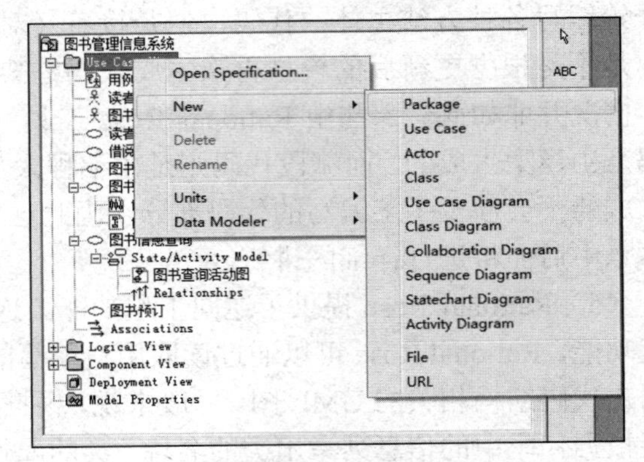

图 3-5　用例视图可以创建的模型元素

- 包（Package）。包是在用例视图和其他视图中最通用的模型元素组成的表达形式。使用包可以将不同的功能区分开来。但是在大多数情况下，在用例视图中使用包的功能很少，基本上不用。这是因为用例图基本上是用来获取需求的，这些功能集中在一个或几个用例图中才能更好地把握，而一个或几个用例图通常不需要使用包来进行划分。如果需要组织很多的用例图，这个时候才需要使用包的功能。在用例视图的包中，可以再次创建用例视图内允许的所有图形。事实上，也可以将用例视图看成是一个包。
- 用例（Use Case）。前面提到，用例是用来表示在系统中所提供的各种服务，它定义了系统是如何被参与者所使用的，它描述的是参与者为了使用系统所提供的某一完整功能而与系统之间发生的一段交互作用。在用例中可以再创建各种图，包括协作图、序列图、类图、用例图、状态图和活动图等。在浏览器中选择某个用例，单击鼠标右键，就可以看到在该用例中允许创建的一些模型元素（在此例中为一些图），如图 3-6 所示。
- 参与者（Actor）。在前面关于用例视图中的介绍提到关于参与者的内容，参与者是指存在于被定义系统的外部并与该系统发生交互的人或其他系统，参与者代表了系统的使用者或使用环境。在参与者中，可以创建参与者的属性（Attribute）、操作（Operation）、嵌套类（Nested Class）、状态图（Statechart Diagram）和活动图（Activity Diagram）等。在浏览器中选择某个参与者，单击鼠标右键，就可以看到在该参与者中允许创建的这些模型元素（在此例中为一些内容），如图 3-7 所示。

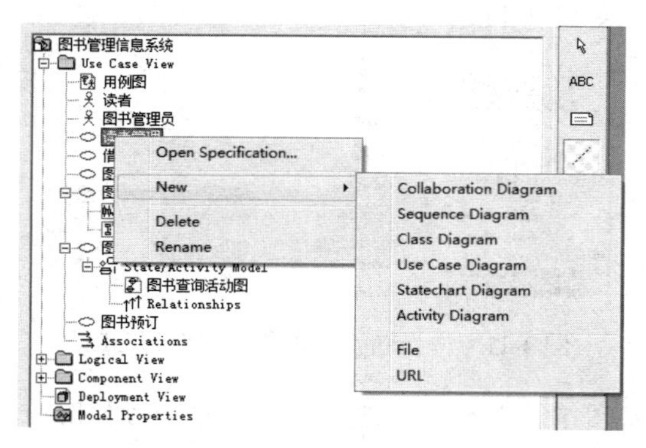

图 3-6 用例下可以创建的图

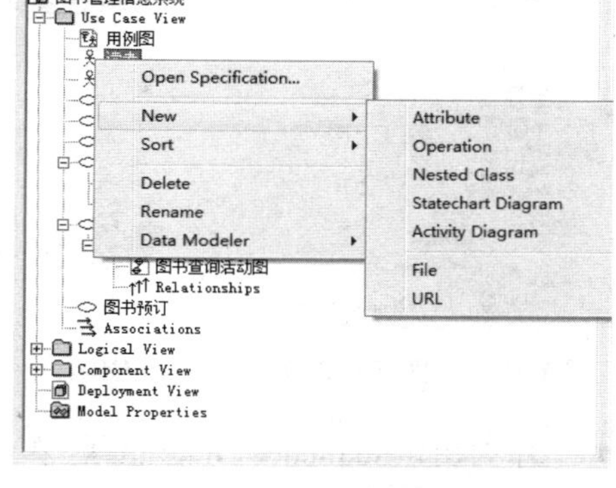

图 3-7 参与者可以创建的模型元素

- 类（Class）。类是对某个或某些对象的定义。它包含有关对象的信息，包括它的名称、方法、属性和事件。在用例视图中可以直接创建类。在类的下面，也可以创建其他的模型元素，这些模型元素包括类的属性（Attribute）、类的操作（Operation）、嵌套类（Nested Class）、状态图（Statechart Diagram）和活动图（Activity Diagram）等。在浏览器中选择某个类，单击鼠标右键，可以看到在该类中允许创建的这些模型元素，如图 3-8 所示。请注意，在类下面可以创建的模型元素和在参与者下可以创建的模型元素是相同的，事实上，参与者也是一个类。
- 用例图（Use Case Diagram）。在用例视图中，用例图显示了各个参与者、用例以及它们之间的交互。在用例图下可以连接用例图相关的文件和 URL 地址。在浏览器中选择某个用例图，单击鼠标右键，就可以看到在该用例图中允许创建的模型元素，如图 3-9 所示。

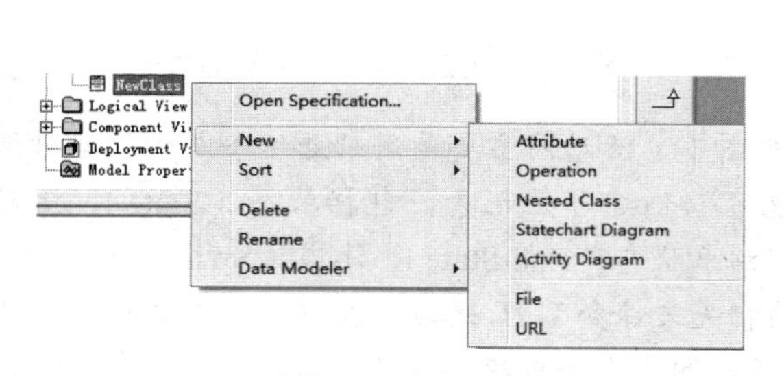

图 3-8 在类下可以创建的模型元素

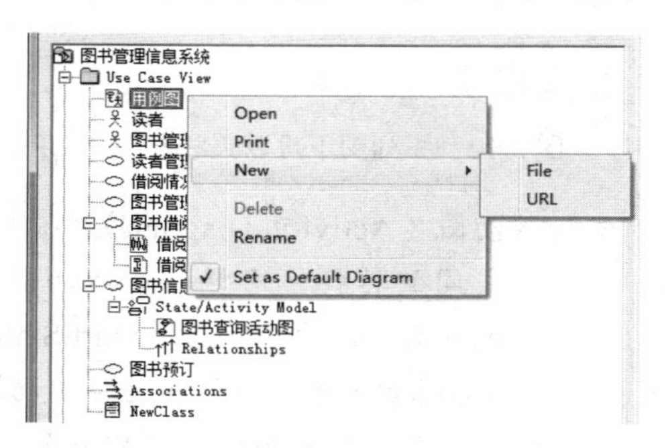

图 3-9 用例图可以关联文件和 URL

- 类图（Class Diagram）。在用例视图下，允许创建类图。类图提供了结构图类型的一个主要实例，并提供一组记号元素的初始集，供所有其他结构图使用。在用例视图中，类图主要提供了各种参与者和用例中对象的细节信息。与在用例图下相同，在类图下也可以创建连接类图的相关文件和 URL 地址。在浏览器中选择某个类图，单击鼠标右键，就可以看到在该类图中允许创建的模型元素，如图 3-10 所示。
- 协作图（Collaboration Diagram）。在用例视图下，也允许创建协作图来表达各种参与者和用例之间的交互协作关系。与在用例图下相同，在协作图下也可以创建连接协作图的相关文件和 URL 地址。在浏览器中选择某个协作图，单击鼠标右键，就可以看

到在该协作图中允许创建的模型元素，如图 3-11 所示。

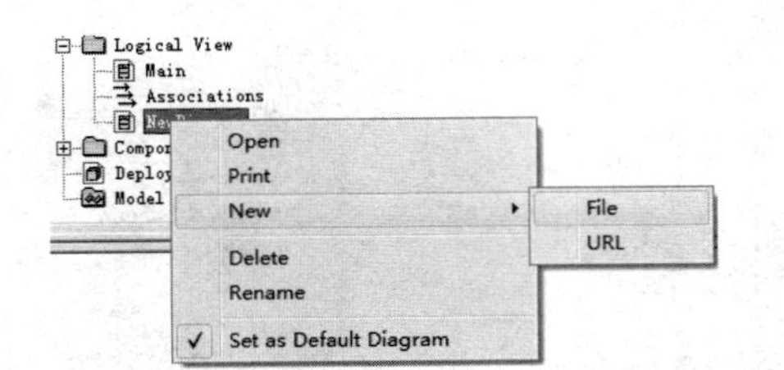

图 3-10　类图下可以关联文件和 URL

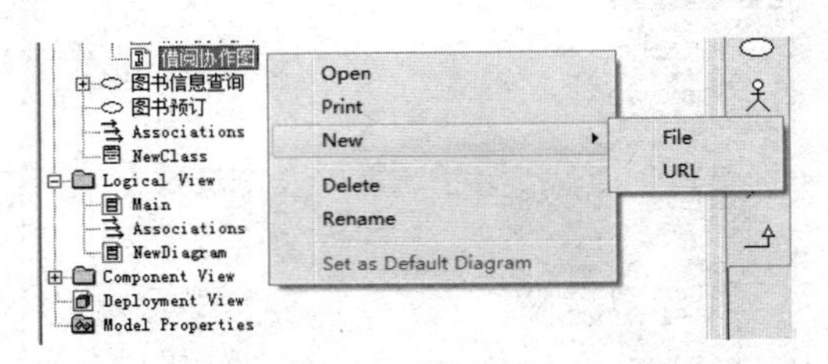

图 3-11　协作图下可以关联文件和 URL

- 序列图（Sequence Diagram）。在用例视图下，也允许创建序列图，它和协作图一样来表达各种参与者和用例之间的交互序列关系。与在用例图下相同，在序列图下也可以创建连接序列图的相关文件和 URL 地址。在浏览器中选择某个序列图，单击鼠标右键，就可以看到在该序列图中允许创建的模型元素，如图 3-12 所示。
- 状态图（Statechart Diagram）。在用例视图下，状态图主要是用来表达各种参与者或类的状态之间的转换。在状态图下也可以创建各种模型元素，包括状态、开始状态和结束状态以及连接状态图的文件和 URL 地址等。在浏览器中选择某个状态图，单击鼠标右键，就可以看到在该状态图中允许创建的模型元素，如图 3-13 所示。

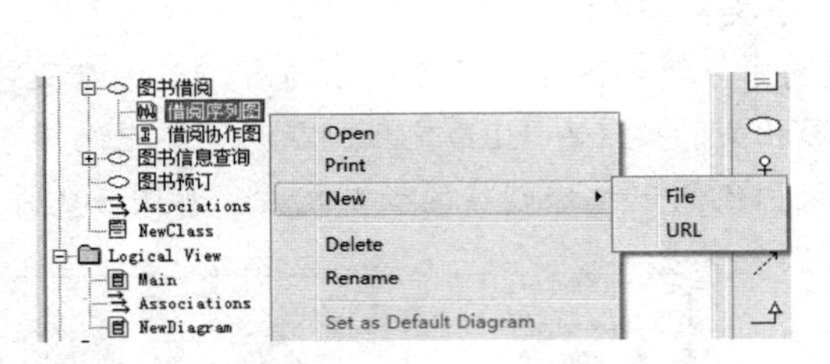

图 3-12　序列图下可以关联文件和 URL

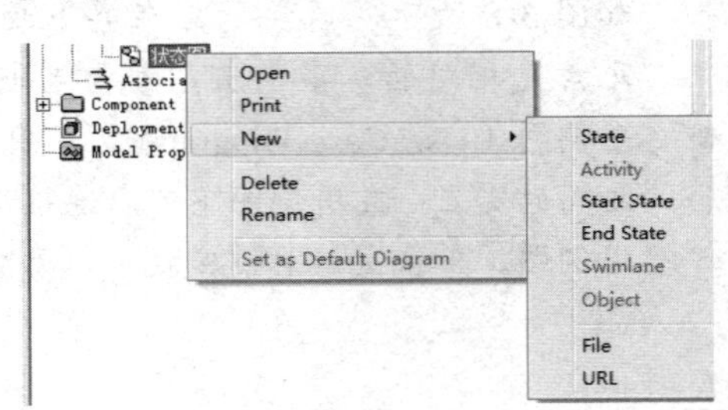

图 3-13　状态图下可以创建的内容

- 活动图（Activity Diagram）。在用例视图下，活动图主要是用来表达参与者的各种活动之间的转换。同样，在活动图下也可以创建各种元素，包括状态（State）、活动（Activity）、开始状态（Start State）、结束状态（End State）、泳道（Swimlane）和对象（Object）等，还包括连接活动图的相关文件和 URL 地址。在浏览器中选择某个活动图，单击鼠标右键，可以看到在该活动图中允许创建的这些元素，如图 3-14 所示。

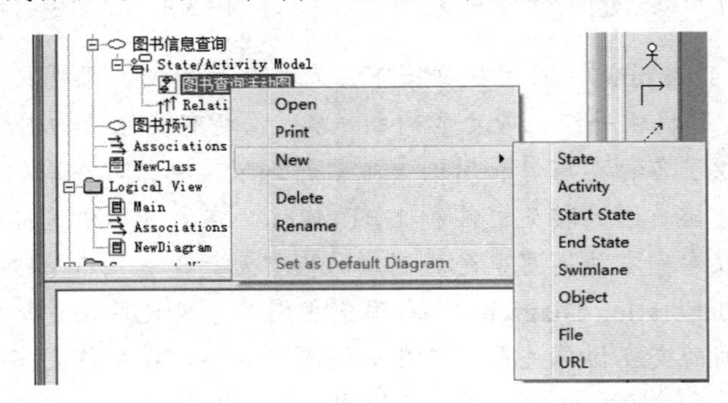

图 3-14　活动图下可以创建的内容

- 文件（File）。文件是指能够连接到用例视图中的一些外部文件。它可以详细地介绍使用用例视图的各种信息，甚至可以包括错误处理等信息。
- URL 地址（URL）。URL 地址是指能够连接到用例视图的一些外部 URL 地址。这些地址用于介绍用例视图的相关信息。

在项目开始的时候，项目开发小组可以选择用例视图来进行业务分析，确定业务功能模型，完成系统的用例模型。客户、系统分析人员和系统的管理人员根据系统的用例模型和相关文档来确定系统的高层视图。一旦客户同意了用例模型的分析，就确定了系统的范围。然后就可以在逻辑视图（Logical View）中继续进行开发，关注在用例中提取的功能的具体分析。

3.3.2 逻辑视图（Logical View）

逻辑视图关注系统如何实现用例中所描述的功能，主要是对系统功能性需求提供支持。在逻辑视图中，用户将系统更加仔细地分解为一系列的关键抽象，将这些大多数来自于问题域的事物依据抽象、封装和继承的原理，使之表现为对象或对象类的形式，借助于类图和类模板等手段，提供系统的详细设计模型图。类图用来显示一个类的集合和它们的逻辑关系：关联、使用、组合、继承等。相似的类可以划分成为类集合。类模板关注于单个类，它们强调主要的类操作，并且识别关键的对象特征。如果需要定义对象的内部行为，则使用状态转换图或状态图来完成。公共机制或服务可以在工具类（Class Utilities）中定义。对于数据驱动程度高的应用程序，可以使用其他形式的逻辑视图，例如 E-R 图，来代替面向对象的方法（OO Approach）。

在逻辑视图下的模型元素可以包括类、类工具、用例、接口、类图、用例图、协作图、序列图、活动图和状态图等。充分利用这些细节元素，系统建模人员可以构造出系统的详细设计内容。在 Rational Rose 的浏览器中的逻辑视图如图 3-15 所示。

在逻辑视图中，同样可以创建一些模型元素。在浏览器中选择 Logical View（逻辑视图）选项，单击鼠标右键，就可以看到在该视图中允许创建的模型元素，如图 3-16 所示。

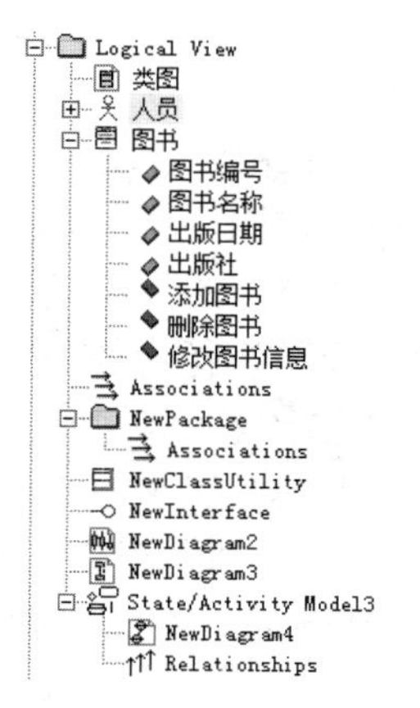

图 3-15 逻辑视图

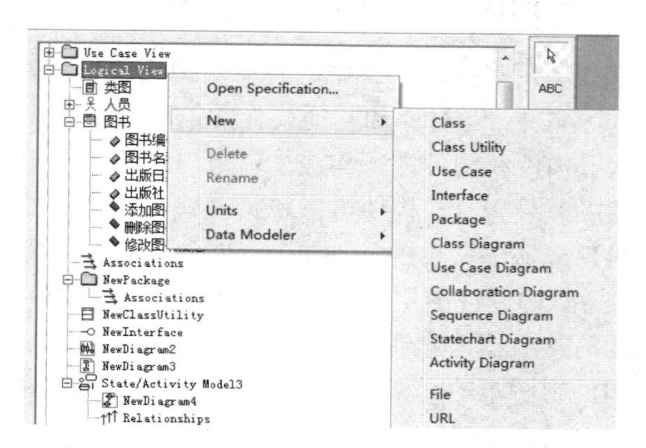

图 3-16 在逻辑视图中可以创建的模型元素

其中，类、用例、包、类图、用例图、协作图、序列图、状态图、活动图、文件和 URL 的含义和使用，与用例视图中的完全相同，所以这里不再重复这些内容，只对不重复的模型元素加以说明。

- 工具类（Class Utility）。工具类仍然是类的一种，是对公共机制或服务的定义，通常存放一些静态的全局变量，便于其他类对这些信息进行访问。在工具类下可以像类一样创建工具类的属性（Attribute）、操作（Operation）、嵌套类（Nested Class）、状态图（Statechart Diagram）和活动图（Activity Diagram）等信息。在浏览器中选择某个工具类，单击鼠标右键，就可以看到在该工具类中允许创建的一些模型元素，如图 3-17 所示。
- 接口（Interface）。接口和类不同，类可以有它的真实实例，然而接口必须至少有一个类来实现它。和类相同，在接口可以创建接口的属性（Attribute）、操作（Operation）、嵌套类（Nested Class）、状态图（Statechart Diagram）和活动图（Activity Diagram）等。在浏览器中选择某个接口，单击鼠标右键，就可以看到在该接口中允许创建的一些模型元素，如图 3-18 所示。

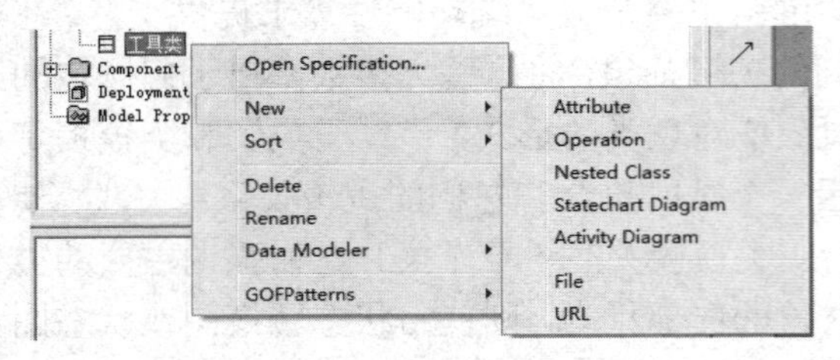

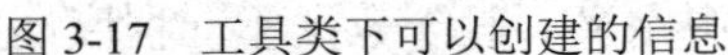

图 3-17　工具类下可以创建的信息

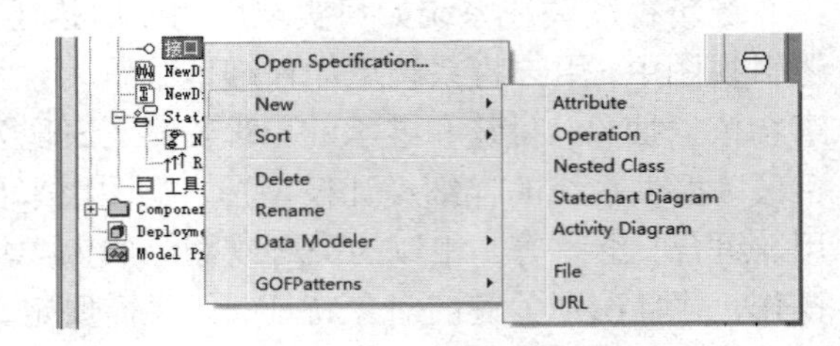

图 3-18　接口下可以创建的信息

在逻辑视图中关注的焦点是系统的逻辑结构。在逻辑视图中，不仅要认真抽象出各种类的信息和行为，还要描述类的组合关系等，尽量产生出能够重用的各种类和构件，这样就可以在以后的项目中方便地添加现有的类和构件，而不需要一切从头再开始一遍。一旦标识出各种类和对象并描绘出这些类和对象的各种动作和行为之后，就可以转入构件视图中，以构件为单位勾画出整个系统的物理结构。

3.3.3　构件视图（Component View）

构件视图用来描述系统中的各个实现模块以及它们之间的依赖关系。构件视图包含模型代码库、执行文件、运行库和其他构件的信息，如果按照内容来划分构件视图，那么构件视图则主要由包、构件和构件图所构成。包是与构件相关的分组。构件是不同类型的代码模块，它是构造应用的软件单元，构件可以包括源代码构件、二进制代码构件以及可执行构件等。在构件视图中也可以添加构件的其他信息，例如资源分配情况以及其他管理信息等。构件图显示构件之间的关系，构件视图主要由构件图构成。一个构件图可以表示一个系统全部或者部分的构件体系结构。从组织内容看，构件图显示了软件构件的组织情况以及这些构件之间的依赖关系。

在构件视图下的元素可以包括各种构件、构件图以及包等。在 Rational Rose 的浏览器中的构件视图如图 3-19 所示。

在构件视图中，同样可以创建一些的模型元素。在浏览器中选择 Component View（构件视图）选项，单击鼠标右键，就可以看到在该视图中允许创建的一些模型元素，如图 3-20 所示。

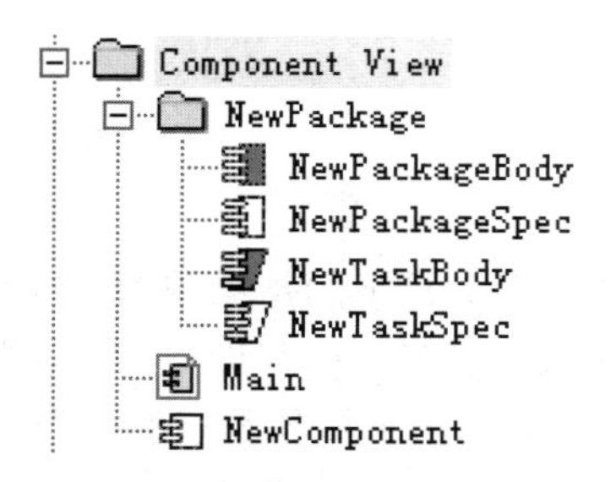

图 3-19　构件视图示例

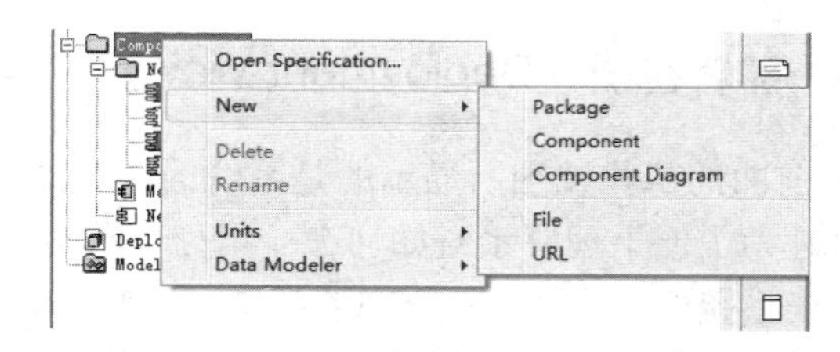

图 3-20　在构件视图中可以创建的模型元素

- 包（Package）。包在构件视图中仍然担当的是划分的功能。使用包可以将构件视图中的各种构件进行划分，不同功能构件可以放置在不同的逻辑视图的包中。在将构件放置在某个包中的时候，需要认真考虑包与包之间的划分关系，这样才能达到在以后的开发程序中重用的目的。
- 构件（Component）。构件图中最重要的模型元素就是构件，构件是系统中实际存在的可更换部分，它实现特定的功能，符合一套接口标准并具体实现一组接口。构件代表系统中的一部分物理设施，包括软件代码（源代码、二进制代码或可执行代码）或其等价物（如脚本或命令文件）。在构件视图中，构件使用一个带有标签的矩形来表示。在构件下可以创建连接构件的相关文件和 URL 地址。在浏览器中选择某个构件，单击鼠标右键，就可以看到在该构件中允许创建的一些模型元素，如图 3-21 所示。
- 构件图（Component Diagram）。构件图的主要目的是显示系统构件间的体系结构关系。它被认为是在一个或多个系统或子系统中，能够独立的提供一个或多个接口的封装单位。构件必须有严格的逻辑，设计时必须进行构造，其主要思想是能够很容易地在设计中被重用或被替换成一个不同的构件实现，因为一个构件一旦封装了行为，实现了特定的接口，那么这个构件就围绕实现这个接口的功能而存在，而功能的完善或改变意味着这个构件需要改变。在构件图下也可以创建连接构件的相关文件和 URL 地址。在浏览器中选择某个构件图，单击鼠标右键，就可以看到在该构件图中允许创建的一些模型元素，如图 3-22 所示。

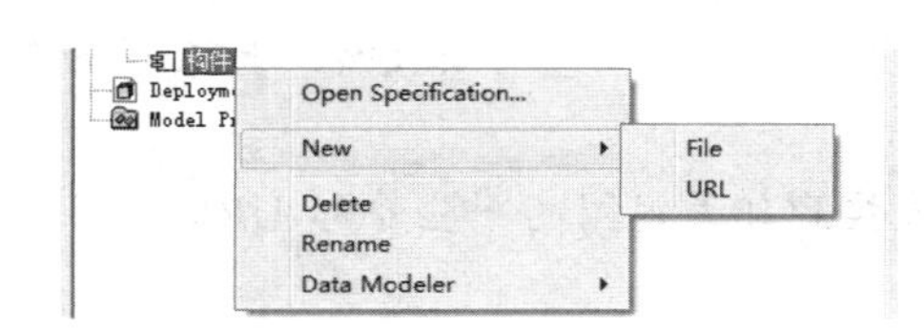

图 3-21　构件下可以创建的模型元素

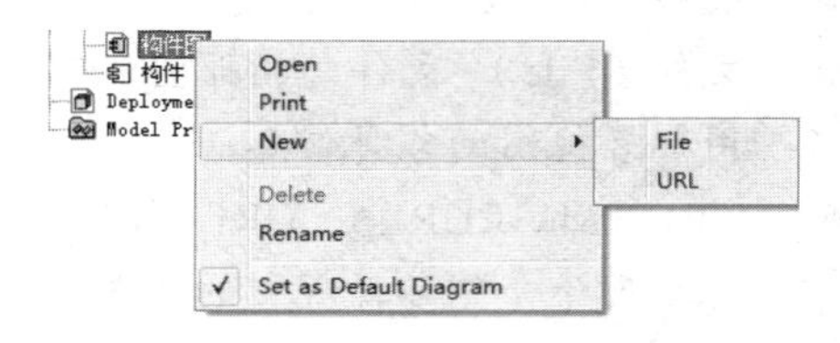

图 3-22　构件图下可以创建的模型元素

- 文件（File）。文件是指能够连接到构件视图中的一些外部文件，用来详细介绍使用构件视图的各种信息。
- URL 地址（URL）。URL 地址是指能够连接到构件视图的一些外部 URL 地址。这些地址用于介绍构件视图的相关信息。

在以构件为基础的开发（CBD）中，构件视图为架构设计师提供了一个为解决方案建模的自然形式。构件视图允许架构设计师验证系统的必需功能是由构件实现的，这样确保了最终系统将会被用户接受。

3.3.4 部署视图（Deployment View）

与前面的那些视图所显示的是系统的逻辑结构不同，部署视图显示的是系统的实际部署情况，它是为了便于理解系统如何在一组处理节点上的物理分布，而在分析和设计中使用的结构视图。在系统中，只包含一个部署视图，用来说明了各种处理活动在系统各节点的分布。但是，这个部署视图可以在每次迭代过程中都加以改进。部署视图中包括进程、处理器和设备。进程是在自己的内存空间执行的线程；处理器是任何有处理功能的机器，一个进程可以在一个或多个处理器上运行；设备是指任何没有处理功能的机器。如图 3-23 所示，显示的是一个部署视图的结构。

在部署视图中，可以创建处理器和设备等模型元素。在浏览器中选择 Deployment View（部署视图）选项，单击设备右键，就可以看到在该视图中允许创建的一些模型元素，如图 3-24 所示。

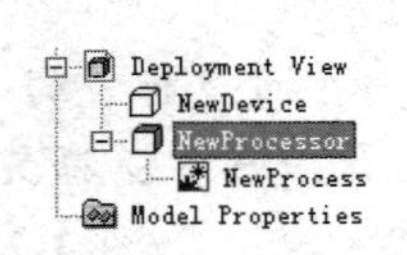

图 3-23　部署视图示例

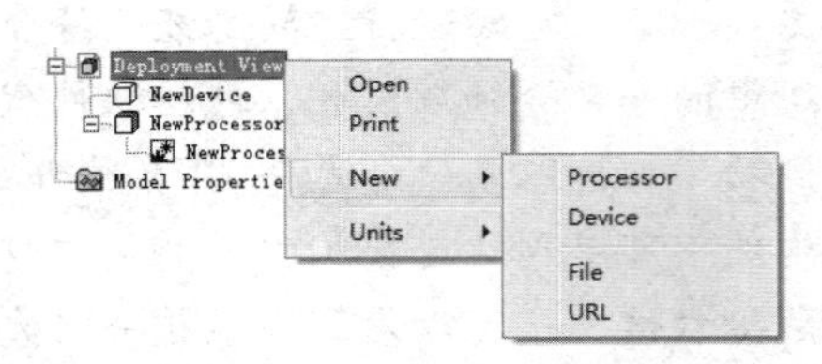

图 3-24　在部署视图中可以创建的模型元素

- 处理器（Processor）。处理器是指任何有处理功能的节点。节点是各种计算资源的通用名称，包括处理器和设备两种类型。在每一个处理器中允许部署一个或几个进程，并且在处理器中可以创建进程，它们是拥有自己的内存空间的线程。线程是进程中的实体，一个进程可以拥有多个线程，一个线程必须有一个父进程。线程不拥有系统资源，只有运行必需的一些数据结构；它与父进程的其他线程共享该进程所拥有的全部资源。线程可以创建和撤销，从而实现程序的并发执行。
- 设备（Device）。设备是指任何没有处理功能的节点，例如打印机。
- 文件（File）。文件是指那些能够连接到部署视图中的一些外部文件，用来详细介绍使用部署视图的各种信息。
- URL 地址（URL）。URL 地址是指能够连接到部署视图的一些外部 URL 地址。这些地址用于介绍部署视图的相关信息。

部署视图考虑的是整个解决方案的实际部署情况，所描述的是在当前系统结构中所存在的设备、执行环境和软件的运行时体系结构，它是对系统拓扑结构的最终物理描述。系统的拓扑结构描述了所有硬件单元，以及在每个硬件单元上执行的软件体系结构。

3.4 Rational Rose 的其他技术

Rational Rose 作为一种很强大的 UML 建模工具，不仅通过不同视图建立不同详细程度的模型对 UML 提供了非常好的支持，而且还提供了一些其他的技术来完善软件开发，其中 Rational Rose 使用模型生成代码以及使用逆向工程从代码生成模型，还有对 XML 的支持都是一些很重要的技术，这些同时也是 Rational Rose 被称为强大的和堪称真正的建模工具的理由之一。

3.4.1　Rational Rose 双向工程

前面关于 Rational 如何对 UML 提供支持中介绍过 Rational Rose 可以进行代码生成以及逆向工程。代码生成能够使在 Rational Rose 中设计的解决方案的架构信息在一开始就转换为相关目标语言的代码，这样就不需要人工再重新创建这些代码了。逆向工程使所创建的代码逆向转换为对应的模型，能够使设计者或程序员把握系统的静态结构，并且帮助程序员编写良好的代码。

1. Rational Rose 生成代码

在 Rational Rose 2007 中，不同的版本对于代码生成提供了不同程度的支持，对于前面所介绍的三个版本中，Rational Rose Modeler 仅可以提供生成系统的模型，不支持代码生成功能。Rational Rose Professional 版本只提供对一种目标语言的支持，这种语言取决于用户在购买该版本时的选择。Rational Rose Enterprise 版本对 UML 提供了更高程度的支持，可以使用多种语言进行代码生成，这些语言包括 Ada83、Ada95、ANSI C++、CORBA、Java、COM、Visual Basic、Visual C++、Oracle8 和 XML_DTD 等。可以通过选择“Tools”（工具）下的“Options”（选项）选项来查看所支持的语言信息，如图 3-25 所示。

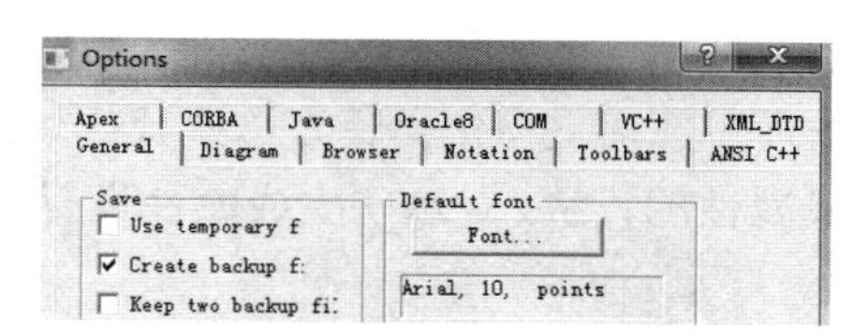

图 3-25　Rational Rose Enterprise 支持的语言信息

使用 Rational Rose 进行生成代码可以通过以下四个步骤进行，以目标语言为 Java 代码为例。

（1）选择待转换的目标模型。在 Rational Rose 中打开已设计好的目标图形，选择需要转换的类、构件或包。使用 Rational Rose 生成代码一次可以生成一个类、一个构件或一个包，我们通常在逻辑视图的类图中选择相关的类，在逻辑视图或构件视图中选择相关的包或构件。

（2）检查 Java 语言的语法错误。Rational Rose 拥有独立于各种语言之外的模型检查功能，通过该功能可以在代码生成以前保证模型的一致性。

使用 Rational Rose 进行模型检查可以通过选择“Tools”（工具）下的“Check Model”（检查模型）选项来检查模型的正确性，如图 3-26 所示。出现的错误写在下方的日志窗口中。常见的错误包括对象与类的映射不正确等。在检查模型错误时发现的这些错误，需要及时地进行校正。在 Report（报告）工具栏中，可以通过 Show Usage、Show Instances、Show Access Violations 等功能来辅助校正错误。

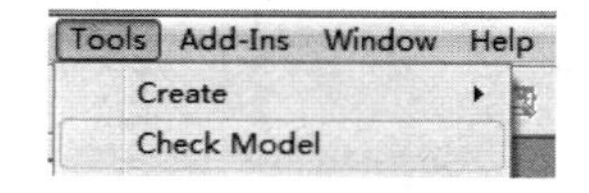

图 3-26　检查模型示例

对于 Java 语言的语法检查，可以通过选择“Tools”（工具）中“Java”菜单下的“Syntax

Check”（语法检查）选项来进行 Java 语言的语法检查，如图 3-27 所示。如果检查发现一些语法错误，也将在日志中显示出来。如果检查正确，则会出现如图 3-28 所示的提示信息。

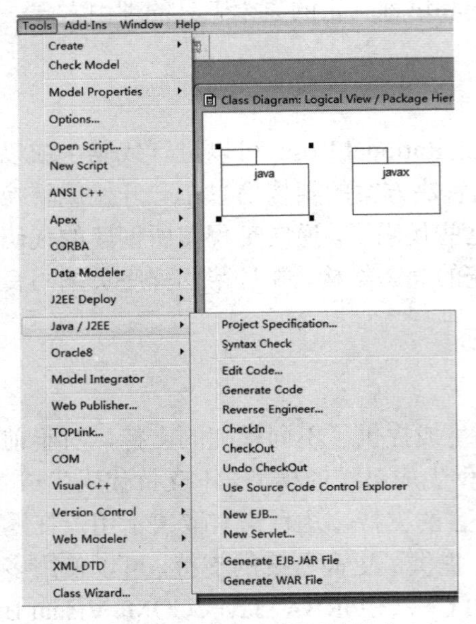

图 3-27　Java 语言的语法检查

图 3-28　语法检查正确示例

（3）设置代码生成属性。在 Rational Rose 中，可以对类、类的属性、操作、构件和其他一些元素设置一些代码生成属性。通常，Rational Rose 提供默认的设置。可以通过选择“Tools”（工具）下的“Options”（选项）选项来自定义设置这些代码生成的属性。如图 3-29 所示，是对 Java 语言进行的代码生成属性的设置。对这些生成属性设置后，将会影响模型中使用 Java 实现的所有类。

对单个类进行设置时，可以选择该类的规范窗口，在对应的语言中改变相关的属性，如图 3-30 所示。

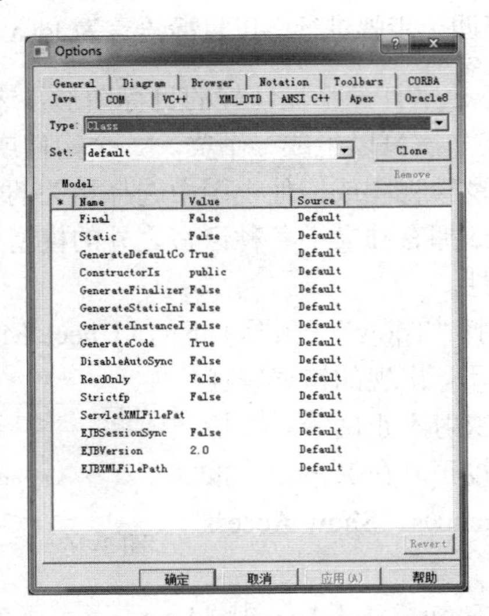

图 3-29　Java 语言代码生成属性设置示例

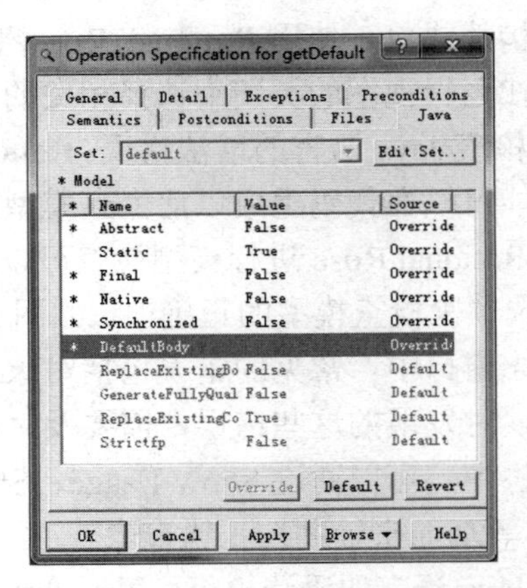

图 3-30　单个类的生成设置

（4）生成代码。在使用 Rational Rose Professional 或 Rational Rose Enterprise 版本进行代码生成之前，一般来说需要将一个包或组件映射到一个 Rational Rose 的路径目录中来指定生成路径。可以通过选择“Tools”（工具）中“Java”菜单下的“Project Specification”（项目规范）选项来设置项目的生成路径，而后弹出如图 3-31 所示的窗口，在 classpaths 下添加生成的路径，可以选择目标是生成在一个 jar/zip 文件中或者是在一个目录中。

在设置完生成路径之后，可以在工具栏中通过选择“Tools”（工具）中“Java”菜单下的“Generate Code”（生成代码）选项来执行代码的生成，如前面图 3-27 所示。

下面以图 3-32 中的类模型为例生成代码来进行说明。在该类模型中，类的名称为“ClassName”，包含一个私有属性为 name，它的类型为 Boolean；另外还包含一个“public”类型的方法，方法的名称为“opname”，除此外，还包含该类的构造函数。通过上面的步骤，生成该类的代码，生成的代码如程序 3.1 所示。在程序中，可以一一对应图中所要表达的内容。

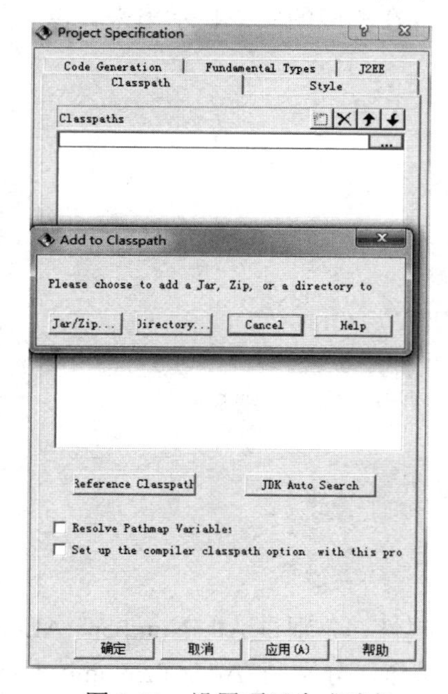

图 3-31　设置项目生成路径

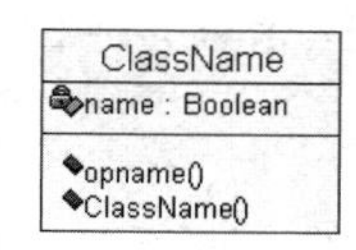

图 3-32　类模型

程序 3.1　通过模型生成的代码示例

```
//Source file: E:\\ClassName.java
public class ClassName {
   private Boolean name;//对应图中的 name 属性
   /**
    * @roseuid 479169E30049
    */
   public ClassName()  //对应图中的 ClassName 方法{
   }
   /**
    * @return Boolean
    * @roseuid 47903BFD0216
    */
   public Boolean opname() //对应图中的 opname 方法{
```

```
      return null;
    }
}
```

在生成的代码中，注意到会出现如下的语句：

```
@roseuid 47903BFD0216
```

这些数字和字母的符号是用来标识代码中的类、操作以及其他模型元素，便于 Rational Rose 中的模型与代码进行同步。

2．逆向工程

在 Rational Rose 中，可以通过收集有关类（Classes）、类的属性（Attributes）、类的操作（Operations）、类与类之间的关系（Relationships）以及包（Packages）和构件（Components）等静态信息，将这些信息转化成为对应的模型，并在相应的图中显示出来。以下是将 Java 代码逆向转化为 Rational Rose 中的类图的过程。

程序 3.2　逆向工程代码示例

```
public class TestProject{
 private int APriNumber;
 public int APubNumber;
  private long ALongNumber;
   public TestProject() {}
   public int AddAPriNumber(int addNumber){
   return APriNumber+addNumber;
  }
  private boolean SwapTwoNumber(int number1,int number2){
    return false;
  }
  public long RemoveLong(long lNumber) {
   return ALongNumber-lNumber;
  }
}
```

在该程序中，包含两个私有属性和一个公有属性，分别是 APriNumber、ALongNumber 和 APubNumber，还包含两个公有操作和一个私有操作，分别是 AddAPriNumber、RemoveLong 和 SwapTwoNumber，除此之外还包含一个类的构造函数 TestProject。在设置完成路径之后，可以在工具栏中通过选择“Tools”（工具）中“Java”菜单下的“Reverse Engineer...”（逆向工程）选项来执行逆向工程。程序 3.2 生成的类模型如图 3-33 所示。从图中，可以一一对应在程序中所要表达的内容。

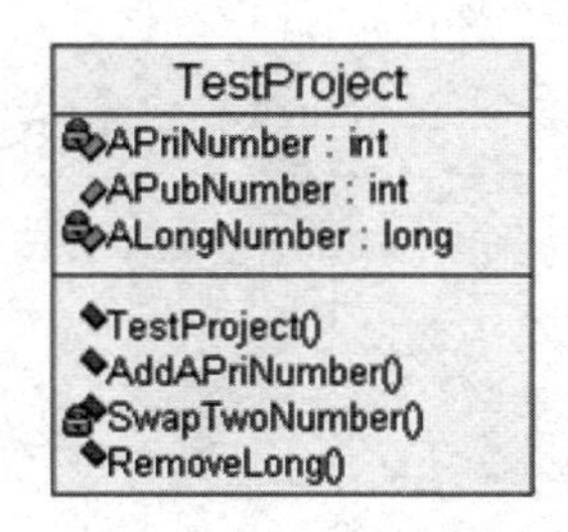

图 3-33　逆向工程生成模型

Rational Rose 除了能够将代码直接转换成类图以外，还能够通过代码间的关系转换成相关图形来表达类与类之间的关系。例如程序 3.3，在名称为“TestA”的类中声明了名称为“TestB”的类，根据这些代码创建的关联关系如图 3-34 所示。

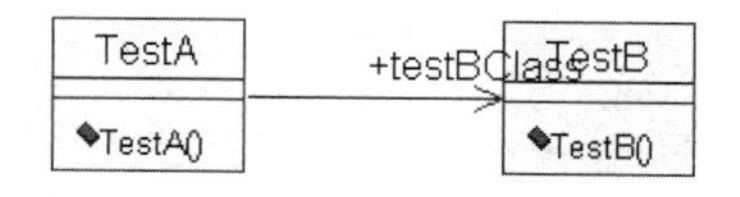

图 3-34　关联关系逆向转换图

程序 3.3　逆向工程代码关系示例

```
//Source file: E:\\TestA.java
public class  TestA{
public TestB testBClass;
public TestA() {}
}
//Source file: E:\\TestB.java
public class  TestB{
public TestB() {}
}
```

3.4.2　Rational Rose 与 XML

一系列关于 XML 的技术表明，XML 已经成为数据交换标准的主流。人们除了考虑各种数据交换以外，还考虑将 XML 应用到程序的设计当中，也就是说许多组织希望将 XML 应用程序的设计与他们的其他应用程序设计结合起来，并采用一种或一组通用的工具或方法实现它们之间的交换。标准的 XML 元数据交换（XML Metadata Interchange，XMI）模式就是为 UML 提供了这种用于存储和共享模型的标准，它为建模人员提供了一种共享关于对象的复杂信息的工具。关于 XMI 的更多信息，可以查阅 OMG 的 XMI 相关规范。

Rational Rose 同时也提供了对 XMI 的支持，这就是 XML_DTD。通过它可以将模型导出成为 XML 的文件格式，作为在其他建模中共享信息的一种交流方式。在创建 XML_DTD 文件时，需要对 UML 和 XML 之间的数据映射有较好的把握，这就需要建立在对 XML 基础和对 UML 数据建模技术熟练的基础之上，因此，对于如何通过各种图生成 XML_DTD 文件以及逆向生成，在本书中不进行介绍。

3.5　本章小结

本章介绍了 Rational Rose 的起源与发展以及它对 UML 的支持，帮助读者对这个工具有更深入的了解。在 Rational Rose 的基本内容中，介绍了 Rational Rose 的四个视图模型，分别为用例视图（Use Case View）、逻辑视图（Logical View）、构件视图（Component View）和部署视图（Deployment View）。此外，还介绍了 Rational Rose 的一些其他技术，包括 Rational Rose 的双向工程和对 XML 的支持。

习题三

1. 填空题

（1）使用 Rational Rose 建立的 Rose 模型包含四种视图，分别是__________、__________、__________和___________。

（2）在___________中包括了系统中的所有参与者、用例和用例图，必要时还可以在用例视图中添加序列图、协作图、活动图和类图等。

（3）___________关注系统如何实现用例中所描述的功能，主要是对系统功能性需求提供支持，即在为用户提供服务方面系统所应该提供的功能。

（4）___________用来描述系统中的各个实现模块以及它们之间的依赖关系。它包含模型代码库、执行文件、运行库和其他构件的信息。

（5）___________显示的是系统的实际部署情况，它是为了便于理解系统如何在一组处理节点上的物理分布，而在分析和设计中使用的结构视图。

2. 选择题

（1）Rational Rose 的代码生成功能可以针对不同类型的目标语言生成相应的代码，Rational Rose 企业版默认支持的目标语言不包括_____。

（A）Java　　（B）CORBA

（C）Visual Basic　　（D）C#

（2）下面不是 Rational Rose 中的视图的是________。

（A）用例视图　　（B）部署视图

（C）数据视图　　（D）逻辑视图

（3）Rational Rose 建模工具可以执行以下几项任务，其中不包括______。

（A）非一致性检查　　（B）生成 Delphi 语言代码

（C）报告功能　　（D）审查功能

（4）下列说法不正确的是_____。

（A）在用例视图下可以创建类图　　（B）在逻辑视图下可以创建构件图

（C）在逻辑视图下可以创建包　　（D）在构件视图下可以创建构件

3. 简答题

（1）概述 Rational Rose 的起源与发展。

（2）Rational Rose 为 UML 提供了哪些支持？

（3）在 Rational Rose 中可以建立哪几种视图？这些视图都有哪些作用？

（4）结合本章的内容，在 Rational Rose 中试着绘制出一个类，添加相应的属性和方法，生成它的代码后，查看生成的代码，并分析其结构。

第 4 章

Rational 统一过程

随着软件逐渐成为世界不可或缺的一部分,各种应用到软件开发上的可行规范也在不断地发展。与此同时，由于社会需求的各种软件密集型的系统在规模、复杂性、分布式和重要性方面的不断扩张，产生合格的软件产品面临越来越多的挑战。软件的生产和维护以及可重用性、可预测性的需求，让生产高质量的软件变得越来越困难。

本章将简要介绍一个最佳的软件开发实践——Rational 统一过程，力求让读者对 Rational 统一过程的内容有一个整体的把握。关于 Rational 统一过程的更详细内容，可以参阅 Rational 统一过程的电子资源或图书。本章的重点是介绍 Rational 统一过程的内容和结构。

4.1 什么是 Rational 统一过程

什么是 Rational 统一过程？从字面的意思来讲，包含有三层含义。首先，作为“Rational”统一过程，它是由 Rational 软件开发公司（现在 Rational 公司被 IBM 并购了）开发并维护的，可以看成是一款软件产品，并且和 Rational 软件开发公司开发的一系列软件开发工具紧密集成在一起了。其次是它的“统一”的含义，Rational 统一过程拥有自己的一套架构，并且这套架构是以一种大多数项目和开发组织都能够接受的形式存在的。它采用了现代软件工程开发的 6 项最佳实践。在前面也提到过它包含的 6 项最佳实践，在后面的讲解中会分别对这 6 项最佳实践进行详细的说明。最后是有关它的“过程”，Rational 统一过程不管如何解释，其最终仍然是一种软件开发过程，它提供了如何对软件开发组织进行管理的方式，并且拥有自己的目标和方法。

在《The Rational Unified Process An Introduction (Second Edition)》这本书中，Philippe

Kruchten 从四个方面向读者介绍了什么是 Rational 统一过程。

1. Rational 统一过程是一种软件工程过程（Software Engineering Process）

首先，Rational 统一过程是一种软件工程过程（Software Engineering Process）。它为开发组织提供了指导方法：在开发过程中如何对软件开发的任务进行严格分配，如何对参与开发人员的职责进行严格的划分等。Rational 统一过程拥有统一过程的模型和开发过程的结构，并且对开发过程中出现的各种问题有着自己一系列的解决方案。

2. Rational 统一过程是一个过程产品（Process Product）

其次，Rational 统一过程也是一个过程产品（Process Product）。这个过程产品是由 Rational 软件公司开发并维护，并且 Rational 软件公司将这个产品与自己的一系列软件开发工具进行了集成。在 Rational 公司被 IBM 公司并购之后，这个产品由 IBM Rational 进行维护。

Rational 统一过程有着软件产品的一些特征：

- Rational 统一过程是由 Rational 软件公司根据一系列优秀的软件工程过程和实践来设计和开发的，并且 Rational 软件公司在不断地有规律地发布升级版本。Rational 软件公司被 IBM 并购之后，由 IBM Rational 不断发布升级版本。
- Rational 软件公司通过网络技术在线移交 Rational 统一过程产品。软件开发人员可以在 Rational 相关网站上进行下载。
- 在获得 Rational 统一过程的产品后，各个开发组织可以根据自己的内部需求来进行变更。各个开发组织以标准的 Rational 统一过程作为很多软件开发的起点，制定出某一些软件开发的特定类配置。
- Rational 统一过程与多种 Rational 软件开发工具集成在一起。软件开发人员在获取 Rational 软件开发工具的同时也获得 Rational 统一过程的相关教程。

Rational 统一过程产品包括以下内容：

- Rational 统一过程的在线版本，它是一个 Rational 统一过程的电子版教程，可以在 IBM Rational 的网站上获得。它为全部团队成员就所有关键的开发活动提供准则、模板和工具指导。可以使用任意一种现在流行的 Web 浏览器进行浏览。
- 相关的图书内容。《The Rational Unified Process An Introduction (Second Edition)》，Addison-Wesley 出版，Philippe Kruchten 所著，该书共 277 页，对开发过程和基础知识提供了很好的介绍和概括。该书有相关的中文译本，书名为《Rational 统一过程引论（原书第二版）》，机械工业出版社出版。
- 电子版教程如图 4-1 所示。在该教程中可以方便地查找相关的信息，它使用了广泛的超链接和图形导航功能，并且提供了分层树形浏览器结构和内置的搜索引擎，对每个模型元素和概念都提供了详尽的索引和位置图。

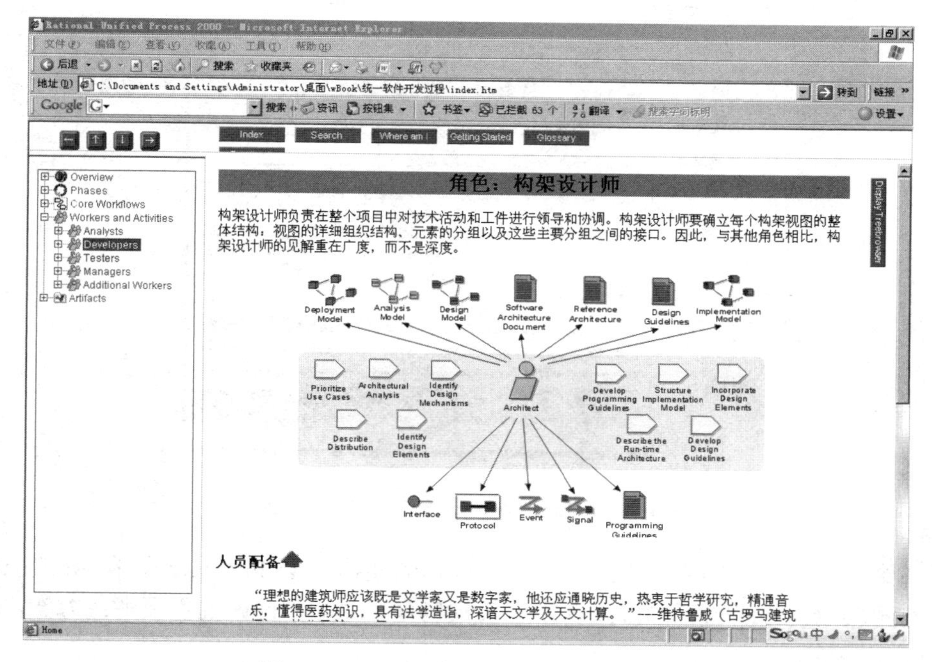

图 4-1 Rational 统一过程的电子版教程

关于该教程的详细内容，可以从该教程的内容获知，在本书中不再详细讲解。

3．Rational 统一过程拥有一套自己的过程框架（Process Framework）

Rational 统一过程拥有一套自己的过程框架（Process Framework）。通过改造和扩展这套框架，各种组织可以将它适用于自己的项目。组成该过程框架的基本元素被称为过程模型（Process Model）。一个模型描述了在软件开发过程中谁来做、做什么、怎么做和什么时候做的问题。在 Rational 统一过程中应用了四种重要的模型元素，分别是角色（表达了谁来做）、活动（表达了怎么做）、产物（表达了做什么）和工作流（表达了什么时候做），通过这些模型元素来回答相应的问题形成了一套 Rational 统一过程自己的框架。当然，在 Rational 统一过程中还包含了一些其他的过程模型元素，包括指南、模板、工具指南和概念等，这些模型元素都是可以被增加或替代的，用来改进或适应 Rational 统一过程从而满足组织的特殊需求。

Rational 统一过程的开发过程使用一种二维结构来表达，如图 4-2 所示即使用沿着横轴和纵轴两个坐标轴来表达该过程。

- 横轴代表了制订软件开发过程时的时间，显示了软件开发过程的生命周期的安排，体现了 Rational 统一过程的动态结构。在这个坐标轴中，使用的术语包括周期（Cycle）、阶段（Phase）、迭代（Iteration）和里程碑（Milestone）等。关于这方面的内容，将在后面的统一过程动态结构——迭代开发中进行详细的介绍。
- 纵轴代表了过程的静态结构，显示了软件开发过程中的核心过程工作流。这些工作流按照相关内容进行逻辑分组。在这个坐标轴中，使用的术语包括活动（Activity）、产物（Artifact）、角色（Worker）和工作流（Workflow）等。关于这方面的内容，将在后面的统一过程静态结构——过程描述中进行相关介绍。

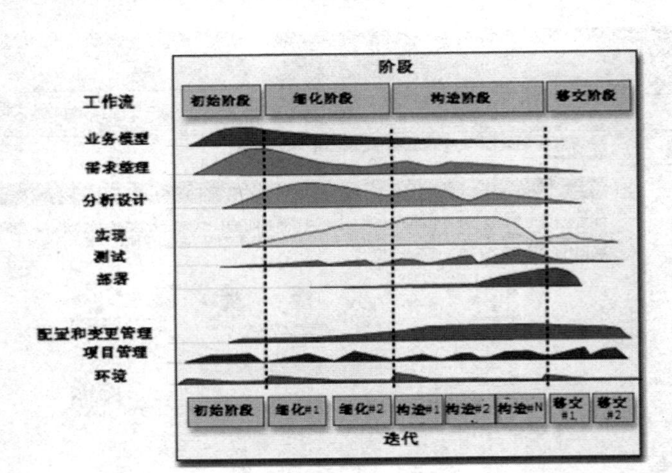

图 4-2　Rational 统一过程二维结构的表示

这种二维的过程结构构成了 Rational 统一过程的架构（Architecture）。在 Rational 统一过程中，针对架构也提出了自己的方式，指出架构包含了对如下问题的重要解决方案。

- 软件系统是如何组织的？
- 如何选择组成系统的结构元素和它们之间的接口，以及当这些元素相互协作时体现出的行为？
- 如何组合这些元素，使它们逐渐集成更大的子系统？
- 如何形成一套架构风格，用来指导系统组织及其元素、它们之间的接口、协作和构成？

软件的架构不仅仅包含了作为软件本身的代码结构和行为，还应当包含一些其他的特性，如可用性、性能等一些信息。

4．Rational 统一过程包含了许多现代软件开发中的最佳实践（Best Practice）

最后，Rational 统一过程同时也包含了许多现代软件开发中的最佳实践（Best Practice）。Rational 统一过程以一种能够被大多数项目团队和开发组织都能够适应的形式建立，其所包含的 6 项最佳实践为：

- 迭代式软件开发。
- 需求管理。
- 基于构件的架构应用。
- 建立可视化的软件模型。
- 软件质量验证。
- 软件变更控制。

这 6 项最佳实践能够有效地解决在软件开发中的一些根本的问题。下面分别对这 6 项最佳实践进行介绍。

（1）迭代式软件开发

随着信息化产业的不断发展，当今的软件系统变得越来越复杂，人们再去使用一些传统的线性的开发方式，会越来越具有挑战性。因为各种在技术上可行并且有社会需求的软件密集型系统，在规模上、复杂性上、分布式以及重要性上的要求都在不断地提高，这使得首先完成对问题域的完整定义变得几乎不可能，我们无法在一开始的时候就完成对系统问题域的完整定义。这就需要我们提出一种能够解决这种问题的方法。迭代式软件开发就是其中一种有效的解决方法，它是一种能够通过一系列细化和若干个渐进的反复过程，从而形成有效解决方案的软件开发方式。

Rational 统一过程专注于处理那些在软件生命周期中每一个阶段的最高风险，通过一系列的迭代过程和风险控制，极大地减少了项目的风险性。可以从以下几个方面说明迭代式软件开发的优点：

- 考虑了变化的需求。迭代式软件开发的特点之一在于它对各种需求变化的考虑。迭代式的开发在逐步替代中完成开发过程，能够在不确定的需求中完成程序的基本内容，帮助项目开发持续进行。
- 过程逐步集成。在项目的开发过程中首先把握住开始阶段的各种要素，将各种要素形成一个“精华或要素”列表，这个列表能够指导团队成员采用一种更系统、更全面的方式来思考和执行整个软件开发过程。一旦一个过程框架或“架构”到位了，项目开发成员就能更有效地面对和处理单个的问题域，逐步将这些工作集成到项目工作中来。
- 早期风险避免。在 Rational 统一过程中，不仅提供了一系列的风险指导方案，同时迭代式的开发方式能够在各个阶段的开发和集成过程中发现问题并解决掉。
- 变更管理。迭代是软件开发提供的一系列的变更管理方法，通过这些方法指导项目进行变更管理，减少变更的风险。
- 促进重用。一系列的迭代开发能够促进项目开发成员设计出良好的程序架构来，良好的架构有助于代码的重用。
- 不断评估和修正。在迭代的每一个阶段，都是需要一系列的评估和修正的过程，通过不断地评估和修正，能够帮助我们发现设计和开发过程中的各种缺陷，将早期发现的瓶颈问题解决掉，不至于在交付前出现更大的麻烦。
- 项目组成员在开发中不断学习。迭代式开发使项目组的各个组成部分在整个周期中都能够不断地学习和进步。

在 Rational 统一过程中，加入了一些可以验证的方法来帮助减少风险，即可以从迭代的数量、持续的时间、迭代的目标和最终用户的反馈等方面计划迭代过程，在每个迭代过程后以可执行版本告终，开发团队停留在产生的结果上，频繁的评估和修正过程有助于确保项目能按时进行，有效地帮助项目管理者降低开发风险。

（2）需求管理

Rational 统一过程提供了对需求进行管理的方式。所谓需求管理是指通过一系列系统化的方式，对各种软件密集型系统或应用程序的需求进行提交、组织、沟通和管理。

一个有效的需求管理应当包括以下的内容：

- 能够应对复杂项目的需求。
- 能够有良好的用户满意度。
- 尽可能地减少需求的错误。
- 增强沟通。

Rational 统一过程通过以下的几种功能对需求管理进行支持：

- 描述了如何去提取、组织和文档化所需要的功能以及对这些功能的限制因素。
- 能够跟踪和文档化项目的解决方案以及对项目做出决策。
- 还能够对捕获商业需求，并进行交流和沟通。

（3）基于构件的架构应用

Rational 统一过程支持基于构件的软件开发。所谓的构件是指具有清晰功能的模块、包或子系统等。软件构件是对概要设计在物理上的实现，它们之间有着明确的界限，并且能够通过良好的定义集成为一个优良的架构。基于构件的开发主要有以下几种不同的方式，分别为：

- 认真设计每一个构件，然后分别对构件进行测试和集成，最终完成整个系统。
- 构建可重用构件。对于一些可以为那些普遍存在的问题提供共同解决方案的构件，我们可以将这些构件开发成为可重用构件。这些可重用构件构成了在组织中软件开发的重用基础，因而能够提高整个组织软件的生产能力和质量。
- 一些基础结构的构件。这些构件能够支持一些基础结构，如 CORBA、Internet、ActiveX 和 JavaBeans 等，它们在商业应用上都取得了很大的成功。这些基础结构的构件促进了计算机软件应用的不同领域对现有构件的使用。

Rational 统一过程是以架构为中心的，该过程在进行开发之前，关注的是早期能够进行开发和产生健壮的可执行体系结构的起点，这个起点是以一个可执行的架构原型的形式而存在的。它描述了如何设计灵活的、可容纳修改的、直观便于理解的并且促进有效软件重用的弹性结构，在后来的开发中，逐步将其发展成为最终的目标系统。

Rational 统一过程还为架构提供了一个设计、开发、验证的系统性方法。其中包括提供了模板、架构风格、设计规则、设计约束、设计过程构件和管理过程等。模板用以描述建立在多重架构视图概念基础上的架构。设计过程构件包括约束、构建重要元素以及确定如何进行架构选择的指导原则等具体活动。管理过程告诉我们如何计划早期的迭代过程，其中要考虑到架构设计和主要的技术风险的解决方法。

Rational 统一过程使架构设计人员将注意力集中在软件的架构设计上，同时能够让所有人员都能够明确所开发软件的结构状况，并且通过一系列的迭代过程使开发人员逐步确定构件，这些确定的构件可以通过开发、重用和购买等方式来获得，最终完成系统的开发。

（4）建立可视化的软件模型

Rational 统一过程的可视化建模的基础是 UML（统一建模语言）。它是一种图形语言，是描述不同模型的通用语言，它提供了一种规划系统蓝图的标准方法，但是它却不能告知设计人员如何使用它来开发软件。这就是为什么 Rational 联合 UML 开发 Rational 统一过程的原因。

Rational 统一过程指导我们如何有效地使用 UML（统一建模语言）进行建模。它告诉我们在开发过程中需要什么样的模型，为什么需要这样的模型以及如何构造这样的模型等，可以说 Rational 统一过程的很大部分是在开发过程中开发和维护系统模型（Model）。模型帮助我们理解并找到问题及问题的解决方案。在开发过程中通过显示对软件如何可视化建模，捕获体系结构和构件的结构和行为。并且允许开发人员隐藏细节和使用各种“图形构造块”来进行代码的编写。可视化建模抽象表述了软件的不同方面，观察各元素如何配合在一起，确保构件模块和实现代码一致，以保持设计和实现的一致性，促进保持明确的沟通。

在使用 Rational 统一过程时要注意对 UML（统一建模语言）版本的关注，在 RUP2000 中使用 UML 1.4 版本。随着 Rational 公司被 IBM 并购，对于该技术就有必要关注 IBM，现在最新的 UML 版本已经到了 UML 2.5。

（5）软件质量验证

在软件开发中，我们通常关注两方面的质量，分别是产品质量和过程质量。

- 产品质量：是指开发出来的软件产品（包括软件和系统等）以及软件产品中得到的所有元素（包括构件、子系统、架构等）的质量。
- 过程质量：过程质量是指在进行软件开发过程中，软件开发组织使用的软件工程过程（包括对质量的度量和准则等）被执行的程度。一系列的软件工程因素如迭代计划、系统用例、架构设计、测试计划等执行程度构成软件系统的过程质量。

体现高性能以及具有可靠性的应用程序是软件能够被接受的关键，在软件开发中不仅仅关注软件的产品质量，还应当关注于那些生产合格产品的过程质量。软件产品的质量应该是基于可靠性、功能性、应用和系统性能等方面并根据需求来进行验证的。Rational 统一过程能够帮助开发人员计划、设计、实现、执行和评估这些测试类型。并且 Rational 统一过程将软件产品的质量评估内建于所有过程和活动当中，即将软件质量验证成为每一个开发组织成员的职责，并且使用客观的度量和标准，而不是事后型的或单独小组所进行的分离式度量。

Rational 统一过程还针对如何验证和客观评价软件产品是否达到预期的质量目标提出了一系列的标准。

（6）软件变更控制

在软件开发过程当中，尤其是迭代开发过程当中，由于其开发计划和执行过程都具有灵活性，很多在软件开发过程当中的文档、代码等工作产品都会被修改。因此，为了跟踪这种修改变更的步骤，并且确保开发组织中的每一个人、每一件事都能够同步地进行，需要对软件产品的变更进行变更管理。

由于变更的出现往往是需求的变化，因此在迭代式软件开发中，变更管理首先关注于软件开发组织的需求变化，产生出针对需求、设计和实现中的变更进行管理的一种系统性方法。它也包括了一系列的重要活动，如跟踪发现的错误、误解和项目任务，同时将这些活动与某一特定软件产物和发布联系起来。变更管理和配置管理对软件产品质量的度量有着密切的关系。

衡量一个组织进行变更能力的高低是通过管理变更能力来表示。管理变更能力确定每个修改是可接受的，并且是能够被跟踪的。它在那些对于变更是不可避免的环境中是必须的。Rational 统一过程描述了如何控制、跟踪和监控修改以确保成功的迭代开发，它同时指导如何通过隔离修改和控制整个软件产物（例如，模型、代码、文档等）的修改来为每个开发者建立安全的工作区。

综上所述，Rational 统一过程是这四方面的统一体。根据这四方面的内容，Rational 统一过程提供了：一种以可预测的循环方式进行软件开发的软件开发过程；一个用来确保生产高质量软件的系统产品；一套能够被灵活改造和扩展的过程框架；许多软件开发的最佳实践。这四个方面都使得 Rational 统一过程对现代软件工程的发展产生了深远的影响。

4.2 统一过程的结构

在前面介绍过 Rational 统一过程是一种二维的过程结构，其中纵坐标代表了过程的静态描述，即通过过程的构件、活动、工作流、产物和角色等静态概念来描述系统。横坐标代表了过程的动态描述，即通过迭代式软件开发的周期、阶段、迭代和里程碑等动态信息来表示。同时，Rational 统一过程是以架构为中心的开发过程。本小节将分这三部分来介绍统一过程的结构。

4.2.1 统一过程的静态结构：过程描述

Rational 统一过程的静态结构是通过对其模型元素的定义来进行描述的。在 Rational 统一过程的开发流程中定义了“谁”“何时”“如何”做“某事”，并分别使用 4 种主要的模型元素来表达，它们是：

- 角色（Workers），代表了“谁”来做。
- 活动（Activities），代表了“如何”去做。
- 产物（Artifacts），代表了要做“什么”。
- 工作流（Workflows），代表了“何时”做。

下面分别对这 4 种模型元素进行详细的说明。

1. 角色（Workers）

角色定义了个人或由若干人所组成小组的行为和责任，它是统一过程的中心概念，很多事物和活动都是围绕角色进行的。可以认为角色是在项目组中每一个人所贴的标签，每一个或一些人为了在项目中进行界定需要被贴上一个标签，当然有时一个人可以被贴上很多个不同的标签。在 Rational 统一过程中，角色还定义了每一个人应该如何完成工作，即角色的职责。所分派给角色的责任既包括一系列的活动，还包括成为一系列产物的拥有者。

以下是一些角色的例子：

- 架构师（Architect）：架构师在整个项目中领导和协调技术活动和产物。架构师为每一个架构视图建立整体结构：视图分解、元素分组以及在这些主要分组之间的接口。

- 系统分析员（System Analyst）：系统分析员通过描述系统功能的纲要和约束，领导和协调系统需求的抽取和用例建模活动。
- 测试设计师（Test Designer）：测试设计师负责计划、设计、实现和评价测试，包括产生测试计划和测试模型，实现测试规程，评价测试覆盖范围、测试结果和测试有效性。

对于在 Rational 统一过程中更多角色的定义，可以参考相关的图书进行了解。

2．活动（Activities）

角色所执行的行为使用活动来表示，每一个角色都与一组相关的活动相联系，活动定义了他们执行的工作。某个角色的活动可能就是要求该角色中的个体执行的工作单元。活动通常具有明确的目的，将在项目语境中产生有意义的结果，通常表现为一些产物，如模型、类、计划等。每个活动分派给特定的角色。活动通常占用几个小时至几天，常常牵涉一个角色，影响到一个或少量的产物。活动应可以用来作为计划和进展的组成元素。

以下是一些活动的例子：

- 计划一个迭代过程，对应角色：项目经理。
- 寻找用例（Use Cases）和参与者（Actors），对应角色：系统分析员。
- 审核设计，对应角色：设计审核人员。
- 执行性能测试，对应角色：性能测试人员。

3．产物（Artifacts）

产物是在过程中产生、修改的，或为过程所使用的一段信息。产物是项目的有形产品：项目最终产生的事物，或者向最终产品迈进过程中使用的事物。产物用作角色执行某个活动的输入，同时也是该活动的输出。在面向对象的设计术语中，如活动是活动对象（角色）上的操作一样，产物是这些活动的参数。

产物可以具有不同的形式：

- 模型，如用例（Use Cases）模型或设计模型。
- 模型组成元素，即模型中的元素。比如类、用例（Use Cases）或子系统等元素。
- 文档，如商业案例或软件结构文档。
- 源代码。
- 可执行文件。

以下是一些产品的例子：

- 存储在 Rational Rose 中的设计模型。
- 存储在 Microsoft Project 中的项目计划文档。
- 存储在 Microsoft Visual Source Safe 中的项目程序源文件。

4．工作流（Workflows）

仅依靠角色、活动和产物的列举并不能组成一个过程。需要一种方法来描述可以产生若干有价值的、有意义结果的活动序列，显示角色之间的交互作用，这就是工作流。工作流是指能够产生具有可观察结果的活动序列。在 UML 术语中，工作流可以使用序列图、协同图或活动图等形式来表达。通常，一个工作流使用活动图的形式来描述。

在工作流中要注意，表达活动之间的所有依赖关系并不是总可能或切合实际的。常常两个活动之间的关系比表现出来的关系更加紧密地交织在一起，特别是在涉及同一个角色或人员时。

Rational 统一过程中包含了 9 个核心过程工作流（Core Process Workflows），代表了所有角色和活动的逻辑分组情况。核心过程工作流可以被再分成 6 个核心工程工作流和 3 个核心支持工作流。

6 个核心工程工作流分别为：

- 业务建模工作流
- 需求工作流
- 分析和设计工作流
- 实现工作流
- 测试工作流
- 分发工作流

3 个核心支持工作流分别为：

- 项目管理工作流
- 配置和变更控制工作流
- 环境工作流

尽管六个核心工程工作流能使人想起传统瀑布流程中的几个阶段，但应注意迭代过程中的阶段是不同的，这些工作流在整个生命周期中一次又一次地被访问。9 个核心工作流在项目中的实际完整工作流中轮流被使用，在每一次迭代中以不同的重点和强度进行重复。

4.2.2 统一过程的动态结构：迭代开发

Rational 统一过程的动态结构，是通过对迭代式软件开发过程的周期、阶段、迭代过程以及里程碑等的描述来表示的。在统一过程二维结构的横坐标轴上，显示了统一过程的生命周期，将软件开发的各个阶段和迭代周期在这个水平时间轴表达出来，反映了软件开发过程沿时间方向的动态组织结构。

在最初的软件开发方式——顺序开发过程，即瀑布模型中，将系统需求分析、设计、实现（包括编码和测试）和集成顺序地执行，并在每一个阶段产生相关的产物。项目组织顺序执行每个工作流，并且每个工作流只能被执行一次，这就是大家熟悉的瀑布模型的生命周期，这样做的结果是只有到末期编码完成并开始测试时，在需求分析、设计和实现阶段所遗留的隐藏问题才会大量出现，项目可能要进入一个漫长的错误修正周期中。即使在后期的集成中，也会不可避免地会发生一些很重大的错误。

一种更灵活，风险更小的方法就是通过多次不同的开发工作流，逐步确定一部分需求分析和风险，在设计、实现并确认这一部分后，再去做下一部分的需求分析、设计、实现和确认工作，以此方式反复进行下去，直至整个项目的完成。这样能够在逐步集成中更好地理解需求，构造一个健壮的体系结构，并最终交付一系列逐步完成的版本。这叫作一个迭代生命周期。在工作流中的每一次顺序的通过被称为一次迭代过程。软件生命周期是迭代的连续，通过它，软件是增量的开发。一次迭代包括了生成一个可执行版本的开发活动，还有使用这个版本所必需的其他辅助成分，如版本描述、用户文档等。因此一个开发迭代在某种意义上是在所有工作流中一次完整的过程，这些工作流包括：需求分析工作流、设计工作流、实现和测试工作流、集成工作流。可以看出，迭代过程的一个开发周期本身就像一个小型的瀑布模型。

当从一个迭代过程进入到另外一个迭代过程时，需要一种方法对整个项目的进展情况进行评估，以确保大家是在朝着最终产品的方向努力。我们使用里程碑（Milestone）的方式及时地根据明确的准则决定是继续、取消还是改变迭代过程。为了对迭代的特定短期目标进行分割并组织迭代开发秩序，我们将迭代过程划分为 4 个连续的阶段。分别为：

- 初始（Inception）阶段
- 细化（Elaboration）阶段
- 构造（Construction）阶段
- 提交（Transition）阶段

在每一个阶段完成之后，都会形成一个良好定义的里程碑，即必须做出某些关键决策的时间点，因此在每一个阶段结束后，必须要达到关键的目标。每个阶段均有明确的目标。下面详细介绍各个阶段的目标以及重要里程碑的评价准则。

1．初始（Inception）阶段

初始阶段的目标是为系统建立商业案例和确定项目的边界。

为了达到该目标必须识别所有与系统交互的外部实体，在较高层次上定义交互的特性。它包括识别所有用例和描述一些重要的用例。商业案例包括验收规范、风险评估、所需资源估计、体现主要里程碑日期的阶段计划。

本阶段具有非常重要的意义，在这个阶段中，关注的是整个项目开发过程中的业务和需求方面的主要风险。对于建立在原有系统基础上的开发项目来说，初始阶段的时间可能很短。

2．细化（Elaboration）阶段

细化阶段的目标是分析问题域，建立健全的体系结构基础，编制项目计划，淘汰项目中最高风险的元素。

细化阶段是四个阶段中最关键的阶段。该阶段结束时，决定了是否能将项目提交给构造和提交阶段。对于大多数项目而言，这也相当于从变动的、轻松的、灵巧的、低风险的运作过渡到高成本、高风险并带有较大惯性的运作过程。而过程必须能容纳变化，细化阶段的活动确保了结构、需求和计划是足够稳定的，风险被充分减轻，所以可以为开发结果预先决定成本和日程安排。

在细化阶段，可执行的结构原型在一个或多个迭代过程中建立，依赖于项目的范围、规模、风险和先进程度。工作量必须至少处理初始阶段中识别的关键用例，典型的关键用例揭示了项目主要技术的风险。

3．构造（Construction）阶段

在构造阶段，所有剩余的构件和应用程序功能被开发并集成为产品，所有的功能被仔细地测试。

在构造阶段，从某种意义上说，是重点在管理资源和控制运作来优化成本、日程、质量的生产过程。许多规模大的项目足够产生许多平行的增量构造过程，这些平行的活动可以极大地加速版本发布的有效性；同时也增加了资源管理和工作流同步的复杂性。健壮的体系结构和易于理解的计划是高度关联的。换而言之，体系结构上关键的质量决定了构造的容易程度，这也是在细化阶段均衡的体系结构和计划被一再强调的原因。

4．提交（Transition）阶段

提交阶段（也称为交付阶段）的目的是将软件产品交付给用户群体。

只要产品发布给最终用户，问题常常就会出现：要求开发新版本，纠正问题或完成被延迟的问题。

当软件产品的最基本底线成熟到足够发布给最终用户时，就进入了提交阶段。一些典型需求的系统子集被开发到可用、可接收的质量级别，并且用户文档也可供使用，从而交付给用户的所有部分均可以有正面的效果。这包括：

- 对照用户的期望值，验证新系统的“beta 测试”。
- 与被替代的已有系统并轨。
- 功能性数据库的转换。
- 向市场、部署、销售团队交付产品。

构造阶段关注于向用户提交产品的活动。一般情况下，该阶段包括若干重复的过程，有 Beta 版本、通用版本、bug 修补版和增强版。相当大的工作量消耗在开发面向用户的文档，培训用户等方面。在初始产品使用时，支持用户并处理用户的反馈。用户反馈主要限定在产品性能调整、配置、安装和使用问题。本阶段的目标是确保软件产品可以提交给最终用户。

在 Rational 统一过程的每个阶段可以进一步分解为迭代过程。迭代过程决定了可执行产品版本（内部和外部）的完整开发循环，是最终产品的一个子集，从一个迭代过程到另一个迭代过程递增式增长形成最终的系统。

与传统的瀑布式方法相比，迭代过程具有以下优点：

- 减小了风险。
- 更容易对变更进行控制。
- 高度的重用性。
- 项目小组可以在开发中学习。
- 较佳的总体质量。

4.2.3　以架构为中心的过程

Rational 统一过程主要的一部分可以说是围绕建模进行的。模型是现实的简化，能够帮助

我们理解并确定问题及其解决方法。对于那些整体把握不太容易的大型系统，模型应当尽量能够完整而一致地描述将要开发的系统，尽量和现实情况保持一致。当描述一个系统的一系列任务时，需要用一定的系统框架来进行描述。也就是和很多人认为的那样，所谓架构（即体系结构）就是当我们在去掉其中的任何部分时，就无法让人理解整个系统和解释它是如何工作的系统描述。

一个良好的架构能够清晰表达其目的，它应该具有关于架构的形成过程的具体描述，并且能够以一种被普遍接受的方式表达出来。对于一个以架构为中心的开发组织，需要对架构的以下 3 个方面进行关注。

- 架构的目的：开发组织应当理解架构的目的，明确它为什么如此重要，从中能够得到什么样的好处以及如何开发自己的架构。
- 架构的表示：开发组织应当确定一个统一的架构表示形式，这样能够使架构具体化，从而使开发组织可以系统地在同一架构下进行交流、评审和改进工作。
- 架构的过程：项目组织应当关注架构的具体形成过程，从而确定如何建立并验证一个能够满足项目需求的架构，并决定由谁来做这件事。

不同的参与者会关注架构的不同方面，因此在描述一个完整的架构时，应当是多维的，而不是平面的，这就是架构视图（Architecture View）。一个架构视图是从某一视角或某一点上看到的系统，并依此所做的概述（简要描述），描述中涵盖了系统的某一特定方面，省略了与此无关的实体。

在 Rational 统一过程中建议采用五种视图来描述架构，这 5 种视图分别是：

- 逻辑视图（Logical View）。在使用面向对象的方法时，逻辑视图是用来设计对象的模型。
- 过程视图（Process View）。过程视图是用来捕捉设计的并发和同步特性。
- 物理视图（Physical View）。物理视图是用来描述软件到硬件的映射，反映分布式的特性。
- 开发视图（Development View）。开发视图是用来描述在开发环境中软件的静态组织结构。
- 用例视图（Use Case View）。有时也被认为是场景（Scenarios），用来阐述其他视图是如何工作的。

我们可以轮流使用这 5 种视图观察系统的架构，并且展现出各个视图的目标，即视图所关注的问题、相应的架构设计的标记方式、描述和管理架构设计的工具。下面分别详细说明这 5 种视图。

1. 逻辑视图（Logical View）

逻辑视图主要支持系统的功能性需求，即在为用户提供服务方面，系统应该提供的功能。逻辑视图是设计模型的抽象形式，将系统分解为一系列的关键抽象，这些关键抽象大多数来自于问题域，并采用抽象、封装和继承的方式，对外表现为对象或对象类的形式。我们可以使用 Rational 统一过程中的相关方法来表示逻辑架构，借助于类图和类模板的形式。类图用来显示一个类的集合和它们的逻辑关系：关联、使用、组合、继承等。相似的类可以划分成类集合的形式。类模板关注于单个类，它们强调主要的类操作，并且识别关键的对象特征。如果需要定义对象的内部行为，则需要使用状态图等形式来完成。公共的机制或服务可以在工具类（Class Utilities）中定义。

逻辑视图的风格是采用面向对象的风格，其主要的设计准则是试图在整个系统中保持单一的、一致的对象模型，避免对各个场合或过程产生多余的类和机制的技术说明。逻辑视图的结果是用来确定重要的设计包、子系统和类。

2. 过程视图（Process View）

过程视图考虑的是一些非功能性的需求，主要表现为系统运行时的一些特性，它解决系统运行时的并发性、分布性、系统完整性、系统容错性，以及逻辑视图的主要抽象如何与系统进程架构结合在一起。

进程架构可以在几种层次的抽象上进行描述，每个层次针对不同的问题。在最高的层次上，进程架构可以视为一组独立执行的通信程序的逻辑网络，它们分布在一组硬件资源上，这些资源通过 LAN 或者 WAN 连接起来。多个逻辑网络可能同时并存，共享相同的物理资源。例如，独立的逻辑网络可能用于支持离线系统与在线系统的分离，或者支持软件的模拟版本和测试版本的共存。

进程是构成可执行单元任务的分组。进程代表了可以进行策略控制过程架构的层次（即：开始、恢复、重新配置及关闭）。另外，进程可以根据处理负载分布式的增强或可用性的提高而不断地被重复。

软件被划分为一系列单独的任务，而任务是独立的控制线程，可以在处理节点上单独调用。任务可以区分为主要任务和次要任务，主要任务是可以唯一处理的架构元素，次要任务则是由于具体实施主要任务而引入的局部附加任务（如周期性活动、缓冲、暂存等等）。主要任务采用良好的交互任务的通信机制：基于消息的同步或异步通信服务、远程过程调用、事件广播等；次要任务则以会话或共享内存来进行通信。在同一过程或处理节点上，不应对主要任务的分配做出任何假定，这是由线程的执行特点决定的。

在进程视图的设计中，应当关注那些在架构上具有重要意义的元素。使用 Rational 统一过程中提供的相关方法描述进程架构时，要详细描述可能的交互通信路径中的规格说明。

3. 物理视图（Physical View）

物理视图主要关注的也是系统的非功能性需求，这些需求包括系统的可用性、可靠性、性能和可伸缩性。物理视图描述的是软件到硬件的映射，即展示不同的可执行程序和其他运行时构件是如何映射到底层平台或处理节点上的。软件在各种平台（包括计算机网络等）或处理节点上运行，各种元素（网络、过程、任务和对象）需要被映射至不同的节点。

在物理视图的设计中，需要考虑很多关于软件工程和系统工程的问题，因此在使用 Rational 统一过程提供的方法进行描述时，表达形式也多种多样，尽可能不要混用物理视图，以免产生混乱。

4. 开发视图（Development View）

开发视图描绘的是系统的开发架构，它关注的是软件开发环境中实际模块的组织情况，即系统的子系统是如何被分解的。软件被打包分成为一个个小的程序模块（类库或子系统），一个程序模块可以由一位或几位开发人员来进行开发。在大型系统的开发中，有时需要将系统进行组织分层，每一层的子系统模块都为上层模块提供良好定义的接口。

系统的开发架构主要使用模块和子系统图来表达，显示了“输入”和“输出”的关系。完整的开发架构只有当所有软件元素被标识后才能加以描述。

在开发视图的设计中，在大多数情况下，需要考虑的问题与以下几项因素有关：开发难度、软件管理、重用性和通用性以及由工具集和编程语言所带来的限制。开发视图是各种活动的基础，这些活动包括：需求分配、团队工作的分配、成本评估和计划、项目进度的监控、软件重用性、可移植性和安全性等。这些活动都是建立产品线的基础。

5. 用例视图（Use Case View）

用例视图有时也被认为是场景视图，扮演着一个很特殊的角色，它综合了所有上面的这四种视图。四种视图的元素通过数量比较少的一组重要场景或者用例进行无缝协同工作。

在某种意义上，这些场景或用例是最重要的需求抽象，它们的设计在Rational统一过程中可以使用用例图或交互图来表示。在系统的软件架构文档中，需要对这几个为数不多的场景进行详细的说明。用例视图通常被认为是其他4种视图的冗余视图，但是它却起着两个重要的作用：

- 作为一项设计的驱动元素来发现架构设计过程中的架构元素。
- 作为架构设计结束后的一项验证和说明功能，既以视图的角度来说明，又作为架构原型测试的出发点。

使用这5种视图来描述架构可以解决架构的表述问题，那么Rational统一过程是如何以架构为中心实施设计过程呢？

Rational统一过程定义了两个关于架构的主要产物，它们分别是：

- 软件架构描述（SAD），用于描述与项目有关的架构视图。
- 架构原型，用于验证架构并充当开发系统其余部分的基础。

除此之外，还包括其他3种产物，上面两种产物是这3种产物的基础。这3种产物分别是：

- 设计指南，为架构设计提供指导，提供了一些模式和习惯用语的使用。
- 在开发环境中基于开发视图的产品结构。
- 基于开发视图结构的开发群组结构。

在Rational统一过程中还定义了一个参与者：架构师，负责架构的设计工作。但是，架构师不是唯一关系架构的人，大多数开发人员都参与了架构的定义和实现，尤其是在系统的细化阶段。

在Rational统一过程中，通过分析和设计工作流描述了大部分关于架构设计的活动，同时，这些活动贯穿了系统的需求、实现以及管理等方面。所以说，Rational 统一过程是一个以架构为中心的过程。

4.3 配置和实现 Rational 统一过程

在大多数情况下，各种开发组织是可以直接使用 Rational 统一过程的全部或者其中一部分的。但是，为了能够更好地适应开发组织自身的需要，就需要配置和实现 Rational 统一过程。

4.3.1 配置 Rational 统一过程

配置 Rational 统一过程是指通过修改 Rational 软件公司交付的过程框架，使整个过程产品适应采纳了这种方法的软件开发组织的需要和约束。

在有些情况下需要修改 Rational 统一过程的在线版本，也就是需要配置它。当把在线的 Rational 统一过程的基本版本复制到配置管理系统之下时，配置该过程的相关人员就可以修改它以实现变更。例如：

- 在活动中增加、扩展、修改或删除一些步骤。
- 基于经验增加评审活动的检查点。
- 根据在以前项目中发现的问题，增加一些指南。
- 裁减一些模板，比如增加公司的标志、头注、脚注、标识等。
- 增加必要的工具指南等。

4.3.2 实现 Rational 统一过程

实现 Rational 统一过程是指在软件开发组织中，通过改变组织的实践，使组织能例行地、成功地使用 Rational 统一过程的全部或其一部分。

在软件开发组织中实现一个全新的过程可以用以下 6 步来描述。它们分别是：

（1）评估当前的状态。
（2）建立明确的目标。
（3）识别过程的风险。
（4）计划过程的实现。
（5）执行过程的实现。
（6）评价过程的实现。

以下对这 6 步进行详细的说明。

1. 评估当前的状态

评估当前的状态是指需要在项目的相关参与者、过程、开发支持工具等方面对软件开发组织的当前状态进行了解，识别出问题和潜在的待改进方面，并收集外部问题的信息。

评估当前的状态为当前开发组织制定一个计划，使开发组织从当前的状态过渡到目标状态，并改进组织当前的状况。

2. 建立明确的目标

建立明确的目标指的是建立过程、人员和工具所要达到的明确目标，指明当完成过程实现项目时希望达到什么程度。

建立明确的目标为过程实现计划和未来构想，产生一个可度量的目标清单，并使用所有项目参与者都能够理解的形式进行描述。

3. 识别过程的风险

识别过程的风险是指我们应当对项目可能涉及的风险进行分析，标识出一些潜在的风险，并设法了解这些风险对项目产生的影响，然后根据影响进行分级，同时还要制定出如何缓解这些风险或者处理这些风险的计划。

识别过程的风险有助于我们减少甚至避免一些风险，在达到目标的过程中尽可能地少走一些弯路。

4. 计划过程的实现

计划过程的实现是指在开发组织中对实现过程和工具制定的一系列计划，这个计划应当明确地描述如何有效地从组织的当前状态转移到目标状态。

在计划过程的实现中，应当包含当前组织对需求的改变以及涉及的风险，制定一系列的增量过程，逐步达到计划中的目标。

5. 执行过程的实现

执行过程的实现是指按照计划逐步实现该过程。主要包括的任务如下：

- 开发新的开发案例或更新已存在的开发案例。
- 获取并改造工具使之支持过程并使过程自动化。
- 给开发团队中的成员做使用新的过程和工具方面的培训。
- 在软件开发项目中实际应用的过程和工具。

6. 评价过程的实现

评价过程的实现是指在软件开发项目中已经实现了该过程和工具之后，项目组织对过程是否达到预期目标的评价工作。评价的内容主要包括参与人员、过程和工具等。

实现一个软件开发过程是一项很复杂的任务，在实现过程中不仅要求开发团队中的各个成员通力配合外，还要小心谨慎地对过程进行控制，要将实现一个过程也当成是一个项目来看待。

4.4 本章小结

在本章中，首先说明了什么是 Rational 统一过程，指出 Rational 统一过程包含 4 个方面（软件开发过程、系统产品、过程框架、最佳实践），接着在对 Rational 统一过程结构的介绍中，分别从它的静态结构和动态结构，以及以架构为中心的过程 3 个方面进行说明。另外，本章还重点介绍了 Rational 统一过程的五种视图结构，最后，介绍了配置和实现 Rational 统一过程。本章的内容只是对 Rational 统一过程的简要概括，要学习它的更多内容，建议读者通过 Rational 网站继续深入学习。

习题四

1. 填空题

（1）Rational 统一过程以一种能够被大多数项目团队和开发组织都能够适应的形式建立起整个过程，其所包含的 6 项最佳实践为：_______、需求管理、______、建立可视化的软件模型、______、软件变更控制。

（2）在 Rational 统一过程的开发流程中定义了“谁”“何时”“如何”做“某事”，并分别使用四种主要的模型元素来进行表达，它们是：_______、______、_______和工作流（Workflows）。

（3）我们将迭代过程划分为四个连续的阶段，分别为：_______、细化阶段、_______和提交阶段。

（4）对于一个以架构为中心的开发组织，需要对架构的以下三个方面进行关注，这三个方面分别是：架构的目的、_______和________。

2. 选择题

（1）下面不是 Rational 统一过程包含的 6 项最佳实践的是_____。

（A）瀑布式软件开发　（B）迭代式软件开发
（C）基于构件的架构应用　（D）软件质量验证

（2）一个有效的需求管理不包括的内容是________。

（A）能够应对复杂项目的需求　（B）能够有良好的用户满意度
（C）尽可能地减少需求的错误　（D）减少开发者之间的沟通和交流

（3）迭代过程的四个连续的阶段不包括______。

（A）初始　（B）分析
（C）细化　（D）构造

（4）一个以架构为中心的开发组织，不需要对架构的哪个方面进行关注_____。

（A）架构的目的　（B）架构的绘制软件
（C）架构的表示　（D）架构的过程

3. 简答题

（1）什么是 Rational 统一过程？试着对其进行简要介绍。

（2）Rational 统一过程的内容包含哪几个方面？

（3）Rational 统一过程作为一种软件产品有什么样的好处呢？

（4）如何配置和实现 Rational 统一过程？

第 5 章

用例图

UML 为建立系统模型提供了一整套建模机制，使用用例图、协作图、序列图、活动图和状态图等图可以从不同的侧面、不同的抽象级别为系统建立模型。其中用例图主要用于为系统的功能需求建模，它主要描述系统功能，也就是从外部用户的角度来观察系统应该完成哪些功能，这有利于开发人员以一种可视化的方式理解系统的功能需求。可以说用例图是对系统功能的一个宏观描述，画好用例图是由软件需求到最终实现的第一步，也是最重要的一步。通过本章的学习，希望读者能够从整体上理解用例图，掌握用例图的画法。

5.1 用例图的基本概念

用例图源于 Jacobosn 的 OOSE 方法，它通过用例（Use Case）来捕获系统的需求，再结合参与者（Actor）进行系统功能需求的分析和设计。

5.1.1 用例图的定义

由参与者（Actor）、用例（Use Case）以及它们之间的关系构成的用于描述系统功能的动态视图称为用例图。其中用例和参与者之间的对应关系又叫作通信关联（Communication Association），它表示参与者使用了系统中的哪些用例。用例图是从软件需求分析到最终实现的第一步，它显示了系统的用户和用户希望提供的功能，这有利于用户和软件开发人员之间的沟通。

要在用例图上显示某个用例，可以绘制一个椭圆，然后将用例的名称放在椭圆的中心或椭圆下面的中间位置。要在用例图上绘制一个参与者（表示一个系统用户），可绘制一个人形符号。参与者和用例之间的关系使用带箭头或者不带箭头的线段来描述，箭头表示在这一关系中哪一方是对话的主动发起者，箭头所指方是对话的被动接受者；如果不想强调对话中的主动与被动关系，可以使用不带箭头的线段。如图 5-1 所示为银行自动取款机（ATM）的用例图。

进行用例建模时，所需要的用例图数量是根据系统的复杂度来衡量的。在一个简单的系统中往往只需要有一个用例图就可以描述清楚所有的关系。但是对于复杂的系统，一张用例图显然是不够的，这时候就需要用多个用例图来共同描述复杂的系统。然而，一个系统的用例图也不应该过多。

对于较复杂的大中型系统，用例模型中的参与者和用例会大大增加，这样的系统往往会需要几张甚至几十张用例图。为了有效地管理由于规模上升而造成的复杂度，对于复杂的系统还会使用包（Package）——UML 中最常用的管理模型复杂度的机制。

在用例建模中，有时为了更加清楚地描述用例或者参与者，会用到注释。如图 5-2 所示，可以对参与者进行注释。

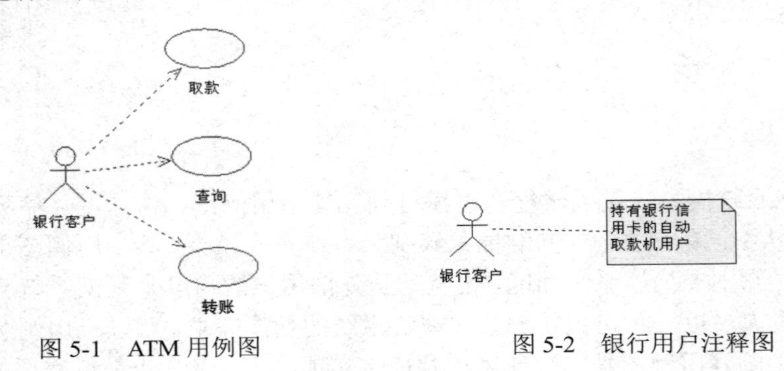

图 5-1　ATM 用例图　　　　图 5-2　银行用户注释图

要注意的是，不管是包（Package）还是注释，都不是用例图的基本组成元素，不过在用例建模过程中可能会用到这两种附加元素。

5.1.2　用例图的作用

用例图是需求分析中的产物，主要作用是描述参与者和用例之间的关系，帮助开发人员以可视化的方式了解系统的功能。借助于用例图，系统用户、系统分析人员、系统设计人员、不同领域的专家能够大量减少了交流上的障碍，便于对问题达成共识。

与传统的 SRS 方法相比，用例图可视化地表达了系统的需求，具有直观、规范等优点，克服了纯文字性说明的不足。另外，用例方法是完全从外部来定义系统的功能，它把需求和设计完全地分离开来。人们不用关心系统内部是如何完成各种功能的，系统对于大家来说就是一个黑箱子。用例图可视化地描述了系统外部的用户（抽象为参与者）和用户使用系统时系统为这些用户提供的一系列服务（抽象为用例），并清晰地描述了参与者和参与者之间的泛化关系，用例和用例之间的包含关系、泛化关系、扩展关系，以及用例和参与者之间的关联关系。所以从用例图中，人们可以得到被定义系统的一个总体印象。

在面向对象的分析和设计方法中，用例图可以用于描述系统的功能性需求。每一个用例都描述了一个完整的系统服务，作为开发人员和用户之间针对系统需求进行沟通的一个有效手段。

5.2　用例图的组成

通过 5.1 节的介绍，我们已经知道了什么是用例图，以及用例图的主要作用。为了更好地掌握如何画用例图，有必要详细地了解用例图的 4 个组成元素：参与者（角色）、用例、系统边界和关联。只有了解了这 4 个元素的概念，它们之间的用法和相互关系，才能得心应手地画好用例图。

5.2.1　参与者

1. 参与者的概念

参与者（Actor）是指存在于系统外部并直接与系统进行交互的人、系统、子系统或类的外部实体的抽象。每个参与者可以参与一个或多个用例，每个用例也可以有一个或多个参与者。在用例图中使用一个人形图标来表示参与者，参与者的名字写在人形图标下面，如图 5-3 所示。

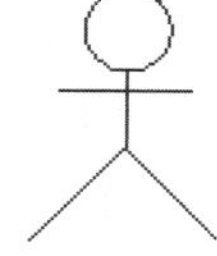

图 5-3　参与者

很多初学者都把参与者理解为人，这是错误的。参与者代表的是一个集合，通常一个参与者可以代表一个人、一个计算机子系统、一个硬件设备或者时间等。人是其中最常见也是最容易理解的参与者，对于上一节中提到的银行自动取款机（ATM）来说，它的参与者就是银行用户。

一个系统也可以作为参与者，大家去商场购物，经常会采用刷卡付款的方式，这时候就需要商场的管理程序和外部的应用程序建立联系，来验证信用卡以便完成信用卡的付款操作。其中，外部信用卡程序就是一个参与者，是一个系统。

而在有的系统中，一个进程也可以作为参与者，例如时间。如果家里开通上网包月的话，当包月时间快结束的时候，系统就会提示相关服务人员，再由这些人员通知包月到期的用户。由于时间不在人的控制范围内，因此也是一个参与者。

要注意的是，参与者虽然可以代表人或事物，但参与者不是指人或事物本身，而是表示人或事物当时所扮演的角色。例如小王是银行的工作人员，他参与银行管理系统的交互，这时他既可以作为管理员这个角色参与管理，也可以作为银行用户来取钱，在这里小王扮演了两个角色，是两个不同的参与者。因此，不能将参与者的名字表示成参与者的某个实例，例如小王作为银行用户来取钱，但是参与者的名字还是银行用户而不能是小王。

一个用例的参与者可以划分为发起参与者和参加参与者。发起参与者发起了用例的执行过程，一个用例只有一个发起参与者，可以有若干个参加参与者。在用例中标明发起参与者是一个明智的做法。

参与者还可以划分为主要参与者和次要参与者。主要参与者指的是执行系统主要功能的参与者，次要参与者指的是使用系统次要功能的参与者。标明主要参与者有利于找出系统的核心功能，往往也是用户最关心的功能。

2. 确定参与者

在获取用例前首先要确定系统的参与者，寻找参与者可以从以下问题入手：

- 系统开发完成后，使用系统主要功能的是谁。
- 谁需要借助系统来完成日常的工作。
- 系统需要从哪些人或其他系统中获得数据。
- 系统会为哪些人或其他系统提供数据。
- 系统会与哪些其他系统交互？其他系统包括计算机系统和计算机中的其他应用软件。其他系统可以分为两类：一类是该系统要使用的系统；另一类是启动该系统的系统。
- 系统是由谁来维护和管理的，以保证系统处于工作状态。
- 系统控制的硬件设备有哪些？
- 谁对本系统产生的结果感兴趣。

要注意的是，寻找参与者的时候不要把目光只停留在使用计算机的人身上，直接或间接地与系统交互的任何人和事都是参与者。另外，由于参与者总是处于系统外部，因此他们或它们可以处于人的控制之外。让我们来看一个比较特殊的参与者——系统时钟。有时候需要在系统内部定时地执行一些操作，如检测系统资源使用的情况、定期地生成统计报表等等。这些操作并不是由外部的人或系统触发的，它是由一个抽象出来的系统时钟或定时器参与者来触发的，如图 5-4 所示。

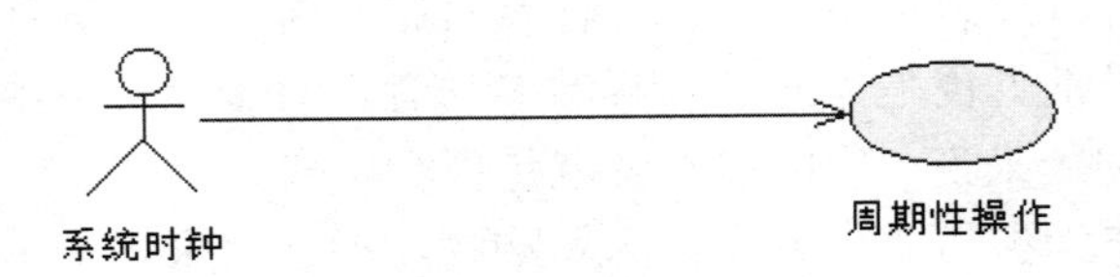

图 5-4　系统时钟用例图

3. 参与者之间的关系

由于参与者实质上也是类，因此它拥有与类相同的关系描述，即参与者与参与者之间主要是泛化关系（或称为“继承”关系）。泛化关系的含义是把某些参与者的共同行为提取出来表示成通用行为，并描述成超类（或父类）。泛化关系表示的是参与者之间的一般或特殊关系，在 UML 图中，使用带空心三角箭头的实线表示泛化关系，如图 5-5 所示，箭头指向超类参与者。

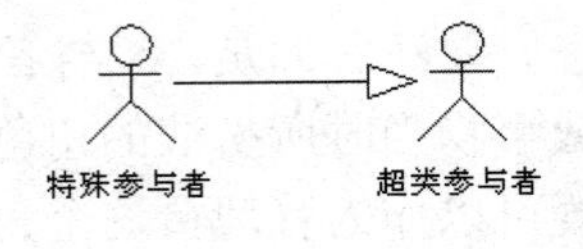

图 5-5　参与者泛化关系

在需求分析中很容易碰到用户权限问题，就拿一个公司来说，普通职员有权限进行一些常规操作，而销售经理和人事经理在常规操作之外还有权限进行销售管理和人事管理。用例图如图 5-6 所示。

在这个例子中，我们会发现销售经理和人事经理都是一种特殊的用户，他们拥有普通用户所拥有的全部权限，此外他们还有自己独有的权限。这里可进一步把普通用户和销售经理、人事经理之间的关系抽象成泛化（Generalization）关系。

如图 5-7 所示，职员是父类，销售经理和人事经理是子类。通过泛化关系，可以有效地减少用例图中通信关联的个数，简化用例模型，便于大家理解。

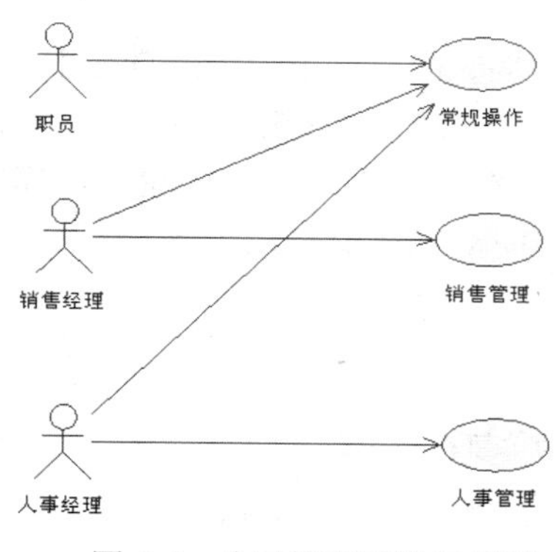

图 5-6　公司管理系统用例图

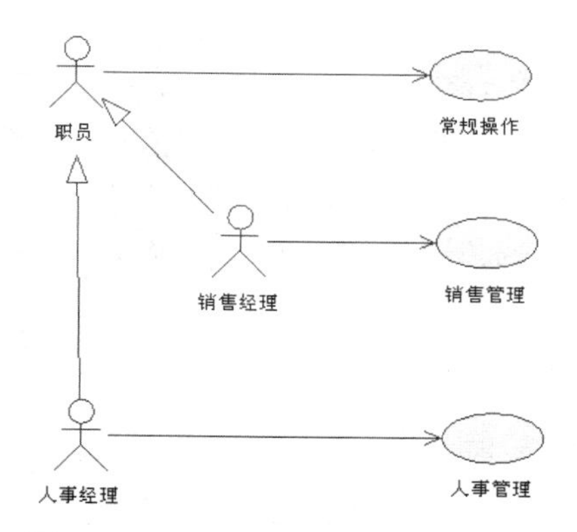

图 5-7　泛化后的公司管理系统用例图

5.2.2　系统边界

所谓系统边界是指系统与系统之间的界限。通常所说的系统可以认为是由一系列的相互作用的元素形成的具有特定功能的有机整体。系统同时又是相对的，一个系统本身又可以是另一个更大系统的组成部分，因此，系统与系统之间需要使用系统边界来进行区分。我们把系统边界以外的与系统相关联的部分称为系统环境。

在项目开发过程中，边界是一个非常重要的概念。系统与环境之间存在边界，子系统与其他子系统之间存在边界，子系统与整体系统之间存在边界。总之，没有完整的边界就不会有完整的分类，也就不会有完整的系统，边界的重要性一点也不亚于系统本身。

用例图中的系统边界是用来表示正在建模系统的边界。边界内表示系统的组成部分，边界外表示系统的外部。虽然有系统边界的存在，但是使用 Rose 画图并不会画出系统的边界，如果采用 Visio 软件画图，系统边界在用例图中用方框来表示，同时附上系统的名称，参与者画在边界的外面，用例画在边界里面，如图 5-8 所示。系统边界决定了参与者，如果系统的边界不一样，它的参与者就会发生很大的变化。例如，对于一个银行自动取款系统来说，它的参与者就是银行客户，但是如果将系统的边界扩大至整个银行系统，那么系统参与者还将包括银行职员。由此可见，在系统开发过程中，系统的边界占据了举足轻重的地位，只有搞清楚了系统的边界，才能更好地确定系统的参与者和用例。

图 5-8　系统边界

5.2.3　用例

1. 用例的概念

用例（Use case）是参与者（角色）可以感受到的系统服务或功能单元。它定义了系统如何被参与者使用，描述了参与者为了使用系统所提供的某一完整功能而与系统之间发生的一段交互作用。用例最大的优点就是站在用户的角度上（从系统的外部）来描述系统的功能。它把系统当作一个黑箱子，并不关心系统内部是如何完成它所提供的功能，只表达整个系统对外部用户可见的行为。

UML 中通常以一个椭圆图符来表示用例，用例名称书写在椭圆下方，如图 5-9 所示。

每个用例在其所属的包里都有唯一的名字，该名字是一个字符串，包括简单名和路径名。用例的路径名就是在用例名前面加上用例所属的包的名字，如图 5-10 所示为带路径名的用例。用例名可以包括任意数目的字母、数字和除冒号以外的大多数标点符号。用例的名字可以换行，但应易于理解，往往是一个能准确描述功能的动词短语或者动名词词组。

图 5-9　用例

图 5-10　带路径名的用例

用例和参与者之间的关系属于关联关系（Association），又称作通信关联（Communication Association）。关联关系是双向的一对一的关系，这种关系表明了哪个参与者与用例通信。

需要注意用例的一些特征。首先，用例必须由某一个参与者触发激活后才能执行，即每个用例至少应该涉及一个参与者。如果存在没有参与者的用例，就可以考虑将这个用例并入其他用例之中。

其次用例也是一个类，而不是某个具体的实例。用例所描述的是它代表的功能的各个方面，包含了用例执行期间可能发生的各种情况。例如，从 ATM 系统中取款这个用例，张三持银行卡去取钱，系统收到消息后将钱送出的过程就是一个实例。而李四持银行卡取钱，系统收到消息后因为钱已经取完而将银行卡退给李四也是一个实例。

注意，用例是一个完整的描述。一个用例在编程实现的时候往往会被分解成多个小用例（函数），这些小用例的执行会有先后之分，其中任何一个小用例的完成都不能代表整个用例的完成。只有当所有的小用例都完成，并最终产生了返回给参与者的结果，才能代表整个用例的完成。

2. 识别用例

任何用例都不能在缺少参与者的情况下独立存在。同样，任何参与者也必须要有与之关联的用例。所以识别用例的最好方法就是从分析系统参与者开始，在这个过程中往往会发现新的参与者。当找到参与者之后，我们就可以根据参与者来确定系统的用例，主要是看各参与者如何使用系统，需要系统提供什么样的服务。可以通过以下问题来寻找用例：

- 参与者希望系统提供什么功能？
- 参与者是否会读取、创建、修改、删除、存储系统的某种信息？如果是的话，参与者又是如何完成这些操作的呢？
- 参与者是否会将外部的某些事件通知给系统？
- 系统中发生的事件是否通知参与者？
- 是否存在影响系统的外部事件？

除了通过与参与者有关的问题来发现用例，还可以通过一些与参与者无关的问题来发现用例，例如系统需要解决什么样的问题，系统的输入输出信息有哪些。

需要注意的是，用例图的主要目就是帮助人们了解系统的功能，便于开发人员与用户之间的沟通，所以确定用例的一个很重要的标准就是用例应当易于理解。对于同一个系统，不同的人对于参与者和用例可能会有不同的抽象，这就要求我们在多种方案中选出最好的一个。对于这个被选出的用例模型，不仅要做到易于理解，还要做到不同的人群对它的理解是一致的。

3. 用例的粒度

用例的粒度指的是用例所包含的系统服务或功能单元的数量。用例的粒度越大，用例包含的功能就越多，反之则包含的功能就越少。

对同一个系统的描述，不同的人可能会产生不同的用例模型。如果用例数量过多，就会造成用例模型过大和引入设计的困难大大提高。如果用例数量过少，就会造成用例的粒度太大，又不便于进一步的充分分析。

如图 5-11 所示为学生管理系统中的学生信息维护用例，管理员需要添加、修改、删除学生信息等操作。还可以根据具体的操作把它抽象成 3 个用例，如图 5-12 所示，它展示的系统需求和单个用例是完全一样的。

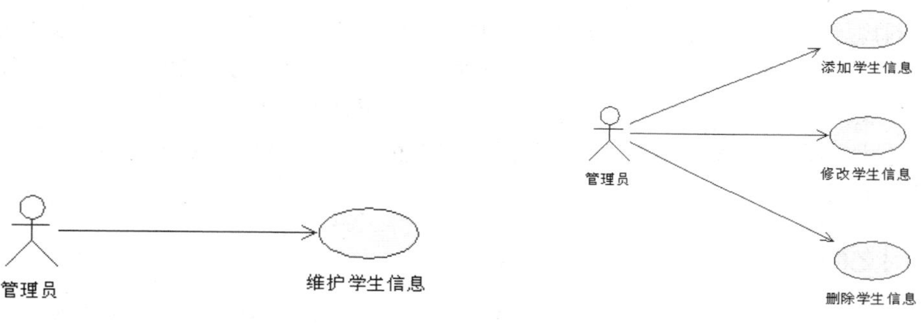

图 5-11　学生管理系统　　　图 5-12　细化后的学生管理系统

当大致确定用例数量后，就可以轻松确定用例粒度的大小。对于比较简单的系统，因为系统的复杂度一般比较低，所以可以适当加大用例模型一级的复杂度，也就是可以将较复杂的用例分解成多个用例。对于比较复杂的系统，因为系统的复杂度已经很高，这就要求我们加强控制用例模型一级的复杂度，也就是将复杂度适当地移往用例内部，让一个用例包含较多的功能。

用例的粒度对于用例模型来说是很重要的，它不但决定了用例模型级的复杂度，而且也决定了每一个用例内部的复杂度。在确定用例粒度的时候，应该根据每个系统的具体情况，具体问题具体分析，在尽可能保证在整个用例模型容易理解的前提下决定用例粒度的大小和用例的数量。

4. 用例规约（Use Case Specification）

用例图只是在总体上大致描述了一下系统所提供的各种服务，让我们对系统有一个总体的认识。但对于每一个用例，还需要有详细的描述信息，以便让别人对于整个系统有一个更加详细的了解，这些信息包含在用例规约之中。而用例模型指的也不仅仅是用例图，而是由用例图和每一个用例的详细描述——用例规约所组成的。每一个用例的用例规约都应该包含以下内容：

- 简要描述（Brief Description），对用例作用和目的的简要说明。

- 事件流（Flow of Event），包括基本流和备选流。基本流描述的是用例的基本流程，是指用例“正常”运行时的场景。备选流描述的是用例执行过程中可能发生的异常和偶尔发生的情况。基本流和备选流组合起来应该能够覆盖一个用例所有可能发生的场景。
- 用例场景（Use-Case Scenario），是指同一个用例在实际执行的时候会有很多不同的情况发生，也可以说用例场景就是用例的实例，用例场景包括成功场景和失败场景。在用例规约中，由基本流和备选流的组合来对场景进行描述。在描述用例的时候要注意覆盖所有的用例场景，否则就有可能遗漏某些需求。
- 特殊需求（Special Requirement），是指一个用例的非功能性需求和设计约束。特殊需求通常是非功能性需求，包括可靠性、性能、可用性和可扩展性等。例如法律或法规方面的需求、应用程序标准和所构建系统的质量属性等。
- 前置条件（Pre-Condition），执行用例之前系统必须所处的状态。例如，前置条件是要求用户有访问的权限或是要求某个用例必须已经执行完。
- 后置条件（Post-Condition），用例执行完毕后系统可能处于的状态。例如，要求在某个用例执行完后，必须执行另一个用例。

因为用例规约基本上是用文本方式来表述的，所以有些问题难以描述清楚。为了更加清晰地描述事件流，往往需要配以其他图形来描述，如加入序列图适合于描述基于时间顺序的消息传递和显示涉及类交互的一般形式，加入活动图有助于描述复杂的决策流程，加入状态转移图有助于描述与状态相关的系统行为。还可以在用例中粘贴用户界面或是其他图形，但是一定要注意表达得简单明了。

5.2.4 用例之间的关系

为了减少模型维护的工作量，保证用例模型的可维护性和一致性，可以在用例之间抽象出包含（Include）、扩展（Extend）和泛化（Generalization）这几种关系。这几种关系都是从现有的用例中抽取出公共信息，再通过不同的方法来重用这部分的公共信息。

1. 包含

包含关系是指用例可以简单地包含其他用例具有的行为，并把它所包含的其他用例的行为作为自身行为的一部分。在 UML 中，包含关系是通过带箭头的虚线段加<<include>>字样来表示，箭头由基础用例（Base）指向被包含用例（Inclusion），如图 5-13 所示。包含关系代表着基础用例会用到被包含用例，就是将被包含用例的事件流插入到基础用例的事件流中。

需要注意的是，包含（Include）关系是 UML 1.3 中的表述，在 UML 1.1 中，同等语义的关系被表述为使用（Uses），如图 5-14 所示。

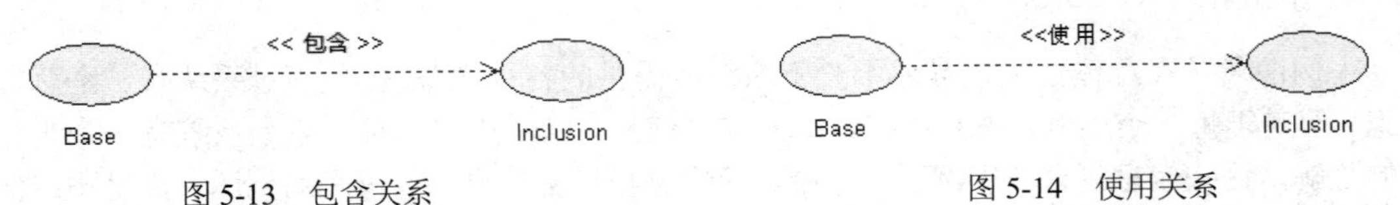

图 5-13　包含关系　　　　图 5-14　使用关系

在处理包含关系时，具体的做法就是把几个用例的公共部分单独地抽象出来成为一个新的用例。主要有两种情况需要用到包含关系：

- 多个用例用到同一段的行为，可以把这段公共的行为单独抽象成为一个用例，然后让其他用例来包含这一用例。
- 某一个用例的功能过多、事件流过于复杂时，就可以把某一段事件流抽象成为一个被包含的用例，以达到简化描述的目的。

下面来看一个具体的例子，有一个资源网站，维护人员要对网站的资源进行维护，包括添加资源、修改资源和删除资源。其中，在添加资源和修改资源后，都要对新添加的资源和修改的资源进行预览，以检查添加和修改操作完成是否正确。用例图如图 5-15 所示。

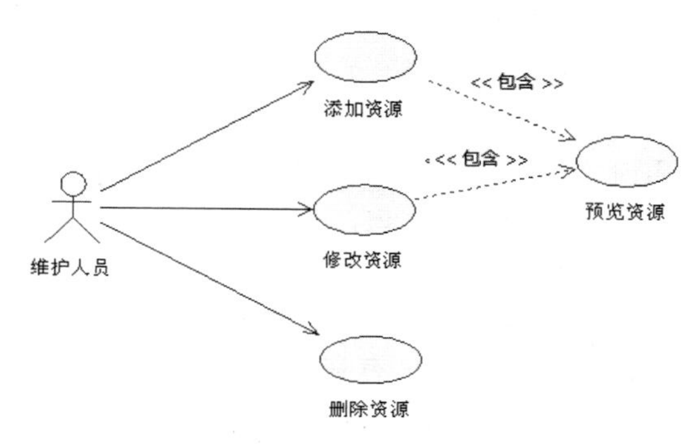

图 5-15 包含关系示例

这个例子就是把添加资源和修改资源都会用到的一段行为抽象出来，成为一个新的用例——预览资源。而原有的添加资源和修改资源这两个用例都会包含这个新抽象出来的资源。如果以后需要对资源预览进行修改，则不会影响到添加资源和修改资源这两个用例。并且由于是一个用例，就不会发生同一段行为在不同用例中描述不一致的情况。通过这个例子可以看出包含关系的两个优点：

- 提高了用例模型的可维护性，当需要对公共需求进行修改时，只需要修改一个用例而不必修改所有与之有关的用例。
- 不但可以避免在多个用例中重复地描述同一段行为，还可以避免在多个用例中对同一段行为的描述不一致。

2. 扩展

在一定条件下，把新的行为加入到已有的用例中，获得的新用例叫作扩展用例（Extension），原有的用例叫作基础用例（Base），从扩展用例到基础用例的关系就是扩展关系。一个基础用例可以拥有一个或者多个扩展用例，这些扩展用例可以一起使用。在 UML 中，扩展关系是通过带箭头的虚线段加<<extend>>字样来表示，箭头指向基础用例，如图 5-16 所示。

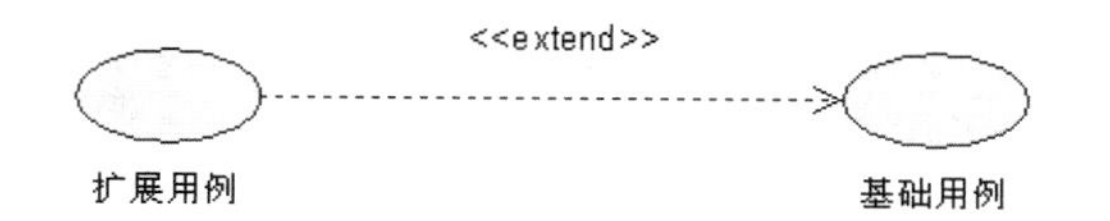

图 5-16 扩展关系

扩展关系和包含关系有很大的不同：

- 在扩展关系中，基础用例提供了一个或者多个插入点，扩展用例为这些插入点提供了需要插入的行为。而在包含关系中，插入点只能有一个。
- 基础用例的执行并不一定会涉及扩展用例，扩展用例只有在满足一定条件下才会被执行。而在包含关系中，当基础用例执行后，被包含用例是一定会被执行的。
- 即使没有扩展用例，扩展关系中的基础用例本身就是完整的。而对于包含关系而言，基础用例在没有被包含用例的情况下就是不完整的存在。

让我们来看一个具体的例子，如图 5-17 所示为图书馆管理系统用例图的部分内容。在本用例中，基础用例是“还书”，扩展用例是“缴纳罚金”。在一切顺利的情况下，只需要执行“还书”用例即可。但是，如果借书超期或者书有破损，借书用户就要缴纳一定的罚金。这时就不能执行用例的常规动作，如果去修改“还书”用例，势必增加系统的复杂性。这时就可以在基础用例“还书”中增加插入点，这样当出现超期或破损的情况时，就执行扩展用例“缴纳罚金”。

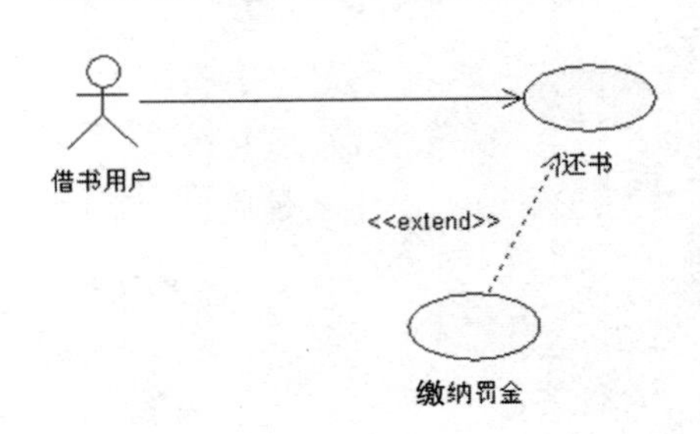

图 5-17　扩展关系示例

扩展关系往往被用来处理异常或者构建灵活的系统框架。使用扩展关系可以降低系统的复杂度，有利于系统的扩展，提高系统的性能。扩展关系还可以用于处理基础用例中那些不易描述的问题，使系统显得更加清晰和易于理解。

3. 泛化

用例的泛化指的是一个父用例可以被特化成多个子用例（从一般到特殊），而父用例和子用例之间的关系就是泛化关系。在用例的泛化关系中，子用例继承了父用例所有的结构、行为和关系，子用例是父用例的一种特殊形式。此外，子用例还可以添加、覆盖、改变继承的行为。在 UML 中，用例的泛化关系通过一个三角箭头从子用例指向父用例来表示，如图 5-18 所示。

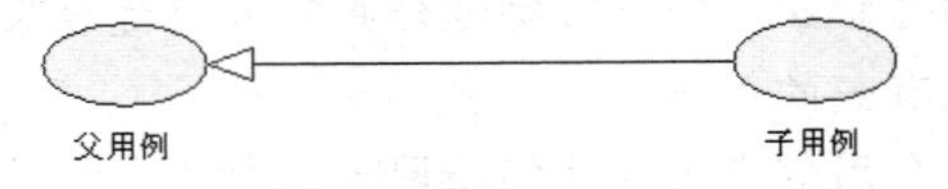

图 5-18　泛化关系

当我们发现系统中有两个或者多个用例在结构、行为和目的方面存在共性时，就可以使用泛化关系。这时，可以用一个新的（通常也是抽象的）用例来描述这些公共部分，这个新的用例就是父用例。如图 5-19 所示，用例图为飞机订票系统预定机票有两种方式，一种是通过电话预定，一种是通过网上预定。在这里，电话订票和网上订票都是订票的一种特殊方式，因此“订票”为父用例，“电话订票”和“网上订票”为子用例。

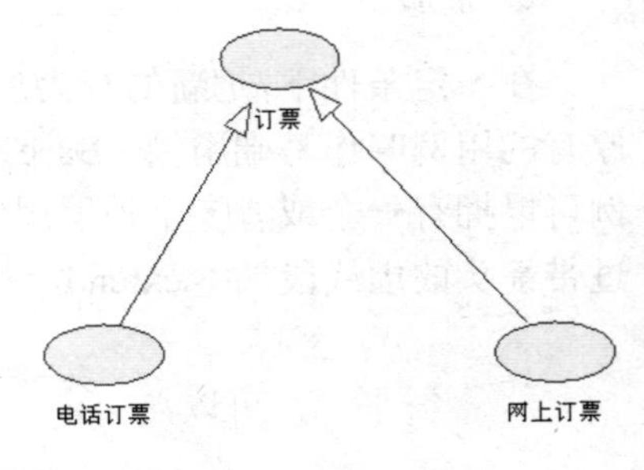

图 5-19　泛化关系示例

虽然用例泛化关系和包含关系都可以用来复用多个

用例中的公共行为，但是它们还是有很大区别的。在用例的泛化关系中，所有的子用例都有相似的目的和结构，注意它们是整体上的相似。而用例的包含关系中，基础用例在目的上可以完全不同，但是它们都有一段相似的行为，它们的相似是部分相似而不是整体相似。用例的泛化关系类似于面向对象中的继承，它把多个子用例中的共性抽象成一个父用例，子用例在继承父用例的基础上可以进行修改。但是，子用例和子用例之间又是相互独立的，任何一个子用例的执行不受其他子用例的影响。而用例的包含关系是把多个基础用例中的共性抽象为一个被包含用例，可以说被包含用例就是基础用例中的一部分，基础用例的执行必然引起被包含用例的执行。

5.3 使用 Rose 创建用例图

Rational Rose 是 Rational 公司出品的一种面向对象的统一建模语言的可视化建模工具。我们已经了解了什么是用例图和用例图中的各个元素，现在就来看一下如何使用 Rational Rose 画出用例图。

5.3.1 创建用例图

在创建参与者和用例之前，首先要建立一张新的用例图。启动 Rational Rose 后，先展开左边的“Use Case View”菜单项，然后在“Use Case View”图标上单击鼠标右键，在弹出的菜单中选择“New”下的“Use Case Diagram”选项以创建立新的用例图，如图 5-20 所示。

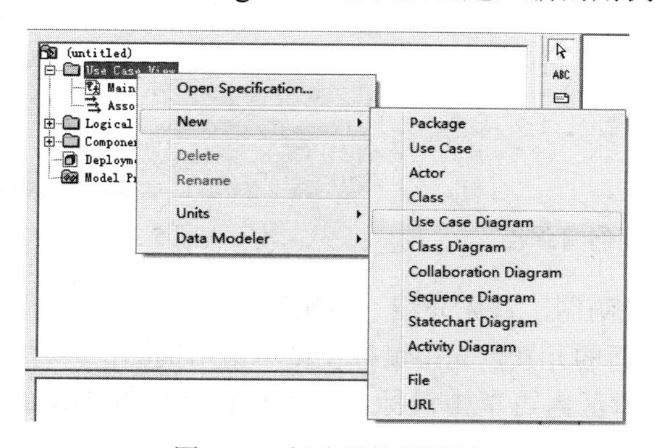

图 5-20 创建新的用例图

“New”下的选项不仅能创建新的用例图，还能创建其他 UML 元素，下面说明一下“New”下的各个选项代表的含义，见表 5-1 所示。

创建新的用例图后，在“Use Case View”树形结构下多了一个名为“NewDiagram”的图标，这个图标就是新建的用例图图标。用鼠标右键单击此图标，在弹出的菜单中选择“Rename”来为新创建的用例图命名，如图 5-21 所示。一般用例图的名字都有一定的含义，比如对于图书管理系统来说，可以命名为“Library”，最好不要使用没有任何意义的名称。

表 5-1　用例图菜单项说明

菜单项	功能	包含选项
New	新建 UML 元素	Package（新建包）
		Use Case（新建用例）
		Actor（新建参与者）
		Class（新建类）
		Use Case Diagram（新建用例图）
		Class Diagram（新建类图）
		Collaboration Diagram（新建协作图）
		Sequence Diagram（新建序列图）
		Statechart Diagram（新建状态图）
		Activity Diagram（活动图）

用鼠标双击用例图图标，就会出现用例图的编辑工具栏和编辑区，左边是用例图的工具栏，右边是用例图的编辑区，如图 5-22 所示。

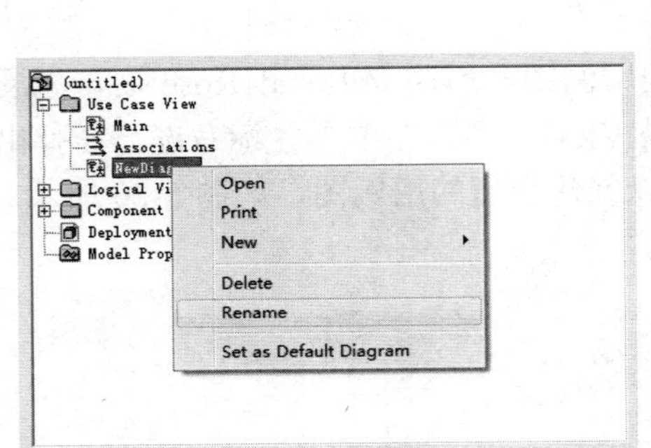

图 5-21　为新建用例图命名

图 5-22　工具栏和编辑区

为了方便读者更好地画图，首先介绍一下用例图工具栏中各个图标的名称和用途，见表 5-2 所示。如果需要创建新的元素，先用鼠标左键单击用例图工具栏中需要创建的元素对应的图标，然后在用例图编辑区内再单击鼠标左键就可以在鼠标单击的位置创建所需要的用例图元素。

表 5-2　用例图工具栏

图标	按钮名称	用途
	Selection Tool	选择一个项目
ABC	Text Box	将文本框加进框图
	Note	添加注释
	Anchor Note to Item	将图中的注释与用例或参与者相连
	Package	添加包
	Use Case	添加用例

（续表）

图标	按钮名称	用途
	Actor	添加新参与者
	Unidirectional Association	关联关系
	Dependency or Instantiates	包含、扩展等关系
	Generalization	泛化关系

5.3.2　创建参与者

参与者是每个用例图的发起者，要创建参与者，首先用鼠标左键单击用例图工具栏中的“ ”图标，然后在用例图编辑区内要绘制的地方单击鼠标左键即可画出参与者，画出的参与者如图 5-23 所示。

图 5-23　创建参与者

接下来，可以对这个参与者命名，注意一般参与者的名称为名词或者名词短语，不可以用动词来做参与者的名称。例如，参与者名称可以是银行客户、IC 卡用户、刷卡子系统，但是不能是刷卡、购买等动词。用鼠标左键单击已画出的参与者，会弹出如图 5-24 所示的对话框，在这个对话框中，可以设置参与者的名称“Name”和参与者的类型“Stereotype”，以及文档说明“Documentation”。一般情况下，在参与者属性中只需要修改参与者名称即可，如果想对参与者进行详细说明，可以在“Documentation”选项下的文本框中输入对参与者的说明信息。

如果觉得画出来的参与者图形的位置不正确，可以通过鼠标左键拖动参与者图形，在用例图编辑区内把它移到正确的位置。还可以对已画出的参与者图形的大小进行调整，先用鼠标左键单击需要调整大小的参与者图形，然后就会在参与者图形的四角出现 4 个黑点，通过拖动任意一个黑点就可以调整参与者图形的大小。

对于一个完整的用例图来说，参与者往往不止一个，这就需要创建参与者之间的关系。参与者与参与者之间主要是泛化关系，要创建泛化关系，首先用鼠标左键单击用例图工具栏中的“ ”图标，然后在需要创建泛化关系的参与者图形之间拖动鼠标，如图 5-25 所示。

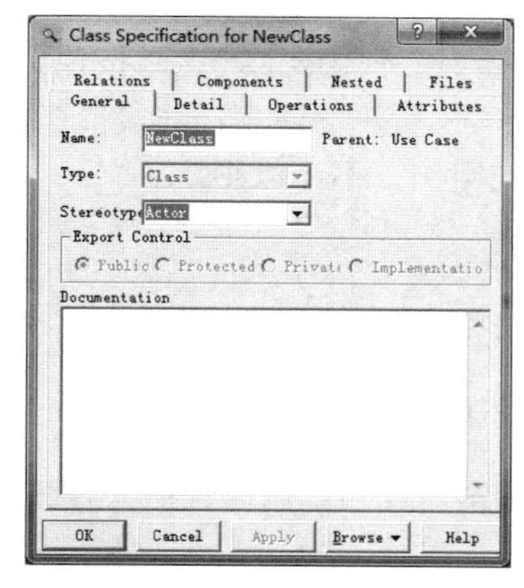

图 5-24　修改参与者的属性

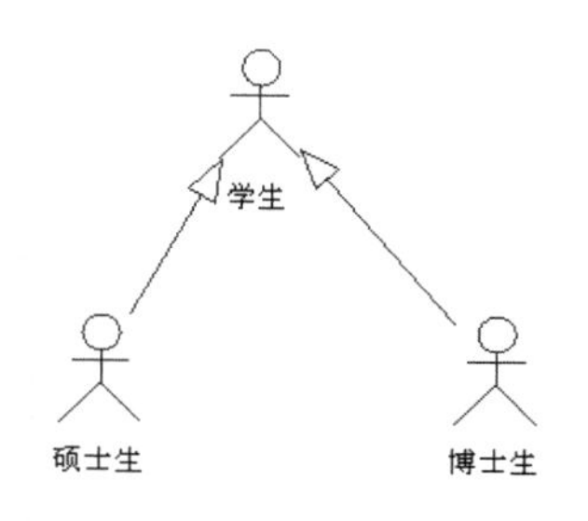

图 5-25　创建参与者之间的关系

5.3.3　创建用例

用例是外部可见的一个系统功能单元，一个用例对于外部用户来说就像是可使用的系统操作。创建用例的方法和创建参与者类似，首先用鼠标左键单击图标工具栏中的“ ”图标，然后在用例图编辑区内要绘制的地方单击鼠标左键画出用例，如图 5-26 所示。

下面，就来修改这个用例的名称，要注意的是用例的名称一般为动词或者动词短语，例如修改资源、添加信息、打电话等。首先用鼠标左键单击已画出的参与者图形，会弹出如图 5-27 所示的对话框，在这个对话框中，可以设置用例的名称“Name”，用例的类型“Stereotype”，用例的层次“Rank”，以及对用例的文档说明“Documentation”。用例的分层越趋于底层越接近计算机解决问题的水平，反之则越抽象。在修改用例名的时候，还可以给用例加上路径名，也就是在用例名前加上用例所属包的名称。

NewUseCase

图 5-26　创建用例

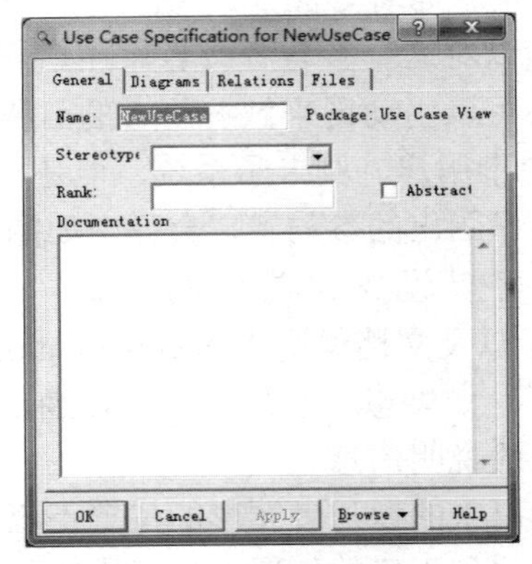

图 5-27　设置用例的属性

对用例来说，一般也只需要修改名称即可。用例图形的移动和大小调整类似参与者图形，可以仿照前文的说明进行。不管是用例还是参与者，都要注意命名要简单易懂。另外，不管是参与者名还是用例名，都不可以是具体的某个实例名，例如，参与者名不可以是张三、李四、王五等。

接下来，创建用例和参与者之间的关联关系。先用鼠标左键单击用例图工具栏中的“ ”图标，然后将鼠标移动到需要创建关联关系的参与者对应的图形上，这时按住鼠标左键不放，移动鼠标至用例图形上再松开鼠标左键，结果如图 5-28 所示。注意，线段箭头的方向为松开鼠标左键时的方向，关联关系的箭头应由参与者指向用例，不可以画反了。

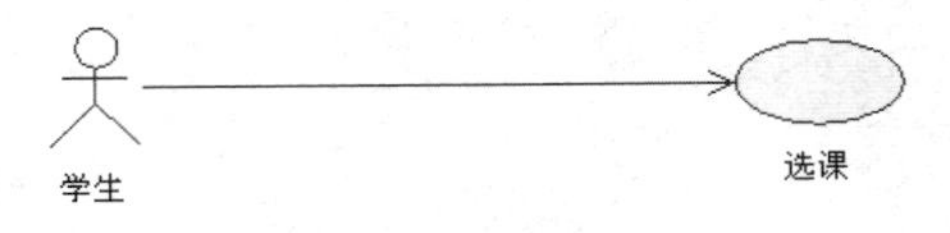

图 5-28　学生选课

还可以修改关联关系的属性，具体方法可以参照参与者和用例属性的设置方法，在此不再详述。

5.3.4　创建用例之间的关联

前面我们已经讲到，用例之间的关系主要是包含关系（Include）、扩展关系（Extend）和泛化关系（Generalization）。下面先来介绍如何创建包含关系，首先用鼠标左键单击用例图工具栏中的“ ”图标，然后在需要创建包含关系的两个用例之间拖动鼠标，如图 5-29 所示。注意鼠标因从基础用例移向被包含用例，这样箭头的方向就会从基础用例指向被包含用例。

用鼠标左键双击虚线段，会弹出如图 5-30 所示的对话框。可以选择“Stereotype”的值，是包含关系就选择“include”，是扩展关系就选择“extend”。

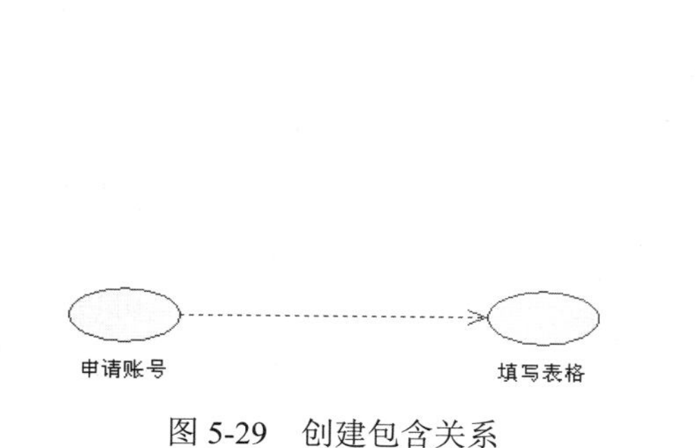

图 5-29　创建包含关系

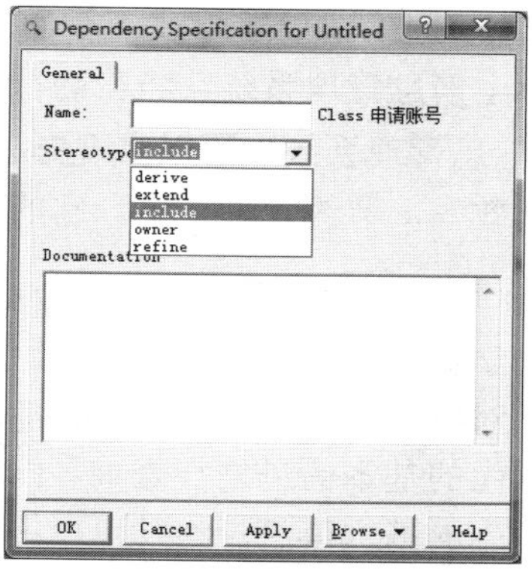

图 5-30　选择关系类型

这里创建的是包含关系，选择的是“include”，最终用例图如图 5-31 所示。

扩展关系的画法和包含关系类似，在这里就不再详述。需要注意的是，扩展关系的箭头从扩展用例指向基础用例，它的“Stereotype”为“extend”，如图 5-32 所示。

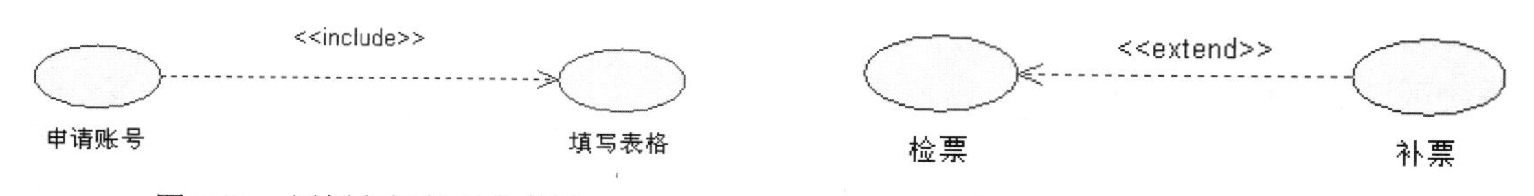

图 5-31　用例之间的包含关系

图 5-32　用例之间的扩展关系

用例之间泛化关系的画法和参与者之间泛化关系的画法类似，可以参照参与者之间泛化关系的画法。注意在用例泛化关系中，线段的箭头从子用例指向父用例，如图 5-33 所示。泛化关系与包含关系和扩展关系不同，线段上不用文字表示。

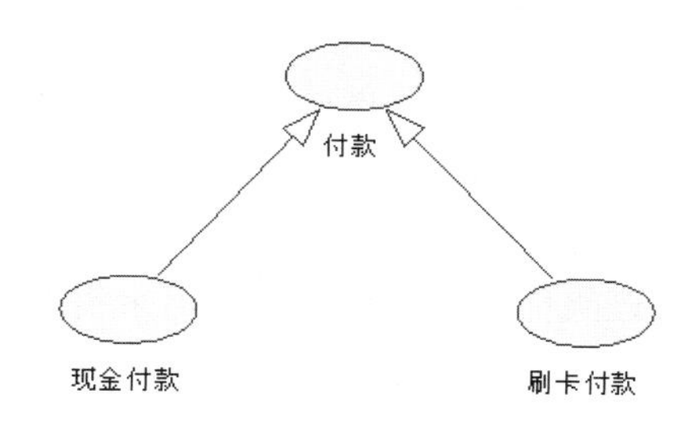

图 5-33　用例之间的泛化关系

5.4 使用 Rose 创建用例图示例

为了加深读者对用例图画法的理解，本书通过一个实际的系统用例图来讲解用例图的创建过程。这里就通过学生信息管理系统为大家讲解如何使用 Rational Rose 创建用例图。

5.4.1 需求分析

随着电脑时代的到来以及 Internet 的迅速发展，网络已经走进校园。而对于一所学校来说，随着学校规模的不断扩大，学生人数急剧增长，需要管理的各种信息也成倍增长。因此开发一个好的“学生信息管理系统”势在必行。

“学生信息管理系统”可以实现办公无纸化、网络化、信息化、现代化，可以有效地提高学校的管理效率，节约管理开支。它的功能性需求包括以下内容：

（1）在每个新学年开始的时候，都会有新生入学。这时系统的管理人员可以通过系统将这些新生的学籍、年龄、家庭住址、性别、身高、学生证号、身份证号等基本信息存入数据库，每位新生都对应一个唯一的编号，此编号可以是学生证号。在日常的管理中，系统管理员还可以对所有学生的基本信息进行查询、修改、删除等操作。校领导（如教务长）可以查询、修改全校所有学生的基本信息，教师可以在日常工作中查询、修改自己班里学生的基本信息。

（2）学校的领导可以通过本系统了解每个班的任课教师、辅导员、学生姓名、学生人数、专业等班级基本信息。系统管理员可以进行查询班级基本信息、添加新班级、修改班级基本信息、删除班级等操作。

（3）在考试结束后，教师可以将学生的考试成绩录入系统，还可以对学生的成绩进行查询和修改。学生可以通过本系统查询自己的考试成绩。

（4）学生可以在网上选择自己选修的课程（必修课是必须上的，不用选择）。学生通过本系统可以看到有哪些课程可选，以及课程的基本信息。课程的基本信息包括：课程号、所属专业、课程名称、开课学期、学时数、学分、任课教师等。每位学生每个学期选修课程数不得多于 6 门，如果已经选择了 6 门课程则不能选择新的课程。只有将已选的课程删除后才能再选择新的课程。系统管理员负责修改、增加、删除选修课程。

（5）每个用户要登录系统，都需要有一个账号，这就需要系统管理员对用户账号进行管理。

满足上述需求的系统主要包括以下几个小的系统模块：

（1）学生信息管理模块。学生信息管理模块主要用来实现系统管理员、教师、校领导等对学生基本信息的管理。系统管理员登录后可以对学生的基本信息进行增加、删除、修改、查询等操作。教师和校领导登录后可以对学生基本信息进行查询、修改等操作。

（2）班级信息管理模块。班级信息管理模块主要用来实现系统管理员、校领导对班级基本信息的管理。系统管理员登录后可以对班级的基本信息进行增加、删除、修改、查询等操作。校领导登录后可以对班级基本信息进行查询操作。

（3）成绩管理模块。成绩管理模块主要用于实现教师对学生考试成绩的管理，以及学生对考试成绩的查询。教师登录后可以对学生的考试成绩进行录入、删除、修改、查询等操作。学生登录后可以对考试成绩进行查询操作。

（4）网上选课模块。网上选课模块主要用于实现学生在网上了解并选择自己所要选修的课程。学生登录后可以了解所有选修课程的具体信息，可以根据自己的需要选择不同课程。系统管理员登录后可以增加、修改、查询、删除选修课程等。

（5）账号管理模块。账号管理模块主要实现系统管理员对用户账号的管理。系统管理员可以对账号进行创建、设置、查看、删除等操作。

5.4.2 识别参与者

进行需求分析后，了解了系统的总体信息，明白了系统需要提供些什么样的功能，下一步就可以开始确定参与者了。要确定参与者，首先要分析系统的主要任务以及系统所涉及的问题，分析使用该系统主要功能的是哪些人，谁需要借助系统来完成工作，系统为哪些人提供信息或数据，还有谁来维护和管理系统。

通过“学生信息管理系统”的需求分析，可以确定：

- 对于一所学校来说，最重要的就是教育学生成才，所以首先考虑的参与者就是学生。学生在学校的主要任务就是上课，而在上课之前则要在网上选课。在每个学期末学生要进行考试，考试成绩将录入系统。
- 要给学生上课，必然就需要教师。教师负责教育学生、并且在日常管理中可以查询学生的基本信息、查询学生的考试成绩。当考试结束后，教师也有责任将学生成绩录入系统。
- 作为一所学校，除了教师和学生，还有不可或缺的就是校领导。为了便于校领导掌握学校的基本情况，加强对学校的管理，校领导可以查询学生的基本信息，查询班级的基本信息。
- 不管什么系统，基本都会有比较专业的人员来负责管理系统，本系统也不例外。系统管理员除了负责维护系统的日常运行，还要负责录入学生基本信息、维护选课信息等工作。除此之外，系统管理员还要对每个用户的账号进行管理，包括创建新的账号、删除账号、设置账号、查看账号等。

由上面的分析可以看出，系统的参与者主要有学生、教师、校领导以及系统管理员。

5.4.3 确定用例

任何用例都必须由某一个参与者触发后才能产生活动，所以当确定系统的参与者后，就可以从系统参与者开始来确定系统的用例。由于系统主要完成的功能是学生基本信息管理、网上选课、成绩管理以及班级信息管理，因此系统的用例图可以分 5 个部分来分别考虑。当然也可以将 5 张用例图合并为一张，不过这样画出的用例图显得复杂了些，为了便于读者的理解，本书分为 5 个用例图来讲解。

（1）学生信息管理用例

- 登录
- 查询学生基本信息
- 录入学生基本信息
- 修改学生基本信息
- 删除学生基本信息
- 找回密码

（2）班级信息管理的用例

- 登录
- 找回密码
- 查看班级基本信息
- 修改班级基本信息
- 删除班级基本信息
- 录入班级基本信息

（3）成绩管理的用例

- 登录
- 找回密码
- 录入成绩
- 修改成绩
- 保存成绩
- 查看成绩
- 删除成绩

（4）网上选课的用例

- 登录
- 找回密码
- 查看课程信息
- 按课程编号查看
- 按课程名查看
- 选择课程
- 删除已选课程
- 维护课程信息

（5）账号管理的用例

- 创建新账号
- 设置账号

- 设置账号基本信息
- 设置账号权限
- 删除账号
- 查看账号

5.4.4 构建用例模型

确定参与者和用例后，就可以开始着手创建用例图。根据上文的分析，这里主要创建 4 个用例图。而“学生信息管理”的用例图则留作课后题由读者自行完成。

1. 班级信息管理用例图

图 5-34 说明：系统管理员直接参与的用例为“登录”“找回密码”“查看班级基本信息”“删除班级基本信息”“修改班级基本信息”和“录入班级基本信息”。校领导直接参与用例“登录”“找回密码”和“查看班级基本信息”。当登录过程中发生忘记密码的情况，就需要使用“找回密码”的功能，而在正常情况下用不到“找回密码”这个功能，所以用例“找回密码”和用例“登录”之间是扩展关系。

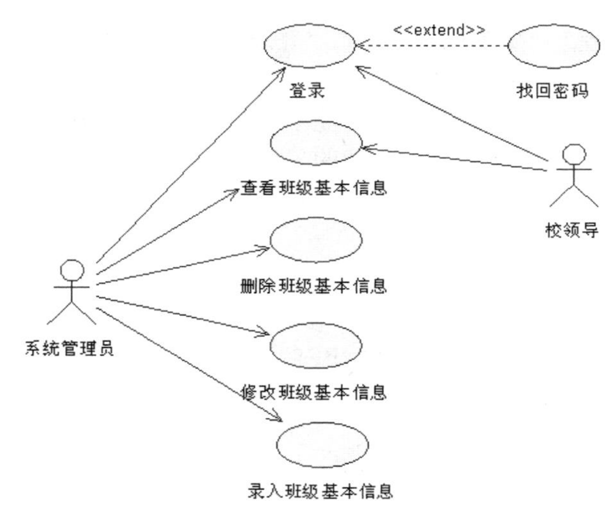

图 5-34 班级信息管理用例图

2. 成绩管理用例图

图 5-35 说明：教师参与用例“录入成绩”“修改成绩”“保存成绩”“查询成绩”“删除成绩”和“登录”。学生参与用例“登录”和“查询成绩”。因为修改成绩和录入成绩的时候都要保存成绩，所以将保存成绩抽象出来作为单独的一个用例。用例“录入成绩”“修改成绩”和用例“保存成绩”之间是包含关系，用例“找回密码”和用例“登录”之间是扩展关系。

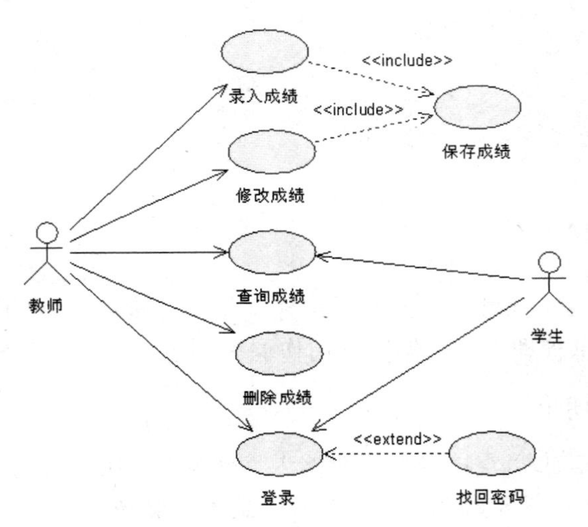

图 5-35　成绩管理用例图

3．网上选课用例图

图 5-36 说明：学生作为参与者直接参与用例“查看课程信息”“按课程编号查看”“按课程名查看”“选择课程”“删除已选课程”“登录”和“找回密码”。系统管理员参与用例“登录”“找回密码”和“维护课程信息”。其中查看课程信息有两种方式，一种是按照课程名查看；另一种是按照课程编号查看。所以“查看课程信息”是父用例，而“按照课程名查看”和“按照课程编号查看”是子用例，它们之间的关系是泛化关系。用例“找回密码”和用例“登录”之间是扩展关系。

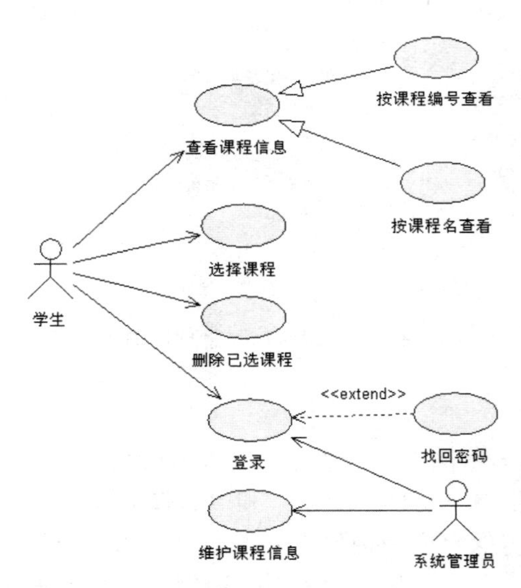

图 5-36　网上选课用例图

用例“维护课程信息”按照功能还可以细分为“增加新课程信息”“修改课程信息”和“删除课程信息”。这就是前文讲到的用例粒度的大小，本书的用例图简单明了，没有将“维护课程信息”继续细分，读者也可以将其细分后画出新的用例图。

4. 账号管理用例图

图 5-37 说明：系统管理员参与用例“创建新账号”“设置账号”“设置账号基本信息”“设置账号权限”“查看账号”和“删除账号”。在设置账号时，主要分为设置账号的基本信息和设置账号的权限，为了便于修改和维护，将这两个功能分别抽象为两个用例。所以用例“设置账号基本信息”“设置账号权限”和用例“设置账号”之间是包含关系。

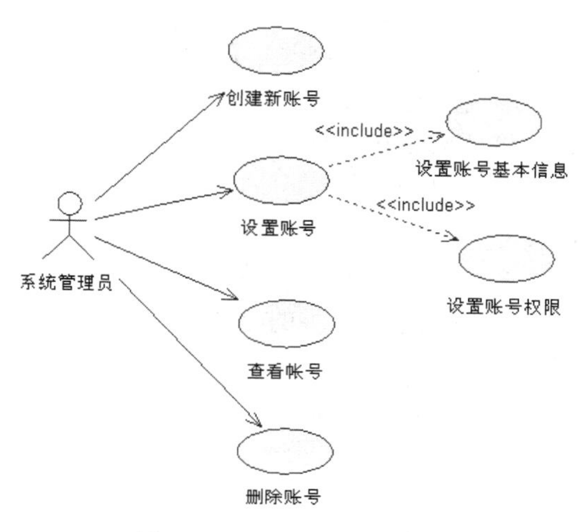

图 5-37　账号管理用例图

5.5　本章小结

本章首先介绍了用例图的概念和作用，讲解了用例图的重要组成元素：参与者、用例、系统边界和关联。接着又介绍了如何通过 Rational Rose 创建用例图和用例图的各个元素，并创建它们之间的关系。最后通过学生信息管理系统具体讲解了如何在实际应用中创建用例图。

习题五

1. 填空题

（1）由________和________以及它们之间关系构成的用于描述系统功能的动态视图被称为用例图。

（2）与传统的 SRS 方法相比，用例图______地表达了系统的需求，具有直观、规范等优点，克服了纯文字性说明的不足。

（3）对于每一个用例，还需要有详细的描述信息，以便让别人对于整个系统有一个更加详细的了解，这些信息包含在______________之中。

（4）_________是指用例可以简单地包含其他用例具有的行为，并把它所包含的用例行为作为自身行为的一部分。

2. 选择题

（1）下面不是用例图组成元素的是________。

（A）用例　　（B）参与者

（C）泳道　　（D）系统边界

（2）识别用例要注意________。

（A）参与者希望系统提供什么功能

（B）参与者是否会读取、创建、修改、删除、存储系统的某种信息？如果是的话，参与者又是如何完成这些操作的

（C）参与者是否会将外部的某些事件通知给系统

（D）系统将会有哪些人来使用

（3）下列说法不正确的是_____。

（A）用例和参与者之间的对应关系又叫作通信关联（Communication Association），它表示了参与者使用了系统中的哪些用例

（B）参与者只能是人，不能是子系统、系统时钟等

（C）特殊需求指的是一个用例的非功能性需求和设计约束

（D）在扩展关系中，基础用例提供了一个或者多个插入点，扩展用例为这些插入点提供了需要插入的行为

（4）下列对用例的泛化关系描述不正确的是_____。

（A）在用例的泛化关系中，所有的子用例都有相似的目的和结构，注意它们是整体上的相似

（B）在用例的泛化关系中，基础用例在目的上可以完全不同，但是它们都有一段相似的行为，它们的相似是部分相似而不是整体相似

（C）用例的泛化关系类似与面向对象中的继承，它把多个子用例中的共性抽象成一个父用例，子用例在继承父用例的基础上可以进行修改

（D）用例的泛化指的是一个父用例可以被特化形成多个子用例，而父用例和子用例之间的关系就是泛化关系

3. 简答题

（1）什么是用例图？用例图有什么作用？

（2）概述用例之间的关系。

（3）在确定参与者的过程中需要注意什么？

4. 练习题

网络的普及带给了人们更多的学习途径，随之用来管理远程网络教学的“远程网络教学系统”也诞生了。

“远程网络教学系统”的功能需求包括：

- 学生登录网站后，可以浏览课件、查找课件、下载课件、观看教学视频。
- 教师登录网站后，可以上传课件、上传教学视频、发布教学心得、查看教学心得、修

改教学心得。

- 系统管理员负责对网站页面的维护，审核不法课件和不法教学信息，批准用户注册。

满足上述需求的系统主要包括以下几个小的系统模块：

- 基本业务模块。该模块主要用于学生下载课件，在线观看教学视频；教师上传课件、发布和修改教学心得。
- 浏览查询模块。该模块主要用于对网站的信息进行浏览、查询、搜索等。方便用户了解网站的宗旨，找到自己需要的资源。
- 系统管理模块。主要用于系统管理员对网站进行维护，审核网站的各种资源、批准用户注册等。

（1）学生需要登录“远程网络教学系统”后才能正常使用该系统的所有功能。如果忘记了密码，可以通过“找回密码”功能找回密码。登录后学生可以浏览课件、查找课件、下载课件、观看教学视频，请画出学生参与者的用例图。

（2）教师登录“远程网络教学系统”后可以上传课件、上传教学视频课件、发布教学心得、修改教学心得。如果忘记了密码，可以通过“找回密码”功能找回密码。请画出教师参与者的用例图。

第 6 章

类图与对象图

类图显示系统的静态结构，标识不同的实体（人、事物和数据）是如何彼此关联起来的。在类图中，不仅包含系统定义的各种类，还包含类的属性和操作，也包含它们之间的关系，如关联、依赖和聚合等。由于类图表达的是系统的静态结构，使得这种描述在系统的整个生命周期中都是有效的。为了能够使系统具有足够的灵活性和可变性，类的抽象程度以及好坏成为描述系统的关键。在类的抽象过程中，通常从系统的问题域出发，根据相关场景或用例，得到不同的实体类。对象是类的实例化，因此对象图具有与类图很多相同的标识，当然对象图中也有一些不同的标识，如多对象图等。本章分别介绍类图和对象图的概念以及如何创建类图。希望读者通过本章的学习，能够熟练地分析和创建各种类图和对象图。

6.1 类图与对象图的基本概念

类图和对象图是用于描述系统静态结构的两个重要手段。类图从抽象的角度描述系统的静态结构，特别是模型中存在的类、类的内部结构以及它们与其他类之间的相互关系，而对象是类的实例化表示，对象图是系统静态结构的一个快照。

6.1.1 类图与对象图的定义

类图（Class Diagram）显示了系统的静态结构，而系统的静态结构构成了系统的概念基础。系统中的各种概念是在现实应用中有意义的概念，这些概念包括真实世界中的概念、抽象的概念、实现方面的概念和计算机领域的概念。类图，就是用于对系统中的各种概念进行建模，并描绘出它们之间关系的类图。

在大多数的 UML 模型中，可以将这些概念的类型概括为以下四种，分别是：

- 类
- 接口
- 数据类型
- 构件

并且，UML 还为这些类型起了一个特别的名字叫作类元（Classifier）。类元是对有实例且有属性形式的结构特征和操作形式的行为特征的建模元素的统称。类是一种重要的类元。此外，接口（通常不包含属性）和数据类型（UML 1.5 规范）以及构件也被认为是重要的类元。在一些关于 UML 的图书中，也将参与者、信号、节点、用例等包含在内。通常情况下，可以将类元认为是类，但在技术上，类元是一种更为普遍的术语，它还是应当包括其他 3 种类型。可以说创建类图的目的之一就是显示建模系统的类型。

一个类图通过系统中的类以及各个类之间的关系来描述系统的静态方面。类图与数据模型有许多相似之处，区别就是类不仅描述系统内部信息的结构，还包含系统的内部行为，系统通过自身行为与外部事物进行交互。

在类图中，具体来讲它一共包含以下几种模型元素，分别是：类（Class）、接口（Interface）、依赖（Dependency）关系、泛化（Generalization）关系、关联（Association）关系以及实现（Realization）关系。并且类图和其他 UML 中图类似，也可以创建约束、注释和包等。如图 6-1 所示的类图，它包含了这几种模型元素。

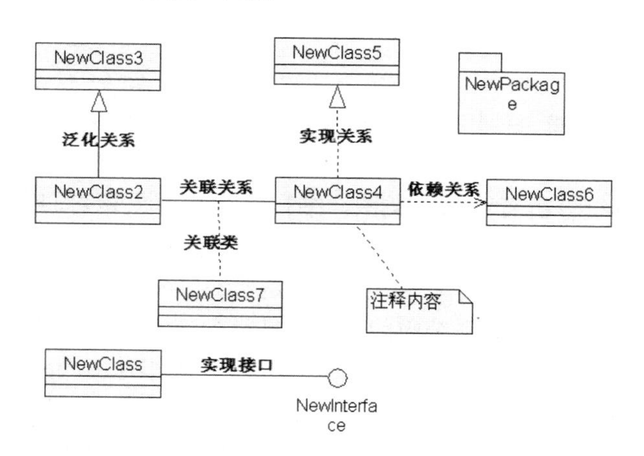

图 6-1 类图的示例

类图中的类可以通过相关语言工具转换成为某种面向对象编程语言的代码。

虽然一个类图仅仅显示的是系统中的类，但是存在一个变量，确定地显示各个类的真实对象实例的位置，那就是对象图。对象图描述系统在某一个特定时间点上的静态结构，是类图的实例和快照，即类图中的各个类在某一个时间点上的实例及其关系的静态写照。

对象图中包含对象（Object）和链（Link）。其中对象是类的特定实例，链是类之间关系的实例，表示对象之间的特定关系。对象图的表示如图 6-2 所示。

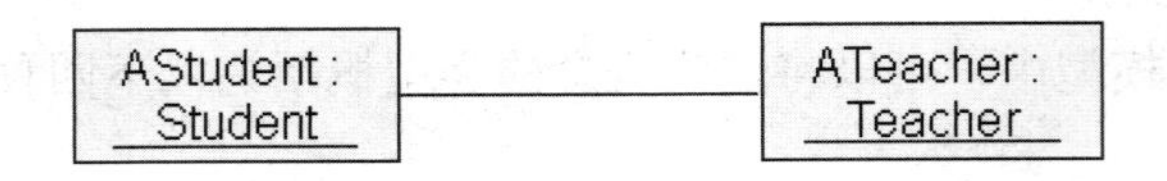

图 6-2　对象图的示例

对象图所建立的对象模型描述的是某种特定的情况，而类图所建立的模型描述的是通用的情况。类图和对象图的区别比较见表 6-1 所示。

表 6-1　类图与对象图的区别

类图	对象图
在类中包含三个部分，分别是类名、类的属性和类的操作	对象包含两个部分：对象的名称和对象的属性
类的名称字段只包含类名	对象的名称字段包含“对象名：类名”
类的属性字段定义了所有属性的特征	对象的属性字段定义了属性的当前值
类中列出了操作	对象图中不包含操作内容，因为对属于同一个类的对象，其操作是相同的
类中使用了关联连接，关联中使用名称、角色以及约束等特征定义	对象使用链进行连接，链中包含名称、角色
类是一类对象的抽象，类不存在多重性	对象可以具有多重性

6.1.2　类图与对象图的作用

由于静态视图主要被用于支持系统的功能性需求，也就是系统提供给最终用户的服务，而类图的作用是对系统的静态视图进行建模。当对系统的静态视图进行建模时，通常是以下列 3 种方式来使用类图。

（1）为系统的词汇建模。使用 UML 构建系统首先要构造系统的基本词汇，以描述系统的边界。对系统的词汇建模要做出判断：哪些抽象是系统建模中的一部分，哪些抽象是处于建模系统边界之外的。系统分析者可以用类图详细描述这些抽象和它们所执行的职责。类的职责是对该类的所有对象所具备的那些相同属性和操作共同组成的功能或服务进行抽象。

（2）模型化简单的协作。现实世界中的事物是普遍联系的，即使将这些事物抽象成类之后，这些类也是具有相关联系的，系统中的类极少能够孤立于系统中的其他类而独立存在，它们总是与其他的类协同工作，以实现强于单个类的语义。协作是由一些共同工作的类、接口和其他模型元素所构成的一个整体，这个整体提供的一些合作行为强于所有这些元素的行为之和。系统分析人员可以通过类图将这种简单的协作进行可视化和描述。

（3）模型化逻辑数据库模式。在设计数据库时，通常将数据库模式看作为数据库概念设计的蓝图，在很多领域中，都需要在关系数据库或面向对象的数据库中存储永久信息。系统分析人员可以使用类图来对这些数据库进行建模。

对象图作为系统在某一时刻的快照，是类图中的各个类在某一个时间点上的实例及其关系的静态写照，可以通过以下方面来说明它的作用：

（1）说明复杂的数据结构。使用对象描绘对象之间的关系有助于说明复杂的数据结构在某一时刻的快照，从而有助于对复杂数据结构的抽象。

（2）表示快照中的行为。通过一系列的快照，可以有效地描述事物的行为。

6.2　类图的组成

类图（Class Diagram）是由类、接口等模型元素以及它们之间的关系构成的。类图的目的在于描述系统的构成方式，而不是系统如何协作运行的。

6.2.1　类

类是面向对象系统组织结构的核心。类是对一组具有相同属性、操作、关系和语义的事物的抽象。这些事物包括现实世界中的物理实体、商业事务、逻辑事物、应用事物和行为事物等，甚至还包括纯粹的概念性事物。根据系统抽象程度的不同，可以在模型中创建不同的类。

在 UML 中，类被表述成为具有相同结构、行为和关系的一组对象的描述符号。所用的属性与操作都被附在类中。类定义了一组具有状态和行为的对象。其中，属性和关联用来描述状态。属性通常使用没有身份的数据值来表示，如数字和字符串。关联则使用有身份的对象之间的关系来表示。行为由操作来描述，方法（Method）是操作的具体实现。对象的生命周期则由附加给类的状态机（State Machine）来描述。

在 UML 的图形表示中，类的表示法是一个矩形，这个矩形由 3 个部分构成，分别是：类的名称（Name）、类的属性（Attribute）和类的操作（Operation）。类的名称位于矩形的顶端，类的属性位于矩形的中间部位，而类的操作位于矩形的底部。中间部位不仅描述类的属性，还可以描述属性的类型以及属性的初始化值等。矩形的底部也可以列出操作的参数表和返回类型等。如图 6-3 所示，就是一个“Student”类。在类的构成中还应当包含类的职责（Responsibility）、类的约束（Constraint）和类的注解（Note）等信息。

在 Rational Rose 2007 中，还可以自定义显示的信息，比如需要隐藏属性或操作以及属性或操作的部分信息等。当在一个类图上画一个类元素时，必须要有顶端的区域，下面的两个区域是可选择的，比如当使用类图仅仅展示出类元之间关系的高层细节时，下面的两个区域就不是必要的。如图 6-4 所示，隐藏掉了类的属性和操作信息。

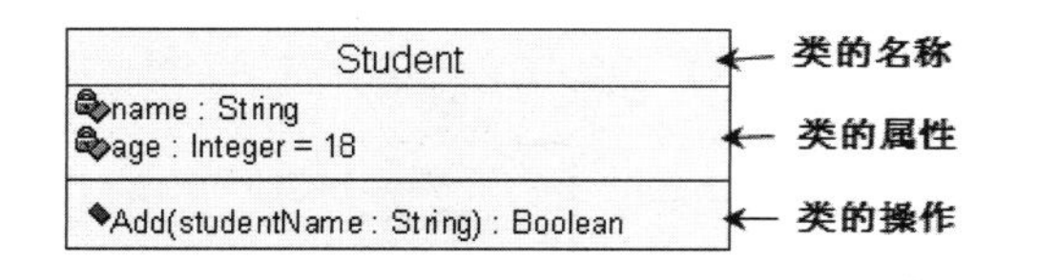

图 6-3　类的示例

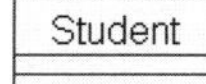

图 6-4　类的简单表示

类也拥有不同的构造型，在 Rational Rose 2007 中默认支持 Actor、boundary、Business Actor、Business Document、Business Entity、Business Event、Business Goal、Business Worker、control、Domain、entity、Interface、Location、Physical Worker、Resource、Service、Table、View 等构

造型。我们自己也可以创建新的构造型，比如为窗体类创建 Form 构造型。通过构造型还可以方便地将类进行划分，比如，当需要迅速地查找模型中所有窗体时，由于之前我们已将所有的窗体指定为 Form 构造型，因此这时只需要查找 Form 构造型的类即可。在默认支持的这些构造型中，它们与类的一般图形表示有所不同。如图 6-5 所示，是将“Student”类的构造型设置为 Table 的图形。对于这些构造型的用途，在后面创建具体的类时再进行说明。

也可以为类指定相关的类型，在 Rational Rose 2007 中默认支持 Class、ParameterizedClass、InstantiatedClass、ClassUtility、ParameterizedClassUtility、InstantiatedClassUtility 和 MetaClass 等类型。不同类型的类表示的图形也不相同，如图 6-6 所示，是将“Student”类的类型设置为 ParameterizedClass 的图形。如何设置类的类型以及它们用途，在后面创建具体的类时进行说明。

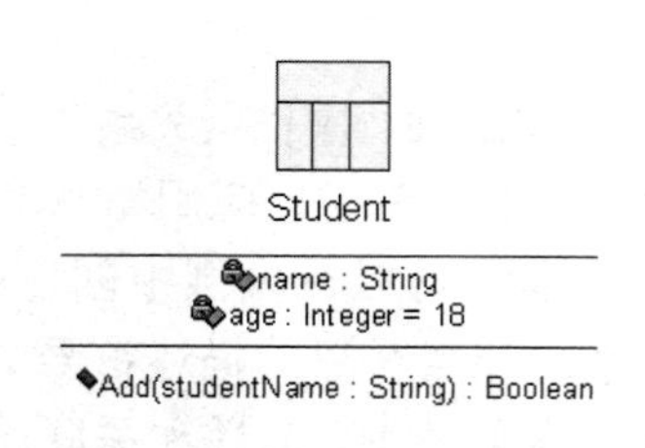

图 6-5 “Table”构造型的类

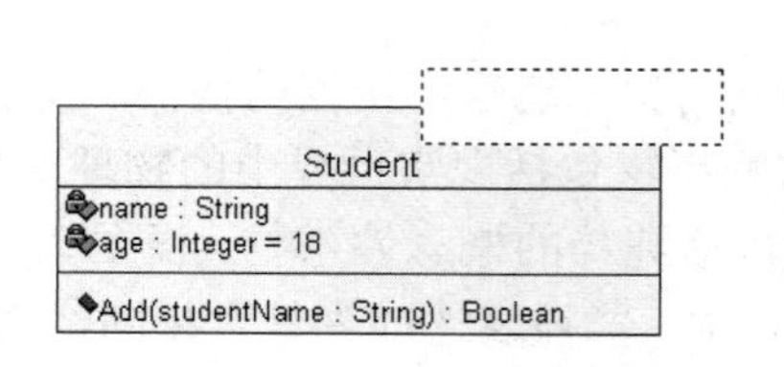

图 6-6 “ParameterizedClass”类型的类

1. 类的名称（Name）

类的名称是每个类的图形中所必须拥有的元素，用于同其他类进行区分。类的名称通常来自于系统的问题域，并且尽可能地明确表达要描述的事物，不要造成类的语义冲突。类的名称应该是一个名词，且不应该有前缀或后缀。按照 UML 的约定，类的名称的首字母应为大写，如果类的名称由两个单词组成，那么将这两个单词合并，第二个单词的首字母也为大写。类的名称的书写字体也有规范，正体字说明类是可被实例化的，斜体字说明类为抽象类。如图 6-7 所示，代表的是一个名称为“Transportation”的抽象类。

类在它的包含者内有唯一的名字，这个包含者通常可能是一个包，但也可能是另外一个类。包含者对类的名称也有一定的影响。在类中，默认显示包含该类所在的包的名称。如图 6-8 所示，代表一个名称为“Printer”的类位于名称为“Office”的包中。在一些关于 UML 的书中，也可以表示成“Office：：Printer”这种形式，将类的名称分为简单名称和路径名称。单独的名称（即不包含冒号的字符串）就叫作简单名（Simple Name）。用类所在的包的名称作为前缀的类名就叫作路径名（Path Name）。

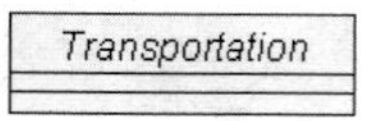

图 6-7 抽象类的类名示例

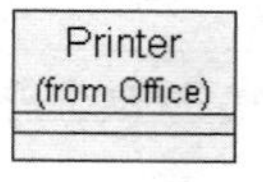

图 6-8 包含位置的类示例

2. 类的属性（Attribute）

属性是类的一个特性，也是类的一个组成部分，描述了在软件系统中所代表的对象具备的静态部分的公共特征的抽象，这些特性是这些的对象所共有的。当然，有时，也可以利用属性值的变化来描述对象的状态。一个类可以具有零个或多个属性。

在 UML 中，类的属性的表示语法为（[ ]内的内容是可选的）：

```
[可见性] 属性名称 [: 属性类型] [=初始值] [{属性字符串}]
```

例如，在上面列举的“Student”类的属性见表 6-2 所示。

表 6-2　“Student”类中的属性示例

可见性	属性名称	属性类型	初始值
private	name	String	
private	age	Integer	18

（1）可见性

属性的可见性描述了该属性是否对于其他类可见，是否可以被其他类引用。类中属性的可见性包含 3 种，分别是公有类型（public）、受保护类型（protected）和私有类型（private）。在 Rational Rose 2007 中，类的属性设置中添加了 Implementation 选项。如表 6-3 所示，列出了在 Rational Rose 2007 中类的属性的可见性可以设置的类型。

表 6-3　类属性的可见性

名称	关键字	符号	Rational Rose 中图标	语义
公有类型	public	+		允许在类的外部使用或查看该属性
受保护类型	protected	#		经常和泛化关系等一起使用，子类允许访问父类中受保护类型的属性
私有类型	private	-		只有类本身才能够访问，外部访问不到
	Implementation			该属性仅仅在被定义的包中才可见

在 Rational Rose 2007 中，类的属性可以选择上面 4 种类型的任意一种，默认的情况选择私有类型。

（2）属性名称

属性是类的一部分，每个属性都必须有一个名字以区别于类中的其他属性。通常情况下，属性名由描述所属类的特性的名词或名词短语构成。按照 UML 的约定，属性名称的第一个字母小写，如果属性名中包含了多个单词，这些单词要合并，并且除了第一个英文单词外其余单词的首字母要大写。

（3）属性类型

属性也具有类型，用来指出该属性的数据类型。典型的属性类型包括 Boolean、Integer、Byte、Date、String 和 Long 等，这些被称为简单数据类型。虽然这些简单数据类型在不同的编程语言中有所区别，但是各种编程语言基本上都会支持这些简单数据类型。在 UML 中，类的属性可以是任意的类型，包括系统中定义的其他类。当一个类的属性被完整定义后，它的任何一个对象的状态都由这些属性的特定值所决定。

（4）初始值

在程序设计中，设置初始值通常有两个用处：①用来保护系统的完整性。在编程过程中，为了防止漏掉对类中某个属性的取值，或者类的属性在自动取值的时候会破坏系统的完整性，就可以通过赋初始值的方法来保护系统的完整性；②为用户提供易用性。设置一些初始值能够有效帮助用户进行输入，从而为用户提供良好的易用性。

（5）属性字符串

属性字符串是用来指定关于属性的一些附加信息，比如某个属性应该在某个区域是有限制的。任何希望添加在属性定义的字符串中但又没有合适的地方可以加入的规则，都可以放在属性字符串中。

3. 类的操作（Operation）

操作指的是类所能执行的操作，也是类的一个重要组成部分，描述了在软件系统中所代表的对象具备的动态部分的公共特征的抽象。类的操作可以根据不同的可见性由其他任何对象调用。属性是描述类对象特性的值，而类的操作用于操纵属性的值进行改变或执行其他动作。类的操作有时被称为函数或方法，在类的图形表示中它们位于类的底部。一个类可以有零个或多个操作，并且每个操作只能应用于该类的对象。

操作由一个返回类型、一个名称以及参数表来描述。其中，返回类型、名称和参数一起被称为操作签名（Signature of the Operation）。操作签名描述使用该操作所必需的所有信息。在UML 中，类的操作的表示语法为（[ ]内的内容是可选的）：

```
[可见性] 操作名称 [（参数表）] [：返回类型] [{属性字符串}]
```

例如，在上面例子中的“Student”类的操作如表 6-4 所示。

表 6-4 “Student”类的操作

可见性	操作名称	参数表	返回类型
public	Add	studentName:String	Boolean

（1）可见性

操作的可见性描述了该操作是否对于其他类可见，是否可以被其他类所调用。类中操作的可见性一般包含 3 种，分别是公有类型（public）、受保护类型（protected）和私有类型（private）。在 Rational Rose 2007 中，类的操作设置中添加了 Implementation 选项。如表 6-5 所示，列出了在 Rational Rose 2007 中类的属性的可见性可以设置的类型。

表 6-5 类操作的可见性

名称	关键字	符号	Rational Rose 中图标	语义
公有类型	public	+		允许在类的外部调用或查看该操作
受保护类型	protected	#		子类允许调用父类中受保护类型的操作
私有类型	private	-		该操作只有在类中才能够被调用，外部类访问不到
	Implementation			该操作仅仅在被定义的包中才能够被调用

在 Rational Rose 2007 中，类的操作选择上面四种类型的任意一种，默认的情况为公有类型，即 public 类型。

（2）操作名称

操作作为类的一部分，每个操作都必须有一个名称以区别于类中的其他操作。通常情况下，操作名由描述所属类的行为的动词或动词短语构成。和属性的命名一样，操作的名称的第一个字母小写，如果操作的名称中包含多个英文单词，那么这些单词需要进行合并，并且除第一个英文单词之外其余单词的首字母都要大写。

（3）参数表

参数表就是由类型、标识符组成的序列，实际上是操作或方法被调用时接收传递过来的参数值的变量。参数的定义方式采用“名称：类型”的定义方式，如果存在多个参数，则将各个参数用逗号分隔开。如果方法没有参数，则参数表为空。参数可以具有默认值，也就是说如果操作的调用者没有为某个具有默认值的参数赋值，那么该参数将使用指定的默认值。

（4）返回类型

返回类型指定了由操作返回的数据类型。它可以是任意有效的数据类型，包括我们所创建的类的类型。绝大部分编程语言只支持一个返回值，即返回类型只有一个。如果操作没有返回值，在具体的编程语言中一般要加一个关键字 void 来表示，也就是其返回类型必须是 void。

（5）属性字符串

属性字符串是用来附加一些关于操作的除了预定义元素之外的信息，方便对操作的一些内容进行说明。

4. 类的职责（Responsibility）

在标准的 UML 定义中，有时还应当指明类的另一种信息，那就是类的职责。类的职责指的是对该类的所有对象所具备的那些相同属性和操作所共同组成的功能或服务的抽象。类的属性和操作是对类的具体结构特征和行为特征的形式化描述，而职责是对类的功能和作用的非形式化描述。有了属性、操作和职责，一个类的重要语义内容基本就定义完毕了。

在声明类的职责时，可以非正式地在类图的下方增加一栏，将该类的职责逐条描述出来。类的职责的描述并不是必须的，因此也可以将其作为文档的形式存在，也就是说类的职责其实只是一段或多段文字的描述。一个类可以有多种职责，设计好的类一般至少有一种职责。

5. 类的约束（Constraint）

类的约束指定了该类所要满足的一个或多个规则。在 UML 中，约束是用一个大括号括起来的文本信息。

在使用 Rational Rose 2007 表达类与类之间的关联时，通常会对类使用一些约束条件。如图 6-9 所示，指出在“Teacher”类和“Printer”类应当满足的约束。

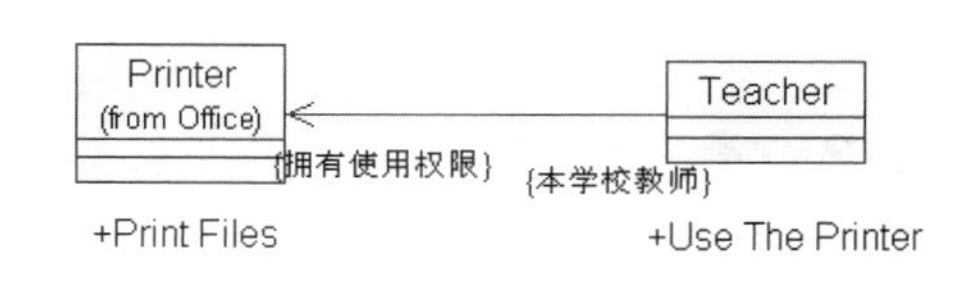

图 6-9　约束的示例

6. 类的注解（Note）

使用注解可以为类添加更多的描述信息，也是为类提供更多的描述方式中的一种。如图 6-10 所示。

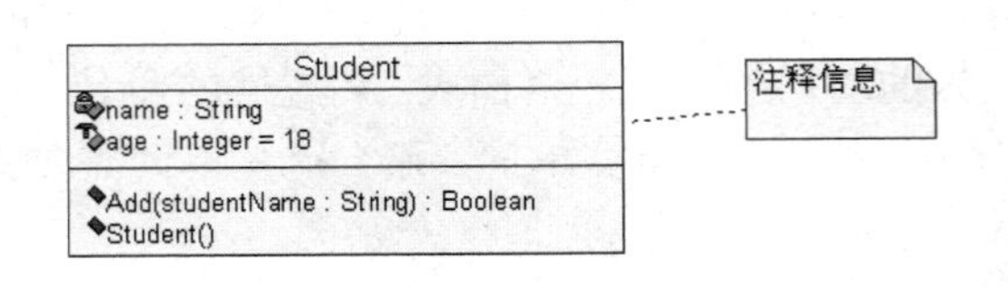

图 6-10　类的注释

6.2.2　接口（Interface）

接口是在没有给出对象的实现和状态的情况下对对象行为的描述。通常，在接口中包含一系列操作但是不包含属性，并且它没有对外界可见的关联。可以通过一个或多个类或构件实现一个接口，并且在每个类中都可以实现接口中的操作。

接口是一种特殊的类，所有接口都是有构造型<<interface>>的类。一个类可以通过实现接口从而支持接口所指定的行为。在程序运行的时候，其他对象可以只依赖于此接口，而不需要知道该类对接口实现的其他任何信息。一个拥有良好接口的类具有清晰的边界，并成为系统中职责均衡分布的一部分。

在 UML 中，接口的表示方式为使用一个带有名称的小圆圈，并且可以通过一条 Realization（实现关系）线与实现它的类相连接，如图 6-11 所示。

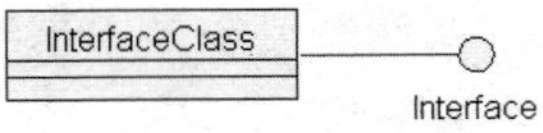

图 6-11　接口的示例

当接口被其他类依赖时，也就是说在一个接口在某个特定类中实现后，类通过依赖关系与该接口相连接。这时，依赖类仅仅依赖于指定接口中的那些操作，而不依赖于接口实现类中的其他部分。在依赖类中可以通过一些方式调用接口中的操作。这种关系如图 6-12 所示。

接口也可以像类那样进行一般化和特殊化处理。在类图中，接口之间的泛化关系也是用类泛化关系所使用的符号来表示，如图 6-13 所示。

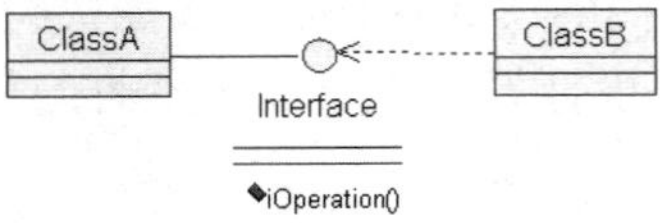

图 6-12　接口被依赖的示例 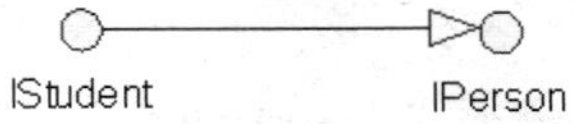　　图 6-13　接口的泛化关系

6.2.3　类之间的关系

类与类之间的关系最常用的有四种关系，它们分别是依赖关系（Dependency）、泛化关系（Generalization）、关联关系（Association）和实现关系（Realization），如表 6-6 所示。

表 6-6 类之间关系的种类

关系	功能	表示图形
依赖关系	两个模型元素之间的依赖关系	
泛化关系	更概括的描述和更具体的种类之间的关系，适应于继承	
关联关系	类实例间连接的描述	
实现关系	说明实现间的关系	

1. 依赖关系（Dependency）

依赖关系表示的是两个或多个模型元素之间语义上的连接关系。它只将模型元素本身连接起来而不需要用一组实例来表达它的意思。它表示了这样一种情形，提供者的某些变化会要求或指示依赖关系中客户的变化。也就是说依赖关系将行为和实现与影响其他类的类联系起来。

根据这个定义，关联关系包括很多种，除了实现关系以外，还可以包含其他几种依赖关系，包括跟踪关系（不同模型中元素之间的一种松散连接）、精化关系（两个不同层次意义之间的一种映射）、使用关系（在模型中需要另一个元素的存在）、绑定关系（为模板参数指定值）。关联和泛化也同样都是依赖关系，但是它们有更特别的语义，故它们有自己的名字和详细的语义。我们通常用依赖这个词来描述其他的关系。

使用依赖关系还经常用来表示具体实现间的关系，如代码层的实现关系。在概括模型的组织单元（例如包）时依赖关系很有用，它在其上显示了系统的构架。例如编译方面的约束可通过依赖关系来表示，如表 6-7 所示。

表 6-7 列出了 UML 基本模型中的一些依赖关系

依赖关系	功能	关键字
绑定	为模板参数指定值，以生成一个新的模型元素	bind
实现	说明与这个说明的具体实现之间的映射关系	realize
使用	声明使用一个模型元素需要用到已存在的另一个模型元素，这样才能正确地实现使用者的功能（包括了调用、实例化、参数、发送）	use
调用	声明一个类调用其他类的操作或方法	call
参数	一个操作和它的参数之间的关系	parameter
发送	信号发送者和信号接收者之间的关系	send
实例化	关于一个类的方法创建了另一个类的实例的声明	instantiate
跟踪	声明不同模型中的元素之间存在一些连接，但不如映射精确	trace
精化	声明具有两个不同语义层次上的元素之间的映射	refine
派生	声明一个实例可以从另一个实例派生	derive
访问	允许一个包访问另一个包的内容	access
输入	允许一个包访问另一个包的内容并为被访问包的组成部分增加别名	import
友员	允许一个元素访问另一个元素，不管被访问的元素是否具有可见性	friend

这些依赖关系具体来讲可以再分为五种类型，分别是绑定（Binding）依赖、实现（Realization）依赖、使用（Usage）依赖、抽象（Abstraction）依赖和授权（Permission）依赖。

（1）绑定（Binding）依赖

绑定（Binding）依赖只包含绑定关系。绑定是将数值分配给模板的参数。它是具有精确语义的高度结构化的关系，可通过取代模板备份中的参数来实现。使用和绑定依赖在同一语义层上将很强的语义包括进元素内，它们必须连接模型同一层的元素（或者都是分析层，或者都是设计层，并且在同一抽象层）。

跟踪和精化依赖更模糊一些，可以将不同模型或不同抽象层的元素连接起来。

访问依赖允许一个客户访问提供者内的元素，但是客户必须使用提供者的路径名称。通过这种方式，在一个包中的类可以访问在其他包中的类。

（2）实现（Realization）依赖

实现（Realization）依赖指的是说明和这个说明的具体实现之间的映射关系

（3）使用（Usage）依赖

使用（Usage）依赖都是非常直接的，通常表示客户使用提供者提供的服务来实现自身的行为。使用依赖关系包含使用、调用、参数、发送和实例化等依赖关系。使用表示的是一个元素的行为或实现会影响另一个元素的行为或实现；调用表示一个类中的方法或操作调用另一个类的方法或操作；参数表示类中的一个操作和它的参数之间的关系。发送表示一个类中的方法把信号发送到相关接收目标；实例表示一个类的方法创建了另一个类的实例。

通常情况下，会出现与实现有关的一些问题，如编译程序要求在编译一个类前要对另一个类进行定义。大部分依赖关系可以从代码中获得，而且它们不需要明确声明，除非它们是“自顶向下”系统的一部分（如，使用预定义的构件或函数库）。特别的使用关系可以被详细说明，但是因为关系的目的就为了突出依赖，所以它常常被忽略。确切的细节可以从实现代码中获得。

在实际建模中，使用依赖可以说是类中最常用的依赖关系。比如说，客户类的操作需要提供者类的参数；客户类的操作返回提供者类的值；客户类的操作在实现中使用提供者类的对象；客户类的操作调用提供者类的操作等。

（4）抽象（Abstraction）依赖

抽象（Abstraction）依赖用来表示客户与提供者之间的关系，依赖于不同抽象层次上的事物，将同一个潜在事物的不同形式联系起来。抽象依赖关系包含跟踪、精化和派生等依赖关系。

跟踪是对不同模型中元素连接的概念表述，通常这些模型是开发过程中不同阶段的模型。跟踪缺少详细的语义，它特别用来追溯跨模型的系统要求，并跟踪会影响其他模型的模型所起的变化。

精化是表示位于不同的开发阶段或处于不同的抽象层次中的一个概念的两种形式之间的关系。这并不意味着两个概念会在最后的模型中共存，它们中的一个通常是另一个的未完善的形式。原则上，在较不完善到较完善的概念之间有一个映射，但这并不意味着它们之间的转换是自动的。通常情况，更详细的概念包含着设计者的设计决定，而决定可以通过许多途径来做出。原则上讲，对一个模型的改变可被另一个模型所替换。实际上，虽然一些简单的映射可以实现，但是现有的工具不能完成所有这些映射。因此精化通常提醒建模者多重模型以可预知的方式发生相互转换的关系。

派生表示一个元素可以通过计算另一个元素来获得（而被派生的元素可以明确包含在系统中以避免花费太多代价进行迭代计算）。

（5）授权（Permission）依赖

授权（Permission）依赖用来表示一个事物对另外一个事物进行访问的能力。提供者通过设定客户类的相关权限，控制和限制对其内容访问的方法。授权依赖关系包含访问、导入、友元等依赖关系。访问是允许一个包引用另一个包中的元素；导入指的是提供者包中的元素名称被加入到客户包的命名空间中；友元是指允许客户访问提供者的内容，即使客户没有足够的访问提供者的可见性。

依赖关系使用一个从客户指向提供者的虚箭头来表示，并且使用了一个构造型的关键字并将它位于虚箭头之上来区分依赖关系的种类，如图 6-14 所示。在图中“ClassA”表示的是客户，“ClassB”表示的是提供者，“<<use>>”是构造型关键字，表示使用依赖关系。

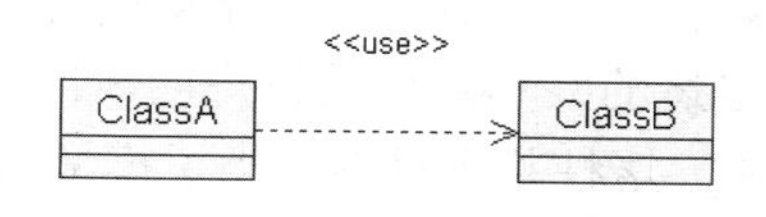

图 6-14　依赖关系的示例

2．泛化关系（Generalization）

泛化关系是用来描述类的一般和特殊（或具体）之间的关系。特殊描述建立在对类的一般描述的基础之上，并对其进行了扩展。因此，在特殊描述中不仅包含一般描述中所拥有的所有特性、成员和关系，而且还包含了特殊描述补充的信息。例如，小汽车、客车都是交通工具中的一种。

在泛化关系中，一般描述的类被称为父类，特殊描述的类被称为子类。例如，交通工具可以被抽象成是父类，而小汽车、客车则通常被抽象成子类。泛化关系还可以在类元（类、接口、数据类型、用例、参与者、信号等）、包、状态机和其他元素中使用。在类中，术语超类和子类是父类和子类的另外一种说法。

泛化关系描述的是“is a kind of”（是......的一种）的关系，它使父类能够与更加具体的子类连接在一起，有利于对类的简化描述，可以不用添加多余的属性和操作信息，通过相关继承的机制便能从其父类继承相关的属性和操作。继承机制利用泛化关系的附加描述构造了完整的类描述。泛化和继承允许不同的类分享属性、操作和它们共有的关系，而不用重复说明。

泛化关系使用从子类指向父类的一个带有实线的箭头来表示，指向父类的箭头是一个空心三角形，如图 6-15 所示，交通工具为父类，汽车为子类。多个泛化关系可以用箭头线组成的树形结构来表示，每一个分支指向一个子类。

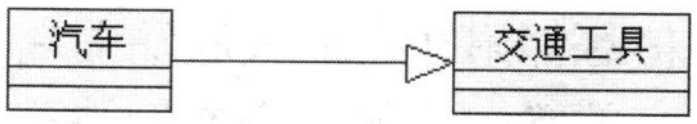

图 6-15　泛化关系的示例

泛化关系通常有两个用途：

泛化关系的第一个用途是用来定义可替代性原则，即当一个变量（如参数或过程变量）被声明承载某个给定类的值时，可使用类（或其他元素）的实例作为值，这被称为可替代性原则（由 Barbara Liskov 提出）。该原则表明无论何时祖先类被声明了，则后代类的一个实例都可以被使用。例如，汽车这个类被声明，那么小汽车和大卡车的对象就是一个合法的值了。

泛化使得多态操作成为可能，即操作的实现是由它们所使用的对象的类确定的，而不是由调用者确定的。这是因为一个父类可以有许多子类，每个子类都可实现定义在类整体集内的同一个操作的不同变体。例如，小汽车和大卡车的对象会有所不同，它们中的每一个都是父类汽车的变体，如图6-16所示。这一点尤为重要，因为在不需要改变现有多态调用的情况下就可以加入新的类。一个多态操作可在父类中声明但无法实现，其后代类需要补充该操作的实现。由于父类中的这种不完整操作是抽象的，其名称通常用斜体字来表示，也就是表示父类是抽象类。

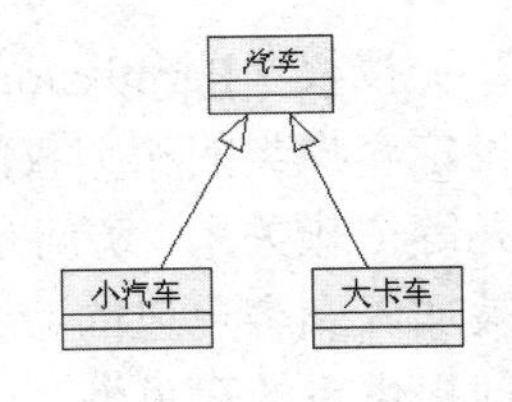

图6-16　多态的示例

泛化的另一个用途是在共享祖先所定义部分的前提下，允许它自身定义增加的描述，这被称为继承。继承是一种机制，通过该机制可以将对类的对象的描述从类及其祖先的声明部分聚集起来。继承允许描述的共享部分只被声明一次而可以被许多类所共享，而不是在每个类中重复声明并使用它们，这种共享机制减小了模型的规模。更重要的是，这种机制减少了为了模型的更新而必须进行的改变和模型前后定义不一致的几率。对于其他元素，如状态、信号和用例，继承通过相似的方法实现共享的作用。

继承的方式有两种，分别是单继承和多继承。单继承是指一个类只有一个父类，而不存在其他父类。多继承是指一个类可以有多个父类，并且可以从每个父类中获得父类中允许继承的部分。

通过多继承而来的类，它的特征（属性、操作和信号）是它的所有父类特征的联合。如果同一个类作为父类出现在多条继承路径上，那么它的每一个成员中都有它的一个复制。如果有着同样特征的特性被两个类声明，而这两个类不是从同一祖先类那里继承而来的（即独立声明），那么声明会发生冲突和模型形式的错误，在UML中不提供这种情况的冲突解决方案。如图6-17所示，这是一个多继承的例子，在助教类中，拥有学生类和教师类的信息。

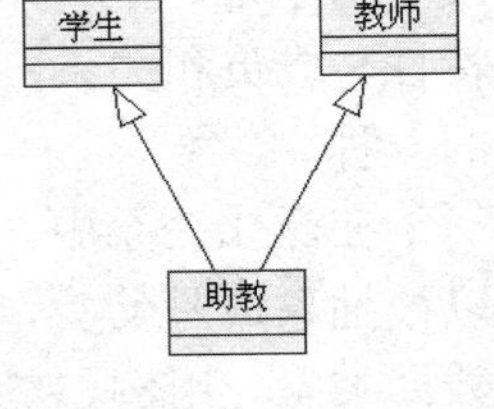

图6-17　多继承的示例

3．关联关系（Association）

关联关系是一种结构关系，它指出了一个事物的对象与另一个事物的对象之间在语义上的连接。关联关系描述了系统中对象或实例之间的离散连接，它将一个含有两个或多个有序表的类，在允许复制的情况下连接起来。一个类关联的任何一个连接点都叫关联端，与类有关的许多信息都附在它的关联端的端点上。关联端有名称、角色、可见性以及多重性等特性。

关联关系的一个实例被称为链。链即所涉及对象的一个有序表，每个对象都必须是关联关系中对应类的实例或此类后代的实例。系统中的链组成了系统的部分状态。链并不独立于对象而存在，它们从与之相关的对象中得到自己的身份（在数据库术语中，对象列表是链的键）。

最普通的关联关系是一对类之间的二元关联关系。二元关联关系使用一条连接两个类的连线表示。如图6-18所示，连线上有相互关联的角色名而多重性则加在各个关联端的端点上。

由于类是抽象的，因此类也可以与它本身相关联。如图6-19所示，这是一个Employee类通过“manager / manages”角色与它本身相关。当一个类关联到它本身时，这并不意味着类的实例与它本身相关，而是类的一个实例与类的另一个实例相关。

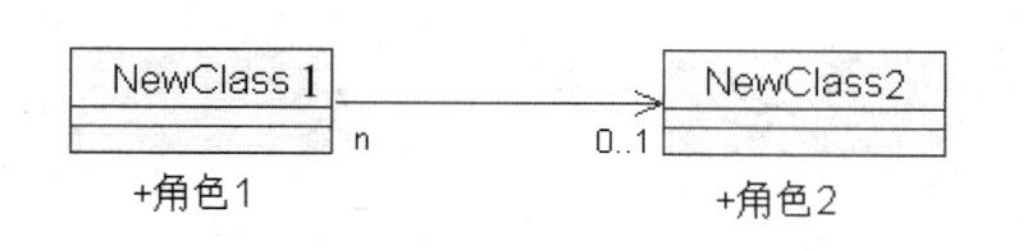

图 6-18　二元关联关系的示例

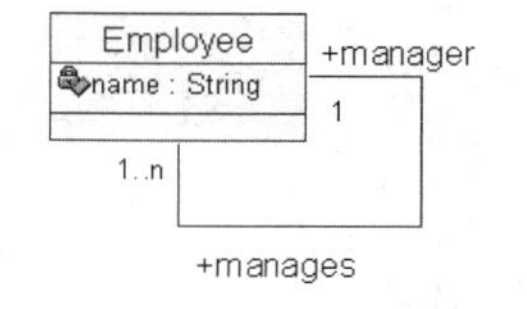

图 6-19　自身关联类的示例

如果一个关联既是类又是关联，那么它是一个关联类，如图 6-20 所示，"NewClass3"便是一个关联类。

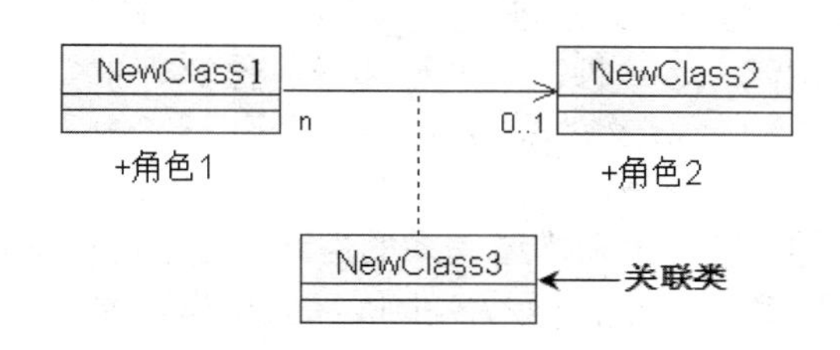

图 6-20　关联类的示例

如果一个关联的属性在一组相关对象中是唯一的，那么它是一个限定符。限定符是用来在关联中从一组相关对象中标识出的独特对象的值。限定符对建模名字和身份代码是很重要的，同时它也是设计模型的索引。如图 6-21 所示，"name:Boolean"就是限定符。

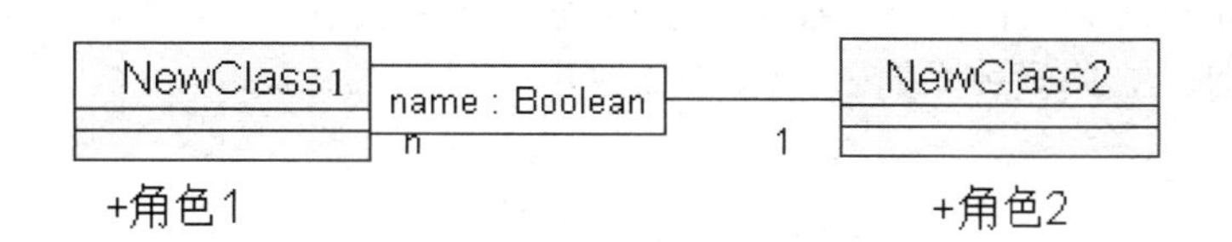

图 6-21　限定关联

关联关系还有两种非常重要的形式，分别是聚合（Aggregation）关系和组合（Composition）关系。

聚合（Aggregation）关系描述的是部分与整体关系的关联，简单地说，它将一组元素通过关联组成一个更大、更复杂的单元，这种关联关系就是聚合。聚合关系描述了"has a"的关系。在 UML 中，它用端点带有空菱形箭头的线段来表示，空菱形箭头与聚合类相连接，其箭头的头部指向整体。如图 6-22 所示，表示"NewClass1"和"NewClass2"的聚合关系，其中在"NewClass1"中包含"NewClass2"。

组合（Composition）关系则是一种更强形式的关联，在整体中拥有管理部分特有的职责，有时也被称为强聚合关系。在组合中，成员对象的生命周期取决于聚合的生命周期，聚合不仅控制着成员对象的行为，而且控制着成员对象的创建和终结。在 UML 中，组合关系使用带实心菱形箭头的实线来表示，其中箭头头部指向整体。如图 6-23 所示，表示主机与 CPU、主板之间的组合关系，其中"主机"类中包含"CPU"类和"主板"类，"CPU"类和"主板"类不能脱离"主机"类而存在。

图 6-22　聚合关系的示例　　　　图 6-23　组合关系的示例

在 Rational Rose 2007 中对关联关系进行表示中，还有几种特性应用于关联端来修饰关联关系，它们分别是名称、角色、多重性、构造型和导航性等。

（1）名称

关联关系可以有自己的名称，用来描述关系的性质。通常情况下，使用一个动词或动词短语来命名关联关系，以表明源对象在目标对象上执行的动作。如图 6-24 所示。

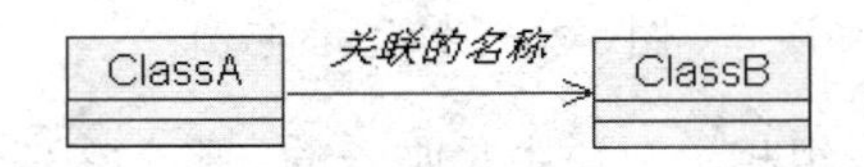

图 6-24　关联的名称示例

关联的名称并不是必需的，只有在需要明确地给出关联角色名，或者一个模型存在很多关联需要查阅和区别这些关联关系时，才有必要给出关联的名称。

（2）角色

角色指的是在关联关系中，一个类通过关联描述出对另外一个类的职责。当类出现在关联的一端时，该类就在关联关系中扮演一个特定的角色。角色的名称是名词或名词短语，以解释对象是如何参与关系的。如果类与它本身进行关联，也可以设定角色，如图 6-19 所示，关联的角色为“manager / manages”，也就是说，“Employee”类既可以扮演“manager”的角色，也可以扮演“manages”的角色。

（3）多重性

多重性是指在关联关系中，一个类的多个实例与另外一个类的一个实例相关。关联端可以包含有名字、角色名和可见性等特性，但是最重要的特性则是多重性，多重性对于二元关联关系很重要，因为定义 n 元关联关系很复杂。多重性可以用一个取值范围、特定值、无限定的范围或一组离散值来描述。

在 UML 中，多重性是使用一个“..”和分开的两个数值区间来表示的，其格式为“minimum..maximum”，其中 minimum 和 maximum 都是整数。当一个端点给出多少值时，就表示该端点可以有多个对象与另一个端点的一个对象进行关联。

下面的表 6-8 列出了一些多重性的值及它们含义的例子。

表 6-8　关联的多重性示例

修饰符	语义
0	仅为 0 个
0…1	0 个或 1 个
0…n	0 个到无穷多个
1	恰为 1 个
1…n	1 个到无穷多个
n	无穷多个
3	3 个
0...5	0 个到 5 个
5...15	5 个到 15 个

（4）构造型

在关联关系中也可以根据具体的语义设置一些构造型，在 Rational Rose 2007 中，默认设置的构造型包含 communicate、extend、include、realize 和 subscribe 等，也可以自己进行设置。如图 6-25 所示，是一个设置构造型为 subscribe 的关联。

（5）导航性

关联的导航性描述的是一个对象通过链（关联的实例）对另一个对象进行导航访问，对一个关联端点设置导航意味着本端的对象可以被另一端的对象访问。导航也根据方向的不同划分为单向关联（Unidirectional Association）和双向关联（Bidirectional Association）。单向关联指的是只能在一个方向上进行导航的关联，通常使用一条带箭头的实线来表示。如图 6-25 所示，是一种单向关联。而双向关联指的是可以在两个方向上都导航的关联，通常使用一条没有箭头的实线来表示。如图 6-26 所示，是一种双向关联。

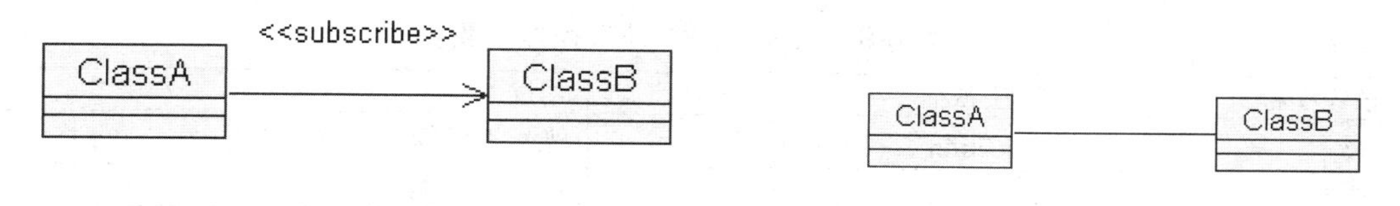

图 6-25　关联关系的构造型示例　　图 6-26　双向关联的示例

4．实现关系（Realization）

实现关系将一种模型元素（如类）与另一种模型元素（如接口）连接起来，用于说明和实现之间的关系。在实现关系中，接口只是行为的描述或说明而不包含实现，而类中则要包含具体的实现内容，可以通过一个或多个类实现一个接口，但是每个类必须分别实现接口中的操作或方法。虽然实现关系意味着要有像接口这样的元素，它也可以用一个具体的实现元素来暗示它的描述（而不是它的实现）必须被支持。例如，这可以用来表示类的一个优化形式和一个简单形式之间的关系。

泛化和实现关系都可以将一般描述与特殊描述（即具体描述）联系起来。泛化将在同一个语义层上的元素连接起来（例如在同一抽象层），通常在同一个模型内。实现关系将在不同语义层内的元素连接起来（例如一个分析类和一个设计类；一个接口与一个类），通常建立在不同的模型内。在不同发展阶段可能有两个或更多的类等级，这些类等级的元素通过实现关系联系起来。两个类等级无需具有相同的形式，因为实现的类可能具有实现依赖关系，而这种依赖关系与具体类是不相关的。

在 UML 表示中，实现关系的表示符号和泛化关系的表示符号很相像，使用一条带空三角形箭头的虚线来表示，如图 6-27 所示，接口类为“ClassA”，具体的实现类为“ClassB”。

在 UML 中，接口使用一个圆圈来表示，并通过一条实线连接到代表类的矩形上来表示实现关系，如图 6-28 所示，表示“ClassA”类实现了“InterfaceA”和“InterfaceB”接口。

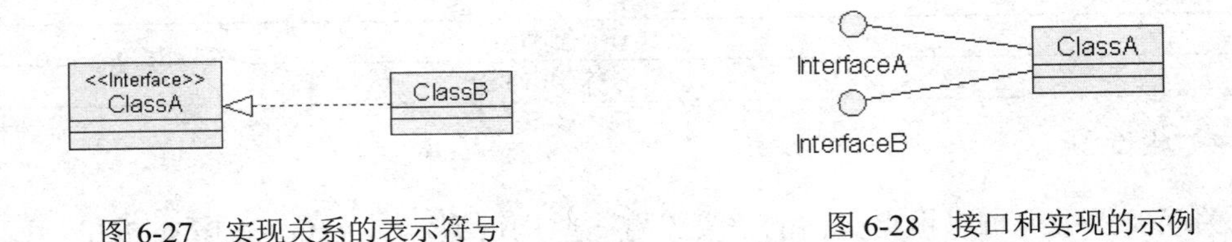

图 6-27　实现关系的表示符号

图 6-28　接口和实现的示例

6.3　使用 Rose 创建类图

在掌握类图中各种概念的基础上，熟练使用 Rational Rose 2007 创建类图以及类图中的各种模型元素，是本节学习的目标。

6.3.1　创建类

在类图的工具栏中，可以使用的工具按钮如下表 6-9 所示，在该表中包含了所有 Rational Rose 2007 默认显示的 UML 模型元素。

表 6-9　默认显示的 UML 模型元素

按钮图标	按钮名称	用途
	Selection Tool	光标返回箭头，选择工具
	Text Box	创建文本框
	Note	创建注释
	Anchor Note to Item	将注释连接到类图中相关的模型元素
	Class	创建类
	Interface	创建接口
	Unidirectional Association	创建单向关联关系
	Association Class	创建关联类并与关联关系连接
	Package	创建包
	Dependency or Instantiates	创建依赖或实例关系
	Generalization	创建泛化关系
	Realize	创建实现关系

我们可以根据这些默认显示的按钮创建相关的模型，如果需要一些特殊的应用，比如说创建一个服务端网页、一个 COM 组件或 Applet 组件等，可以定制类的图形编辑工具栏。要定制类的图形编辑工具栏可以通过以下两种方式：

（1）在菜单栏中，选择“File”（文件）下的“Options”（选项）选项，在弹出的对话框中单击选择“Toolbars”（工具栏）选项卡，在选项卡中的“Customize toolbars”（定制工具栏）选择位于“Class Diagram”下“UML”右边的按钮来定制类的图形编辑工具栏。

（2）在类的图形编辑工具栏中，单击鼠标右键，弹出如图 6-29 所示的菜单栏，选中“Customize ...”（定制）选项即可定制类的图形编辑工具栏。

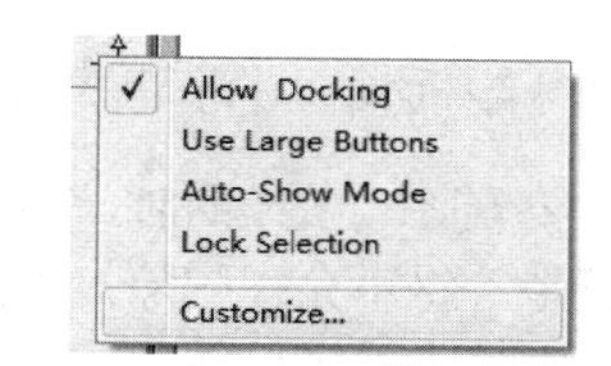

图 6-29　定制类的图形编辑工具栏

1. 创建和删除类图

创建一个新的类图，可以通过以下两种方式进行。

方式一：

- 用鼠标右键单击浏览器中的 Use Case View（用例视图）、Logical View（逻辑视图）或者位于这两种视图下的包。
- 在弹出的菜单中，选中“New”（新建）下的“Class Diagram”（类图）选项。
- 输入新的类图名称。
- 双击打开浏览器中的类图。

方式二：

- 在菜单栏中，选择“Browse”（浏览）下的“Class Diagram ...”（类图）选项，或者在标准工具栏中选择按钮，弹出如图 6-30 所示的对话框。
- 在左侧的关于包的列表框中，选择要创建的类图所在的包的位置。
- 在右侧的“Class Diagram”（类图）列表框中，选择“<New>”（新建）选项。
- 单击“OK”按钮，在弹出的对话框中输入新的类图的名称。

在 Rational Rose 2007 中，可以在每一个包中设置一个默认类图。在创建一个新的空白解决方案时，在 Logical View（逻辑视图）下会自动出现一个名称为 Main 的类图，此图即为 Logical View（逻辑视图）下的默认类图。当然，默认类图的标题也可以不是 Main。在浏览器中，用鼠标右键单击要作为默认的类图，弹出如图 6-31 所示的菜单栏，在菜单栏中选择“Set as Default Diagram”选项即可把该图作为默认的类图。

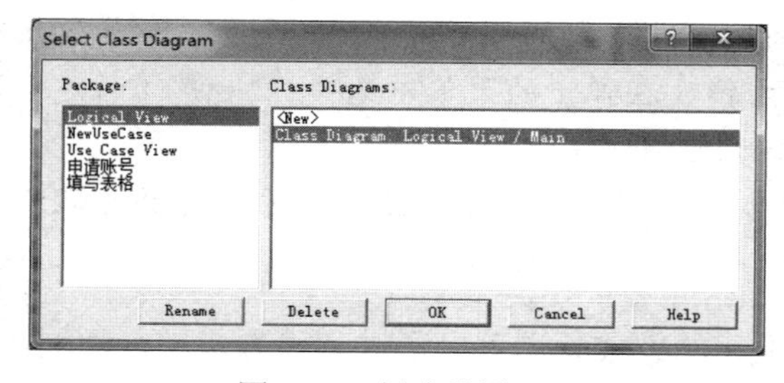

图 6-30　创建类图

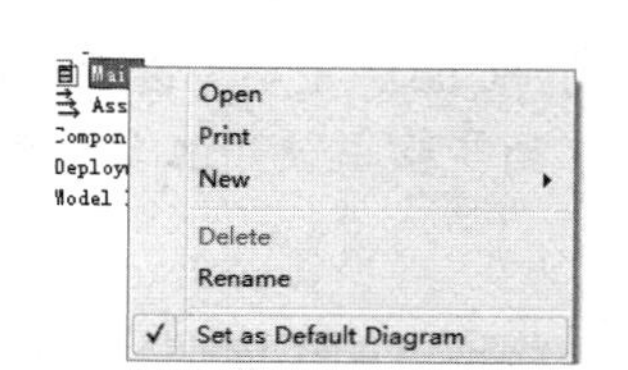

图 6-31　设置默认的类图

如果需要在模型中删除一个类图，可以通过以下方式进行：

（1）选中需要删除的类图，再用鼠标右键单击。

（2）在弹出的菜单栏中选择“Delete”选项即可删除。

要删除一个类图时，通常需要确认一下是否是Logical View（逻辑视图）下的默认视图，如果是，将不允许删除，如图6-31所示。在浏览器中删除类图后，该类图中的类并不会被删除，它们仍然可以在浏览器中或其他类图中显示出来。

2. 添加和删除类

如果需要在类图中增加一个标准类，可以通过工具栏、浏览器或菜单栏三种方式进行添加。

通过工具栏添加类的步骤如下：

Step 01 在图形编辑工具栏中，选择 按钮，此时光标变为“+”号。

Step 02 在类图中单击选择任意一个位置，系统在该位置创建一个新类，如图6-32所示，系统产生的默认名称为“NewClass”。

Step 03 在类的名称栏中，显示了当前所有的类的名称，我们可以选择清单中的现有类，这样就把模型中存在的该类添加到类图中。如果创建新类，将“NewClass”重新命名为新的名称即可。创建的新类会自动添加到浏览器的视图中。

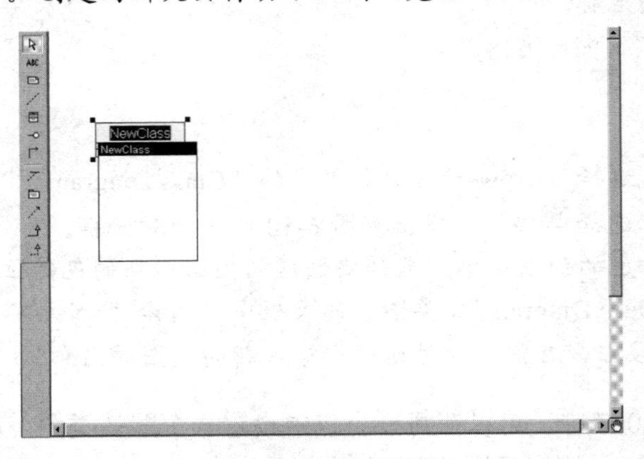

图6-32 创建类示例

在浏览器中添加类的步骤如下：

Step 01 使用工具栏时，在菜单栏中，选择“Tools”（浏览）下的“Create”（创建）选项，在“Create”（创建）选项中选择“Class”（类），此时光标变为“+”号。如果使用浏览器，选择需要添加的包，单击鼠标右键，在弹出的菜单中选择“New”（新建）选项下的“Class”（类）选项，此时光标也变为“+”号。

Step 02 以下的步骤与使用工具栏添加类的步骤类似，按照使用工具栏添加类的步骤添加即可。

如果需要将现有的类添加到类图中，除上述的方式外还可以通过两种方式进行添加。第一种方式是选中该类，直接将其拖动到打开的类图中即可。第二种方式的步骤如下：

Step 01　选择“Query”（查询）下的“Add Classes”（添加类）选项，弹出如图 6-33 所示的对话框。

Step 02　在对话框的 Package 下的列表中选择需要添加的位置。

Step 03　在 Classes 列表框中选择需要添加的类，添加到右侧的列表中。

Step 04　单击 OK 按钮即可。

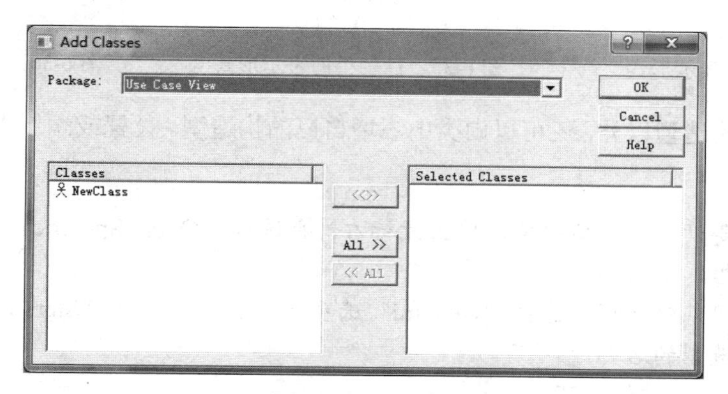

图 6-33　添加类对话框示例

删除一个类的方式分为两种，第一种方式是将类从类图中移除，另外一种是将类永久地从模型中删除。第一种方式该类还存在模型中，如果再次使用只需要将该类拖到类图中即可。删除的方式只需要选中该类按“Delete”键即可。第二种方式会将类永久地从模型中删除，其他类图中存在的该类也会一起被删除。可以通过以下方式进行：

- 选中需要删除的类，单击鼠标右键即可。
- 在弹出的菜单栏中选择“Delete”选项即可。

3．设置类的构造型

使用类的构造型可以方便地对类进行分类。在 Rational Rose 2007 中，包含一些内置的构造型，包括 Actor、boundary、Business Actor、Business Document、Business Entity、Business Event、Business Goal、Business Worker、control、Domain、entity、Interface、Location、Physical Worker、Resource、Service、Table、View 等，其中 boundary、control 和 entity 是比较常用的构造型。可以看出，在用例图中的 Actor 是构造型为 Actor 的类，接口是一种构造型为 Interface 的类。下面我们简单介绍一下 boundary、control 和 entity 这三种构造型的类。

构造型为 boundary 的类被称为边界类。边界类位于系统与外界的交界处，包括所有窗体、报表、打印机和扫描仪等硬件的接口以及与其他系统的接口。在 UML 表示中，边界类的表示形式如图 6-34 所示。

构造型为 control 的类被称为控制类。控制类被用来负责协调其他类的工作，通常其本身并不完成任何的功能，其他类也不向其发送很多消息，而是由控制类以委托责任的形式向其他类发出消息。控制类有权知道和执行机构的业务规则，并且可以执行其他流和知道在发生错误时如何对错误进行处理。在 UML 表示中，控制类的表示形式如图 6-35 所示。

构造型为 entity 的类被称为实体类。在实体类中保存需要放进永久存储体的信息。比如为数据库中的每一个表创建一个实体类，在数据表中永久存储记录信息，而实体类在系统运行时在内存中保存信息。在 UML 表示中，实体类的表示形式如图 6-36 所示。

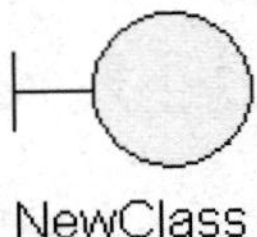

图 6-34 边界类的表示形式

图 6-35 控制类的表示形式

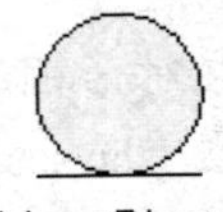

图 6-36 实体类的表示形式

除了上述的构造型以外，还可以向类中添增自己的构造型。设置或添加类的构造型可以通过以下的步骤进行：

Step 01 选中需要设置构造型的类，单击鼠标右键再选择“Open Specification”，弹出类的规范对话框，如图 6-37 所示。

Step 02 在类的规范对话框，选择“General”选项卡，在选项卡的“Stereotype”中，选择或输入构造型的名称。

Step 03 单击“OK”按钮即可。

新增加一个构造型的类如图 6-38 所示，类的构造型为“UserSet”。

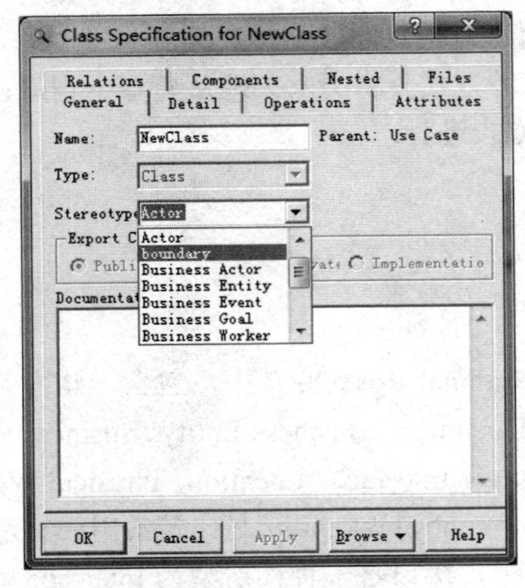

图 6-37 设置构造型

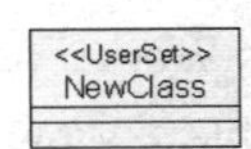

图 6-38 新增构造型的类示例

4．设置类的类型

在 UML 中，也可以设置类的类型，在 Rational Rose 2007 中，包含一些内置的类的类型，它们是 Class、ParameterizedClass、InstantiatedClass、ClassUtility、ParameterizedClassUtility、InstantiatedClassUtility 和 MetaClass 等类型。Class 类型的类也就是我们所说的普通类，还有两种比较常用的类型是 ParameterizedClass 和 InstantiatedClass，分别代表参数化类和实例化类。

参数化类通常被用于创建一系列其他类。可以说，参数化类就是某种容器，所以也称为模板类。模板类是对一个参数化类的描述符。模板体可能包含代表模板本身的缺省元素，还包括形式参数。通过把参数绑定到实际值上就可以生成一个实际的类。模板类里的属性和操作可以用形式参数来定义。

模板类不是一个直接可用的类（因为它有未绑定的参数）。必须把它的参数绑定到实际的值上来生成实际的类。只有实际的类才可以作为关联的父亲或者目标（但是允许从模板到另一个类的单向关联）。模板类可能是一个普通类的子类，这意味着所有通过绑定模板而形成的类都是给定类的子类。它也可以是某个模板参数的子类，这意味着被绑定的模板类是被当作参数传递的类的子类。

并不是所有的编程语言都支持模板类，而支持模板类的编程语言有 C++等。

在 UML 表示中，模板类的表示形式如图 6-39 所示，该模板中包含一个名称为“argname”的参数。

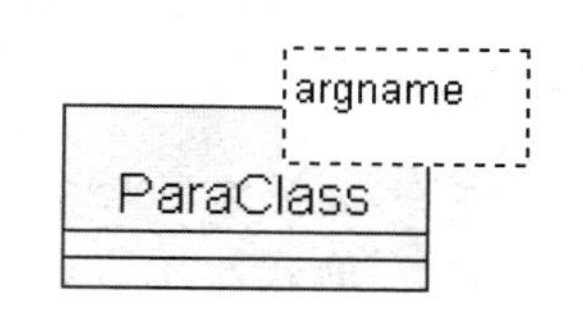

图 6-39　带参数的模板类示例

实例化类是具有实际变量值的参数化类。类是事物的抽象，参数化类是更高一等的抽象，指明一群有类似属性和行为的类。通过参数的具体化，能产生出不同的类，这种具体化的类就是实例化类。实例化类在浏览器中的图标为▣。

设置类的类型可以通过以下的步骤进行：

Step 01 选中需要设置构造型的类，单击鼠标右键，再选择“Open Specification”，弹出类的规范对话框，如图 6-37 所示。

Step 02 在类的规范对话框中，选择“General”选项卡，在选项卡的“Type”中，选择类的相关类型。

Step 03 单击“OK”按钮即可。

如果需要设置参数化类的变量，可以通过下列的步骤进行：

Step 01 在如图 6-37 所示的对话框中，选择“Detail”选项卡，如图 6-40 所示。

Step 02 在选项卡中，用鼠标右键单击 Formal Arguments 区域内的空白处。

Step 03 在弹出的菜单中选择“Insert”选项。

Step 04 输入变量的名称即可。双击该变量也可以在弹出的对话框中设置变量的类型和默认值等。

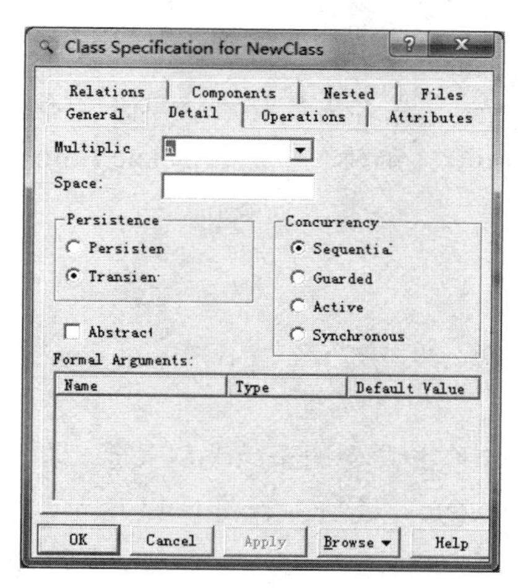

图 6-40　设置参数化类的变元

6.3.2 创建类与类之间的关系

在前面的概念中已经介绍过，类与类之间的关系最常用的有四种，它们分别是依赖关系（Dependency）、泛化关系（Generalization）、关联关系（Association）和实现关系（Realization），以下将介绍如何创建这些关系以及它们生成的代码示例。

1. 创建和删除依赖关系

依赖关系表示的是两个或多个模型元素之间语义上的连接关系。要创建新的依赖关系，可以通过以下步骤：

Step 01 选择工具栏中类图工具栏中的图标，或者选择菜单栏“Tools”（工具）中“Create”（创建）下的“Dependency or Instantiates”选项，此时的光标变为“↑”符号。

Step 02 单击依赖者的类。

Step 03 将依赖关系线拖动到另一个类中。

Step 04 用鼠标双击依赖关系线，弹出设置依赖关系规范的对话框，如图 6-41 所示。

Step 05 在弹出的对话框中，可以设置依赖关系的名称、构造型、可访问性、多重性以及文档等。

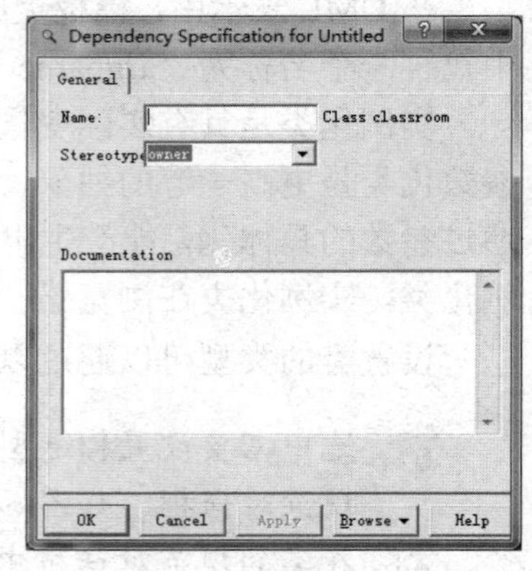

图 6-41　设置依赖关系规范

在类图中删除依赖关系可以通过以下步骤：

Step 01 选中需要删除的依赖关系。

Step 02 按“Delete”键，或者用鼠标右键单击，再选择弹出的菜单中“Edit”（编辑）下的“Delete”选项即可。

从类图中删除依赖关系并不代表从模型中删除该关系，依赖关系在依赖关系连接的类之间仍然存在。如果要从模型中删除依赖关系，可以通过以下步骤：

Step 01 选中需要删除的依赖关系。

Step 02 同时按“Ctrl+D”快捷键，或者用鼠标右键单击，再选择弹出的菜单中“Edit”（编辑）下的“Delete from Model”选项即可。

或者可以通过以下步骤：

Step 01 打开关联关系的类的标准规范窗口，选择“Relations”选项卡。

Step 02 在选项卡中用鼠标右键单击需要删除的关联关系，在弹出的菜单中选择“Delete”选项，如图 6-42 所示。

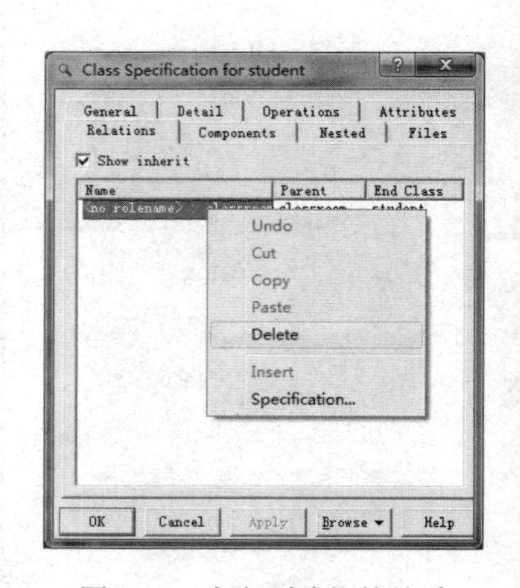

图 6-42　永久删除依赖关系

2. 创建和删除泛化关系

泛化关系是用来描述类的一般和具体（或特殊）之间的关系。要创建新的泛化关系，可以通过以下步骤：

Step 01 选择工具栏中类图工具栏中的 图标，或者选择菜单栏“Tools”（工具）中“Create”（创建）下的“Generalization”选项，此时的光标变为“↑”符号。

Step 02 单击子类。

Step 03 将泛化关系线拖动到父类中。

Step 04 用鼠标双击泛化关系线，弹出设置泛化关系规范的对话框。

Step 05 在弹出的对话框中，可以设置泛化关系的名称、构造型、可访问性、文档等。

在类图中删除泛化关系可以通过以下步骤：

Step 01 选中需要删除的泛化关系。

Step 02 按“Delete”键，或者用鼠标右键单击，再选择弹出菜单中“Edit”（编辑）下的“Delete”选项即可。

和依赖关系一样，从类图中删除泛化关系并不代表从模型中删除该关系，泛化关系在泛化关系连接的子类和父类之间仍然存在。如果要从模型中删除泛化关系，可以通过以下步骤：

Step 01 选中需要删除的泛化关系。

Step 02 同时按“Ctrl+D”快捷键，或者用鼠标右键单击，再选择弹出菜单中“Edit”（编辑）下的“Delete from Model”选项即可。

或者可以通过以下步骤：

Step 01 打开泛化关系的类的标准规范窗口，选择“Relations”选项卡。

Step 02 在选项卡中用鼠标右键单击要删除的泛化关系，在弹出的菜单中选择“Delete”选项。

3. 创建和删除关联关系

关联关系是一种结构关系，指出了一个事物的对象与另一个事物的对象之间在语义上的连接，这种连接是通过一个类知道另一个类的公共属性和操作来实现的。

要创建新的关联关系，可以通过以下步骤：

Step 01 选择工具栏中类图工具栏中的 图标，或者选择菜单栏“Tools”（工具）中“Create”（创建）下的“Unidirectional Association”选项，此时的光标变为“↑”符号。

Step 02 单击要关联的类，

Step 03 将关联关系线拖动到要与之关联的类中。

Step 04 用鼠标双击关联关系线，弹出设置关联关系规范的对话框，如图 6-43 所示。

Step 05 在弹出的对话框中，可以设置关联关系的名称、构造型、角色、可访问性、多重性、导航性和文档等。

如图 6-44 所示，就是创建好的单向关联关系。从图中的单向关联关系可以看出，在 Teacher

类中包含了 Student 类的声明。

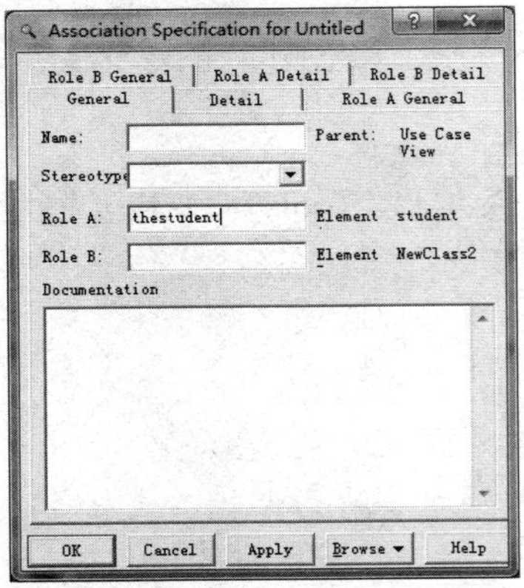

图 6-43　关联关系的规范设置

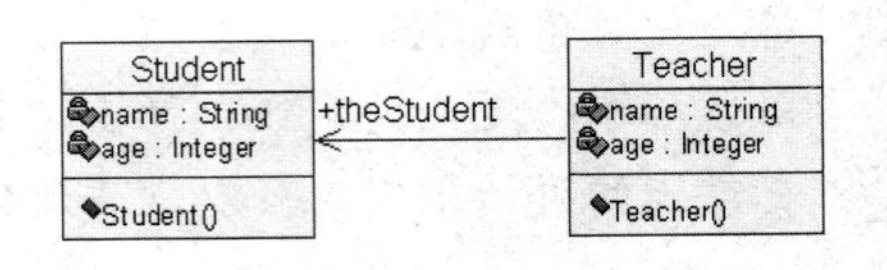

图 6-44　单向关联的示例

根据该关联关系，可以生成的代码如程序 6.1 所示，在 Teacher.java 文件中，存在“public Student theStudent;”，即为 Teacher 类对 Student 类的声明。

程序 6.1　单向关联代码的示例

```
//Source file: E:\\Student.java
public class Student {
  private String name;
  private Integer age;
  /**
   * @roseuid 47C8CF4002BF
   */
  public Student() {}
}
//Source file: E:\\Teacher.java
public class Teacher {
  private String name;
  private Integer age;
  public Student theStudent;
  /**
   * @roseuid 47C935C30177
   */
  public Teacher() {}
}
```

从示例中可以看出，关联关系实际上是在相关联的类中放入另外一个类的实例。

通过关联关系同样可以创建类的自身关联关系。如图 6-45 所示，是 Person 类对自身的关联关系。从图中的自身关联关系可以看出，在 Person 类中，包含了 Person 类的声明。

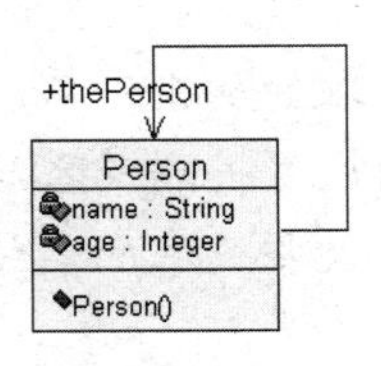

图 6-45　自身关联关系的示例

根据自身关联关系生成的代码如程序 6.2 所示，在 Person.java 文件中，存在“public Person thePerson;”，即为 Person 类对自身类的声明。

程序 6.2　自身关联关系代码的示例

```
//Source file: E:\\Person.java
public class Person {
   private String name;
   private Integer age;
   public Person thePerson;
   /**
    * @roseuid 47C949A902BF
    */
   public Person() {}
}
```

聚合（Aggregation）关系和组合（Composition）关系也是关联关系的一种，可以通过扩展类图的图形编辑工具栏的聚合关系图标来创建聚合关系，也可以在普通类的规范窗口中设置聚合关系和组合关系。具体的步骤如下：

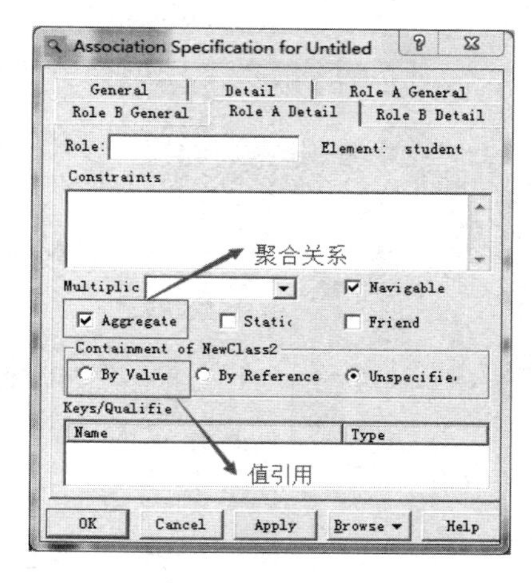

图 6-46　设置聚合关系

Step 01　在关联关系的规范对话框中，选择“Role A Detail”或“Role B Detail”选项卡，如图 6-46 所示。

Step 02　选中“Aggregate”选项，如果设置组合（Composition）关系，需要选中“By Value”选项。

Step 03　单击“OK”按钮即可。

4．创建和删除实现关系

创建和删除实现关系与创建和删除依赖关系等很相似，实现关系的图标是，使用该图标将实现关系的两端连接起来，用鼠标双击实现关系的线段来设置实现关系的规范，如图 6-47 所示。在对话框中，可以设置实现关系的名称、构造型文档等。

如图 6-48 所示，是 Person 类对 IStore 类的实现关系。从图中的实现关系可以看出，在 Person 类中实现了 IStore 类的接口。

图 6-47　实现关系规范

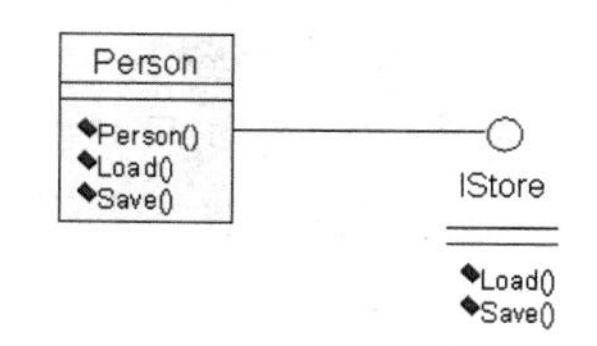

图 6-48　实现关系的示例

根据该实现关系生成的代码程序 6.3 如下所示。在 Person.java 文件中，存在“public class Person implements IStore”，即为 Person 类对 IStore 接口的实现。

程序 6.3　实现关系代码的示例

```
//Source file: E:\\Person.java
public class Person implements IStore {
   /**
    * @roseuid 47CA03CF0026
    */
   public Person() {}
   /**
    * @roseuid 47CA03CF0055
    */
   public void Load() {}
   /**
    * @roseuid 47CA03CF0084
    */
   public void Save()  {}
}
//Source file: E:\\IStore.java
public interface IStore {
   /**
    * @roseuid 47CA036D00A3
    */
   public void Load();
   /**
    * @roseuid 47CA037F00E2
    */
   public void Save();
}
```

6.4　使用 Rose 创建类图示例

根据相关的用例或场景抽象出合适的类，是使用 UML 进行静态建模所要达到的目标。使用 UML 的最终目标是识别出系统所有的类，并分析这些类之间的关系。类的识别贯穿于整个建模过程，如分析阶段主要识别问题域相关的类，在设计阶段需要加入一些反映设计思想、方法的类以及实现问题域所需要的类，在编码实现阶段，因为语言的特点，可能需要加入一些其他的类。

使用如下步骤创建类图：

- 根据问题域确定系统的需求，确定类和关联。
- 明确类的含义和职责，并确定属性和操作。

这个步骤只是创建类图的一个常用步骤，可以根据识别类方法的不同而有所变化。比如在确定类的关联过程中，最初只是描述是一个整体的关联，在确定属性和操作后还要重新确定关联，这个时候确定关联就比较细化了。在进行迭代开发中，确定类和关联都需要一个逐步的迭代过程。

以下将以一个学生信息管理系统中选课子系统的用例为例，介绍如何创建系统的类图，如

图 6-49 所示。

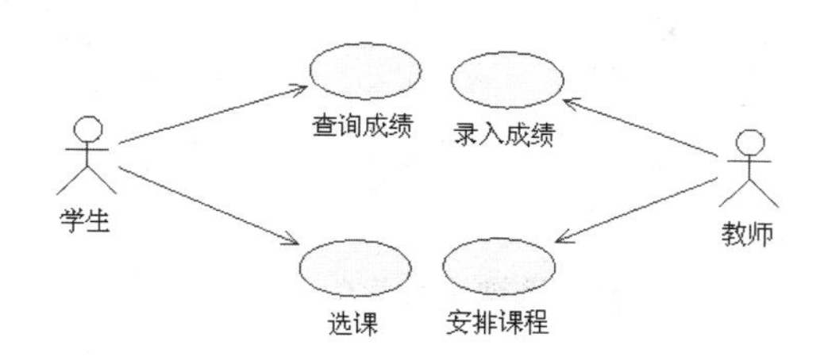

图 6-49　选课子系统的用例示例

6.4.1　确定类和关联

进行系统建模的一项重要挑战是怎么样决定需要哪些类来构建系统。类的识别是一个需要大量技巧的工作，一些寻找类的技巧包括：名词识别法；根据用例描述来确定类；使用 CRC 分析法；根据边界类、控制类、实体类的划分来帮助分析系统中的类；参考设计模式来确定类；对问题域进行分析或利用已有的分析结果得到类；利用 Rational 统一过程（RUP）中的分析和设计寻找类等等。通过这些方法可有效地识别出系统的类。下面简要介绍一下名词识别法和根据用例描述来确定类。

名词识别法是通过识别系统问题域中的实体来识别对象和类。对系统进行描述，描述问题域中的概念和命名，从系统描述中标识名词及名词短语，其中的名词往往可以标识为对象，复数名词往往可以标识为类。

从用例中也可以识别出类。用例图实质上是一种系统描述的形式，自然可以根据用例描述来识别类。针对各个用例，可以根据如下的问题来辅助识别出类：

- 用例描述中出现了哪些实体？
- 用例的完成需要哪些实体合作？
- 用例执行过程中会产生并存储哪些信息？
- 用例要求与之关联的每个角色的输入是什么？
- 用例反馈与之关联的每个角色的输出是什么？
- 用例需要操作哪些硬设备？

在面向对象的应用中，类之间传递的信息或数据要么可以映射到发送方的某些属性，要么该信息或数据本身就是一个对象。综合不同的用例识别结果，就可以得到整个系统的类，在这些类的基础上，又可以分析用例的动态特性来对用例动态行为进行建模。

在选课子系统的简单用例中，可以很容易地识别出“教师”类和“学生”类。教师可以安排课程和录入成绩，而学生可以选课和查询成绩，因而“成绩”和“课程”也是类。确定简单的关联关系，就可以创建出如图 6-50 所示的简单类图。

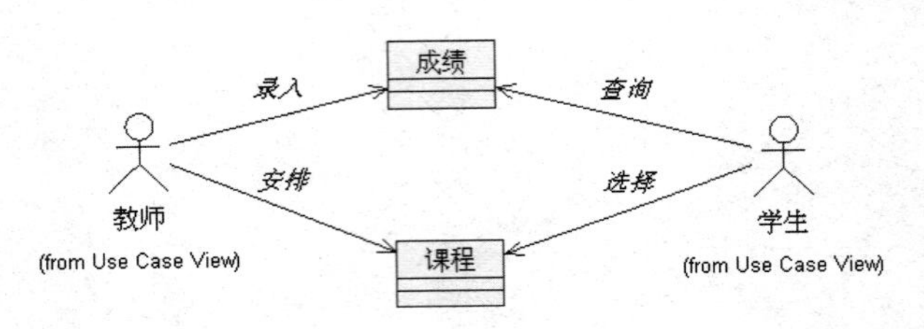

图 6-50　选课系统简单类图的示例

6.4.2　确定属性和操作

现在已经创建好了相关的类和初步的关联，然后就可以开始添加属性和操作，以便提供数据存储和需要的功能。这个时候，类的属性和操作的添加依赖于前期制定的数据字典，比如，将学生定义为当前在本校且有资格选修相关课程的人。在本校中的学生应该存在姓名、学号、年龄等基本属性。可以根据数据字典及其执行的操作来确定该类的属性和操作。如图 6-51 所示，是确定出来的一些类的属性和操作，为方便表示，使用英文标识。

可以看出，在成绩类中应该存在课程的名称，成绩类对课程类存在依赖关系，因而可以将成绩类和课程类使用依赖关系线连接起来，如图 6-51 所示。

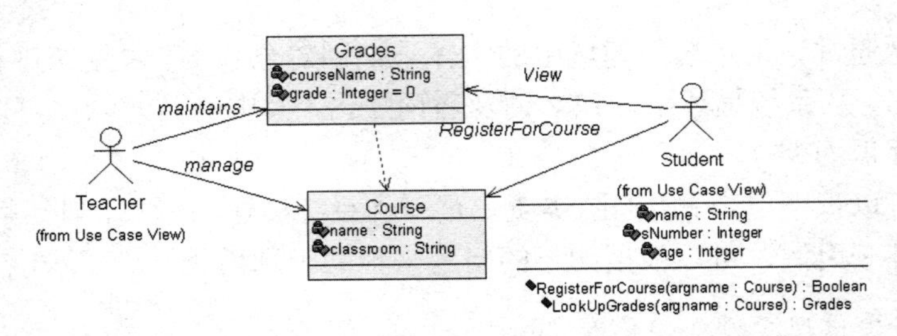

图 6-51　添加一些类的属性和操作的选课子系统的示例

为软件系统开发合适的抽象模型，可能是软件工程中最困难的部分，一方面由于观察者视角的不同，几乎总是会构建出彼此不同的模型；另一方面，对于将来的复杂情况，永远不存在“最好”或“正确”的模型，只存在对于要解决的问题“较好”或“较差”的模型。同一种情况可以有多种功效相同的建模方式，创建一个合适的抽象模型往往依赖系统设计者的经验。

6.5　对象图

在前文已经介绍了对象图的一些基本概念，以下将介绍对象图的基本组成元素——对象（Object）和链（Link），以及如何创建对象图。

6.5.1　对象图的组成

对象图（Object Diagram）是由对象（Object）和链（Link）组成的。对象图的目的在于描述系统中参与交互的各个对象在某一时刻是如何运行的。

1．对象（Object）

对象是类的实例，创建一个对象通常可以分两种情况来观察：第一种情况是将对象作为一个实体，它在某个时刻有明确的值；另一种情况是作为一个身份持有者，不同时刻有不同的值。一个对象在系统的某一个时刻应当有其自身的状态，通常这个状态使用属性的赋值，或在分布式系统中的位置来描述对象并通过链和其他对象相联系。

对象可以通过声明的方式拥有唯一的引用句柄，句柄可标识对象和提供对对象的访问，代表了对象拥有唯一的身份。对象通过唯一的身份与其他对象相联系，彼此交换消息。对象不仅可以是一个类的直接实例，如果执行环境允许多重类元，则可以是多个类的直接实例。对象也拥有直属和继承操作，可以调用对象去执行任何直属类的完整描述中的任何操作。对象也可以作为变量和参数的值，变量和参数的类型被声明为与对象相同的类或该对象直属类的一个祖先类，它的存在可简化编程语言完整性的实施。

对象在某一时刻，其属性都是有相关赋值的，在对象的完整描述中，每一个属性都有一个属性槽，即每一个属性在它的直属类和每一个祖先类中都进行了声明。当对象的实例化和初始化完成后，每个槽中都有了一个值，它是所声明属性类型的一个实例。在系统运行中，槽中的值可以根据对象所需要满足的各种限制进行改变。如果对象是多个类的直接实例，则在对象的直属类中和对象的任何祖先类中声明的每一个属性在对象中都有一个属性槽。相同属性不可以多次出现，但如果两个直属类是同一祖先的子孙，则不论通过何种路径到达该属性，该祖先类的每个属性只有一个备份被继承。

在一些编程语言中支持动态类元，这时对象就可以在执行期间通过更改直属类的操作，来指明属性值改变它的直属类，并在这个过程中获得属性。如果编程语言同时允许多类元和动态类元，则在执行过程中可以获得和失去直属类，如 C++等。

由于对象是类的实例，对象的表示符号使用与类相同的符号作为描述符，但对象使用带有下划线的实例名将它自己作为实体区分开来。顶部显示对象名和类名，并以下划线标识出来，使用的语法是“对象名：类名”，底部包含属性名和值的列表。在 Rational Rose 2007 中，不显示属性名和值的列表，但可以只显示对象名称，不显示类名，并且对象的符号图形与类图中的符号图形类似，如图 6-52 所示。

对象也有其他一些特殊的形式，如多对象和主动对象等。多对象表示多个对象的类元角色。多对象通常位于关联关系的“多”端，表明操作或信号是应用在一个对象集而不是单个对象上的，多对象的图形表示形式如图 6-53 所示。主动对象是拥有一个进程（或线程）并能启动控制活动的一种对象，它是主动类的实例。

图 6-52　对象的各种表示形式

图 6-53　多对象的示例

2. 链（Link）

链是两个或多个对象之间的独立连接，它是对象引用元组（有序表），是关联的实例。对象必须是关联中相应位置类的直接或间接实例。一个关联不能有来自同一关联的迭代连接，即不能有两个相同的对象引用元组。

链可以用于导航，连接一端的对象可以得到另一端的对象，也就可以发送消息（称通过联系发送消息）。如果连接对目标方向有导航性，这一过程就是有效的。如果连接是不可导航的，访问可能有效也可能无效，但消息发送通常是无效的，相反方向的导航另外定义。

在 UML 中，链的表示形式为一个或多个相连的直线或弧线。在有自身相关联的类中，链是两端指向同一对象的回路。如图 6-54 所示，是链的普通关联和自身关联的表示形式。

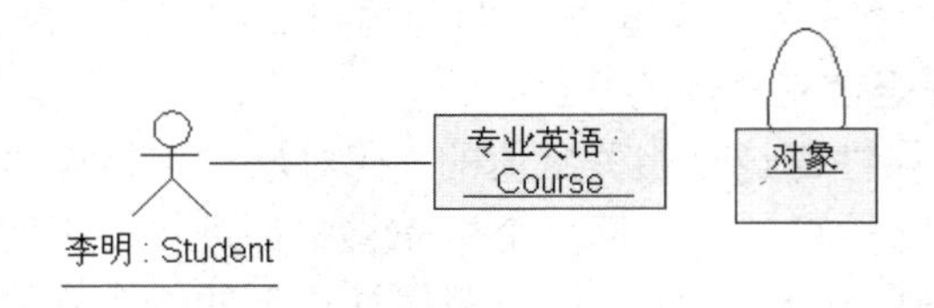

图 6-54　链的表示示例

6.5.2　创建对象图

对象图无需提供单独的形式，类图中就包含了对象，所以只有对象而无类的类图就是一个"对象图"。对象图显示了对象的集合及其联系，代表了系统某时刻的状态。它是带有值的对象，而非描述符，当然，在许多情况下对象可以是原型。用协作图可显示一个可多次实例化的对象及其联系的总体模型，协作图含对象和链的描述符。如果协作图实例化，就产生了对象图。

在 Rational Rose 2007 中不直接支持对象图的创建，不过可以利用协作图来创建。

在协作图中添加对象的步骤如下：

Step 01 在协作图的图形编辑工具栏中，选择▣按钮，此时光标变为"+"号。

Step 02 在类图中通过鼠标单击来选择任意一个位置，系统在该位置创建一个新的对象。

Step 03 双击该对象的图标，弹出对象的规范设置窗口，如图 6-55 所示。

Step 04 在对象的规范设置窗口中，可以设置对象的名称、类的名称、持久性和是否为多对象等。

Step 05 单击"OK"按钮即可。

图 6-55　对象的规范设置示例

在协作图中添加对象与对象之间的链的步骤如下：

Step 01 选择工具栏中协作图图形编辑工具栏中的／图标，或者选择菜单栏"Tools"（工具）中"Create"（创建）下的"Object Link"选项，此时的光标变为"↑"符号。

Step 02 单击需要链接的对象。

Step 03　将链的线段拖动到要与之链接的对象中。

Step 04　双击链的线段，弹出设置链规范的对话框，如图 6-56 所示。

Step 05　在弹出的对话框中，在“General”选项卡中设置链的名称、关联、角色以及可见性等。

Step 06　如果要在对象的两端添加消息，可以在“Messages”选项卡中进行设置，如图 6-57 所示。在框中可以根据链两端对象的名称插入消息，对象的消息指的是该对象所执行的操作，并设置相应的编号和接受者。

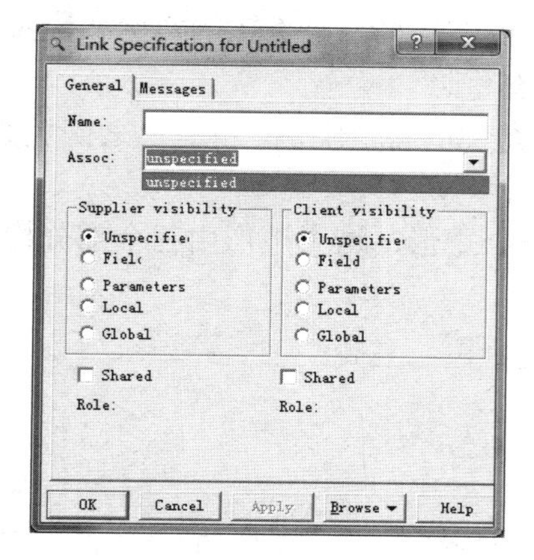

图 6-56　链的通用设置

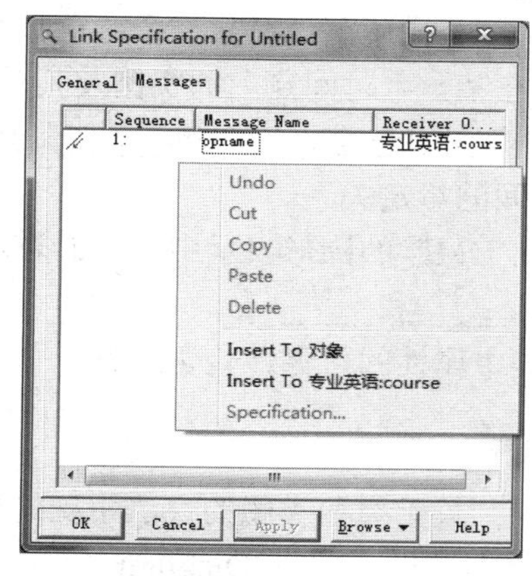

图 6-57　添加消息示例

如图 6-58 所示，是一个带有“选择课程：RegisterForCourse”消息的对象图。

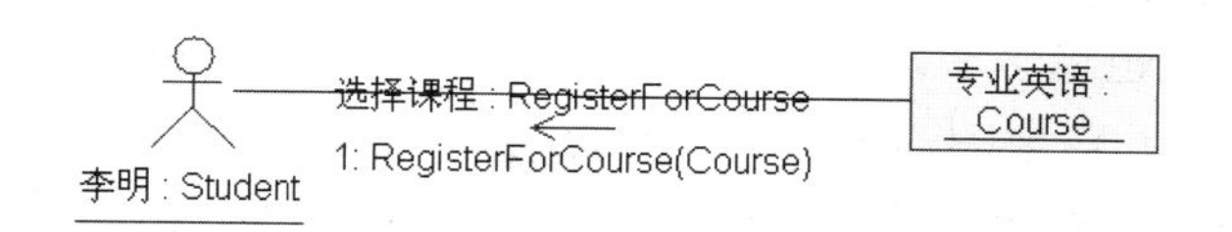

图 6-58　带有消息的对象图示例

6.6　本章小结

在本章中，首先介绍了 UML 中的类图和对象图的基本概念以及它们的作用。接着介绍了类图的组成元素和如何创建这些模型元素。类图中的模型元素包括类、接口以及它们之间的各种关系。在对关系的介绍中，着重介绍了关联关系、依赖关系、泛化关系和实现关系这 4 种关系。最后，通过一个简单的用例讲解了如何创建类图和对象图。

希望读者在学完本章后，根据类图和对象图的基本概念，能够创建各种类、类的属性以及它们之间的联系，描绘出系统的静态结构。

习题六

1. 填空题

（1）在类图中，具体来讲它一共包含了以下几种模型元素，分别是：_____、______、依赖关系、______关系、关联关系以及______关系。

（2）______描述系统在某一个特定时间点上的静态结构，是类图的实例和快照，即类图中的各个类在某一个时间点上的实例及其关系的静态写照。

（3）对象图中包含______和______。其中对象是类的特定实例，链是类之间关系的实例，表示对象之间的特定关系。

（4）在 UML 的图形表示中，类的表示法是一个矩形，这个矩形由三个部分构成，分别是：_____、_____和______。

（5）类中属性的可见性包含三种，分别是_____、_____和______。

2. 选择题

（1）下列关于类和类图的说法正确的是_____。

（A）类图（Class Diagram）是由类、构件等模型元素以及它们之间的关系构成的

（B）类图的目的在于描述系统的运行方式，而不是系统如何构成的

（C）一个类图通过系统中的类以及各个类之间的关系来描述系统的静态方面

（D）类图与数据模型有许多相似之处，区别就是数据模型不仅描述了系统内部信息的结构，也包含了系统的内部行为，系统通过自身行为与外部事物进行交互

（2）下列关于对象和对象图的说法正确的是_____。

（A）对象图描述系统在某一个特定时间点上的动态结构

（B）对象图是类图的实例和快照，即类图中的各个类在某一个时间点上的实例及其关系的静态写照

（C）对象图中包含对象和类

（D）对象是类的特定实例，链是类的属性的实例，表示对象的特定属性

（3）类之间的关系不包括______。

（A）依赖关系　　　　（B）泛化关系

（C）实现关系　　　　（D）分解关系

（4）下列关于接口的关系，说法不正确的是_____。

（A）接口是一种特殊的类

（B）所有接口都是有构造型<<interface>>的类

（C）一个类可以通过实现接口从而支持接口所指定的行为

（D）在程序运行的时候，其他对象不仅需要依赖于此接口，还需要知道该类对接口实现的其他信息

3. 简答题

（1）什么是类图？什么是对象图？试述两种图的作用。
（2）类图有哪些组成部分？
（3）类之间的关系有哪些？试着描述这些关系。
（4）对象图中包含哪些元素？它们都有什么作用？

4. 练习题

（1）以“远程网络教学系统”为例，在该系统中，系统的参与者为学生、教师和系统管理员。学生包括登录名称、登录密码、学生编号、性别、年龄、班级、年级、邮箱等属性。教师包含自己的登录名称、登录密码、姓名、性别、教授课程、电话号码和邮箱等属性。系统管理员包含系统管理员用户名、系统管理员密码、邮箱等属性。根据这些信息，创建系统的类图。

（2）在上题中，把参与者学生、教师和系统管理员进行抽象得到一个单独的人员类，学生、教师和系统管理员分别是人员类的继承。根据这些信息，重新创建类图。

第 7 章

序列图

系统动态模型中的一种就是交互视图，它描述了执行系统功能的各个角色之间相互传递消息的顺序关系。本章将要讲述的序列图和下一章要讲述的协作图是交互视图的两种形式，它们各自有自己的特点。本章将对序列图的基本概念以及它们的使用方法逐一进行详细介绍。希望读者通过本章的学习，能够熟练使用序列图来描述系统中对象的交互。

7.1 序列图的基本概念

序列图是对象之间传送消息的时间顺序的可视化表示。序列图从一定程度上更加详细地描述了用例的需求，将其转化为更正式的精细表达，这也是序列图的主要用途之一。序列图的目的在于描述系统中各个对象按照时间顺序的交互过程。

7.1.1 序列图的定义

所谓交互（Interaction）是指在具体语境中为实现某个目标的一组对象之间进行一组消息交换的行为。一个结构良好的交互过程类似于算法，简单、易于理解和修改。UML 提供的交互机制通常会对两种情况进行建模，分别是为系统的动态行为进行建模和为系统的控制过程进行建模。面向系统的动态行为进行建模时，针对系统为实现自身的某个功能而展开的一组动态行为进行描述，其中包含描述一组彼此关联、相互作用的对象间的动作序列和配合关系，以及这些对象间传递和接收的消息。面向控制流进行建模时，可以针对一个用例、一个业务或系统操作过程，也可以针对整个系统，描述这类控制问题的着眼点是消息在系统内如何按照时间顺序发送、接收和处理。

序列图（Sequence Diagram）和下一章要讲述的协作图（Collaboration Diagram）都是交互图，并彼此等价。序列图用于表现一个交互过程，该交互过程是一个协作中的各种类元角色间的一组消息交换，侧重于强调时间顺序。

在 UML 的表示中，序列图将交互关系表示为一个二维图。其中，纵向是时间轴，时间沿纵轴向下延伸。横向代表了在协作中各独立对象的角色，角色使用生命线进行表示，当对象存在时，生命线用一条虚线来表示，此时对象不处于激活状态，当对象的过程处于激活状态时，生命线是一个双道线。序列图中的消息用从一个对象的生命线到另一个对象生命线的箭头表示。箭头以时间顺序在图中从上到下排列。

如图 7-1 所示，这是一个学生查看自身信息的序列图。在这个序列图中，涉及 3 个对象之间的交互，分别是 Student（李明）、WebInterface（登录页面）和 DataManager（数据管理）。“Student”（李明）首先通过 WebInterface（登录页面）进行登录，WebInterface（登录页面）需要通过 DataManager（数据管理）获得用户“Student”（李明）的验证信息。成功验证之后，“Student”（李明）通过 WebInterface（登录页面）向 DataManager（数据管理）获取自己的信息并显示在自己的客户端。

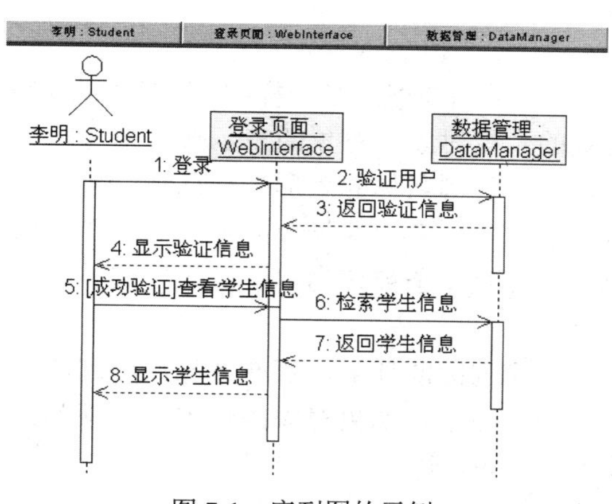

图 7-1　序列图的示例

序列图中包含了 4 个基本的模型元素，分别是对象（Object）、生命线（Lifeline）、激活（Activation）和消息（Message）。

7.1.2　序列图的作用

序列图是用于描述在给定场景中消息是如何在对象间传递的一种图形化方式，在使用它进行建模时，可以将它的用途分为以下三个方面：

（1）确认和丰富使用场景的一种逻辑表达方式。系统使用场景的描述就是有关系统潜在的使用方式，一个使用场景的逻辑可能是一个用例的一部分，或是一条控制流。

（2）细化用例的表达方式。如前文所述，序列图的主要用途之一，就是把用例表达的需求转化为更正式的精细表达。

（3）有效地描述如何分配各个类的职责以及各个类具有相应职责的原因。可以根据对象之间的交互关系来定义类的职责，各个类之间的交互关系构成一个特定的用例。例如，“Customer 对象向 Address 对象请求其街道名称”指出了 Customer 对象应该具有“知道其街道名”这个职责。

一般认为，序列图只对开发者有意义。然而，一个组织的业务人员会发现，序列图描述了不同的业务对象是如何交互的，对于沟通当前业务如何进行是很有用的。除了记录组织的当前事件之外，业务级的序列图甚至可以被当作需求文件来使用，为实现一个未来系统提供有效的需求信息。

7.2　序列图的组成

序列图（Sequence Diagram）是由对象（Object）、生命线（Lifeline）、激活（Activation）和消息（Message）等构成的。序列图的目的就是按照交互发生的一系列顺序，表述对象之间的这些交互过程。

7.2.1　对象（Object）

序列图中的对象和对象图中的对象概念是一样的，都是类的实例。序列图中的对象可以是系统的参与者或者任何有效的系统对象。对象的表示形式也和对象图中的对象表示形式一样，使用包围名称的矩形框来标记，所显示的对象及其类的名称带有下划线，二者用冒号分隔开，使用“对象名：类名”的形式，对象的下部有一条被称为“生命线”的垂直虚线，如图 7-2 所示。

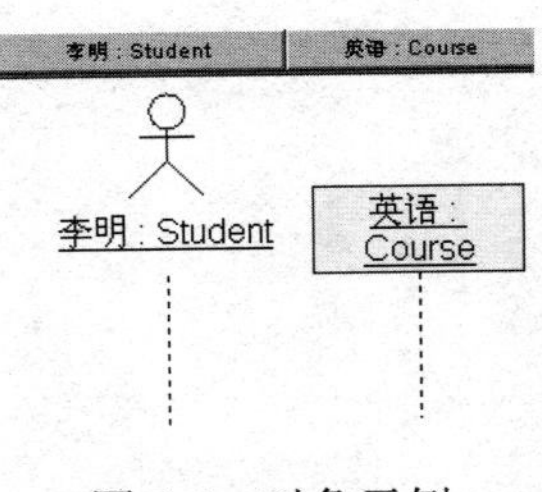

图 7-2　对象示例

如果对象的开始位置置于序列图的顶部，那就意味着序列图在开始交互的时候该对象就已经存在了，如果对象的位置不在顶部，那么表明对象在交互的过程中将被创建。

在序列图中，可以通过以下几种方式使用对象：

- 使用对象生命线来建立类与对象行为的模型，这也正是序列图的主要目的。
- 不指定对象的类，先用对象创建序列图，随后再指定它们所属的类。这样可以描述系统的一个使用场景。
- 区分同一个类的不同对象之间如何交互时，则首先应给出对象命名，然后描述同一类对象的交互。也就是说，同一个序列图中的几条生命线可以表示同一个类的不同对象，两个对象之间的区分是根据对象名称进行区分的。
- 表示类的生命线可以与表示该类对象的生命线平行存在。可以将表示类的生命线对象名称设置为类的名称。

通常将一个交互的发起对象称为主角，对于大多数业务应用软件来讲，主角通常是一个人或一个组织。主角实例通常由序列图中的第一条（最左侧）生命线来表示，也就是把它们放在模型的“可以看见的开始之处”。如果在同一序列图中有多个主角实例，就应尽量使它们位于最左侧或最右侧的生命线。同样，那些与主角交互的角色被称为系统响应角色，通常放在图的右边。在许多的业务应用软件中，这些系统响应角色经常被称为“Backend Entities”（后台实体），也就是那些通过访问技术提供交互服务的系统，例如消息队列、Web 服务等。

7.2.2 生命线（Lifeline）

生命线（Lifeline）是一条垂直的虚线，用来表示序列图中的对象在一段时间内的存在。在序列图中，每个对象的底部中心的位置都带有生命线。生命线是一条时间线，在序列图中自上而下，所用时间取决于交互持续的时间，也就是说生命线表现了对象存在的时段。

对象与生命线结合在一起称为对象生命线。对象存在的时段包括对象拥有控制线程时或被动对象在控制线程通过时。当对象拥有控制线程时，对象被激活，作为线程的根。被动对象在控制线程通过时，也就是被动对象被外部调用时，通常称为对象的活动，它存在的时间包括过程调用下层过程的时间。

对象生命线包含矩形的对象图和对象图下面的生命线，如图 7-3 所示。

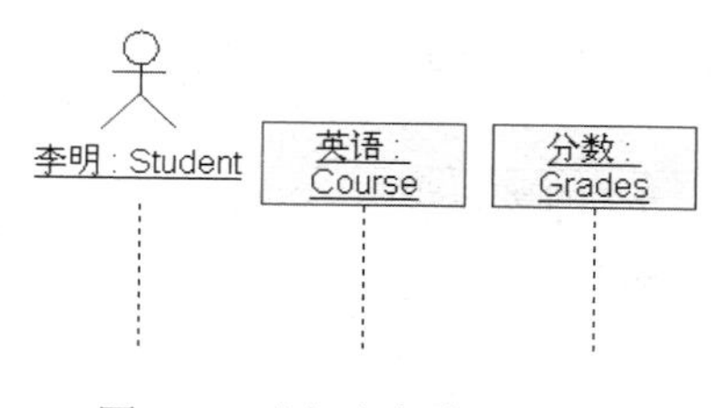

图 7-3 对象生命线的示例

生命线之间的箭头代表对象之间的消息传递，被箭头指向的对象表示该对象接收消息，通常由一个操作来完成，箭尾对应的对象表示该对象发送消息，由一个操作激活。生命线之间箭头排列的顺序，代表了消息的时间顺序。

7.2.3 激活（Activation）

序列图可以描述对象的激活（Activation），激活是对象操作（或方法）的执行，它表示一个对象直接地完成操作的过程，或通过从属操作完成操作的过程。它用于对执行的持续时间和与其调用者之间的控制关系进行建模。激活就是执行某个操作的实例，它包括这个操作调用其他从属操作的过程。

在序列图中，激活使用一个细长的矩形框来表示，它的顶端与激活时间对齐，而底端与完成时间对齐。被执行的操作根据不同风格表示成一个附在激活符号旁或左边空白处的数字标号。消息的符号也可表示被执行的操作，在这种情况下，激活上的数字标号就可以省略。如果控制流是过程性的，那么激活符号的顶部位于激发该活动的消息箭头指向的位置，而符号的底部位于返回消息箭头的尾部。

如图 7-4 所示，图中包含一个递归调用和其他两个操作。

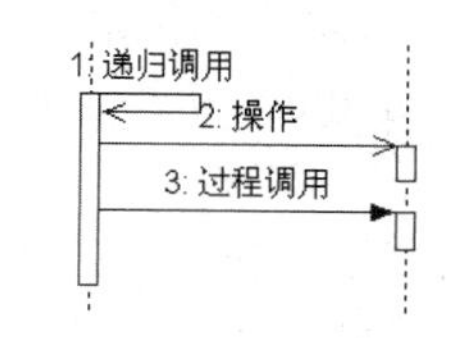

图 7-4 激活的示例

7.2.4 消息（Message）

消息（Message）是从一个对象（发送者）向另一个或其他几个对象（接收者）发送信号，或由一个对象（发送者或调用者）调用另一个对象（接收者）的操作。它可以有不同的实现方式，比如过程调用、活动线程间的内部通信、事件的发生等。

从消息的定义可以看出，消息由三部分组成，分别是发送者、接收者和活动。所谓发送者是发出消息的类元角色。接收者是接收到消息的类元角色，接收消息的一方也被认为是事件的实例。接收者有两种不同的调用处理方式可以选用，通常由接收者的模型所决定。一种方式是操作作为方法实现，当信号到来时它将被激活。过程执行完后，调用者收回控制权，并可以收回返回值。另一种方式是主动对象，操作调用可能导致调用事件，它触发一个状态机转换。活动为调用、信号、发送者的局部操作或原始活动，如创建或销毁等。

在序列图中，消息的表示形式为从一个对象（发送者）的生命线指向另一个对象（目标）生命线的箭头。在 Rational Rose 2007 序列图的图形编辑工具栏中，消息有下列几种形式见表 7-1 所示。

表 7-1　序列图中消息符号表示

符号	名称	含义
→	Object Message	两个对象之间的普通消息，消息在单个控制线程中运行
⇄	Message to Self	对象的自身消息
⇢	Return Message	返回消息
→	Procedure Call	两个对象之间的过程调用
⇀	Asynchronous Message	两个对象之间的异步消息，也就是说客户发出消息后不管消息是否被接收，继续别的事务处理

如图 7-5 所示，在序列图中，显示了五种消息的图形表示形式。

除此之外，我们还可以利用消息的规范设置消息其他类型，比如同步（Synchronous）消息、阻止（Balking）消息和超时（Timeout）消息等。同步消息表示发送者发出消息后等待接收者响应这个消息。阻止（Balking）消息表示发送者发出消息给接收者，如果接收者无法立即接收消息，则发送者放弃这个消息。超时（Timeout）消息表示发送者发出消息给接收者，如果接收者超过一定时间未响应，则发送者放弃这个消息。

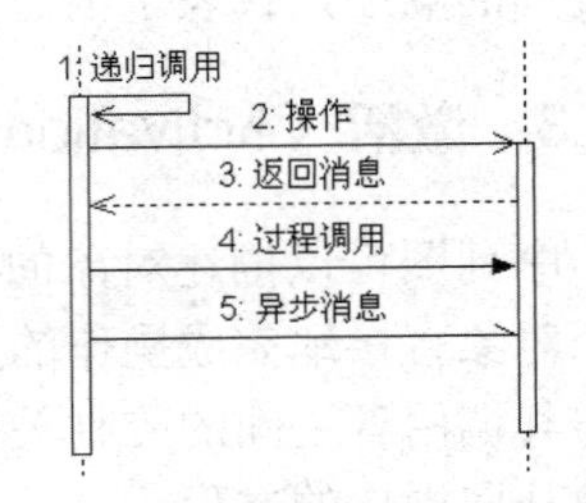

图 7-5　消息的几种图形表示示例

在 Rational Rose 2007 还可以设置消息的频率。消息的频率可以让消息按规定时间间隔发送，例如每 10 秒发送一次消息。主要包括两种设置：定期（Periodic）和不定期（Aperiodic）。定期消息按照固定的时间间隔发送。不定期消息，只发送一次，或者在不规则时间发送。

消息按时间顺序从顶到底垂直排列。如果多条消息并行，它们之间的顺序不重要。消息可以有序号，但因为顺序是用相对关系表示的，通常也可以省略序号。在 Rational Rose 2007 中，可以设置是否显示序号。设置是否显示序号的步骤为：在菜单栏中选择“Tools”（工具）下的“Options”（选项）选项，在弹出的对话框中选择“Diagram”（图）选项卡，如图 7-6 所示，选择或取消“Sequence Numbering”选项。

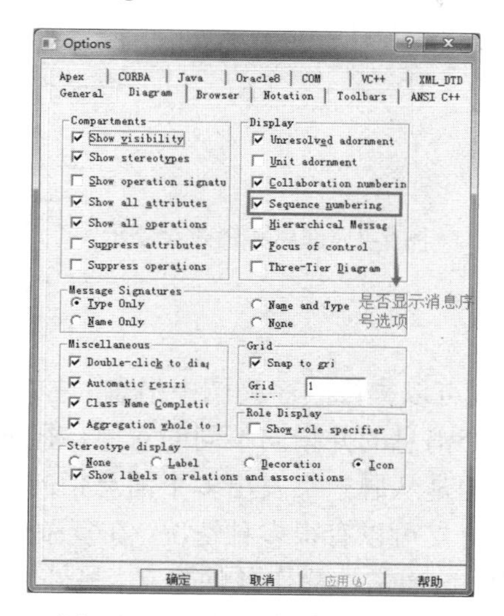

图 7-6　设置是否显示消息序号

7.3　序列图的高级概念

下面将介绍序列图的一些高级概念，这些概念在 Rational Rose 2007 中并不一定能够支持，但是标准的 UML 中，它们都是支持的。

7.3.1　创建对象与销毁对象

创建一个对象就是指发送者发送一个实例化消息后实例化一个对象的操作。在创建对象的消息操作中，可以有参数，用于新生对象实例的初始化。类属性的初始值表达式是通常由创建操作计算的，其结果用于属性的初始化。当然也可以隐式取代这些值，因此初始值表达式是可重载的默认项。创建操作后，新的对象遵循其类的约束，并可以接收消息。

销毁对象指的是将对象销毁并回收其拥有的资源，它通常是一个明确的动作，也可以是其他动作、约束或垃圾回收机制的结果。销毁一个对象将导致对象的所用组成部分将被销毁，但是不会销毁一般关联或者聚集关系连接的对象，尽管它们之间包含该对象的链接将被消除。

在序列图中，创建对象操作的执行使用消息的箭头表示，箭头指向被创建对象的框。对象创建之后就会具有生命线，就像序列图中的任何其他对象一样。对象符号下方是对象的生命线，它持续到对象被销毁或者序列图结束。

在序列图中，对象被销毁是使用在对象的生命线上画大“×”表示，在销毁新创建的对象，或者序列图中的任何其他对象时，都可以使用。它的位置是在导致对象被销毁的信息上，或者在对象自我终结的地方。

创建对象与销毁对象的示例如图 7-7 所示，在该例中创建了一个“对话框”对象并将其销毁。

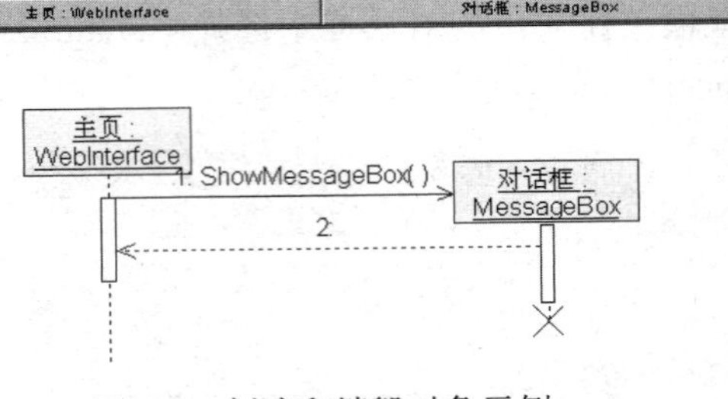

图 7-7　创建和销毁对象示例

7.3.2　分支与从属流

在 UML 中，存在两种方式可以来修改序列图中消息的控制流，分别是：分支和从属流。分支是指的是从同一点发出多个消息的并指向不同的对象，根据条件判断是否互斥，可以有条件和并行两种结构。从属流指的是从同一点发出多个消息指向同一个对象的不同生命线。

引起一个对象的消息产生分支可以有很多种情况，在复杂的业务处理过程中，要根据不同的条件进入不同的处理流程中，这通常被称作条件分支，另外一种情况是当执行到某一点的时候需要向两个或两个以上对象发送消息，消息是并行的，这时被称为并行分支。

由于序列图只表示某一个活动按照时间顺序的经历过程，因此在 Rational Rose 2007 中，对序列图的画法没有明显地支持，虽然说我们也可以通过添加脚本的方式来辅助画出序列图。对于出现不同分支的情况，如果有必要，可以针对每一个分支画出一个序列图。一般来说，在序列图中只要画出主要分支过程就足够了。

在 UML 2.5 中，可以使用两种方法来临时解决分支的问题，一种是在序列图中产生分支的地方插入一个引用的方式。对于每个分支，分别用一个单独的序列图来表示。这种方法要求分支后不再聚合，并且各分支间没有太多具体关联。另一种方法是对于非常复杂的业务来说，可以采用协作图和序列图相辅助的方法来表达完整的信息，另外还可以利用状态图和活动图，其中状态机中对分支有良好的表达。

从属流是从对象的由于不同的条件而根据执行了不同的生命线分支。如用户在保存或删除一个文件时，向文件系统发送一条消息，文件系统会根据保存或删除消息条件的不同执行不同的生命线。从属流在 Rational Rose 2007 中也不支持，可以通过并发表达方式，因为添加从属流以后会明显增加序列图的复杂度。

7.3.3　帧化序列图

从 UML 2.0 版本开始，对 UML 图形增加了一个补充，称作框架的符号元件。它被用于作为许多其他的图元件的一个基础，但是通常被人们用作图的图形化边界。当为图提供图形化边界时，一个框架元件为图的标签提供一致的位置。在 UML 图中，框架元件是可选择的，图的标签被放在左上角，使用一种卷角长方形表示，而且实际的 UML 图被封闭在较大的长方形内部定义，如图 7-8 所示。当使用一个框架元件封闭一个图时，图的标签需要按照以下的格式：图形类型 图名称。UML 规范给出图形类型提供了特定的文本值，比如，sd 代表序列图，activity 代表活动图，use case 代表用例图。

借助于框架的符号元件，我们可以将序列图进行帧化，如图 7-9 所示。将序列图进行帧化的目的是使用户能够在一张序列图中快速容易地复用另一张序列图的部分或全部内容。 因为在为一个用例的多个场景创建实例过程中，图和图之间的通常有相当一部分内容是重复的。通过帧化，先在一部分图的周围绘制一个帧，标识出帧的隔离区，然后只要把带有标记的帧插入到一个新图中就可以实现复用了。在 Rational Rose 2007 中不支持将序列图进行帧化。

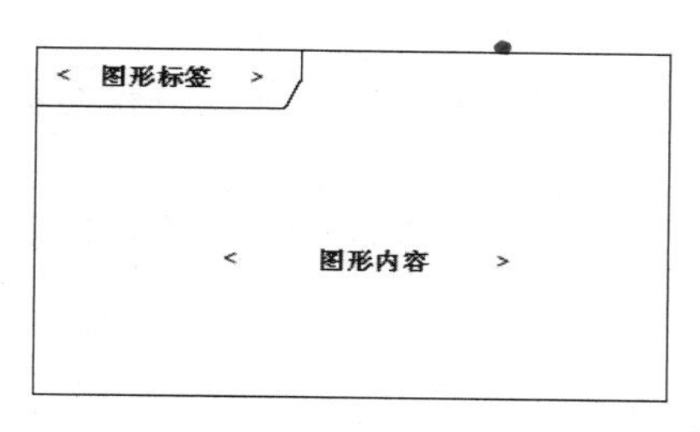

图 7-8　空的 UML 2.5 框架元件表示形式

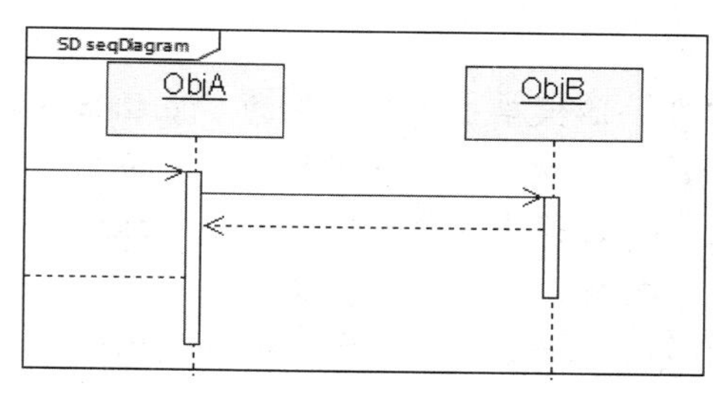

图 7-9　帧化序列图示例

7.4　使用 Rose 创建序列图

在把握序列图中各种概念的基础上，熟练使用 Rational Rose 2007 创建序列图以及序列图中的各种模型元素，是本章进行学习的目标。以下我们将介绍如何创建对象、生命线以及消息和对象的一些高级概念。

7.4.1　创建对象

在序列图的工具栏中，我们可以使用的工具按钮如表 7-2 所示，在该表中包含了所有 Rational Rose 2007 默认显示的 UML 模型元素。

表 7-2　序列图的图形编辑工具栏按钮

按钮图标	按钮名称	用途
	Selection Tool	光标返回箭头，选择工具
	Text Box	创建文本框
	Note	创建注释
	Anchor Note to Item	将注释连接到序列图中相关模型元素
	Object	序列图中对象
	Object Message	两个对象之间的普通消息，消息在单个控制线程中运行
	Message to Self	对象的自身消息
	Return Message	返回消息
	Destruction Marker	销毁对象标记

同样，序列图的图形编辑工具栏也可以进行定制，其方式和在类图中进行定制类图的图形编辑工具栏方式一样。将序列图的图形编辑工具栏完全添加后，将增加过程调用（Procedure

Call）和异步消息（Asynchronous Message）的图标。

1. 创建和删除序列图

创建一个新的类图，可以通过以下两种方式进行。

方式一：

Step 01 右键单击浏览器中的 Use Case View（用例视图）、Logical View（逻辑视图）或者位于这两种视图下的包。

Step 02 在弹出的菜单中，选中“New”（新建）下的“Sequence Diagram”（序列图）选项。

Step 03 输入新的序列名称。

Step 04 双击打开浏览器中的序列图。

方式二：

Step 01 在菜单栏中，选择“Browse”（浏览）下的“Interaction Diagram ...”（交互图）选项，或者在标准工具栏中选择按钮，弹出如图 7-10 所示的对话框。

Step 02 在左侧的关于包的列表框中，选择要创建的序列图的包的位置。

Step 03 在右侧的“Interaction Diagram”（交互图）列表框中，选择“<New>”（新建）选项。

Step 04 单击“OK”按钮，在弹出的对话框中输入新的交互图的名称，并选择“Diagram Type”（图的类型）为序列图。

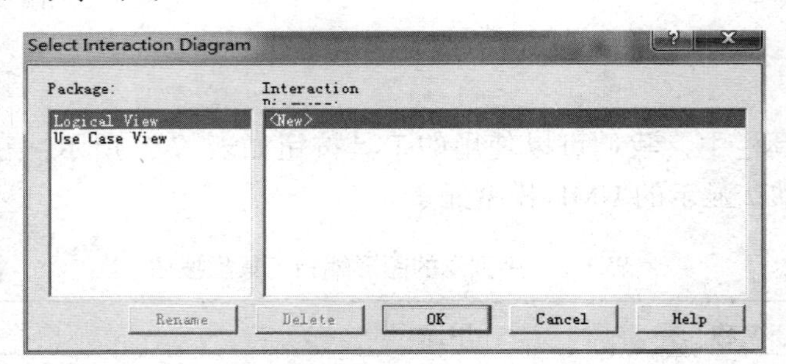

图 7-10　添加序列图

如果需要在模型中删除一个序列图，可以通过以下方式进行：

- 在浏览器中选中需要删除的序列图，右键单击。
- 在弹出的菜单栏中选择“Delete”选项即可。

2. 创建和删除序列图中对象

如果需要在类图中增加一个标准类，我们可以通过工具栏、浏览器或菜单栏 3 种方式进行添加。

通过图形编辑工具栏添加对象的步骤如下：

Step 01 在图形编辑工具栏中，选择按钮，此时光标变为“+”号。

Step 02 在序列图中单击选择任意一个位置，系统在该位置创建一个新的对象，如图 7-11 所示。

Step 03　在对象的名称栏中，输入对象的名称。这时对象的名称也会在对象上端的栏中显示。

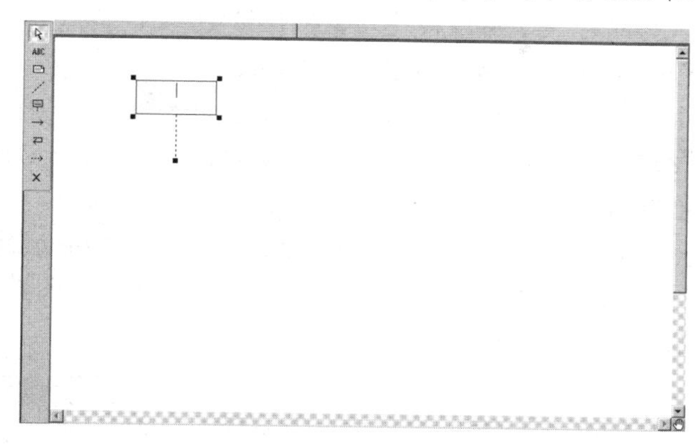

图 7-11　序列图中添加对象

使用菜单栏中添加对象的步骤如下：

Step 01　使用工具栏时，在菜单栏中，选择“Tools”（浏览）下的“Create”（创建）选项，在“Create”（创建）选项中选择“Object”（对象），此时光标变为“+”号。

Step 02　以下的步骤与使用工具栏添加对象的步骤类似，按照使用工具栏添加对象的步骤添加即可。

如果使用浏览器，只需要选择需要添加对象的类，拖动到编辑框中即可。

删除一个对象可以通过以下方式进行：

- 选中需要删除的对象，右键单击。
- 在弹出的菜单栏中选择“Edit”选项下的“Delete from Model”，或者按“Ctrl+D”快捷键即可。

3. 序列图中对象规范的设置

在序列图中的对象，可以通过设置增加对象的细节。例如设置对象名、对象的类、对象的持续性以及对象是否有多个实例等。

打开对象规范窗口的步骤如下：

Step 01　选中需要打开的对象，右键单击。

Step 02　在弹出的菜单选项中选择“Open Specification ...”（打开规范）选项，弹出如图 7-12 所示的对话框。

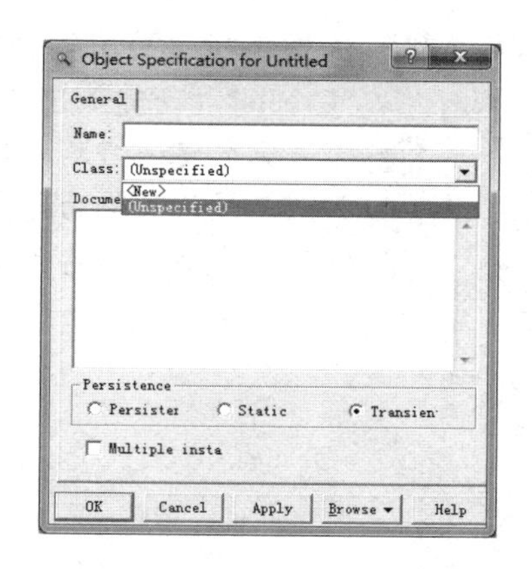

图 7-12　序列图中对象的设置

在对象规范窗口的“Name”（名称）栏中，可以设置对象的名称，规则和创建对象图的规则相同，在整个图中，对象具有唯一的名称。在“Class”（类）栏中，可以选择新建一个类或选择一个现有的类。新建一个类与在类图中创建一个类相似。选择完一个类后，对象便与类进行了映射。也就是说，此时的对象是该类的实例。

在“Persistence”（持续性）中可以设置对象的持续型，有三种选项，分别是：Persistent（持续）、Static（静态）和 Transient（临时）。Persistent（持续）表示对象能够保存到数据库或者其他的持续存储器中，如硬盘、光盘或软盘中。Static（静态）表示对象是静态的，保存在内存中，直到程序终止才会销毁，不会保存在外部持续存储器中。Transient（临时）表示对象是临时对象，只是短时间内保存在内存中。默认选项为 Transient。

如果对象实例是多对象实例，那么也可以通过选择“Multiple instances”（多个实例）来设置。多对象实例在序列图中没有明显地表示，但是将序列图与协作图进行转换的时候，在协作图中就会明显地表现出来。

7.4.2 创建生命线

在序列图中，生命线（Lifeline）是一条位于对象下端的垂直的虚线，表示对象在一段时间内的存在。当对象被创建后，生命线便存在。当对象被激活后，生命线的一部分虚线变成细长的矩形框。在 Rational Rose 2007 中，是否将虚线变成矩形框是可选的，我们可以通过菜单栏设置是否显示对象生命线被激活时的矩形框。

设置是否显示对象生命线被激活的矩形框步骤为：在菜单栏中选择“Tools”（工具）下的“Options”（选项）选项，在弹出的对话框中选择“Diagram”（图）选项卡，如图 7-13 所示，选择或取消“Focus of control”选项。

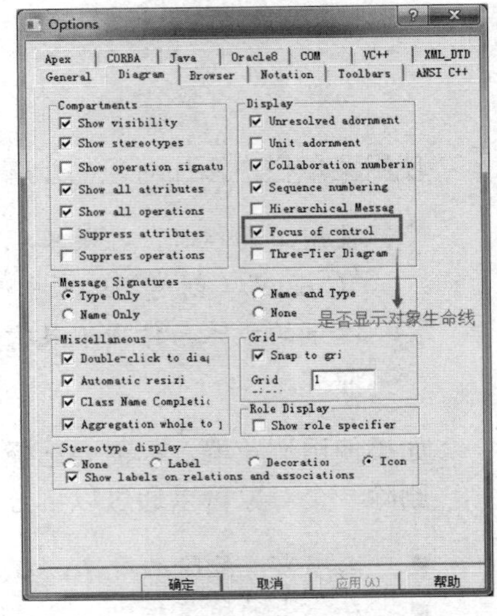

图 7-13　设置显示对象生命线

7.4.3 创建消息

在序列图中添加对象与对象之间的简单消息的步骤如下：

Step 01 选择序列图的图形编辑工具栏中的→图标，或者选择菜单栏“Tools”（工具）中“Create”（新建）下的“Object Message”选项，此时的光标变为“↑”符号。

Step 02 单击需要发送消息的对象。

Step 03 将消息的线段拖动到接收消息的对象中，如图 7-14 所示。

Step 04 在线段中输入消息的文本内容。

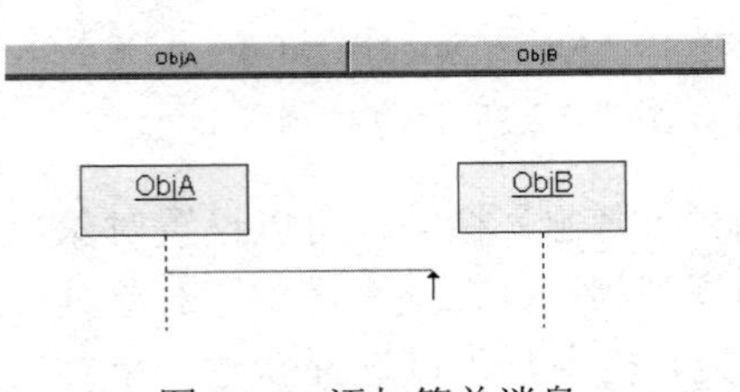

图 7-14　添加简单消息

Step 05 双击消息的线段，弹出设置消息规范的对话框，如图 7-15 所示。

Step 06 在弹出的对话框中，在“General”选项卡中可以设置消息的名称或等，如图 7-15 所示。消息的名称也可以是消息接收对象的一个执行操作，在名称的下列菜单中选择一个或从新创建一个即可，我们称之为消息的绑定操作。

Step 07 如果需要设置消息的同步信息，也就是说设置消息成为简单消息、同步消息、异步消息、返回消息、过程调用、阻止消息和超时消息等，可以在“Detail”选项卡中进行设置，如图 7-16 所示。在选项卡中，还可以设置以消息的频率。主要包括两种设置：定期（Periodic）和不定期（Aperiodic）。

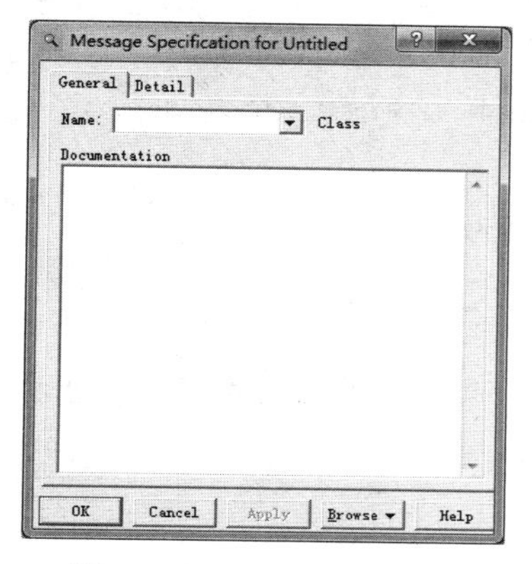

图 7-15　消息的通用设置

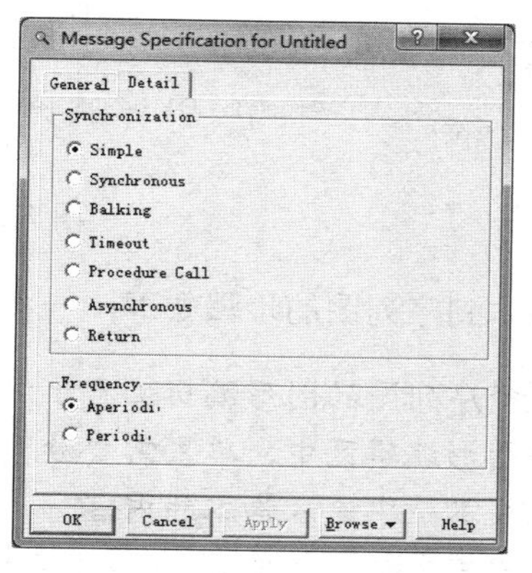

图 7-16　消息的详细设置

消息的显示有时候是具有层次结构的，例如在创建一个自身的消息，通常在这个时候都会有层次结构。在 Rational Rose 2007 中，我们可以设置是否在序列图中显示消息的层次结构。层次消息示例如图 7-17 所示。

设置是否显示消息的层次结构步骤为：在菜单栏中选择“Tools”（工具）下的“Options”（选项）选项，在弹出的对话框中选择“Diagram”（图）选项卡，如图 7-18 所示，选择或取消“Hierarchical Message”选项。

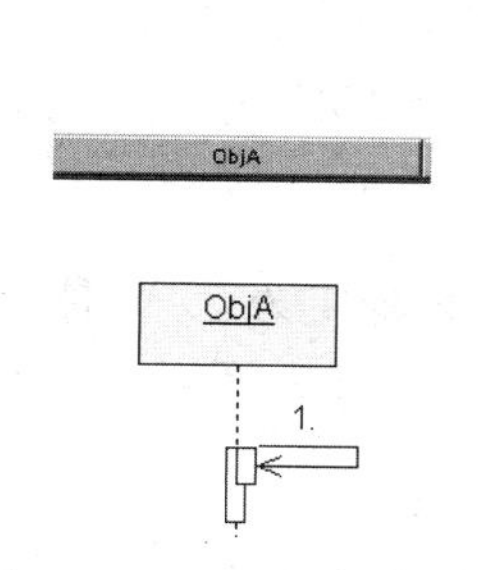

图 7-17　层次消息示例

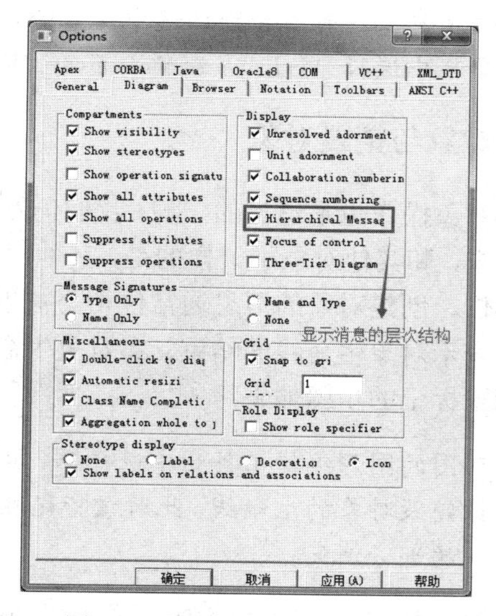

图 7-18　设置消息的层次结构

在序列图中，为了增强消息的表达内容，我们还可以增加一些脚本在消息中。例如，对消息“ValidateUser”，可以在脚本中添加解释含义：“Validate the ID to be sure the user exists in the database and the password is correct”，如图 7-19 所示。添加脚本后，如果移动消息的位置，脚本会随消息一同移动。

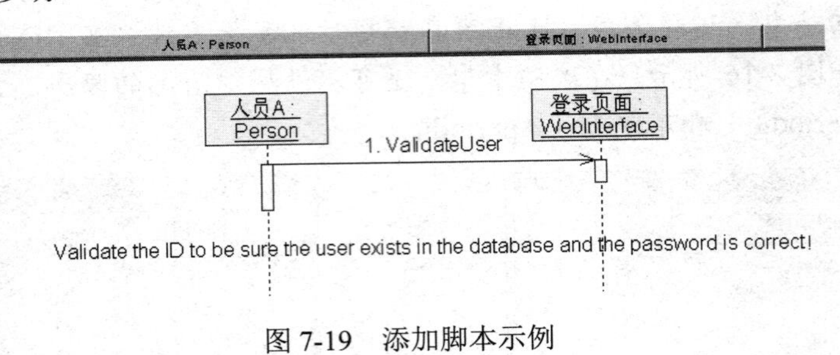

图 7-19　添加脚本示例

添加脚本到序列图的步骤如下：

Step 01 选择序列图的图形编辑工具栏中的 ABC 按钮，此时的光标变为“↑”符号。
Step 02 在图形编辑区中，单击需要放置脚本的位置。
Step 03 在文本框中输入脚本的内容。
Step 04 选中文本框，按住 Shift 键后选择消息。
Step 05 在菜单栏中选择“Edit”（编辑）下的“Attach Script”（绑定脚本）选项。

另外也可以在脚本中输入一些条件逻辑，比如，if...else...语句等。除此之外，还可以用脚本显示序列图中的循环和其他的伪代码等。

我们不可能指望这些脚本去生成代码，但是可以通过这些脚本能够让开发人员了解程序的执行流程。

如果要将脚本从消息中删除，可以通过以下步骤：

Step 01 选中该消息，这时也会默认选中消息绑定的脚本。
Step 02 在菜单栏中选择“Edit”（编辑）下的“Detach Script”（分离脚本）选项即可。

7.4.4　创建对象与销毁对象

由于创建对象操作也是消息的一种，我们仍然可以通过发送消息的方式创建对象。在序列图的图形表示中，和其他对象不一样的是，其他对象通常唯一图的顶部，被创建的对象通常位于图的中间部位。创建对象的消息通常位于与被创建对象的水平位置，如图 7-20 所示。

销毁对象表示对象生命线的结束，在对象生命线中使用一个“X”来进行标识。给对象生命线中添加销毁标记的步骤如下：

Step 01 在序列图的图形编辑工具栏中选择 X 按钮，此时的光标变为“+”符号。
Step 02 单击欲销毁对象的生命线，此时该标记在对象生命线中标识。该对象生命线自销毁标记以下的部分消失。

销毁一个对象的标示如图 7-21 所示，在该图中销毁了“ObjB”对象。

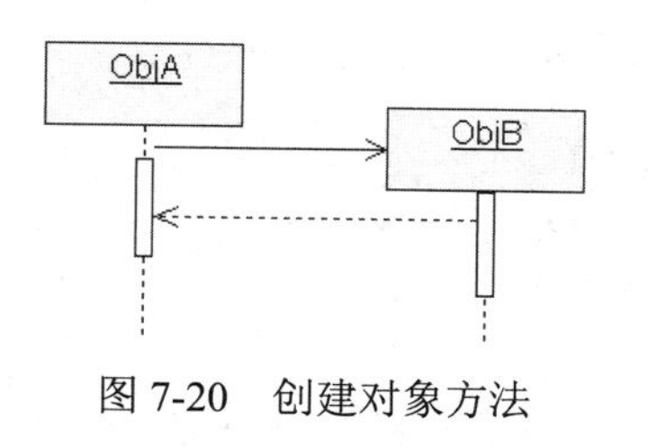

图 7-20　创建对象方法

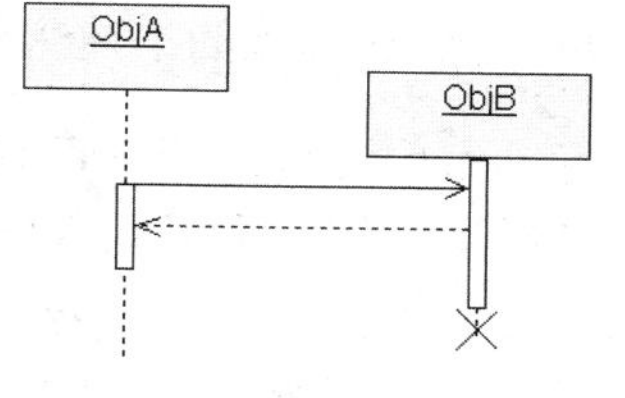

图 7-21　销毁对象方法

7.5　使用 Rose 创建序列图示例

根据系统的用例或具体的场景，描绘出系统中的一组对象在时间上交互的整体行为，是我们使用序列图进行建模的目标。一般情况下，系统的某个用例往往包含多个工作流程，这时我们就需要创建几个序列图来进行描述。

我们使用下列的步骤创建一个序列图：

（1）根据系统的用例或具体的场景，确定角色的工作流程。

（2）确定工作流程中涉及的对象，从左到右将这些对象顺序地放置在序列图的上方。其中重要的角色放置在左边。

（3）为某一个工作流程进行建模，使用各种消息将这些对象连接起来。从系统中的某个角色开始，在各个对象的生命线之间从顶至底依次将消息画出。如果需要约束条件，可以在合适的地方附上条件。

（4）如果需要将这些为单个工作流程建模的序列图集成到一个序列图中，可以通过相关脚本说明绘制出关于该用例的总图。通常一个完整用例的序列图是复杂的，这时候不必将单个的工作流程集成到总图中，只需要绘制一个总图即可。甚至我们还需要将一张复杂的序列图进行分解，分解成一些简单的序列图。

以下将以学生信息管理系统的一个简单用例“教师查看学生成绩”为例，介绍如何创建系统的序列图，如图 7-22 所示。

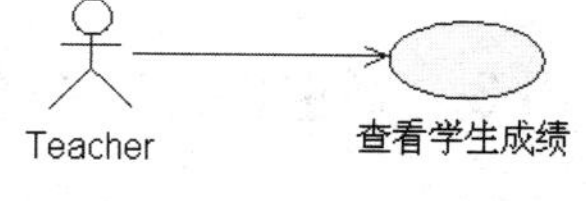

图 7-22　教师查看成绩用例

7.5.1　确定工作流程

我们可以将系统的用例使用下列的表格来描述，如表 7-3 所示。

表 7-3　“教师查看学生成绩”用例描述

名称	教师查看学生成绩
标识	UC 011
描述	教师查看学生关于某门课程的成绩
前提	学生为在校学生，拥有学号
结果	显示学生的成绩或空
扩展	N/A
包含	N/A
继承自	N/A

我们可以通过更加具体的描述来确定工作流程，基本工作流程如下：

（1）李老师希望通过系统查询某名学生的学科成绩。
（2）李老师通过用户界面录入学生的学号以及学科科目请求学生信息。
（3）用户界面根据学生的学号向数据库访问层请求学生信息。
（4）数据库访问层根据学生的学号加载学生信息。
（5）数据库访问层根据学生信息和学科科目获取该名学生的分数信息。
（6）数据库访问层将学生信息和分数信息提供给用户界面。
（7）用户界面将学生信息和分数信息显示出来。

在这些基本的工作流程中还存在分支，我们使用备选过程来描述。
备选过程 A：该名学生没有学科成绩。

（1）数据访问层返回学科成绩为空。
（2）系统提示李老师没有该学生的成绩。

备选过程 B：系统没有该学生的信息。

（1）数据访问层返回学生信息为空。
（2）系统提示李老师该学生不存在。

7.5.2 确定对象

建模序列图的下一步是从左到右布置在该工作流程中所有的参与者和对象，同时也包含要添加消息的对象生命线。我们可以从上述信息获得如下对象，如图 7-23 所示。

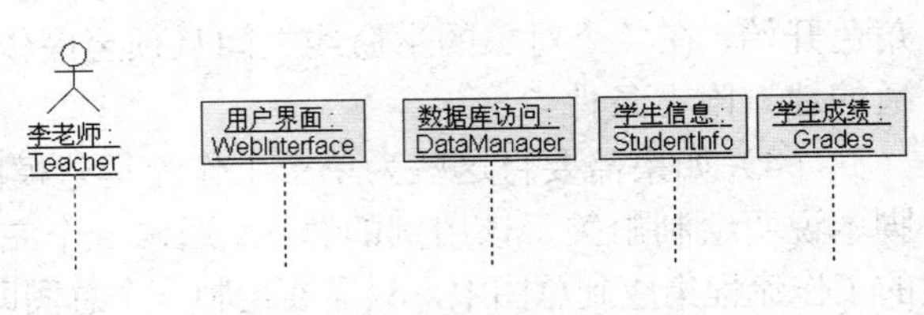

图 7-23 布置序列图的对象

7.5.3 确定消息和条件

接下来，我们对系统的基本工作流程进行建模，按照消息的过程，一步一步将消息绘制在序列图中，并添加适当的脚本绑定到消息中。对基本工作流程的序列图如图 7-24 所示。

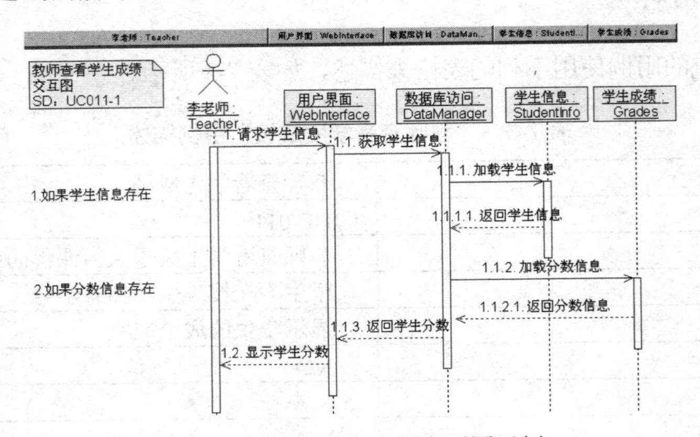

图 7-24 基本工作流程序列图示例

备选过程A的序列图如图7-25所示。

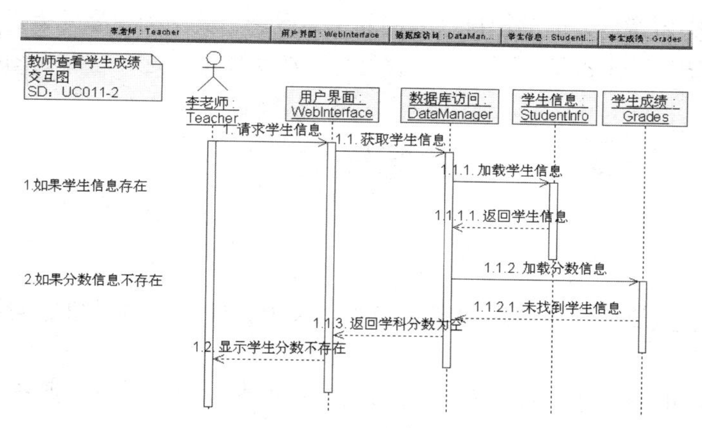

图7-25 备选过程A序列图示例

备选过程B的序列图如图7-26所示。

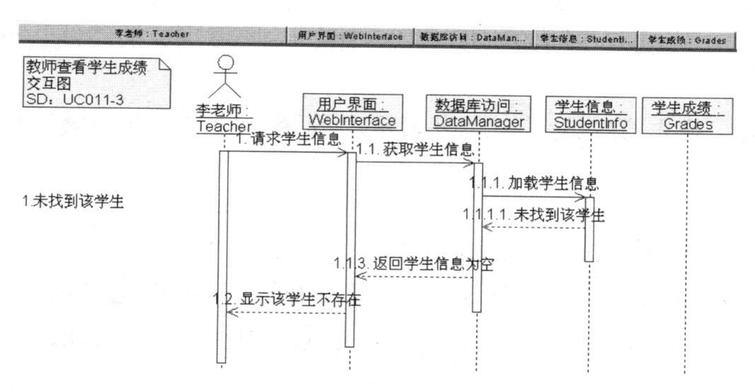

图7-26 备选过程B序列图示例

7.5.4 绘制序列图总图

最后来整理关于该用例序列图的一个总图，可以通过分支和从属流的手段将其整合到一个序列图中。但是在Rational Rose 2007中，强调的是一张序列图中显示一个控制流，可以选择将基本工作流程的序列图作为该用例的序列图总图，并通过包的形式将其组织起来，如图7-27所示，显示该包下包含的序列图。在序列图中，还要将消息的描述信息具体化为消息的实际方法，绑定到消息中，这样一个用例的序列图就完成了。

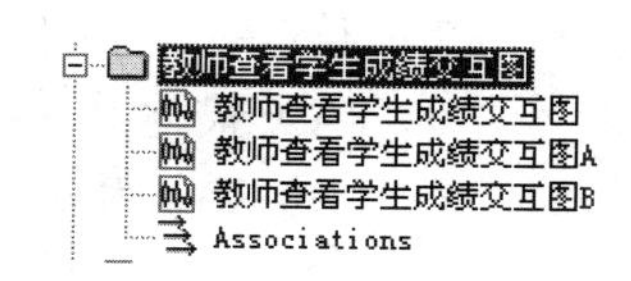

图7-27 序列图包结构

7.6 本章小结

在本章中，我们针对UML中的交互图的一种序列图进行了介绍，首先讲解了了序列图的基本概念以及它们的作用。接着我们介绍了序列图的组成元素和如何创建这些模型元素。在对序列图的最后介绍中，我们通过对一个简单的用例交互过程了解如何去创建序列图。

希望读者在学完本章后，能够根据序列图的基本概念和其中的模型元素，描绘出系统的一个交互过程，完善系统的动态模型。下一章中我们将介绍协作图，这一与序列图等价的交互图。

习题七

1. 填空题

（1）所谓______是指在具体语境中由为实现某个目标的一组对象之间进行交互的一组消息所构成的行为。

（2）在 UML 的表示中，序列图将交互关系表示为一个二维图。其中，纵向是______，时间沿竖线向下延伸。横向代表了在协作中___________。

（3）序列图是由_____、____、_____和______等构成的。

（4）消息是从一个______向另一个或几个其他______发送信号，或由一个______调用另一个______的操作。它可以有不同的实现方式，比如过程调用、活动线程间的内部通讯、事件的发生等。

（5）______是一条垂直的虚线，用来表示序列图中的对象在一段时间内的存在。

2. 选择题

（1）下列关于序列图的说法不正确的是_______。

（A）序列图是对对象之间传送消息的时间顺序的可视化表示

（B）序列图从一定程度上更加详细的描述了用例表达的需求，将其转化为进一步、更加正式层次的精细表达

（C）序列图的目的在于描述系统中各个对象按照时间顺序的交互的过程

（D）在 UML 的表示中，序列图将交互关系表示为一个二维图。其中，横向是时间轴，时间沿竖线向下延伸。纵向代表了在协作中各独立对象的角色

（2）下列关于序列图的用途，说法正确的是_____。

（A）描述系统在某一个特定时间点上的动态结构

（B）确认和丰富一个使用语境的逻辑表达

（C）细化用例的表达

（D）有效地描述如何分配各个类的职责以及各类具有相应职责的原因

（3）消息的组成不包括______。

（A）接口　　（B）活动

（C）发送者　　（D）接收者

（4）下列关于生命线的说法不正确的是_____。

（A）生命线是一条垂直的虚线，用来表示序列图中的对象在一段时间内的存在

（B）在序列图中，每个对象的底部中心的位置都带有生命线

（C）在序列图中，生命线是一个时间线，从序列图的顶部一直延伸到底部，所用时间取决于交互持续的时间，也就是说生命线表现了对象存在的时段

（D）序列图中的所有对象在程序一开始运行的时候，其生命线必须都存在

3. 简答题

（1）什么是序列图？试述该图的作用。
（2）序列图有哪些组成部分？
（3）序列图中的消息有哪些？试着描述这些消息和其作用。
（4）在序列图中如何创建和销毁对象？

4. 练习题

（1）以“远程网络教学系统”为例，在该系统中，系统管理员需要登录系统才能进行系统维护工作，如添加教师信息、删除教师信息等。根据系统管理员添加教师信息用例，创建相关序列图。

（2）在“远程网络教学系统”中，如果我们单独抽象出来一个数据访问类来进行数据访问。那么，根据系统管理员添加教师信息用例，重新创建相关序列图。

第 8 章

协作图

本章将介绍交互视图的另外一种图——协作图。它与序列图不同的是，在图中明确地表示了角色之间的关系，通过协作角色来限定协作中的对象或链。另一方面，协作图不将时间作为单独的维来表示，所以必须使用顺序号来判断消息的顺序以及并行线程。序列图和协作图表达的是类似的信息，虽然它们使用不同的方法表示，我们可以通过适当的方式将它们进行转换。本章将对协作的基本概念以及它们的使用方法逐一进行详细介绍。希望读者通过本章的学习，能够熟练使用协作图描述系统中对象之间的交互。

8.1 协作图的基本概念

协作图是对在一次交互过程中有意义对象和对象间的链建模，显示了对象之间如何进行交互以执行特定用例或用例中特定部分的行为。在协作图中，类元角色描述了一个对象，关联角色描述了协作关系中的链，并通过几何排列表现交互作用中的各个角色。

8.1.1 协作图的定义

要理解协作图（Collaboration Diagram），首先要了解什么是协作（Collaboration）？所谓协作是指在一定的语境中一组对象以及用实现某些行为的这些对象间的相互作用。它描述了在这样一组对象为实现某种目的而组成相互合作的“对象社会”。在协作中，它同时包含了运行时的类元角色（Classifier Roles）和关联角色（Association Roles）。类元角色表示参与协作执行的对象的描述，系统中的对象可以参与一个或多个协作；关联角色表示参与协作执行的关联的描述。

协作图就是表现对象协作关系的图。它表示了协作中作为各种类元角色的对象所处的位置，在图中主要显示了类元角色（Classifier Roles）和关联角色（Association Roles）。类元角色和关联角色描述了对象的配置和当一个协作的实例执行时可能出现的连接。当协作被实例化时，对象受限于类元角色，连接受限于关联角色。

如果从结构和行为两个方面分析协作图，那么从结构方面来讲，协作图和对象图一样，包含了一个角色集合和它们之间定义了行为方面的内容关系，从这个角度来说，协作图也是类图的一种，但是协作图与类图这种静态视图不同的是，静态视图描述了类固有的内在属性，而协作图描述了类实例的特性，因为只有对象的实例才能在协作中扮演出自己的角色，它在协作中起了特殊的作用。从行为方面来讲，协作图和序列图一样，包含了一系列的消息集合，这些消息在具有某一角色的各对象间进行传递交换，完成协作中的对象。可以说在协作图的一个协作中，描述了该协作所有对象组成的网络结构以及相互发送消息的整体行为，表示了潜藏于计算过程中的三个主要结构的统一，即数据结构、控制流和数据流的统一。

在一张协作图中，只有那些涉及协作的对象才会被表示出来，也就是说，协作图只对相互间具有交互作用的对象和对象间的关联建模，而忽略了其他对象和关联。根据这些，可以将协作图中的对象标识成四个组：存在于整个交互作用中的对象；在交互作用中创建的对象；在交互作用中销毁的对象；在交互作用中创建并销毁的对象。在设计的时候，要区别这些对象，并首先表示操作开始时可得的对象和连接，然后决定控制如何流向图中正确的对象去实现操作。

在 UML 的表示中，协作图将类元角色表示为类的符号（矩形），将关联角色表现为实线的关联路径，关联路径上带有消息符号。通常，不带有消息的协作图标明了交互作用发生的上下文，而不表示交互。它可以用来表示单一操作的上下文，甚至可以表示一个或一组类中所有操作的上下文。如果关联线上标有消息，图形就可以表示一个交互。典型的，一个交互用来代表一个操作或者用例的实现。

如图 8-1 所示，显示的是一个学生查看自身信息的协作图。在该图中，涉及三各对象之间进行交互，分别是 Student（李明）、WebInterface（登录页面）和 DataManager（数据管理），消息的编号显示了对象交互的步骤，该图与前一章介绍的序列图中的示例等价。

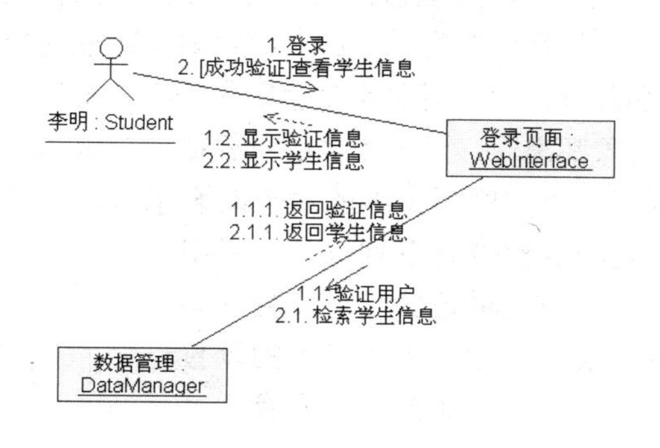

图 8-1　协作图示例

协作图中包含了三个基本的模型元素，分别是对象（Object）、消息（Message）和链（Link）。

8.1.2 协作图的作用

协作图作为一种在给定语境中描述协作中各个对象之间的组织交互关系的空间组织结构图形化方式，在使用其进行建模时，只要可以将其作用分为以下三个方面：

（1）通过描绘对象之间消息的传递情况来反映具体的使用语境的逻辑表达。一个使用情境的逻辑可能是一个用例的一部分，或是一条控制流。这和序列图的作用类似。

（2）显示对象及其交互关系的空间组织结构。协作图显示了在交互过程中各个对象之间的组织交互关系以及对象彼此之间的链接。与序列图不同，协作图显示的是对象之间的关系，并不侧重交互的顺序，它没有将时间作为一个单独的维度，而是使用序列号来确定消息及并发线程的顺序。

（3）协作图的另外一个作用是表现一个类操作的实现。协作图可以说明类操作中使用到的参数、局部变量以及返回值等。当使用协作图表现一个系统行为时，消息编号对应了程序中嵌套调用结构和信号传递过程。

协作图和序列图虽然都表示出了对象间的交互作用，但是它们侧重点不同。序列图表示了注重表达交互作用中的时间顺序，但没有明确表示对象间的关系。而协作图却不同，它注重表示了对象间的关系，但时间顺序可以从对象流经的顺序编号中获得。协作图常常被用于表示方案，而协作图则被用于过程的详细设计。

8.2 协作图的组成

协作图（Collaboration Diagram）是由对象（Object）、消息（Messages）和链（Link）等构成的。协作图通过各个对象之间的组织交互关系以及对象彼此之间的链接，表达对象之间的交互。

8.2.1 对象

协作图中的对象和序列图中的对象概念相同，同样都是类的实例。我们在前面已经介绍过，一个协作代表了为了完成某个目标而共同工作的一组对象。对象的角色表示一个或一组对象在目标完成的过程中所应起的那部分作用。对象是角色所属的类的直接或者间接实例。在协作图中，不需要关于某个类的所有对象都出现，同一个类的对象在一个协作图中也可能要充当多个角色。

协作图中对象的表示形式也和序列图中的对象的表示方式一样，使用包围名称的矩形框来标记，所显示的对象及其类的名称带有下划线，二者用冒号隔开，使用“对象名 ：类名”的形式，与序列图不同的是，对象的下部没有一条被称为“生命线”的垂直虚线，并且对象存在多对象的形式，如图 8-2 所示。

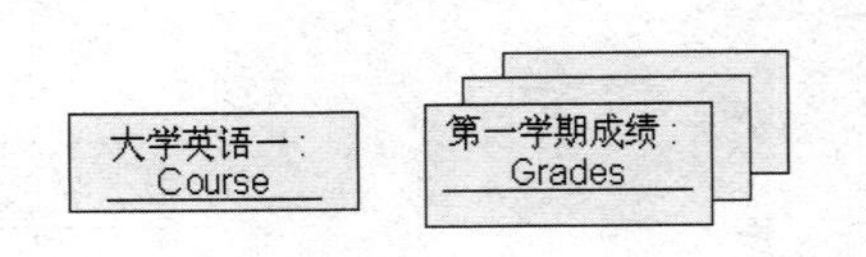

图 8-2 协作图对象示例

8.2.2　消息

在协作图中，可以通过一系列的消息（Messages）来描述系统的动态行为。和序列图中的消息的概念相同，都是从一个对象（发送者）向另一个或几个其他对象（接收者）发送信号，或由一个对象（发送者或调用者）调用另一个对象（接收者）的操作，并且都是由三部分组成，分别是发送者、接收者和活动。

与序列图中消息不同的是在协作图中消息的表示方式。在协作图中，消息使用带有标签的箭头来表示，它附在连接发送者和接收者的链上。链连接了发送者和接收者，箭头的指向便是接收者。消息也可以通过发送给对象本身，依附与连接自身的链上。在一个连接上可以有多个消息，它们沿相同或不同的路径传递。每个消息包括一个顺序号以及消息的名称。消息标签中的顺序号标识了消息的相关顺序，同一个线程内的所有消息按照顺序排列，除非有一个明显的顺序依赖关系，不同线程内的消息是并行的。消息的名称可以是一个方法，包含一个名字和参数表、可选的返回值表。消息的各种实现的细节也可以被加入，如同步与异步等。

协作图中的消息如图 8-3 所示，显示了两个对象之间的消息通信，包含“登录”和“显示验证信息”两步。

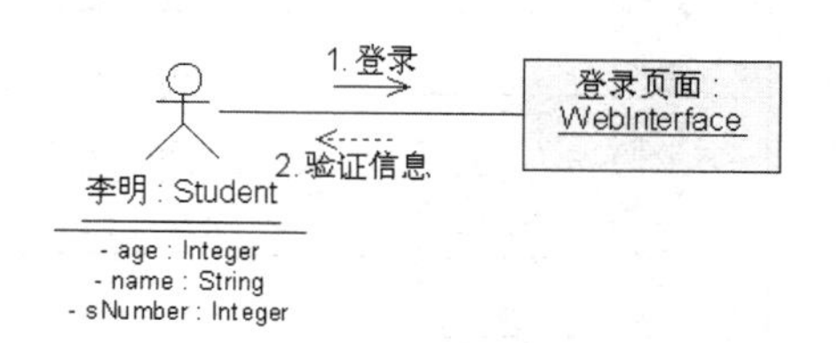

图 8-3　协作图中的消息示例

8.2.3　链

在协作图中的链和对象图中链的概念和表示形式都相同，都是两个或多个对象之间的独立连接，是对象引用元组（有序表），是关联的实例。在协作图中，关联角色是与具体的语境有关的暂时的类元之间的关系，关系角色的实例也是链，其寿命受限于协作的长短，就如同序列图中对象的生命线一样。

在协作图中，链的表示形式为一个或多个相连的线或弧。在自身相关联的类中，链是两端指向同一对象的回路，是一条弧。为了说明对象是如何与另外一个对象进行连接的，我们还可以在链的两端添加上提供者和客户端的可见性修饰。如图 8-4 所示是链的普通和自身关联的表示形式。

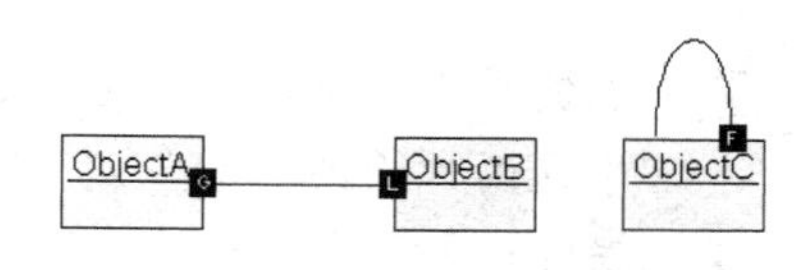

图 8-4　链的表示形式

8.3　使用 Rose 创建协作图

在把握协作图中各种概念的基础上，准确熟练地使用 Rational Rose 2007 创建协作图以及协作图中的各种模型元素，是本章进行学习的目标。以下我们将介绍如何创建对象、消息和链等协作图中的基本模型元素。

8.3.1 创建对象

在协作图的图形编辑工具栏中，我们可以使用的工具按钮如表 8-1 所示，在该表中包含了所有 Rational Rose 2007 默认显示的 UML 模型元素。

表 8-1 协作图的图形编辑工具栏按钮

按钮图标	按钮名称	用途
	Selection Tool	光标返回箭头，选择工具
ABC	Text Box	创建文本框
	Note	创建注释
	Anchor Note to Item	将注释连接到协作图中相关模型元素
	Object	协作图中对象
	Class Instance	类的实例
	Object Link	对象之间的链接
	Link to Self	对象自身链接
	Link Message	链接消息
	Reverse Link Message	相反方向的链接消息
	Data Token	数据流
	Reverse Data Token	相反方向的数据流

1. 创建和删除协作图

创建一个新的协作图，可以通过以下两种方式进行。

方式一：

Step 01 右键单击浏览器中的 Use Case View（用例视图）、Logical View（逻辑视图）或者位于这两种视图下的包。

Step 02 在弹出的菜单中选中“New”（新建）下的“Collaboration Diagram”（协作图）选项。

Step 03 输入新的协作图名称。

Step 04 双击打开浏览器中的协作图。

方式二：

Step 01 在菜单栏中选择“Browse”（浏览）下的“Interaction Diagram ...”（交互图）选项，或者在标准工具栏中选择按钮，弹出如图 8-5 所示的对话框。

Step 02 在左侧的关于包的列表框中，选择要创建的协作图的包的位置。

Step 03 在右侧的“Interaction Diagram”（交互图）列表框中，选择“<New>”（新建）选项。

Step 04 单击“OK”按钮，在弹出的对话框中输入新的交互图的名称，并选择“Diagram Type”（图的类型）为协作图。

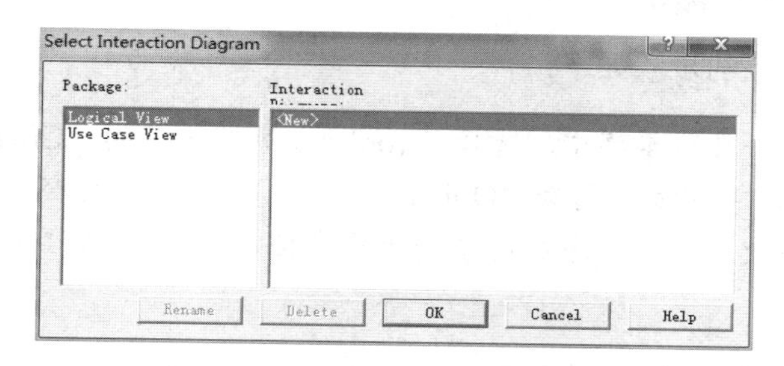

图 8-5 添加协作图

如果需要在模型中删除一个协作图，可以通过以下方式：

（1）在浏览器中选中需要删除的协作图，右键单击。
（2）在弹出菜单栏中选择“Delete”选项即可。

或者通过下面的方式：

（1）在菜单栏中，选择“Browse”（浏览）下的“Interaction Diagram ...”（交互图）选项，或者在标准工具栏中选择按钮，弹出如图 8-5 所示的对话框。
（2）在左侧的关于包的列表框中，选择要要删除的协作图的包的位置。
（3）在右侧的“Interaction Diagram”（交互图）列表框中，选中该协作图。
（4）单击“Delete”按钮，在弹出的对话框中确认即可。

2. 创建和删除协作图中对象

如果需要在协作图中增加一个对象，我们可以通过工具栏、浏览器或菜单栏三种方式进行添加。

通过图形编辑工具栏添加对象的步骤如下：

Step 01 在图形编辑工具栏中，选择按钮，此时光标变为“+”号。
Step 02 在协作图中单击选择任意一个位置，系统在该位置创建一个新的对象，如图 8-6 所示。
Step 03 在对象的名称栏中，输入对象的名称。这时对象的名称也会在对象上端的栏中显示。

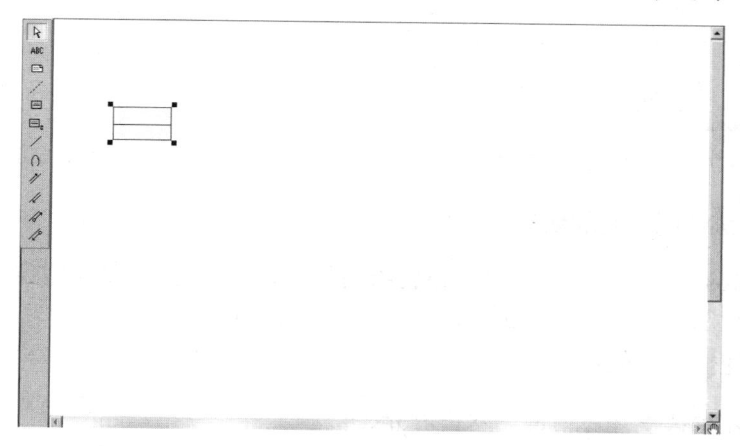

图 8-6 协作图中添加对象

使用菜单栏添加对象的步骤如下：

Step 01 使用工具栏时，在菜单栏中，选择“Tools”（浏览）下的“Create”（创建）选项，在“Create”（创建）选项中选择“Object”（对象），此时光标变为“+”号。

Step 02 以下的步骤与使用工具栏添加对象的步骤类似，按照使用工具栏添加对象的步骤添加即可。

如果使用浏览器，只需要选择需要添加对象的类，拖动到编辑框中即可。

删除一个对象可以通过以下方式进行：

（1）选中需要删除的对象，右键单击。

（2）在弹出的菜单栏中选择“Edit”选项下的“Delete from Model”，或者按“Ctrl+D”快捷键即可。

在协作图中的对象，也可以通过规范设置增加对象的细节。例如设置对象名、对象的类、对象的持续性以及对象是否有多个实例等。其设置方式与在序列图中对象规范设置的方式相同，参照序列图中对象规范的设置即可。

在 Rational Rose 2007 的协作图中，对象还可以通过设置显示对象的全部或部分属性信息。设置的步骤如下：

Step 01 选中需要显示其属性的对象。

Step 02 右键单击该对象，弹出对象的菜单选项，在菜单中选择“Edit Compartment”选项，弹出如图 8-7 所示的对话框。

Step 03 在对话框的左边栏中选择需要显示的属性添加到右边的栏中。

Step 04 单击“OK”按钮即可。

如图 8-8 所示，显示了一个带有自身属性的对象。

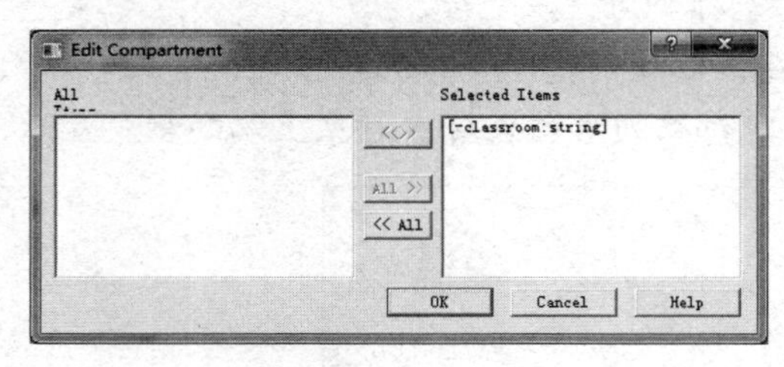

图 8-7　添加对象显示属性

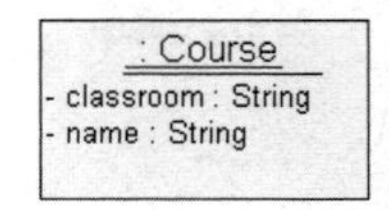

图 8-8　带属性对象示例

3. 对象图和协作图之间的切换

在 Rational Rose 2007 中，我们可以很轻松的从序列图创建协作图或者从协作图创建序列图。一旦拥有序列图或协作图，那么就很容易在两种图之间切换。

从序列图创建协作图的步骤如下：

Step 01 在浏览器中选中该序列图，双击打开。

Step 02 选择菜单栏“Browse”（浏览）下的“Create Collaboration Diagram”（创建协作图）

选项，或者按“F5”键。

Step 03 这时在浏览器中创建一个名称与序列图同名的协作图，双击打开即可。

从协作图创建序列图的步骤如下：

Step 01 在浏览器中选中该协作图，双击打开。

Step 02 选择菜单栏“Browse”（浏览）下的“Create Sequence Diagram”（创建序列图）选项，或者按“F5”键。

Step 03 这时在浏览器中创建一个名称与协作图同名的序列图，双击打开即可。

如果需要在创建好的这两种图之间进行切换，可以在一个协作图或序列图中，选择菜单栏“Browse”（浏览）下的“Go To Sequence Diagram”（转向序列图）或“Go To Collaboration Diagram”（转向协作图）选项进行切换，也可以通过快捷键“F5”进行切换。

8.3.2 创建消息

在协作图中添加对象与对象之间的简单消息的步骤如下：

Step 01 选择协作图的图形编辑工具栏中的图标，或者选择菜单栏“Tools”（工具）中“Create”（新建）下的“Message”选项，此时的光标变为“+”符号。

Step 02 单击连接对象之间的链。

Step 03 此时在链上出现一个从发送者到接收者的带箭头的线段。

Step 04 在消息线段上输入消息的文本内容即可，如图 8-9 所示。

图 8-9　协作图中消息示例

8.3.3 创建链

在协作图中创建链的操作与在对象图中创建链的操作相同，可以按照在对象图中创建链的方式进行创建。同样我们也可以在链的规范对话框的“General”选项卡中设置链的名称、关联、角色以及可见性等。链的可见性是指一个对象是否能够对另一个对象可见的机制。链的可见性包含以下几种类型，如表 8-2 所示。对于使用自身链连接的对象，没有提供者和客户，因为它本身既是提供者又是客户，我们只需要选择一种可见性即可，如图 8-10 所示。

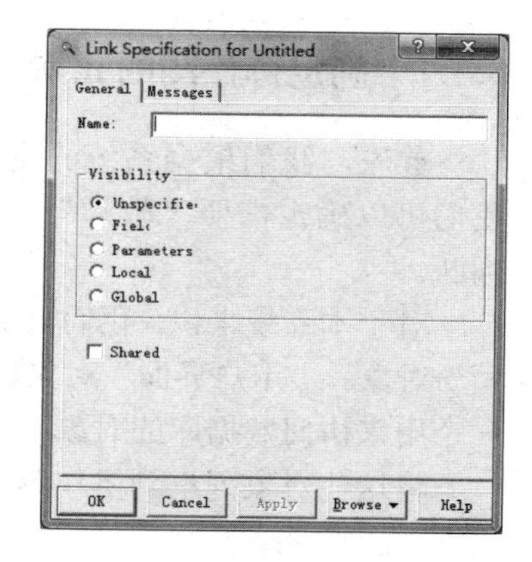

图 8-10　自身链规范设置

表 8-2 链的可见性类型

可见性类型	用途
Unspecified	默认设置，对象的可见性没有被设置
Field	提供者是客户的一部分
Parameter	提供者是客户一个或一些操作的参数
Local	提供者对客户来讲是一个本地声明对象
Global	提供者对客户来讲是一个全局对象

8.4 使用 Rose 创建协作图示例

根据系统的用例或具体的场景，描绘出系统中的一组对象在空间组织结构上交互的整体行为，是我们使用协作图进行建模的目标。一般情况下，系统的某个用例往往包含好几个工作流程，这个时候我们就需要同序列图一样，创建几个协作图来进行描述。

我们使用下列步骤创建协作图：

（1）根据系统的用例或具体的场景，确定协作图中应当包含的元素。

（2）确定这些元素之间的关系，可以着手建立早期的协作图，在元素之间添加链接和关联角色等。

（3）将早期的协作图进行细化，把类角色修改为对象实例，并且链上添加消息并指定消息的序列。

一张协作图仍然是为某一个工作流程进行建模，使用链和消息将工作流程涉及的这些对象连接起来。从系统中的某个角色开始，在各个对象之间从通过消息的序号依次将消息画出。如果需要约束条件，可以在合适的地方附上条件。

以下将以一个简单用例“教师查看学生成绩”为例，介绍如何创建系统的协作图，如图 8-11 所示。

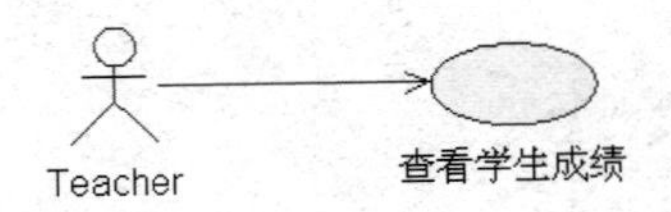

图 8-11 教师查看成绩用例

8.4.1 确定协作图的元素

首先，我们根据系统的用例，确定协作图中应当包含的元素。从已经描述的用例中，我们可以确定需要“教师”、“学生”和“成绩”对象，其他对象还暂时不能够很明确的判断。

对于本系统来说，我们需要一个提供教师与系统交互的场所，那么我们需要一个“用户界面”对象。“用户界面”对象如果需要获取“学生”和“成绩”对象的信息，那么我们还需要一个用来访问数据库的对象。

将这些对象列举到协作图中，如图 8-12 所示。

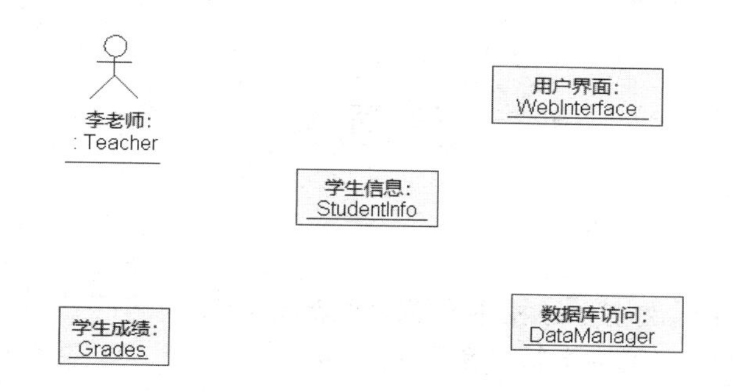

图 8-12　确定协作图中的对象

8.4.2　确定元素之间的结构关系

创建协作图的下一步是确定这些对象之间的连接关系，使用链和角色将这些对象连接起来。在这一步中，我们基本上可以建立早期的协作图，表达出协作图中的元素如何在空间上进行交互。如图 8-13 所示，显示了该用例中各元素之间的基本交互。

8.4.3　创建协作图

创建序列图的最后一步就是将早期的协作图进行细化。细化的过程可以根据一个交互流程，在实例层建模协作图，即把类角色修改为对象实例，在链上添加消息并指定消息的序列，并指定对象、链和消息的规范，如图 8-14 所示。

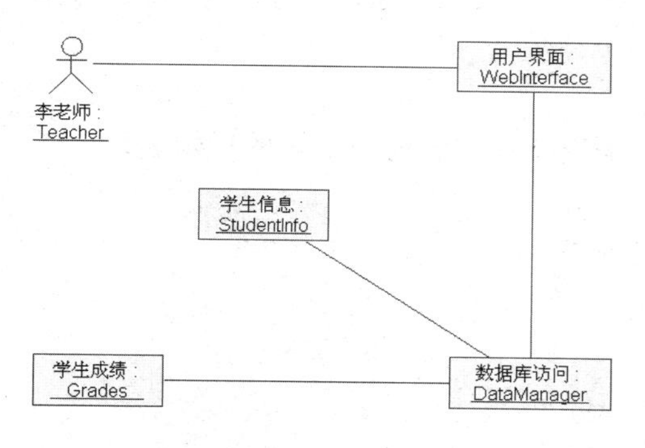

图 8-13　在协作图中添加交互

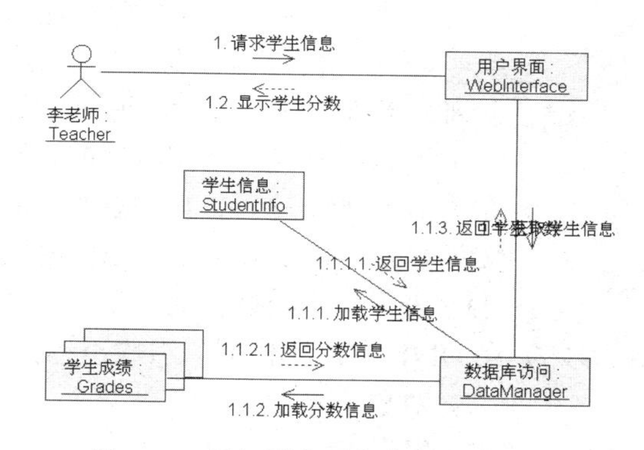

图 8-14　添加消息到协作图中

8.5　本章小结

在本章中，我们针对 UML 中的交互图的另一种图——协作图进行了介绍。首先介绍了协作图的基本概念以及它们的作用并与序列图进行了对比。在介绍协作图的组成元素和如何创建这些模型元素中，介绍了协作图的三种基本模型元素：对象、消息和链。最后，通过与序列图中相同的用例来绘制出一个协作图。表达事物之间的交互是我们在学习 UML 中重点掌握的东西。希望读者在学完本章后，能够根据协作图的基本概念和创建方法，结合序列图中的概念，描绘出系统的一个交互过程，完善系统的动态模型。

习题八

1. 填空题

（1）______是对在一次交互过程中有意义对象和对象间的链建模，显示了对象之间如何进行交互以执行特定用例或用例中特定部分的行为。

（2）在协作图中，_____描述了一个对象，_____描述了协作关系中的链，并通过几何排列表现交互作用中的各个角色。

（3）协作图是由_____、_____和______等构成的。

（4）协作图通过各个对象之间的组织交互关系以及对象彼此之间的链接，表达对象之间的______。

（5）在协作图中的______是两个或多个对象之间的独立连接，是关联的实例。

2. 选择题

（1）下列关于协作图的说法不正确的是_____。

（A）协作图是对在一次交互过程中有意义对象和对象间的链建模

（B）协作图显示了对象之间如何进行交互以执行特定用例或用例中特定部分的行为

（C）协作图的目的在于描述系统中各个对象按照时间顺序的交互的过程

（D）在协作图中，类元角色描述了一个对象，关联角色描述了协作关系中的链，并通过几何排列表现交互作用中的各个角色

（2）下列关于协作图的用途，说法不正确的是_____。

（A）通过描绘对象之间消息的传递情况来反映具体的使用语境的逻辑表达

（B）显示对象及其交互关系的空间组织结构

（C）显示对象及其交互关系的时间传递顺序

（D）表现一个类操作的实现

（3）在 UML 中，协作图的组成不包括______。

（A）对象　　（B）消息

（C）发送者　　（D）链

（4）下列关于协作图中的链，说法不正确的是_____。

（A）在协作图中的链是两个或多个对象之间的独立连接

（B）在协作图中的链是关联的实例

（C）在协作图中，需要关于某个类的所有对象都出现，同一个类的对象在一个协作图中也不可以充当多个角色

（D）在协作图中，链的表示形式为一个或多个相连的线或弧

3. 简答题

（1）什么是协作图？试述该图的作用。

（2）协作图有哪些组成部分？

（3）协作图中的消息有哪些？试着和序列图中的消息进行比较。

（4）如何在协作图的链中添加可见性修饰，它们有什么作用？

4. 练习题

（1）以“远程网络教学系统“为例，在该系统中，系统管理员需要登录系统才能进行系统维护工作，如添加教师信息、删除教师信息等。根据系统管理员添加教师信息用例，创建相关协作图。

（2）在“远程网络教学系统”中，如果我们单独抽象出来一个数据访问类来进行数据访问。那么，根据系统管理员添加教师信息用例，重新创建相关协作图，并与前一章中的序列图进行对比，指出有什么不同？

第 9 章

状态图

状态图（Statechart Diagram）是 UML 中对系统动态方面建模的图之一，它通过建立类对象的生命周期模型来描述对象随时间变化的动态行为。由于系统中对象的状态最易发现和理解，所以建模时我们往往首先考虑基于状态之间的控制流。通过本章的学习，能够使读者从整体上理解状态图，掌握状态图的画法。

9.1 状态图的基本概念

状态图用于描述模型元素实例（如对象或交互）的行为。它适用于描述状态和动作的顺序，不仅可以展现一个对象拥有的状态，还可以说明事件如何随着时间的推移来影响这些状态。

9.1.1 状态图的定义

在了解状态图之前，先让我们来了解一下状态机。

1. 状态机

广义上，状态机是一种记录下给定时刻状态的设备，它可以根据各种不同的输入对每个给定的变化而改变其状态或引发一个动作。比如，计算机就是一个状态机，各种客户端软件、Web 上的各种交互页面都是状态机。

在 UML 中，状态机由对象的各个状态和连接这些状态的转换组成，是展示状态与状态转换的图。在面向对象的软件系统中，一个对象无论多么简单或者多么复杂，都必然会经历一个从开始创建到最终消亡的完整过程，这个过程通常被称为对象的生命周期。一般说来，对象在其生命期内是不可能完全孤立的，它必然会接受消息来改变自身或者发送消息来影响其他对象。而状态机就是用于说明对象在其生命周期中响应事件所经历的状态序列以及其对这些事件的响应。在状态机的语境中，一个事件就是一次激发的产生，每个激发都可以触发一个状态转换。

状态机由状态、转换、事件、活动和动作 5 部分组成：

- 状态指的是对象在其生命周期中的一种状况，处于某个特定状态中的对象必然会满足某些条件、执行某些动作或者是等待某些事件。转换指的是两个不同状态之间的一种关系，表明对象将在第一个状态中执行一定的动作，并且在满足某个特定条件下由某个事件触发进入第二个状态。
- 事件指的是发生在时间和空间上的对状态机来讲有意义的那些事情。事件通常会引起状态的变迁，促使状态机从一种状态切换到另一种状态。
- 活动指的是状态机中进行的非原子操作。
- 动作指的是状态机中可以执行的那些原子操作，所谓原子操作指的是它们在运行的过程中不能被其他消息所中断，必须一直执行下去，最终导致状态的变更或者返回一个值。

通常一个状态机依附于一个类，并且描述该类的实例（即对象）对接收到的事件的响应。除此之外，状态机还可以依附于用例、操作等，用于描述它们的动态执行过程。在依附于某个类的状态机中，总是将对象孤立地从系统中抽象出来进行观察，而来自外部的影响都抽象为事件。

在 UML 中，状态机常用于对系统行为中受事件驱动的方面进行建模。不过状态机总是一个对象、协作或用例的局部视图。由于它考虑问题时将实体与外部世界相互分离，所以适合对局部、细节进行建模。

2. 状态图

一个状态图（Statechart Diagram）本质上就是一个状态机，或者是状态机的特殊情况，它基本上是一个状态机中的元素的一个投影。状态图描述了一个实体基于事件反应的动态行为，显示了该实体如何根据当前所处的状态对不同的事件做出反应。

在 UML 中，状态图由表示状态的节点和表示状态之间转换的带箭头的直线组成。状态的转换由事件触发，状态和状态之间由转换箭头连接。每一个状态图都有一个初始状态（实心圆），用来表示状态机的开始。还有一个终止状态（半实心圆），用来表示状态机的终止。状态图主要由元素状态、转换、初始状态、终止状态和判定等组成，一个简单的状态图如图 9-1 所示。

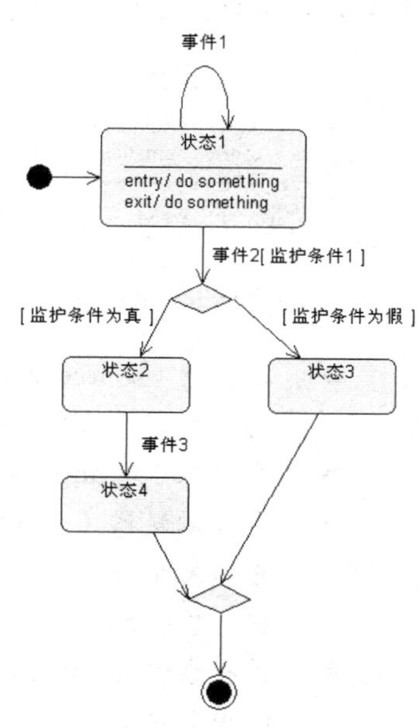

图 9-1　状态图示例

（1）状态

- 状态用于对实体在其生命周期中的各种状况进行建模，一个实体总是在有限的一段时间内保持一个状态。状态由一个带圆角的矩形表示，状态的描述应该包括：名称、入口和出口动作、内部转换和嵌套状态。
- 状态名：状态名指的是状态的名字，通常用字符串表示，其中每个单词的首字母大写。状态名可以包含任意数量的字母、数字，除“:”以外的一些符号，可以较长，连续几行。但是一定要注意一个状态的名称在状态图所在的上下文中应该是唯一的，能够把该状态和其他状态区分开。
- 入口和出口动作：一个状态可以具有或者没有入口和出口动作。入口和出口动作分别指的是进入和退出一个状态时所执行的“边界”动作。
- 内部转换：内部转换指的是不导致状态改变的转换。内部转换中可以包含进入或者退出该状态应该执行的活动或动作。
- 嵌套状态：状态分为简单状态（simple state）和组成状态（composite state）。简单状态是在语义上不可分解的、对象保持一定属性值的状况，简单状态不包含其他状态；而组成状态是内部嵌套有子状态的状态，在组成状态的嵌套状态图部分包含的就是此状态的子状态。

如图 9-2 所示为一个简单的状态。

（2）转换

在 UML 的状态建模机制中，转换用带箭头的直线表示，一端连接源状态，箭头指向目标状态。转换还可以标注与此转换相关的选项，如事件、监护条件和动作等，如图 9-3 所示。要注意，如果转换上没有标注触发转换的事件，则表示此转换自动进行。

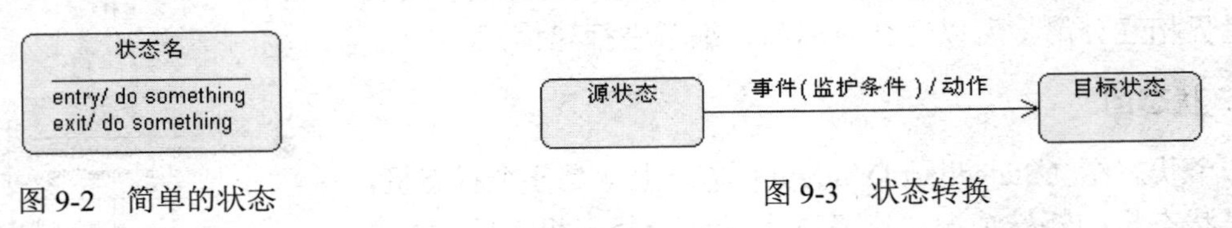

图 9-2　简单的状态　　　　图 9-3　状态转换

在状态转换中需要注意的 5 个概念：

- 源状态（source state）：指的是激活转换之前对象处于的状态。如果一个状态处于源状态，当它接收到转换的触发事件或满足监护条件时，就激活一个离开的转换。
- 目标状态（target state）：指的是转换完成后对象所处的状态。
- 事件触发器（event trigger）：指的是引起源状态转换的事件。事件不是持续发生的，它只发生在时间的一点上，对象接收到事件，导致源状态发生变化，激活转换并使监护条件得到满足。
- 监护条件（guard condition）：是一个布尔表达式。当接收到触发事件要触发转换时，对该表达式求值。如果表达式为真，则激活转换；如果表达式为假，则不激活转换，所接收到的触发事件丢失。
- 动作（action）：是一个可执行的原子计算。

（3）初始状态

每个状态图都应该有一个初始状态，它代表状态图的起始位置。初始状态是一个伪状态（一个和普通状态有连接的假状态），对象不可能保持在初始状态，必须要有一个输出的无触发转换（没有事件触发器的转换）。通常初始状态上的转换是无监护条件的，并且初始状态只能作为转换的源，而不能作为转换的目标。在 UML，一个状态图只能有一个初始状态，用一个实心的圆表示，如图 9-4 所示。

（4）终止状态

终止状态是一个状态图的终点，一个状态图可以拥有一个或者多个终止状态。对象可以保持在终止状态，但是终止状态不可能有任何形式的触发转换，它的目的就是为了激发封装状态上的完成转换。因此，终止状态只能作为转换的目标而不能作为转换的源，在 UML 中终止状态用一个含有实心圆的空心圆表示，如图 9-5 所示。

图 9-4　初始状态　　　图 9-5　终止状态

要注意的是，对于一些特殊的状态图，可以没有终止状态。如图 9-6 所示为一部电话的状态图，在这个状态图中没有终止状态。因为不管在什么样的情况下，电话的状态都是在“空闲”和“忙”之间转换。

（5）判定

活动图和状态图中都有需要根据给定条件进行判断，然后根据不同的判断结果进行不同的转换的情况。实际就是工作流在此处按监护条件的取值发生分支，在 UML 中判定用空心菱形表示，如图 9-7 所示。

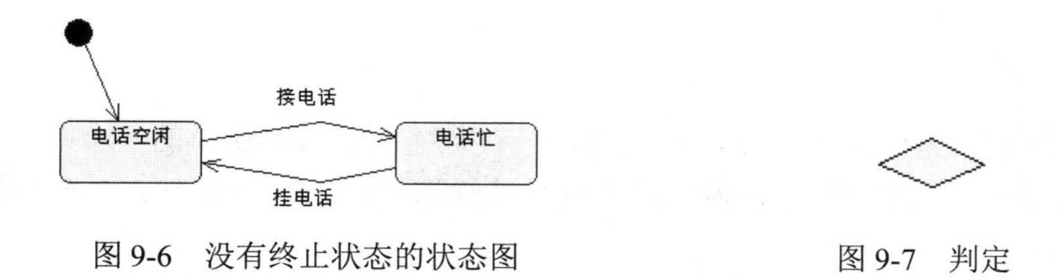

图 9-6　没有终止状态的状态图　　　图 9-7　判定

9.1.2　状态图的作用

状态图用于对系统的动态方面建模，适合描述跨越多个用例的对象在其生命周期中的各种状态及其状态之间的转换。这些对象可以是类、接口、构件或者节点。状态图常用于对反应型对象建模，反应型对象在接收到一个事件之前通常处于空闲状态，当这个对象对当前事件作出反应后又处于空闲状态等待下一个事件。

如果一个系统的事件个数比较少，并且事件的合法顺序比较简单，那么状态图的作用就没有那么明显。但是对于一个有很多事件并且事件顺序复杂的系统来说，如果没有一个好的状态图，就很难保证程序没有错误。

状态图的作用主要体现在以下几个方面：

- 状态图清晰地描述了状态之间的转换顺序，通过状态的转换顺序也就可以清晰地看出事件的执行顺序。如果没有状态图我们就不可避免地要使用大量的文字来描述外部事件的合法顺序。
- 清晰的事件顺序有利于程序员在开发程序时避免出现事件错序的情况。例如，对于一个网上销售系统，在用户处于登录状态前是不允许购买商品的，这就需要程序员在开发程序的过程中加以限制。
- 状态图清晰地描述了状态转换时所必须的触发事件、监护条件和动作等影响转换的因素，有利于程序员避免程序中非法事件的进入。例如，当飞机起飞前半小时不允许售票，在状态图中就可以清晰地看到，可以提醒程序员不要遗漏这些限制条件。
- 状态图通过判定可以更好地描述工作流因为不同的条件发生的分支。例如，当一个班级的人数少于 10 人的时候需要和其他班级合为一起上课，大于 10 人则单独上课，在状态图中就可以很明确地表达出来。

总之，一个简洁完整的状态图可以帮助一个设计者不会遗漏任何事情，最大程度的避免程序中的错误。

9.2　状态图的组成

在上一节中，我们对状态图进行了整体的介绍，大家已经对状态图有了一定的了解。为了更好的掌握状态图，掌握状态图的各个组成要素，本节将对状态图的组成要素：状态、转换、事件、判定、同步、动作、条件等进行详细的介绍。其中状态、转换、事件相对来说更加重要一点，也更加复杂一点，作为本节的重点进行讲解。

9.2.1　状态

状态是状态图的重要组成部分，它描述了一个类对象生命周期中的一个时间段。详细的说就是：在某些方面相似的一组对象值；对象执行持续活动时的一段事件；一个对象等待事件发生时的一段事件。

因为状态图中的状态一般是给定类的对象的一组属性值，并且这组属性值对所发生的事件具有相同性质的反应。所以，处于相同状态的对象对同一事件的反应方式往往是一样的，当给定状态下的多个对象接受到相同事件时会执行相同的动作。但是，如果对象处于不同状态，会通过不同的动作对同一事件做出不同的反应。

要注意的是，不是任何一个状态都是值得关注的。在系统建模时，我们只关注那些明显影响对象行为的属性，以及由它们表达的对象状态。对于那些对对象行为没有什么影响额度的状态，我们可以不用理睬。

状态可以分为简单状态和组成状态。简单状态指的是不包含其他状态的状态，简单状态没有子结构，但是它可以具有内部转换、进入退出动作等。组成状态包含嵌套的子状态，我们将在下一节中重点介绍组成状态，在这里就不再详细介绍了。

除了简单状态和组成状态，状态还包括状态名、内部活动、内部转换、入口和出口动作等，下面分别进行介绍：

1. 状态名

在上一节介绍状态图时，我们已经介绍了状态名可以把一个状态和其他状态区分开来。在实际使用中，状态名通常是直观、易懂、能充分表达语义的名词短语，其中每个单词的首字母要大写。状态还可以匿名，但是为了方便起见，最好为状态取个有意义的名字，状态名字通常放在状态图标的顶部。

2. 内部活动

状态可以包含描述为表达式的内部活动。当状态进入时，活动在进入动作完成后就开始。如果活动结束，状态就完成，然后一个从这个状态出发的转换被触发。否则，状态等待触发转换以引起状态本身的改变。如果在活动正在执行时转换触发，那么活动被迫结束并且退出动作被执行。

3. 内部转换

状态可能包含一系列的内部转换，内部转换因为只有源状态而没有目标状态，所以内部转换的结果并不改变状态本身。如果对象的事件在对象正处在拥有转换的状态时发生，那内部转换上的动作也被执行。激发一个内部转换和激发一个外部转换的条件是相同的。但是，在顺序区域里的每个事件只激发一个转换，而内部转换的优先级大于外部转换。

内部转换和自转换不同，在后者中，外部转换发生时，会引发所有嵌在具有自转换状态中的状态执行退出动作。在转向当前状态的自转换过程中，退出动作被执行，退出后再重新进入。换句话说，自转换可以强制从嵌套状态退出，但是内部转换不能。

当状态向自身转换时，就可以用到内部转换。例如，对于一个网站的后台管理程序，管理员登录后处于登录状态。它的入口动作是验证账号密码，出口动作是清除登录记录。当管理员在登录状态下编辑资源的时，就可以使用内部转换，不触发入口动作和出口动作的执行。

4. 入口和出口动作

状态可能具有入口和出口动作。这些动作的目的是封装这个状态，这样就可以不必知道状态的内部状态而在外部使用它。入口动作和出口动作原则上依附于进入和出去的转换，但是将它们声明为特殊的动作可以使状态的定义不依赖状态的转换，因此起到封装的作用。

当进入状态时，进入动作被执行，它在任何附加在进入转换上的动作之后而在任何状态的内部活动之前执行。入口动作通常用来进行状态所需要的内部初始化。因为不能回避一个入口动作，任何状态内的动作在执行前都可以假定状态的初始化工作已经完成，不需要考虑如何进入这个状态。

状态退出时执行的退出动作，会在任何内部活动完成之后并且在任何状态转换动作之前执行。无论何时从一个状态离开都要执行一个出口动作来进行后处理工作。当出现代表错误情况的高层转换使嵌套状态异常终止时，出口动作就变得很重要。出口动作可以处理这种情况以使对象的状态保持前后一致。

5. 历史状态

组成状态可能包含历史状态（History State），历史状态本身是个伪状态，用来说明组成状态曾经有的子状态。

一般情况下，当状态机通过转换进入组成状态嵌套的子状态时，被嵌套的子状态要从子初始状态进行。但是，如果一个被继承的转换引起从复合状态就自动退出，状态会记住当强制性退出发生的时候处于活动的状态。这种情况下，就可以直接进入上次离开组成状态时的最后一个子状态，而不必从它的子初始状态开始执行。

历史状态可以有来自外部状态或者初始状态的转换，也可以是一个没有监护条件的外向转换；转换的目标是默认的历史状态。如果状态区域从来没有进入或者已经退出，到历史状态的转换会到达缺省的历史状态。

历史状态代表上次离开组成状态时的最后一个活动子状态，它用一个包含字母“H”的小圆圈表示，如图 9-8 所示。

Ⓗ

图 9-8　历史状态

历史状态虽然有它的优点，但是它过于复杂，而且不是一种好的实现机制，尤其是深历史状态（DeepHistory）更容易出问题。在建模的过程中，应该尽量避免历史机制，使用更易于实现的机制。

9.2.2　转换

转换用于表示一个状态机的两个状态之间的一种关系，即一个在某初始状态的对象通过执行指定的动作并符合一定的条件下进入第二种状态。在这个状态的变化中，转换被称作激发。在激发之前的状态叫作源状态，在激发之后的状态叫作目标状态。简单转换只有一个源状态和一个目标状态。复杂转换有不止一个源状态和（或）有不止一个目标状态。

除了源状态和目标状态，一个转换还包括事件触发器、监护条件和动作，在转换中，这 5 部分信息并不一定都同时存在，有一部分信息可能会缺少。

1. 外部转转

外部转换是一种改变状态的转换，也是最普通最常见的一种转换。在 UML 中，它用从源状态到目标状态的带箭头的线段表示，其他属性以文字串附加在箭头旁，如图 9-9 所示。

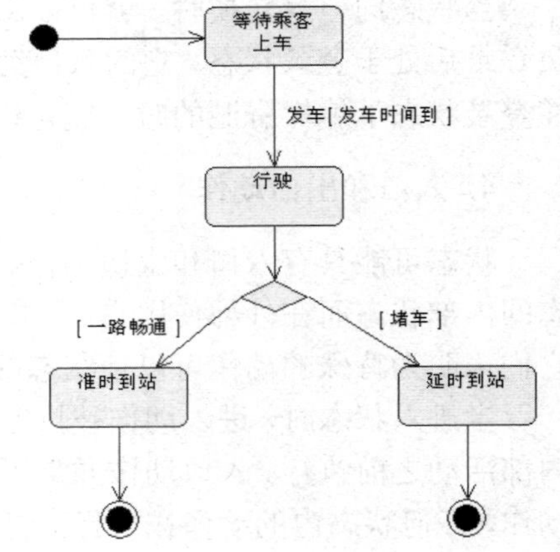

图 9-9　外部转换

注意，只有内部状态上没有转换时，外部状态上的转换才有资格激发。否则，外部转换会被内部转换所掩盖。

2. 内部转换

内部转换只有源状态，没有目标状态，不会激发入口和出口动作，因此内部转换激发的结果不改变本来的状态。如果一个内部转换带有动作，它也要被执行。内部转换常用于对不改变状态的插入动作建立模型。要注意的是内部转换的激发可能会掩盖使用相同事件的外部转换。

内部转换的表示法与入口动作和出口动作的表示法很相似。他们的区别主要在于入口和出口动作使用了保留字“entry”和“exit”，其他部分两者的表示法相同。

3．完成转换

完成转换没有明确标明触发器事件的转换是由状态中活动的完成引起的。完成转换也可以带一个监护条件，这个监护条件在状态中的活动完成时被赋值，而不是活动完成后被赋值。

4．复合转换

复合转换（complex transition）由简单转换组成，这些简单转换通过分支和合并组合起来。因此，复合转换可以具有多个源状态和多个目标状态。

在现实生活中，我们经常会碰到殊途同归的情况。例如，我们购物后付款可以选择现金支付或者刷卡支付。虽然我们的支付手段不一样，但是我们的出发点都是选购货物，最终的状态也都是付款完成购物，这种情况就要用到复合转换。复合转换可以包含判定或者合并，也可以同时包含两者，如图 9-10 所示，为一个包含判定和合并的复合转换。

要注意，空心菱形符号不但可以表示判定，也可以表示语义与判定相反的合并。合并的情况需要有两个或更多的输入箭头和一个单独的输出箭头，不需要监护条件。而判定则与合并相反，有一个输入箭头和两个或多个输出箭头，每个路径有不同的监护条件。

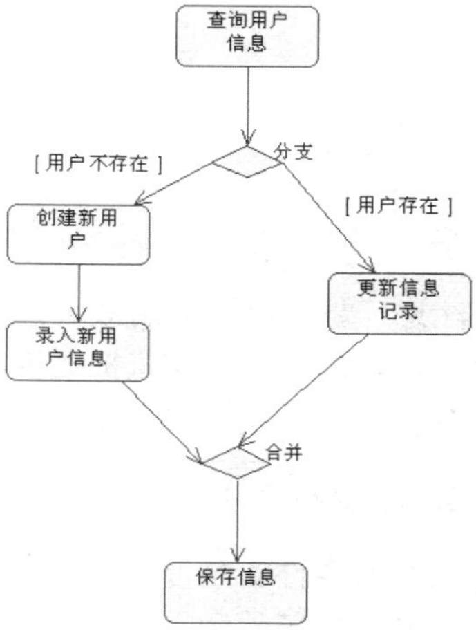

图 9-10　复合转换

5．监护条件

转换可能具有一个监护条件，监护条件是一个布尔表达式，它是触发转换必须满足的条件。当一个触发器事件被触发时，监护条件被赋值。如果表达式的值为真，转换可以激发；如果表达式的值为假，转换则不能激发；如果没有转换适合激发，事件就会被忽略，这种情况并非错误。如果转换没有监护条件，监护条件就会被认为是真，而且一旦触发器事件发生，转换就激活。

从一个状态引出的多个转换可以有同样的触发器事件。若此事件发生，所有监护条件都被测试，测试的结果如果有超过一个的值为真，也只有一个转换会激发。如果没有给定优先权，则选择哪个转换来激发是不确定的。

注意，监护条件的值只在事件被处理时计算一次。如果其值开始为假，以后又为真，则因为赋值太迟转换不会被激发。除非有另一个事件发生，且令这次的监护条件为真。监护条件的设置一定要考虑到各种情况，要确保一个触发器事件的发生能够引起某些转换。如果某些情况没有考虑到，很可能一个触发器事件不引起任何转换，那么在状态图中将忽略这个事件。

当一个监护条件的情况比较复杂时，为了方便，可以将一个监护条件拆解成一系列简单的监护条件。这一系列监护条件一般是某个触发器事件或监护条件的分支，每一分支都是一个单独的转换。每一个转换的监护条件都是独立的、互斥的、有效的，每一个转换都可以被触发器事件所触发。这条路径上所有的表达式都会在转换访问激发前得到值，然后根据不同的情况进入不同的状态。这一系列的转换不能部分地激发。如图 9-11 所示为一个监护条件树。

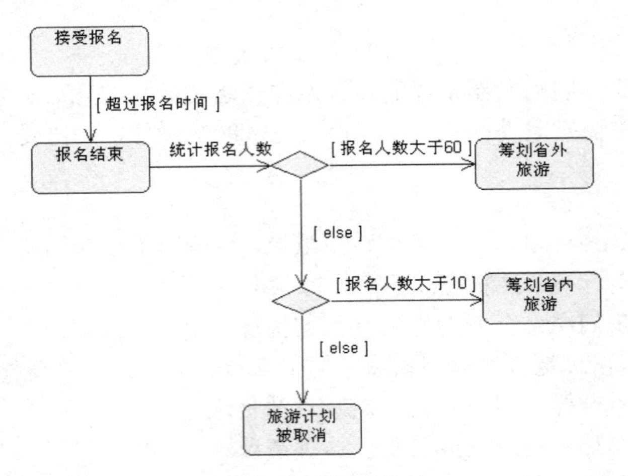

图 9-11　监护条件树

注意，要实现这样的效果，并不是一定要用监护条件树和转换排序，也可以用一套独立的转换实现。之所以选择监护条件树，主要是因为方便。如果用一套独立的转换，要注意每个转换要有它自己的互斥的监护条件。

6．触发器事件

触发器事件就是能够引起状态转换的事件。如果此事件有参数，这些参数可以被转换所用，也可以被监护条件和动作的表达式所用。触发器事件可以是信号、调用和时间段等。

对应与触发器事件，没有明确的触发器事件的转换称作结束转换（或无触发器转换），是在结束时被状态中的任一内部活动隐式触发的。

注意，当一个对象接收到一个事件的时候，如果它没有时间来处理事件，就将事件保存起来。如果有两个事件同时发生，对象每次只处理一个事件，两个事件并不会同时被处理。并且在处理事件的时候，转换必须激活。另外，要完成转换，必须满足监护条件，如果完成转换的时候监护条件不成立，则隐含的完成事件被消耗掉。并且以后即使监护条件再成立，转换也不会被激发。

7．动作

动作（action）通常是一个简短的计算处理过程或一组可执行语句。动作也可以是一个动作序列，即一系列简单的动作。动作可以给另一个对象发送消息、调用一个操作、设置返回值、创建和销毁对象。

动作是原子性的，所以动作是不可中断的，动作和动作序列的执行不会被同时发生的其他动作影响或终止。动作的执行时间非常短，所以动作的执行过程不能再插入其他事件。如果在动作的执行期间接收到事件，那么这些事件都会被保存，直到动作结束，这时事件一般已经得到返回值。

整个系统可以在同一时间执行多个动作，但是动作的执行应该是独立的。一旦动作开始执行，它必须执行到底并且不能与同时处于活动状态的其他动作发生交互作用。动作不能用于表达处理过程很长的事物。与系统处理外部事件所需要的时间相比，动作的执行过程应该很简洁，以使系统的反应时间不会减少，做到实时响应。

动作可以附属于转换，当转换被激发时动作被执行。它们还可以作为状态的入口动作和出口动作出现，由进入或离开状态的转换触发。活动不同于动作，它可以有内部结构，并且活动可以被外部事件的转换中断。所以活动只能附属于状态中，而不能附属于转换。

表 9-1 动作的种类列出了各种动作及描述。

表 9-1　动作的种类

动作种类	描述	语法
赋值	对一个变量赋值	Target:=expression
调用	调用对目标对象的一个操作；等待操作执行结束，并且可能有一个返回值	Opname(arg,arg)
创建	创建一个新对象	new Cname(arg,arg)
销毁	销毁一个对象	object.destory()
返回	为调用者制定返回值	return value
发送	创建一个信号实例并将其发送到目标对象或者一组目标对象	sname(arg,arg)
终止	对象的自我销毁	Terminate
不可中断	用语言说明的动作，如条件和迭代	[语言说明]

9.2.3　判定

判定用来表示一个事件依据不同的监护条件有不同的影响。在实际建模的过程中，如果遇到需要使用判定的情况，通常用监护条件来覆盖每种可能，使得一个事件的发生能保证触发一个转换。判定将转换路径分为多个部分，每一个部分都是一个分支，都有单独的监护条件。这样，几个共享同一触发器事件却有着不同监护条件的转换能够在模型中被分在同一组中，以避免监护条件的相同部分被重复。

判定在活动图和状态图中都有很重要的作用。转换路径因为判定而分为多个分支，可以将一个分支的输出部分与另外一个分支的输入部分连接而组成一棵树，树的每个路径代表一个不同的转换。树为建模提供了很大的方便。在活动图中，判定可以覆盖所有的可能，保证一些转换被激发。否则，活动图就会因为输出转换不再重新激发而被冻结。

通常情况下判定有一个转入和两个转出，根据监护条件的真假可以触发不同的分支转换，如图 9-12 所示。使用判定仅仅是一种表示上的方便，不会影响转换的语义，如图 9-13 所示为没有使用判定的情况。

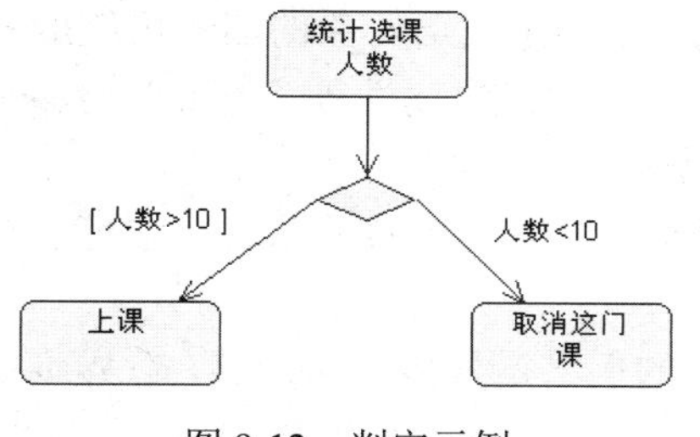

图 9-12　判定示例

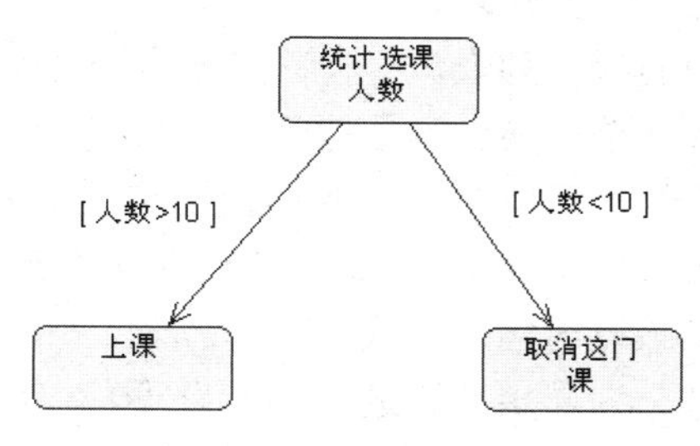

图 9-13　无判定示例

9.2.4　同步状态

同步条是为了说明并发工作流的分支与汇合。状态图和活动图中都可能用到同步。在 UML 中，同步用一条线段来表示，如图 9-14 所示。

并发分支表示把一个单独的工作流分成两个或者多个工作流，几个分支的工作流并行地进行。并发汇合表示两个或者多个并发的工作流在得到同步，这意味着先完成的工作流需要在此等待，直到所有的工作流到达后，才能继续执行以下的工作流。同步在转换激发后立即初始化，每个分支点之后都要有相应的汇合点。如图 9-15 所示为同步示例图。

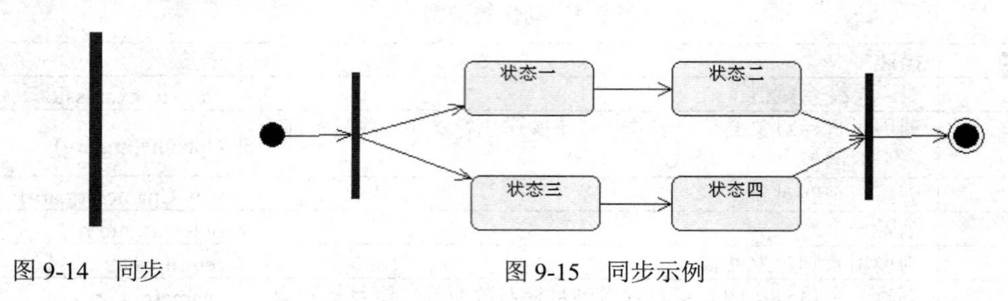

图 9-14　同步　　　　图 9-15　同步示例

要注意同步与判定的区别。同步和判定都会造成工作流的分支，初学者很容易将两者混淆。他们的区别是，判定是根据监护条件使工作流分支，监护条件的取值最终只会触发一个分支的执行。比如，如果有分支 A 和分支 B，假设监护条件为真时执行分支 A，那么分支 B 就不可能被执行。反之则执行分支 B，分支 A 就不可能被执行。而同步的不同分支是并发执行，并不会因为一个分支的执行造成其他分支的中断。

9.2.5　事件

在状态机中，一个事件的出现可以触发状态的改变。它发生在时间和空间上的一点，没有持续时间。如接受到从一个对象到另一个对象的调用或信号、某些值的改变或一个时间段的终结。

事件可以分成明确或隐含的几种，主要包括：信号事件、调用事件、改变事件和时间事件等。

1. 信号事件（signal event）

信号（signal）是作为两个对象之间的通信媒介的命名的实体，它以对象之间显式通讯为目的。发送对象明确地创建并初始化一个信号实例并把它发送到一个对象或者对象的集合。信号有明确的参数列表。发送者在发信号时明确了信号的变元，发给对象的信号可能触发它们的零个或者一个转换。信号是可泛化的，子信号除了继承了父亲的属性外，也可以增加它自己的属性。子信号可以激发声明为使用它的祖先信号的转换。

信号事件（signal event）指的是一个对象对发送给它的信号的接收事件，它可能会在接收对象的状态机内触发转换。

信号分为异步单路通信和双路通信。其中最基本的信号是异步单路通信。在异步单路通信中，发送者是独立的，不用等待接收者如何处理信号。在双路通信模型中，需要用到多路信号，即至少要在每个方向上有一个信号。发送者和接收者可以是同一个对象。

2．调用事件（call event）

调用（call）是在一个过程的执行点上激发一个操作，它将一个控制线程暂时从调用过程转换到被调用过程。调用发生时，调用过程的执行被阻断，并且在操作执行中调用者放弃控制，直到操作返回时重新获得控制。

调用事件（call event）指的是一个对象对调用（call）的接收，这个对象用状态的转换而不是用固定的处理过程实现操作。事件的参数是操作的引用、操作的参数和返回引用。调用事件分为同步调用和异步调用，如果调用者需要等待操作的完成，则是同步调用，反之则是异步调用。

当一个操作的调用发生时，如果调用事件符合一个活动转换上的触发器事件，那么它就触发该转换。转换激发的实际效果包括任何动作序列和 return（value）动作，其目的是将值返回给调用者。当转换执行结束时，调用者重新获得控制并且可以继续执行。如果调用失败而没有进行任何状态转换，则控制立即返回到调用者。

3．改变事件（change event）

改变事件指的是依赖与特定属性值的布尔表达式所表示的条件满足时，事件发生改变。修改事件包含由一个布尔表达式指定的条件，事件没有参数。这种事件隐含一个对条件的连续的测试。当布尔表达式的值由假变到真时，事件就发生。要想事件再次发生，必须先将值变成假，否则，事件不会再发生。

我们要小心使用改变事件，因为他表示了一种具有事件持续性的并且可能是涉及全局的计算过程。它使修改系统潜在值和最终效果的活动之间的因果关系变得模糊。可能要花费很大的代价测试改变事件，因为原则上改变时间是持续不断的。因此，改变事件往往用于当一个具有更明确表达式的通信形式显得不自然的时候。

要注意改变事件与监护条件的区别。监护条件仅只在引起转换的触发器事件触发时或者事件接受者对事件进行处理时被赋值一次。如果为假，那么转换不激发并且事件被遗失，条件也不会再被赋值。而改变事件隐含连续计算，因此可以对改变事件连续赋值，直到条件为真激发转换。

4．时间事件（time event）

时间（time）表示一个绝对或者相对时刻的值。

时间表达式（time expression）指的是计算结果为一个相对或者绝对时间值的表达式。

时间事件（time event）表示时间表达式被满足的事件，它代表时间的流逝。时间事件是一个依赖于时间包因而依赖于时钟存在的事件。而现实世界的时钟或虚拟内部时钟可以定义为绝对时间或者流逝时间。因此时间事件既可以被指定为绝对形式（天数），也可以被指定为相对形式（从某一指定事件发生开始所经历的时间）。时间事件不像信号为一个命名事件那样声明，时间事件仅用做转换的触发。

9.3　组成状态

组成状态（composite state）是内部嵌套有子状态的状态。一个组成状态包括一系列子状态。组成状态可以使用"与"关系分解为并行子状态，或者通过“或”关系分解为互相排斥的互斥子状态。因此，组成状态可以是并发或者顺序的。如果一个顺序组成状态是活动的，则只有一个子状态是活动的。如果一个并发组成状态是活动的，则与它正交的所有子状态都是活动的。

一个系统在同一时刻可以包含多个状态。如果一个嵌套状态是活动的，则所有包含它的组成状态都是活动的。进入或者离开组成状态的转换会引起入口动作或者出口动作的执行。如果转换带有动作，那么这个动作在入口动作执行后，出口动作执行前执行。

为了促进封装，组成状态可以具有初始状态和终止状态。它们是伪状态，目的是为了优化状态机的结构。到组成状态的转换代表初始状态的转换，到组成状态的终止状态的转换代表了在这个封闭状态里活动的完成。而封闭状态里活动的完成会激发活动事件的完成，最终引发封闭状态上的完成转换。

1. 顺序组成状态

如果一个组成状态的多个子状态之间是互斥的，不能同时存在的，这种组成状态称为顺序组成状态。

一个顺序组成状态最多可以有一个初始状态和一个终态，同时也最多可以由一个浅（shallow）历史状态和一个深（deep）历史状态。

当状态机通过转换进入组成状态时，一个转换可以以组成状态为目标，也可以以它的一个子状态为目标，如果它的目标是一个组成状态，那么进入组成状态后先执行其入口动作，然后再将控制传递给初态。如果它的目标是一个子状态，那么在执行组成状态的入口动作和子状态的入口动作后将控制传递给嵌套状态。

如图 9-16 所示，为表示录音机工作状态的组成状态。

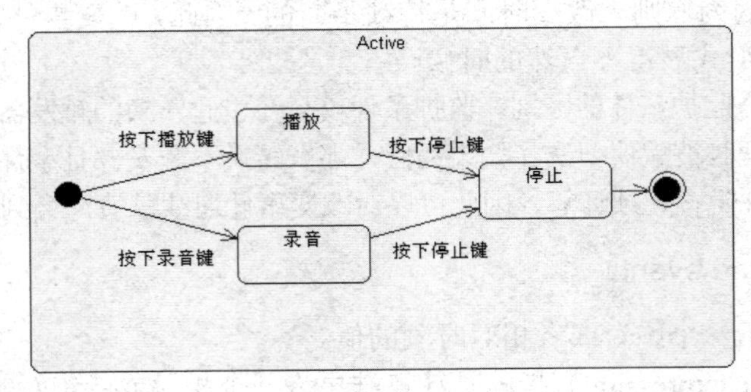

图 9-16　顺序组成状态

2. 并发组成状态

在一个组成状态中，可能有两个或者多个并发的子状态机，我们称这样的组成状态为并发组成状态。每个并发子状态还可以进一步分解为顺序组成状态。

一个并发组成状态可能没有初始状态，终态，或者历史状态。但是嵌套在它们里的任何顺序组成状态可包含这些伪状态。

如果一个状态机被分解成多个并发的子状态，那么代表着它的控制流也被分解成与并发子状态数目一样的并发流。当进入一个并发组成状态时，控制线程数目增加；当离开一个并发组成状态时，控制线程减少。只有所有的并发子状态都到达它们的终态，或者有一个离开组成状态的显式转换时，控制才能重新汇合成一个流。

如图 9-17 所示，组成状态考核为某一单位招人时的内部状态转换。该状态机表示，对一个人员的考核包括考试和体检，考试又分为笔试和面试。只有当考试和体检这两部分都分别完成并合格时，录取的考核结果才算通过。只要其中任何一项通不过，都将被淘汰。

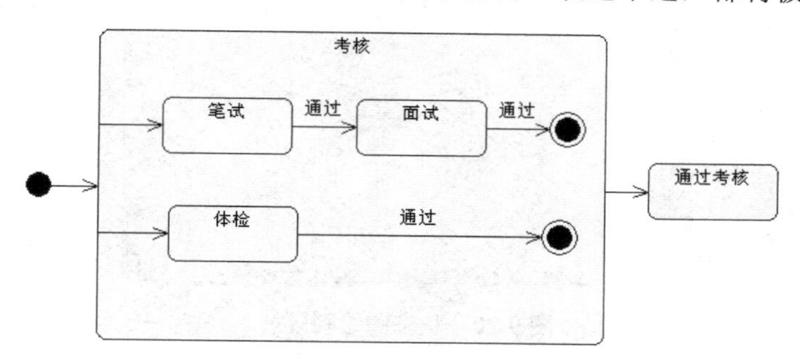

图 9-17 并发组成状态

9.4 使用 Rose 创建状态图

我们已经了解了什么是状态图和其中的各个要素，现在就让我们来看下如何使用 Rational Rose 画出状态图。

9.4.1 创建状态图

在 Rational Rose 中，可以为每个类创建一个或者多个状态图类的转换和状态都可以在状态图中体现。首先，展开“Logic View”菜单项，然后在“Logic View”图标上单击鼠标右键，在弹出的菜单中选择“New”下的“Statechart Diagram”选项建立新的状态图，如图 9-18 所示。

选择之后，Rose 在“Logic View”目录下创建“State/Activity Model”子目录，目录下是新建的状态图“New Diagram”，右键单击状态图图标，在弹出的菜单中选择“Rename”来修改新创建的状态图名字，如图 9-19 所示。

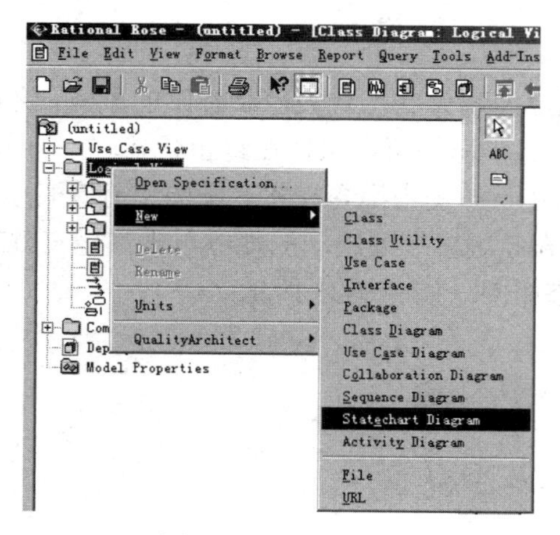

图 9-18 创建状态图

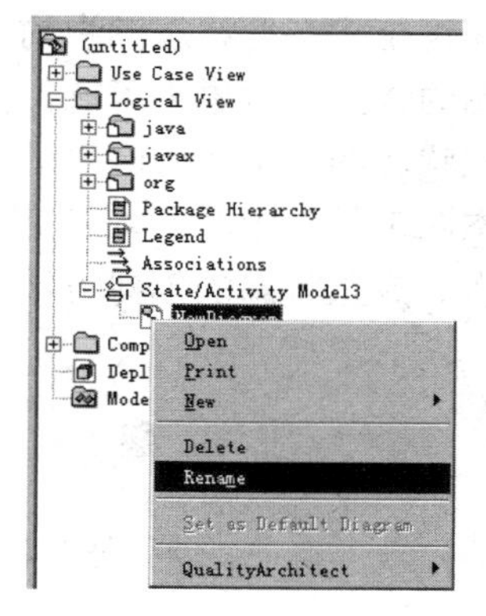

图 9-19 修改状态图名称

在状态图建立以后，双击状态图图标，会出现状态图绘制区域，如图 9-20 所示。

图 9-20　状态图绘制区域

在绘制区域的左侧为状态图工具栏，表 9-2 状态图工具栏列出了状态图工具栏中各个按钮的图标、按钮的名称以及按钮的用途。

表 9-2　状态图工具栏

图标	按钮名称	用途
	Selection Tool	选择一个项目
ABC	Text Box	将文本框加进框图
	Note	添加注释
	Anchor Note to Item	将图中的注释与用例或角色相连
	State	添加状态
	Start State	初始状态
	End State	终止状态
	State Transition	状态之间的转换
	Transition to self	状态的自转换
	Decision	判定

9.4.2　创建初始和终止状态

初始状态和终止状态是状态图中的两个特殊状态。初始状态代表着状态图的起点，终止状态代表着状态图的终点。对象不可能保持在初始状态，但是可以保持在终止状态。

初始状态在状态图中用实心圆表示，终止状态在状态图中用含有实心圆的空心圆表示。鼠标左键单击状态图工具栏中的“ ”图标，然后在绘制区域要绘制的地方单击鼠标左键就可以创建初始状态。终止状态的创建方法和初始状态相同，如图 9-21 所示。

图 9-21　创建初始和终止状态

9.4.3 创建状态

创建状态的步骤可以分为：创建新状态，修改新状态名称，增加入口出口动作和增加活动。

1. 创建新状态

首先用鼠标左键单击状态图工具栏中的“ ”图标，然后在绘制区域要创建状态的地方单击鼠标左键，如图 9-22 所示。

图 9-22 创建新状态

2. 修改新状态名称

创建新的状态后，我们可以修改状态的属性信息。双击状态图标，在弹出的对话框“General”选项卡里进行如名称“Name”和文档说明“Documentation”等属性的设置，如图 9-23 所示。

3. 增加入口和出口动作

状态的入口动作和出口动作是为了这个状态，这样就可以不必知道状态的内部状态而在外部使用它。入口动作在对象进入某个状态时发生，出口动作在对象退出某个状态时发生。

要创建入口动作，首先在状态属性设置对话框中单击对话框的“Action”选项卡，在空白处单击鼠标右键，在弹出的菜单中选择“Insert”菜单项，如图 9-24 所示。接着双击出现的动作类型“Entry/”，在出现的对话框的“When”选项的下拉列表中选择“On Entry”，在“Name”选项中填入动作的名字，如图 9-25 所示。

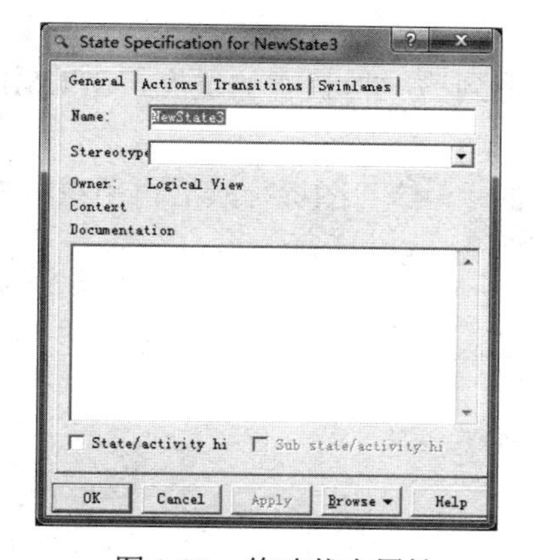

图 9-23 修改状态属性

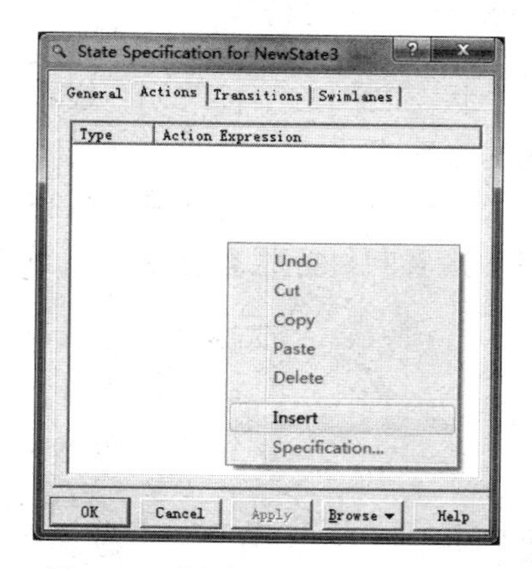

图 9-24 创建入口动作示意图 1

接下来，单击“OK”按钮，退出此对话框，然后再单击属性设置对话框的“OK”按钮，至此状态图的入口动作就创建好了，效果如图 9-26 所示。

出口动作的创建方法和入口动作类似，区别是“When”选项的下拉列表中选择“ON Exit”，效果如图 9-27 所示。

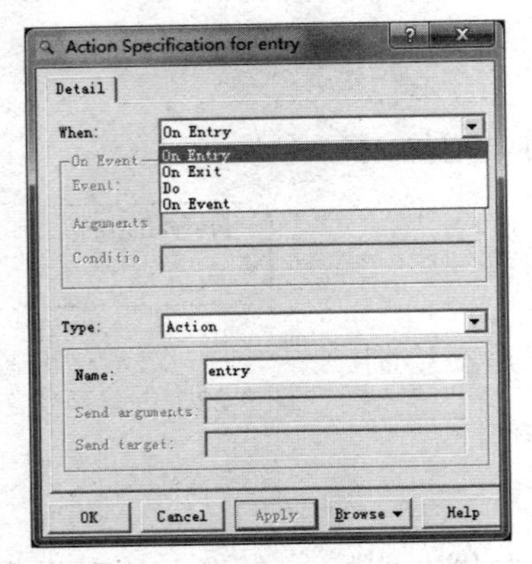

图 9-25　创建入口动作示意图 2

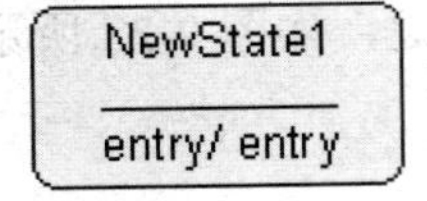

图 9-26　入口动作示意图

图 9-27　出口动作示意图

4．增加活动

活动是对象在特定状态时进行的行为，是可以中断的。增加活动与增加入口动作和出口动作类似，区别就是在“When”选项的下拉列表中选择“Do”，效果如图 9-28 所示。

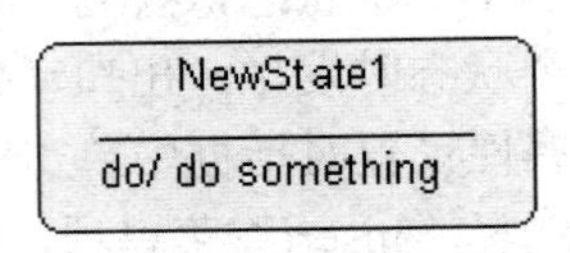

图 9-28　活动示意图

9.4.4　创建状态之间的转换

转换是两个状态之间的一种关系，代表了一种状态到另一种状态的过度，在 UML 中转换用一条带箭头的直线表示。

要增加转换，首先用鼠标左键单击状态工具栏中的“ 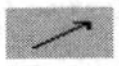 ”图标，然后再用鼠标左键单击转换的源状态，接着向目标状态拖动一条直线。效果如图 9-29 所示。

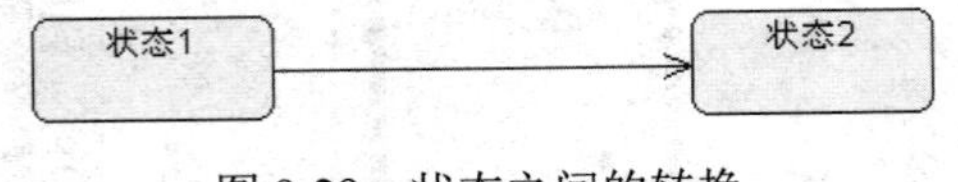

图 9-29　状态之间的转换

9.4.5　创建事件

一个事件可以触发状态的转换。要增加事件，先双击转换图标，在出现的对话框的“General”选项卡里创建事件，如图 9-30 所示。

接下来，在“Event”选项中添加触发转换的事件，在“Argument”选项中添加事件的参数，还可以在“Documentation”选项中添加对事件的描述。添加后的效果如图 9-31 所示。

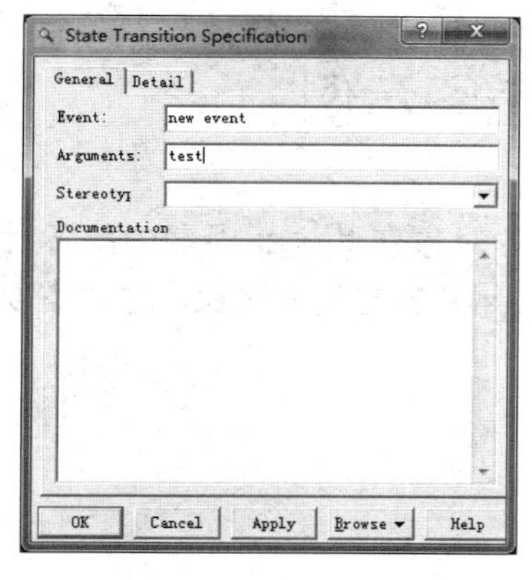

图 9-30　创建事件

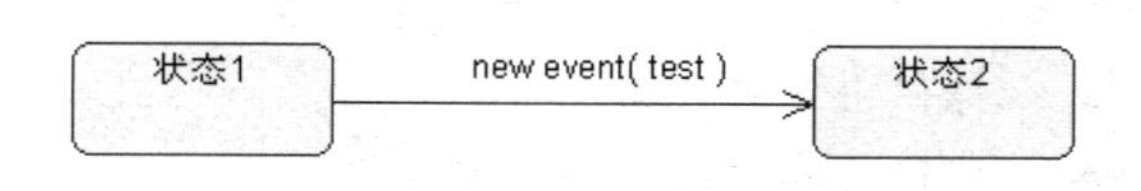

图 9-31　事件示意图

9.4.6　创建动作

动作是可执行的原子计算，它不会从外界中断。动作可以附属于转换，当转换激发时动作被执行。

要创建新的动作，先双击转换的图标，选择出现的对话框中的“Detail”选项卡的“Action”选项，然后填入要发生的动作，如图 9-32 所示。

如图 9-33 所示为增加动作和事件后的效果图。

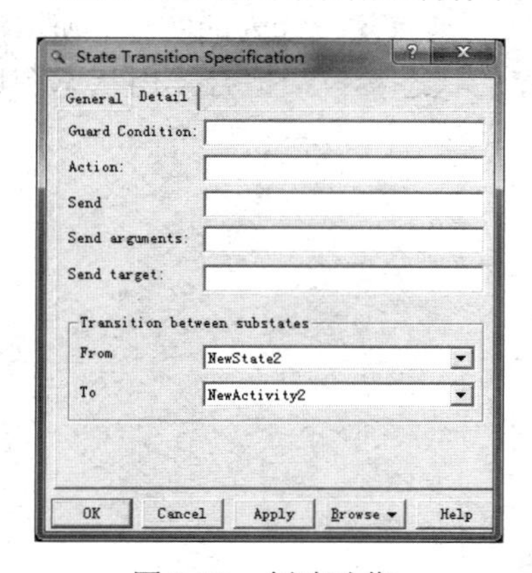

图 9-32　创建动作

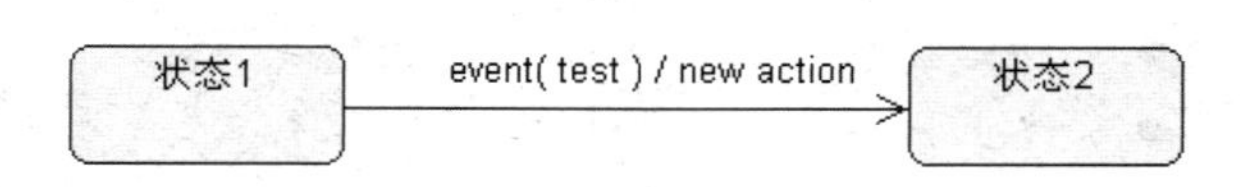

图 9-33　动作示意图

9.4.7　创建监护条件

监护条件是一个布尔表达式，它控制转换是否能够发生。

要添加监护条件，先双击转换的图标，选择出现的对话框中的“Detail”选项卡的“Guard Condition”选项，然后填入监护条件。可以参考添加动作的方法添加监护条件。如图 9-34 所示，为添加动作、事件、监护条件后的效果图。

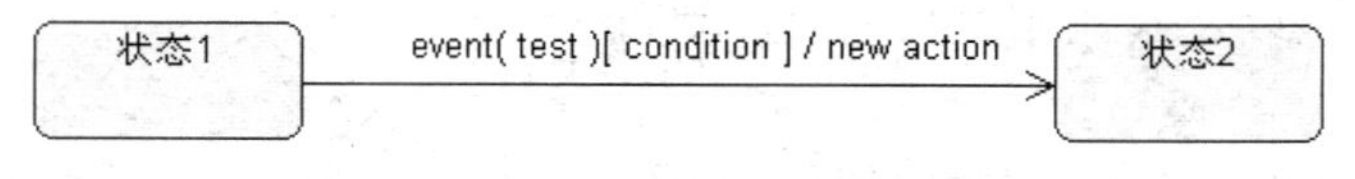

图 9-34　创建监护条件

9.5 使用 Rose 创建状态图示例

我们使用状态图进行建模的目标是描述跨越多个用例的对象在其生命周期中的各种状态及其状态之间的转换。一般情况下，一个完整的系统往往包含很多的类和对象，这就需要我们创建几个状态图来进行描述。

我们使用下列的步骤创建一个状态图：

- 标识出建模实体
- 标识出实体的各种状态
- 创建相关事件和转换

以下将以学生信息管理系统中的“学生选课”为例，介绍如何去创建系统的状态图。

9.5.1 标识出建模实体

要创建状态图，首先要标识出哪些实体需要使用状态图进一步建模。虽然我们可以为每一个类、操作、包或用例创建状态图，但是这样做势必浪费很多的精力。一般来说，不需要给所有的类都创建状态图，只有具有重要动态行为的类才需要。

从另一个角度看，状态图应该用于复杂的实体，而不必用于具有复杂行为的实体。使用活动图可能会更加适合那些有复杂行为的实体。具有清晰、有序的状态实体最适合使用状态图进行进一步建模。

对于学生选课来说，需要建模的实体就是学生账号。

9.5.2 标识出实体的各种状态

对于一个学生账号来说，它的状态主要包括：

- 初始状态
- 终止状态
- 可选课状态
- 不可选课状态
- 账号被删除状态

如图 9-35 所示为学生账号的各种状态。

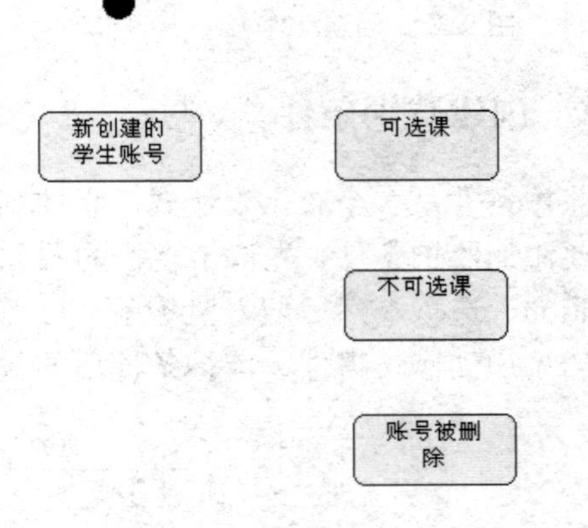

图 9-35　标识各种状态

9.5.3 标识相关事件并创建状态图

当确定了需要建模的实体，并找出了实体的初始状态和终止状态以及其他相关状态后，就可以着手创建状态图。

首先，我们要找出相关的事件和转换。对于

学生账号来说，当有新的同学入学时，将会给新同学创建一个新的账号，新同学可以用这个账号去选课。一般来说，每个人的选课数目是有限的，比如说选择 6 门课程后将不能再选课。如果已选了 6 门课程还要再选课，就必须删除已选的课程。直到这位同学毕业，将其账号删除，则进入终止状态。在这个过程中，主要事件有：选课、删除已选课程、删除账号等。

如图 9-36 所示为学生账号状态图。

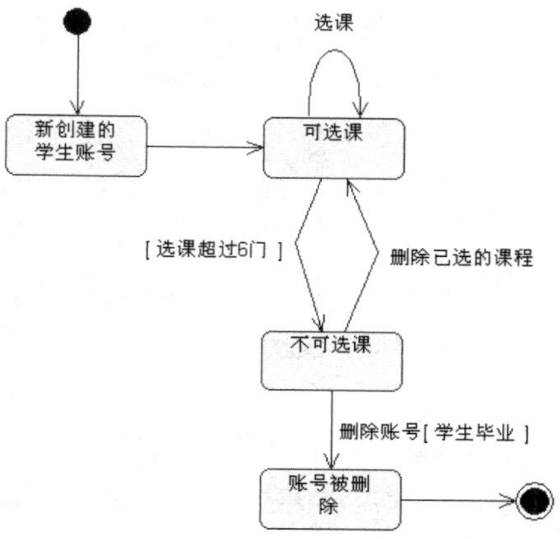

图 9-36　学生账号状态图

9.6　本章小结

本章首先介绍了状态图的概念和作用，讲解了状态图的重要组成元素：状态、转换、初始状态、终止状态和判定。接着又介绍了如何通过 Rational Rose 创建状态图和状态图的各个元素，并创建他们之间的关系。最后通过 ATM 系统具体讲解了如何在实际中创建状态图。创建状态图的重要步骤有：标识出建模实体，标识出实体的各种状态，标识相关事件并创建状态图。本书在前面已经讲过了用例图、协作图、序列图，在下一章中将讲到如何使用活动图进行系统建模。而状态图中的很多概念在活动图中都有应用，所以学好状态图也有利于继续学习活动图。

习题九

1. 填空题

（1）状态图用于描述模型元素的_____的行为。

（2）在 UML 中，状态机由对象的各个状态和连接这些状态的_____组成，是展示状态与状态转换的图。

（3）历史状态代表上次离开组成状态时的最后一个活动子状态，它用一个包含字母的小圆圈表示。

（4）状态图适合描述跨越多个用例的对象在其______中的各种状态及其状态之间的转换。

2. 选择题

（1）下面不是状态图组成要素的是________。

（A）状态　　（B）转换

（C）初始状态　　（D）链

（2）状态用于________。

（A）对实体在其生命周期中的各种状况进行建模，一个实体总是在有限的一段时间内保持一个状态

（B）将系统的需求先转化成图形表示，再转化成程序的代码

（C）表示两个或多个对象之间的独立连接，是不同对象在不同时期的图形描述

（D）描述对象与对象之间的定时交互，显示了对象之间消息发送成功或者失败的状态

（3）下列说法不正确的是_____。

（A）触发器事件就是能够引起状态转换的事件，触发器事件可以是信号、调用等

（B）完成转换没有明确标明触发器事件的转换是由状态中活动的完成引起的

（C）内部转换只有源状态，没有目标状态，不会激发入口和出口动作，因此内部转换激发的结果不改变本来的状态

（D）浅历史状态保存在最后一个引起封装组成状态退出的显式转换之前处于活动的所有状态

（4）下列对状态图的描述不正确的是_____。

（A）状态图通过建立类对象的生命周期模型来描述对象随时间变化的动态行为

（B）状态图适用于描述状态和动作的顺序，不仅可以展现一个对象拥有的状态，还可以说明事件如何随着时间的推移来影响这些状态

（C）状态图的主要目的是描述对象创建和销毁的过程中资源的不同状态，有利于开发人员提高开发效率

（D）状态图描述了一个实体基于事件反应的动态行为，显示了该实体如何根据当前所处的状态对不同的时间做出反应的

3. 简答题

（1）什么是状态机？什么是状态图？

（2）状态图的组成要素有哪些？

（3）简述简单状态和组成状态的区别？

4. 练习题

（1）对于“远程网络教学系统”，学生如果需要下载课件，首先需要输入网站的网址，打开网站的主页。然后输入用户名和密码，如果验证通过则进入功能选择页面，如果验证失败则需要重新输入用户名和密码。进入功能选择页面后可以选在下载课件进入课件选择页面，选择需要下载的课件进入课件下载状态。课件下载完毕后，学生就完成了此次课件下载，请画出学生下载课件的状态图。

（2）在“远程网络教学系统”中，一个课件被上传到网站后，首先需要系统管理员对其进行审核，审核通过后此课件就可以被用户浏览、下载。经过一段时间后，系统会清除网站中过时的课件，请画出课件的状态图。

第10章

活动图

活动图（activity diagram）是UML的5种动态建模机制之一，它阐明了业务用例实现的工作流程。活动图并不像其他建模机制一样直接来源于UML的三位发明人，而是源于Jim Odell的事件图、Petri网和SDL状态建模技术等用于描述工作流和并行过程的建模技术。通过本章的学习，能够使读者从整体上理解活动图，掌握活动图的画法。

10.1 活动图的基本概念

活动图是状态机的一个特殊例子，它强调计算过程中的顺序和并发步骤。活动图所有或多数状态都是活动状态或动作状态，所有或大部分的转换由源状态（Source State）中活动的完成所触发。

10.1.1 活动图的定义

活动图是一种用于描述系统行为的模型视图，它可用来描述动作和动作导致对象状态改变的结果，而不用考虑引发状态改变的事件。通常，活动图记录单个操作或方法的逻辑、单个用例或商业过程的逻辑流程。

在UML中，活动的起点用来描述活动图的开始状态，用黑的实心圆表示。活动的终止点描述活动图的终止状态，用一个含有实心圆的空心圆表示。活动图中的活动既可以是手动执行的任务，也可以是自动执行的任务，用圆角矩形表示。状态图中的状态也是用矩形表示，不过活动的矩形与状态的矩形比较起来更加的柔和，更加接近椭圆。活动图中的转换描述一个活动转向另一个活动，用带箭头的实线段表示，箭头指向转向的活动，可以在转换上用文字标识转换发生的条件。活动图中还包括分支与合并、分叉与汇合等模型元素。分支与合并的图标和状态图中判定的图标相同，分叉与汇合则用一条加粗的线段表示。如图 10-1 所示为一个简单的活动图模型。

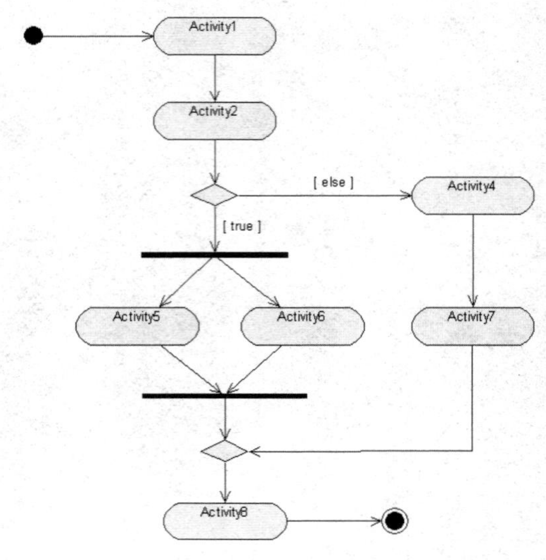

图 10-1　活动图示例

活动图可以算是状态图的一种变种，并且活动图的符号与状态图的符号非常相似，有时会让人混淆。我们要注意活动图与状态图的区别。活动图的主要目的是描述动作及对象的改变结果，而状态图则是以状态的概念描述对象、子系统、系统在生命周期中的各种行为。不像正常的状态图，活动图中的状态转换不需要任何触发事件。活动图中的动作可以放在泳道中，而状态图则不可以。泳道可以将模型中的活动按照职责组织起来。

活动图还和传统的流程图很相似，往往流程图所能表达的内容，大多数情况下活动图也可以表达。不过二者之间还是有明显的区别。首先活动图是面向对象的，而流程图是面向过程的。其次，活动图不仅能够表达顺序流程控制，还能够表达并发流程控制。

10.1.2　活动图的作用

活动图是模型中的完整单元，表示一个程序或工作流，常用于为计算流程和工作流程建模。活动图着重描述了用例实例或对象的活动，以及操作实现中所完成的工作。活动图通常出现在设计的前期，即在所有实现决定前出现，特别是在对象被指定执行的所有活动前。

活动图的作用主要体现在：

- 描述一个操作执行过程中所完成的工作，说明角色、工作流、组织和对象是如何工作的。
- 活动图对用例描述尤其有用，可建模用例的工作流，显示用例内部和用例之间的路径。它可以说明用例的实例是如何执行动作以及如何改变对象状态。
- 显示如何执行一组相关的动作，以及这些动作如何影响它们周围的对象。
- 活动图对理解业务处理过程十分有用。活动图可以画出工作流用以描述业务，有利于与领域专家进行交流。通过活动图可以明确业务处理操作是如何进行的，以及可能产生的变化。

- 描述复杂过程的算法，在这种情况下使用的活动图和传统的程序流程图的功能是相似的。

要注意的是通常活动图假定在整个计算机处理的过程中没有外部事件引起中断，否则普通的状态图更适合描述此种情况。

10.2　活动图的组成

上一节介绍了活动图的概念和作用，为了大家进一步了解活动图，本节将重点介绍活动图的组成元素。UML 活动图中包含的图形元素有：动作状态、活动状态、组合状态、分叉与结合、分支与合并、泳道、对象流。

10.2.1　动作状态

动作状态（action state）是原子性的动作或操作的执行状态，它不能被外部事件的转换中断。动作状态的原子性决定了动作状态要么不执行，要么就完全执行，不能中断。比如：发送一个信号、设置某个属性值等。动作状态不可以分解成更小的部分，它是构造活动图的最小单位。

从理论上讲，动作状态所占用的处理时间极短，甚至可以忽略不计。而实际上，它需要时间来执行，但是要比可能发生事件需要的时间短得多。动作状态没有子结构、内部转换或内部活动，它不能有由事件触发的转换。动作状态可以有转入，转入可以是对象流或者动作流。动作状态通常有一个输出的完成转换，如果有监护条件也可以有多个输出的完成转换。

动作状态通常用于对工作流执行过程中的步骤进行建模。在一张活动图中，动作状态允许在多处出现。不过动作状态和状态图中的状态不同，它不能有入口动作和出口动作，也不能有内部转移。

在 UML 中，动作状态使用平滑的圆角矩形表示，动作状态表示的动作写在矩形内部，如图 10-2 所示。

单击鼠标

图 10-2　动作状态

10.2.2　活动状态

活动状态是非原子性的，用来表示一个具有子结构的纯粹计算的执行。活动状态可以分解成其他子活动或动作状态，可以使转换离开状态的事件从外部中断。活动状态可以有内部转换、有入口动作和出口动作。活动状态具有至少一个输出完成转换，当状态中的活动完成时该转换激发。

活动状态可以用另一个活动图来描述自己的内部活动。

动作状态是一种特殊的活动状态。可以把动作状态理解为一种原子的活动状态，即它只有一个入口动作，并且它活动时不会被转换所中断。动作状态一般用于描述简短的操作，而活动状态用于描述持续事件或复杂性的计算。一般来说，活动状态的可活动时间是没有限制的。

活动状态和动作状态的表示图标相同，都是平滑的圆角矩形。两者不同的是活动状态可以在图标中给出入口动作和出口动作等信息，如图 10-3 所示。

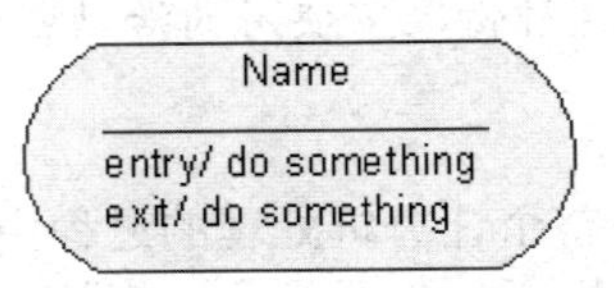

图 10-3　活动状态示例

10.2.3　组合活动

组合活动是一种内嵌活动图的状态。把不含内嵌活动或动作的活动称为简单活动，把嵌套了若干活动或动作的活动称为组合活动。

一个组合活动在表面上看是一个状态，但其本质却是一组子活动的概括。一个组合活动可以分解为多个活动或者动作的组合。每个组合活动都有自己的名字和相应的子活动图。一旦进入组合活动，嵌套在其中的子活动图就开始执行，直到到达子活动图的最后一个状态，组合活动结束。与一般的活动状态一样，组合活动不具备原子性，它可以在执行的过程中被中断。

如果一些活动状态比较复杂就会用到组合活动。比如，我们去购物，当选购完商品后就需要付款，虽然付款只是一个活动状态，但是付款却可以包括不同的情况。对于会员来说，一般是打折后付款，而一般的顾客就要全额付款了。这样，在付款这个活动状态中，就又内嵌了两个活动，所以付款活动状态就是一个组合活动。

使用组合活动可以在一幅图中展示所有的工作流程细节，但是如果所展示的工作流程较为复杂，这就会使活动图难以理解。所以，当流程复杂时也可将子图单独放在一个图中，然后让活动状态引用它。

如图 10-4 所示是一个组合活动的示例。

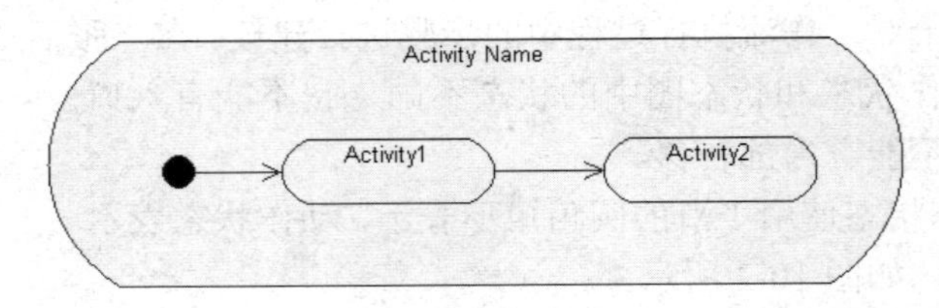

图 10-4　组合活动

10.2.4　分叉与结合

并发（concurrency）指的是在同一时间间隔内，有两个或者两个以上的活动执行。对于一些复杂的大型系统而言，对象在运行时往往不只存在一个控制流，而是存在两个或者多个并发运行的控制流。为了对并发的控制流建模，在 UML 中引入了分叉和结合的概念。分叉用来表示将一个控制流分成两个或者多个并发运行的分支，结合用来表示并行分支在此得到同步。

分叉和联结在 UML 中的表示方法相似，都用粗黑线表示。分叉具有一个输入转换，两个或者多个输出转换，每个转换都可以是独立的控制流。如图 10-5 所示为一个简单的分叉示意图。

结合与分叉相反，结合具有两个或者多个输入转换，只有一个输出转换。先完成的控制流需要在此等待，只有当所有的控制流都到达结合点时，控制才能继续往下进行。如图 10-6 所示为一简单的结合示意图。

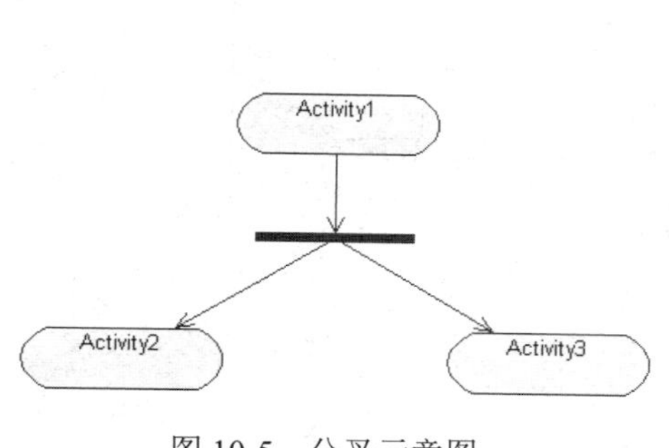

图 10-5　分叉示意图

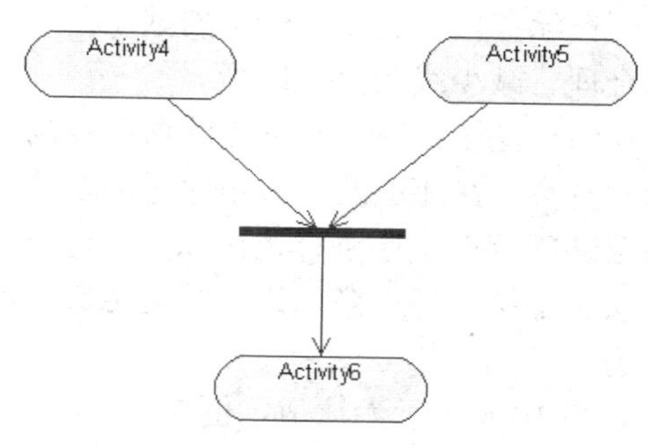

图 10-6　结合示意图

10.2.5　分支与合并

分支在活动图中很常见，它是转换的一部分，它将转换路径分成多个部分，每一部分都有单独的监护条件和不同的结果。当动作流遇到分支时，会根据监护条件（布尔值）的真假来判定动作的流向。分支的每个路径的监护条件应该是互斥的，这样可以保证只有一条路径的转换被激发。在活动图中，离开一个活动状态的分支通常是完成转换，它们是在状态内活动完成时隐含触发的。要注意的是，分支应该尽可能的包含所有的可能，否则可能会有一些转换无法被激发。这样最终会因为输出转换不再重新激发而使活动图冻结。

合并指的是两个或者多个控制路径在此汇合的情况。合并是一种便利的表示法，省略它不会丢失信息。合并和分支常常成对的使用，合并表示从对应分支开始的条件行为的结束。

要注意区分合并和结合。合并汇合了两个以上的控制路径，在任何执行中，每次只走一条，不同路径之间是互斥的关系。而结合则汇合了两条或两条以上的并行控制路径。在执行过程中，所有路径都要走过，先到的控制流要等其他路径的控制流都到后，才能继续运行。

在活动图中，分支与合并都是用空心的菱形表示。分支有一个输入箭头和两个输出箭头，而合并有两个输入箭头和一个输出箭头。

如图 10-7 所示为分支与合并的示意图。

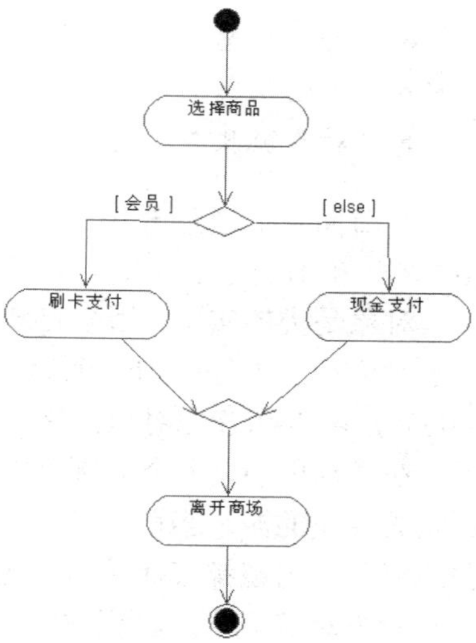

图 10-7　分支与合并示意图

10.2.6　泳道

为了对活动的职责进行组织而在活动图中将活动状态分为不同的组，称为泳道（Swimlane）。每个泳道代表特定含义的状态职责的部分。在活动图中，每个活动只能明确的属于一个泳道，泳道明确地表示了哪些活动是由哪些对象进行的。

每个泳道都与其他泳道不同的名称。

每个泳道可能由一个或者多个类实施，类所执行的动作或拥有的状态按照发生的事件顺序自上而下的排列在泳道内。而泳道的排列顺序并不重要，只要布局合理、减少线条交叉即可。

在活动图中，每个泳道通过垂直实线与它的邻居泳道相分离。在泳道的上方是泳道的名称，不同泳道中的活动既可以顺序进行也可以并发进行。虽然每个活动状态都指派了一条泳道，但是转移则可能跨越数条泳道。

如图 10-8 所示为泳道示例图。

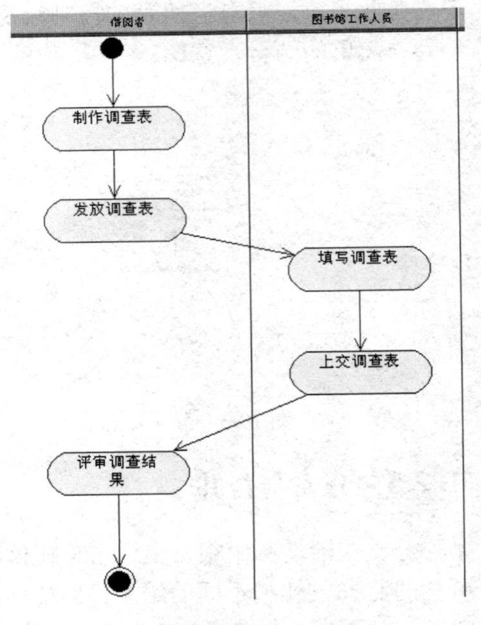

图 10-8　泳道示例

10.2.7　对象流

活动图中交互的简单元素是活动和对象，控制流（control flow）就是对活动和对象之间的关系的描述。控制流表示动作与其参与者和后继动作之间，以及动作与输入和输出对象之间的关系，而对象流就是一种特殊的控制流。

对象流（object flow）是将对象流状态作为输入或输出的控制流。在活动图中，对象流描述了动作状态或者活动状态与对象之间的关系，表示了动作使用对象以及动作对对象的影响。

关于对象流的几个重要概念有：

- 动作状态
- 活动状态
- 对象流状态

在前面我们已经介绍了动作状态和活动状态，这里不再详述。如有不明白的地方请参考 10.2.1 节和 10.2.2 节，下面我们重点介绍一下对象流中的对象。

对象是类的实例，用来封装状态和行为。对象流中的对象表示的不仅仅是对象自身，还表示了对象作为过程中的一个状态存在。因此，也可以将这种对象称之为对象流状态（object flow state），用以和普通对象区别。

在活动图中，一个对象可以由多个动作操作。对象可以是一个转换的目的，以及一个活动的完成转换的源。当前转换激发，对象流状态变成活动的。同一个对象可以不止一次的出现，它的每一次出现都表明该对象处于生存期的不同时间点。

一个对象流状态必须与它所表示的参数和结果的类型匹配。如果它是一个操作的输入，则必须与参数的类型匹配。反之，如果它是一个操作的输出，则必须与结果的类型匹配。

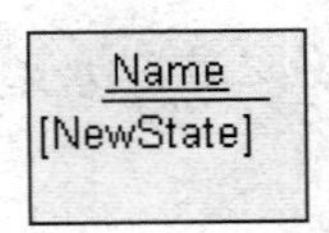

图 10-9　对象示例

活动图中的对象用矩形表示，其中包含带下划线的类名，在类名下方的中括号中则是状态名，表明了对象此时的状态。如图 10-9 所示为对象示例。

对象流表示了对象与对象、操作或产生它（使用它）的转换间的关系。为了在活动图中把它们与普通转换区分开，用带箭头的虚线而非实线来表示对象流。如果虚线箭头从活动指向对象流状态，则表示输出。输出表示了动作对对象施加了影响，影响包括创建、修改、撤销等。如果虚线箭头从对象流状态指向活动，则表示输入。输入表示动作使用了对象流所指向的对象流状态。如果活动有多个输出值或后继控制流，那么箭头背向分叉符号。反之，如果有多输入箭头，则指向结合符号。

如图 10-10 所示为包含对象流的活动图。

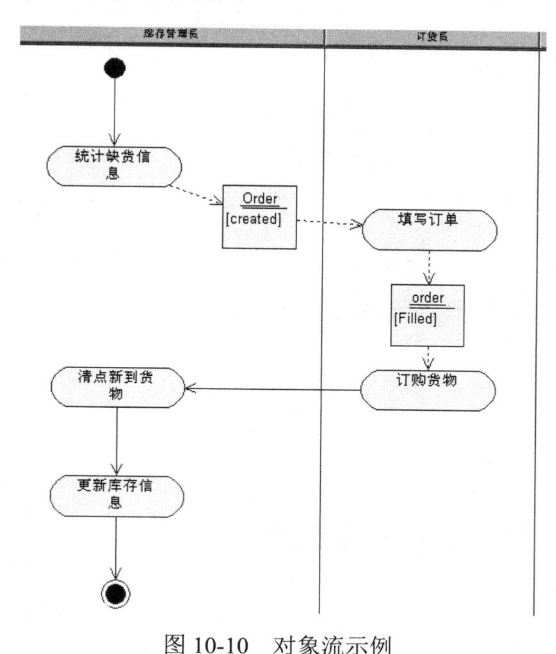

图 10-10　对象流示例

10.3 使用 Rose 创建活动图

我们已经了解了什么是状态图和状态图中的各个要素，下面就来了解如何使用 Rational Rose 画出状态图。

10.3.1 创建活动图

要创建活动图，首先需要展开“Logic View”菜单项，然后在“Logic View”图标上单击鼠标右键，在弹出的菜单中选择“New”下的“Activity Diagram”选项建立新的活动图，如图 10-11 所示。

选择之后，Rose 在“Logic View”目录下创建“State/Activity Model”子目录，目录下是新建的活动图“New Diagram”，右键单击活动图图标，在弹出菜单中选择“Rename”来修改新创建的活动图名字，如图 10-12 所示。

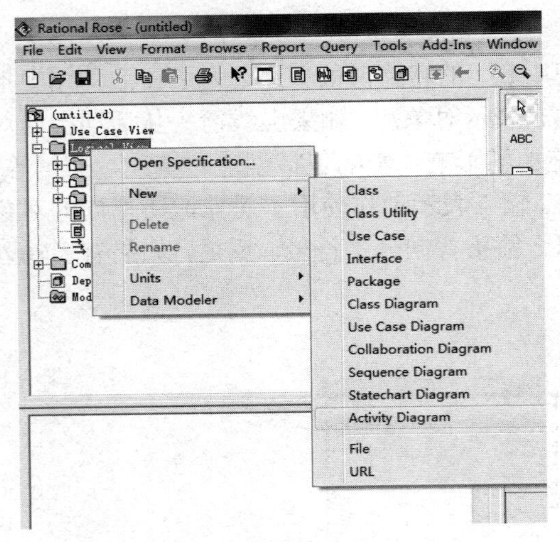

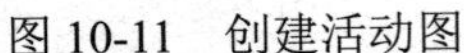
图 10-11　创建活动图

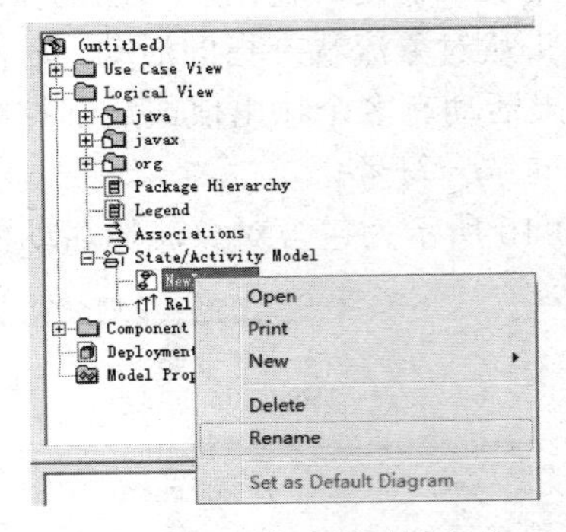

图 10-12　修改活动图名称

在状态图建立以后，双击状态图图标，会出现状态图绘制区域，如图 10-13 所示。

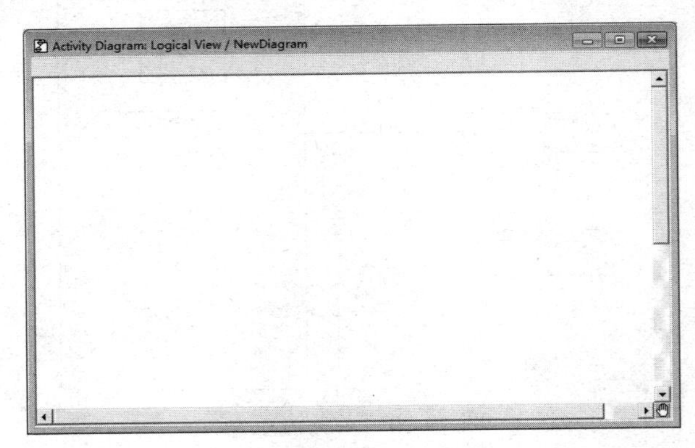

图 10-13　状态图绘图区

在绘制区域的左侧为状态图工具栏，表 10-1 列出了状态图工具栏中各个按钮的图标、按钮的名称以及按钮的用途。

表 10-1　状态图工具栏

图标	按钮名称	用途
	Selection Tool	选择一个项目
ABC	Text Box	将文本框加进框图
	Note	添加注释
	Anchor Note to Item	将图中的注释与用例或角色相连
	State	添加状态
	Activity	添加活动
	Start State	初始状态
	End State	终止状态
	State Transition	状态之间的转换

（续表）

图标	按钮名称	用途
	Transition to self	状态的自转换
	Horizontal Synchronization	水平同步
	Vertical Synchronization	垂直同步
	Decision	判定
	Swimlane	泳道
	Object	对象
	Object Flow	对象流

10.3.2 创建初始和终止状态

和状态图一样，活动图也有初始和终止状态。初始状态在活动图中用实心圆表示，终止状态在活动图中用含有实心圆的空心圆表示。鼠标左键单击活动图工具栏中初始状态图标，然后在绘制区域要绘制的地方单击鼠标左键就可以创建初始状态。终止状态的创建方法和初始状态相同，如图 10-14 所示。

图 10-14 创建初始和终止状态

10.3.3 创建动作状态

要创建动作状态，首先单击活动图工具栏中的“Activity”图标，然后在绘制区域要绘制动作状态的地方单击鼠标左键。如图 10-15 所示为新创建的动作状态。

接下来要修改动作状态的属性信息。首先双击动作状态图标，在弹出的对话框“General”选项卡里进行如名称“Name”和文档说明“Documentation”等属性的设置。如图 10-16 所示。

NewActivity

图 10-15 创建动作状态

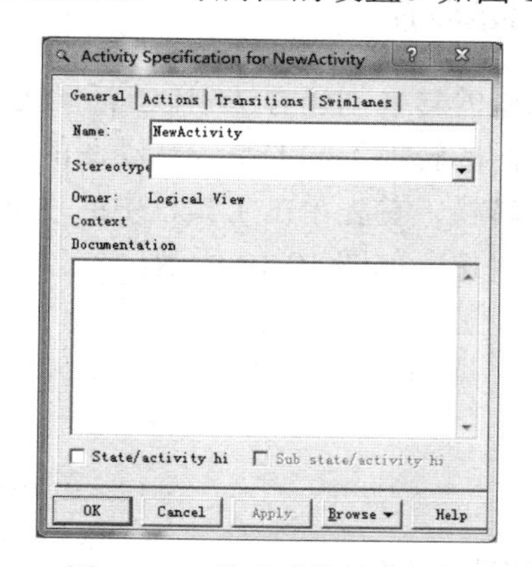

图 10-16 修改动作状态属性

10.3.4 创建活动状态

活动状态的创建方法和动作状态类似，区别在于活动状态能够添加动作。活动状态的创建方法可以参考动作状态，下面我们介绍当创建一个活动状态后，如何添加动作。

首先用鼠标左键双击活动图图标，在弹出的对话框中选择“Action”选项卡。然后在空白处单击鼠标右键，在弹出的右键菜单中选择“Insert”菜单项，如图 10-17 所示。

接下来双击列表中出现的默认动作“Entry/”，在弹出的对话框的“When”选项下拉列表中有“ON entry”、“On Exit”、“Do”和“On Event”等动作选项。用户可以根据自己的需求来选择需要的动作，“Name”字段要求用户输入动作的名称。如果选择“On Event”，则要求在相应的字段中输入事件的名称“Event”、参数“Arguments”和事件发生条件“Condition”等。如果选择的是其他 3 项，则这几个字段不可填写信息，如图 10-18 所示。

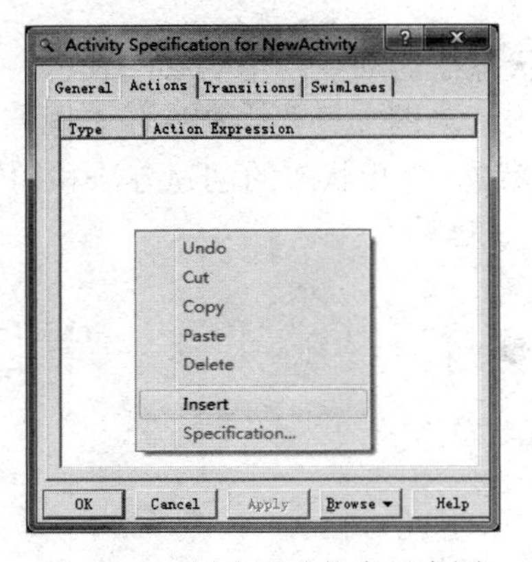

图 10-17 创建活动状态示意图 1

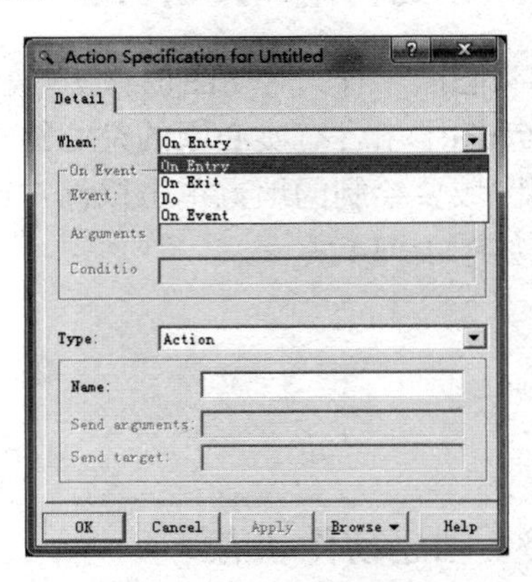

图 10-18 创建活动状态示意图 2

选好动作之后，单击“OK”按钮，退出当前对话框，然后再单击属性设置对话框的“OK”按钮，活动状态的动作就添加完成了。

10.3.5 创建转换

与状态图的转换创建方法相似，活动图的转换也用带箭头的直线表示，箭头指向转入的方向。与状态图的转换不同的是，活动图的转换一般不需要特定事件的触发。

要创建转换，首先单击工具栏中的“State Transition”图标，然后在两个要转换的动作状态之间拖动鼠标，如图 10-19 所示。

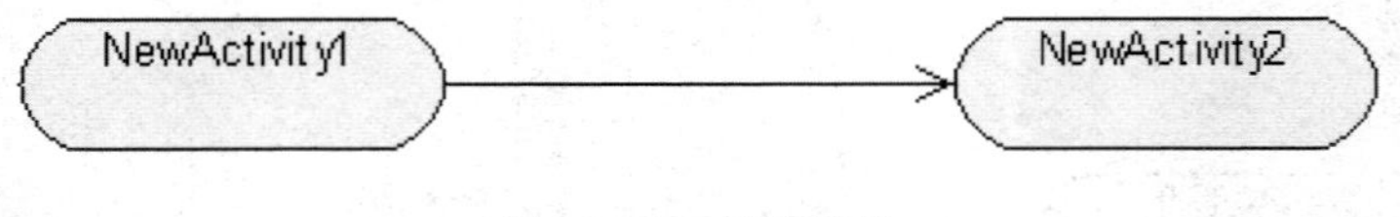

图 10-19 创建转换

10.3.6 创建分叉与结合

分叉可以分为水平分叉与垂直分叉，两者在语义上是一样的，用户可以根据自己画图的需要选择不同的分叉。要创建分叉与结合，首先单击工具栏中的“Horizontal Synchronization”

图标按钮，在绘制区域要创建分叉与结合的地方单击鼠标左键。如图 10-20 所示为分叉与结合的示意图。

10.3.7　创建分支与合并

分支与合并的创建方法和分叉与结合的创建方法相似。首先单击工具栏中的“Decision”图标按钮，然后在绘制区域要创建分支与合并的地方单击鼠标左键。如图 10-21 所示为分支与合并示意图。

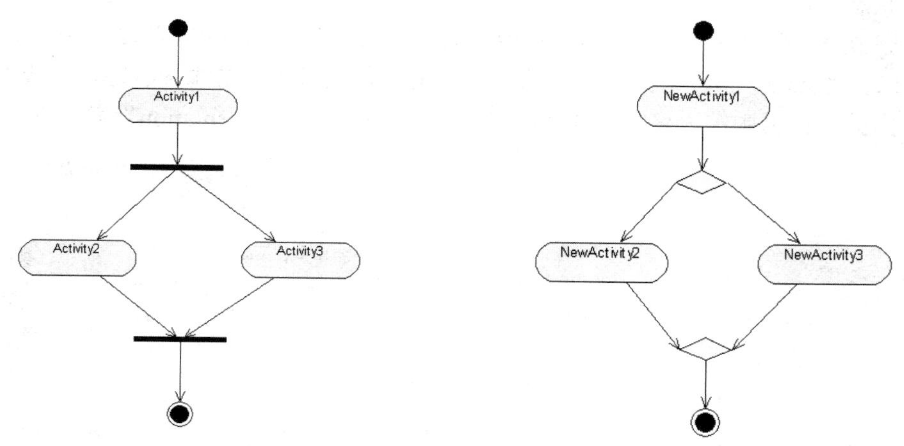

图 10-20　创建分叉与结合　　图 10-21　创建分支与合并

10.3.8　创建泳道

泳道用于将活动按照职责进行分组。要创建泳道，首先单击工具栏中的“Swimlane”图标按钮，然后在绘制区域单击鼠标左键，就可以创建新的泳道，如图 10-22 所示。

接下来可以修改泳道的名字等属性。选中需要修改的泳道，单击鼠标右键，在弹出的菜单中选择“Open Specification”。弹出的对话框中的“Name”字段可以修改泳道的名字，如图 10-23 所示。

图 10-22　创建泳道

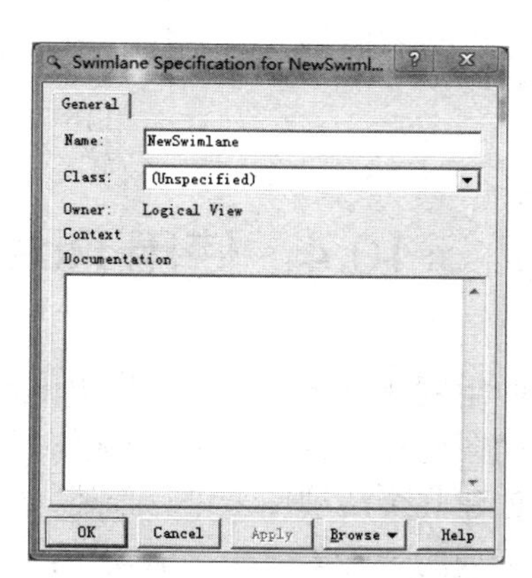

图 10-23　修改泳道属性

10.3.9　创建对象流状态与对象流

对象流状态表示活动中输入或输出的对象。对象流是将对象流状态作为输入或输出的控制流。要创建对象流，首先要创建对象流状态。

对象流状态的创建方法和普通对象的创建方法相同。首先单击工具栏中额度图标按钮“Object”，在绘制区域要绘制对象流状态的地方单击鼠标左键，如图 10-24 所示。

接下来左键双击对象，在弹出的对象框“General”选项卡中，可以设置对象的名称、标出对象的状态、增加对象的说明等，如图 10-25 所示。其中“Name”字段可以输入对象的名字。如果建立了相应的对象类，可以在“Class”对象的下拉列表中选择。如果建立了相应的状态，可以在“State”字段下拉列表中选择。如果没有状态或需要添加状态，则选择“New”，然后在弹出的对话框中输入名字单击“OK”按钮即可。“Documentation”字段输入对象说明。

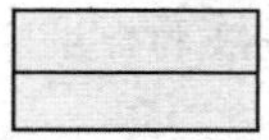

图 10-24　创建对象流状态

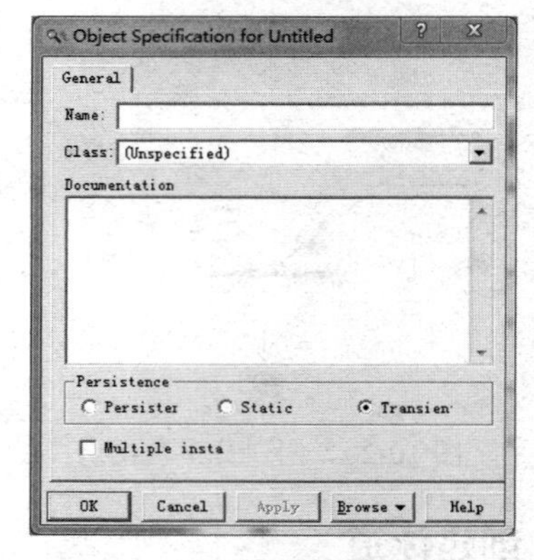

图 10-25　修改对象流属性

创建好对象流状态后，就可以开始创建对象流。首先单击工具栏中的“ ”图标按钮，然后在活动和对象流状态之间拖动鼠标创建对象流，如图 10-26 所示。

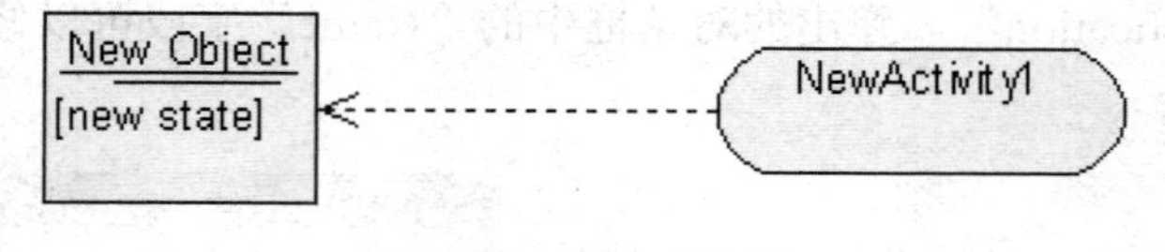

图 10-26　创建对象流

10.4　使用 Rose 创建活动图示例

根据系统的用例或具体的场景，描绘出系统中的两个或者更多类对象之间的过程控制流，是我们使用活动图进行建模的目标。一般情况下，一个完整的系统往往包含很多的类和控制流，这就需要我们创建几个活动图来进行描述。

我们使用下列的步骤创建一个活动图：

（1）标识活动图的用例。

（2）建模用例的路径。

（3）创建活动图。

以下将以某系统的某一部分功能 “教师查看修改学生信息”为例，介绍如何去创建系统的活动图。

10.4.1　标识活动图的用例

在建模活动图之前，需要首先确定要建模什么和了解所要建立模型的核心问题。这就要求我们要确定需要建模的系统的用例，以及用例的参与者。对于“教师查看修改学生信息”来说，他的参与者是教师，教师在查看修改学生信息的活动中，有 3 个用例：

- 登录：要进入系统，首先要登录。
- 查询学生信息：进入系统后可以选择查询不同学生的信息。
- 修改学生信息：需要修改某些学生的部分信息，比如考试过后需要修改学生的成绩信息。
- 如图 10-27 所示为系统用例图。

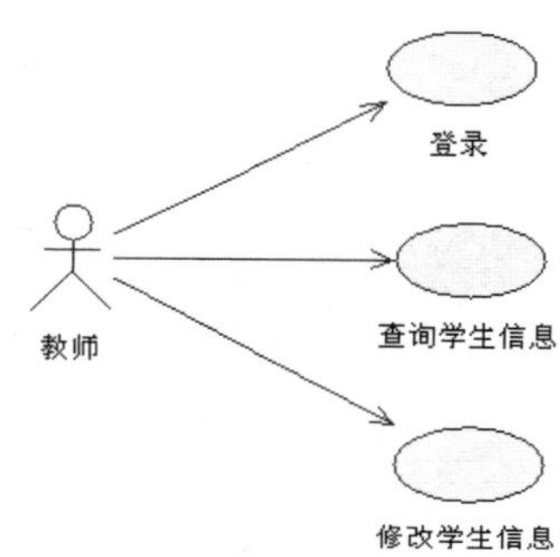

图 10-27　查看修改学生信息

10.4.2　建模用例的路径

在开始创建用例的活动图时，往往先建立一条明显的路径执行工作流，然后从该路径进行扩展，如图 10-28 所示为“教师查看修改学生信息”的工作流示意图。教师登录后，首先选择要查看哪位同学的信息，查看之后修改该学生的信息，修改完成后保存修改过的信息，最后退出系统。该路径仅考虑用例的正常活动路径，没有考虑任何错误和判断的路径。

在建立工作流时，我们要注意：

- 识别出工作流的边界，也就是要识别出工作流的初始状态和终止状态，以及相应的前置条件和后置条件。
- 识别出工作流中有意义的对象，对象可以是具体的某个类的实例，也可以是具有一定抽象意义的组合对象。
- 识别出各种状态之间的转换。
- 考虑分支与合并、分叉与结合的情况。

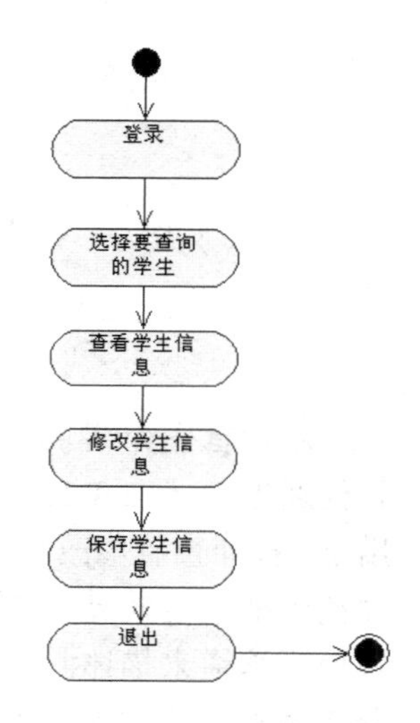

图 10-28　工作流示意图

10.4.3　创建活动图

当弄清楚系统要处理什么样的问题，并建立了工作流路径后，我们就可以开始正式的创建活动图。

在创建活动图的过程中，要注意如下问题：

- 考虑用例其他可能的工作流情况。如执行过程中可能出现的错误，或是可能执行的其他活动。

- 细化活动图，使用泳道。
- 按照时间顺序自上而下的排列泳道内的动作或者状态。
- 使用并发时，不要漏掉任何的分支，尤其是当分支比较多的时候。

如图 10-29 所示为“教师查看修改学生信息”用例的活动图。教师在登录时，系统会验证教师输入的账号、密码、动态码等登录信息，如果验证未通过，则登录失败。如果验证通过，教师登录成功并选择需要查询的学生，系统会显示教师选中的学生的信息。教师查看信息后，修改学生信息，修改完成后保存学生信息，这时系统会将修改后的信息保存进数据库。之后，教师退出系统，系统注销教师账号。

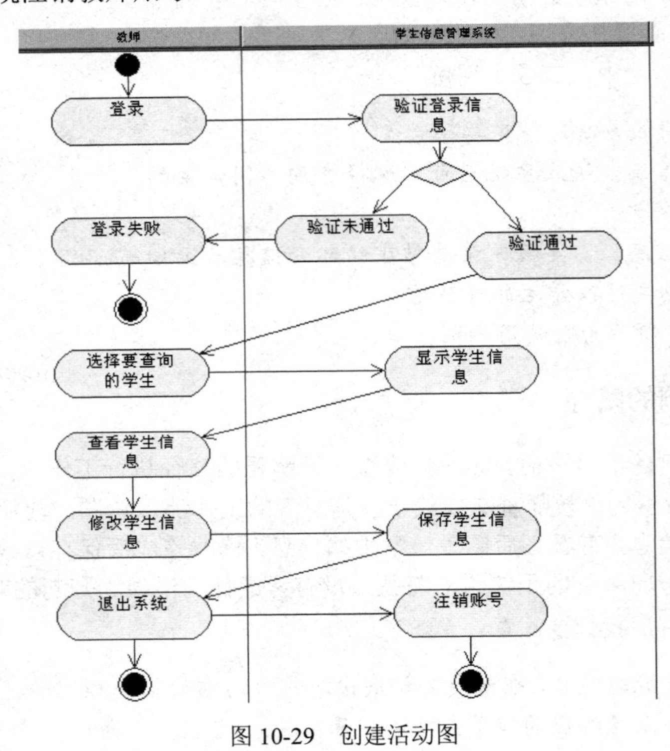

图 10-29　创建活动图

10.5　本章小结

本章首先介绍了活动图的概念和作用，讲解了活动图的重要组成元素，接着我们又介绍了如何通过 Rational Rose 创建活动图和活动图的各个元素，并创建他们之间的关系。最后通过用例“教师查看修改学生信息”讲解了如何在实际中创建活动图。要注意在使用活动图建模时，往往当抽象度较高、描述粒度较粗时，使用一般的活动图；如果要进一步求精描述过程，则一般使用泳道来描述。至此，本书已经介绍了所有的动态建模机制，读者可以根据自己系统的需要选用不同的建模机制来完成对系统的建模。

习题十

1. 填空题

（1）活动图的动态建模机制一共有_____。

（2）活动图所有或多数状态都是_____状态或_____状态。

（3）一个对象流状态必须与它所表示的_____和_____的类型匹配。

（4）为了对活动的职责进行组织而在活动图中将活动状态分为不同的组，称为_____。

2. 选择题

（1）下面不是活动图组成要素的是________。

（A）生命线　　（B）动作状态

（C）泳道　　（D）活动状态

（2）动作状态（action state）________。

（A）是非原子性的动作或操作的执行状态

（B）是原子性的动作或操作的执行状态，它不能被外部事件的转换中断

（C）动作状态通常用于对工作流执行过程中的步骤进行建模

（D）从理论上讲，所占用的处理时间极长

（3）下列说法不正确的是_____。

（A）分支将转换路径分成多个部分，每一部分都有单独的监护条件和不同的结果

（B）一个组合活动在表面上看是一个状态，但其本质却是一组子活动的概括

（C）活动状态是原子性的，用来表示一个具有子结构的纯粹计算的执行

（D）对象流中的对象表示的不仅仅是对象自身，还表示了对象作为过程中的一个状态存在

（4）下列对活动图的描述不正确的是_____。

（A）活动图可以算是状态图的一种变种并且活动图的符号与状态图的符号非常相似

（B）活动图是模型中的完整单元，表示一个程序或工作流，常用于计算流程和工作流程建模

（C）活动图是一种用于描述系统行为的模型视图，它可用来描述动作和动作导致对象状态改变的结果

（D）活动图是对象之间传送消息的时间顺序的可视化表示，目的在于描述系统中各个对象按照时间顺序的交互的过程

3. 简答题

（1）什么是活动图？活动图有什么作用？

（2）请描述合并和结合的区别。

（3）活动图的组成要素有哪些？

4. 练习题

（1）对于“远程网络教学系统”，学生登录后可以下载课件。在登录时，系统需要验证用户的登录信息，如果验证通过系统会显示所有可选服务。如果验证失败，则登录失败。当用户看到系统显示的所有可选服务后，可以选择下载服务，然后下载需要的课件。下载完成后用户退出系统，系统则会注销相应的用户信息。请画出学生下载课件的活动图。

（2）在“远程网络教学系统”中，系统管理员登录后可以处理注册申请或者审核课件。在处理注册申请后，需要发送邮件通知用户处理结果；在审核完课件后，需要更新页面信息以保证用户能看到最新的课件，同时系统更新页面。当完成这些工作后，系统管理员退出系统，系统则注销系统管理员账号。请画出系统管理员的工作活动图。

第11章

包图

在 UML 的建模机制中，模型的组织是通过包（Package）来实现的。包可以把所建立的各种模型（包括静态模型和动态模型）组织起来，形成各种功能或用途的模块，并可以控制包中元素的可见性以及描述包之间的依赖关系。通过这种方式系统模型的实现者能够在高层（按照模块的方式）把握系统的结构。本章将对包图中的基本概念以及它们的使用方法逐一进行详细介绍。希望读者通过本章的学习，能够熟练使用包图描述系统的组织结构。

11.1 模型的组织结构

计算机系统的模型自身是一个计算机系统的制品，被应用在一个给出了模型含义的大型语境中。模型需要有自己的内部组织结构，一方面能够将一个大系统进行分解，降低系统的复杂度；另一方面能够允许多个项目开发小组同时使用某个模型而不发生过多的相互牵涉。我们对系统模型的内部组织结构通常采用先分层再细分成包的方式。

将系统分层很常用的一种方式是将系统分为三层的结构，也就是用户界面层、业务逻辑层和数据访问层，如图 11-1 所示。

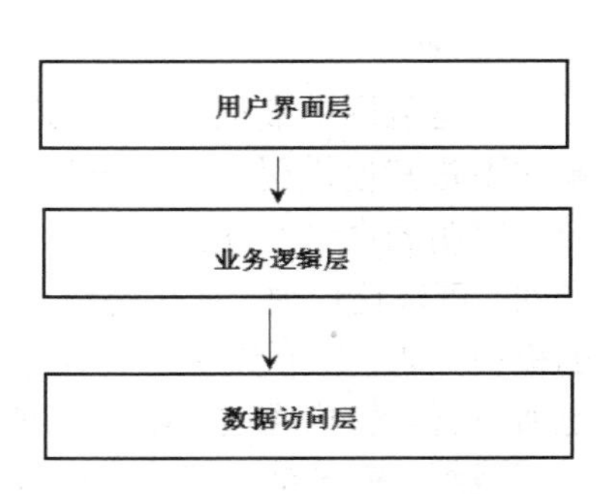

图 11-1　系统的三层结构示例

用户界面代表与用户进行交互界面，既可以是 Form 窗口，也可以是 Web 的界面形式。随着应用的复杂性和规模性不断提高，界面的处理也变得具有挑战性。一个应用可能有很多不同的界面表示形式，通过对界面中数据的采集和处理，以及响应用户的请求与业务逻辑层进行交换。

业务逻辑层是用来处理系统的业务流程，它接受用户界面请求的数据，并根据系统的业务规则返回最终的处理结果。它将系统的业务规则抽象出来，按照一定的规则形成在一个应用层上。对开发者来讲，这样可以专注于业务模型的设计。把系统业务模型按一定的规则抽取出来，抽取的层次很重要，这也是判断开发人员是否优秀的设计依据。

数据访问层是程序中和数据库进行交互的层。手写数据访问层代码是非常枯燥无味且浪费时间的重复活动，还有可能在编译程序的时候出现很多漏洞，通常我们可以利用一些工具创建数据访问层，较少数据访问层代码的编写。

模型和模型内的各个组成部分都不是被孤立地建造和使用的。它们都是模型所处的大环境中的一部分，这个大环境包括建模工具、建模语言和语言编译器、操作系统、计算机网络环境、系统具体实现方面的限制条件等等。在构建一个系统的时候，系统信息应该包括环境所有方面的信息，并且系统信息的一部分应被保存在模型中，例如项目管理注释、代码生成提示、模型的打包、编辑工具缺省命令的设置。其他方面的信息应分别保存，如程序源代码和操作系统配置命令。即使是模型中的信息，对这些信息的解释也可以位于多个不同地方，包括建模语言、建模工具、代码生成器、编译器或命令语言，等等。模型内的各个组成部分也通过各种关系相互连接，表现为层与层之间的关系、包与包之间的关系以及类与类之间的关系等。

如果包的规划比较合理，那么它们能够反映系统的高层架构——有关系统由子系统和它们之间的依赖关系组合而成。包之间的依赖关系概述了包的内容之间的依赖关系。

11.2　包图的基本概念

包图（Package Diagram）是一种维护和描述系统总体结构模型的重要建模工具，通过对图中各个包以及包之间关系的描述，展现出系统模块与模块之间的依赖关系。图 11-2 所示的是一个简单的包图模型。

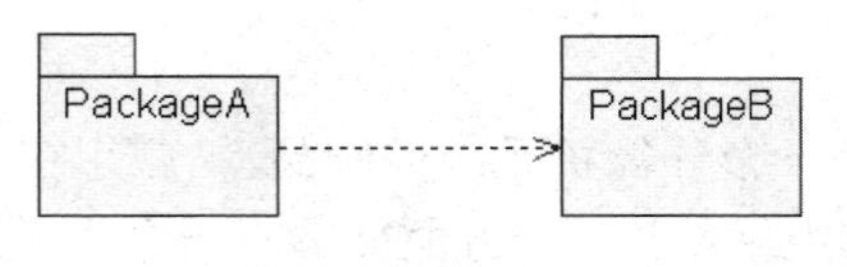

图 11-2　包图示例

包是包图中最重要的概念，它包含了一组模型元素和图。对于系统中的每个模型元素，如果它不是其他模型元素的一部分，那么它必须在系统中唯一的命名空间内进行声明。包含一个元素声明的命名空间被称为拥有这个元素。包是一个可以拥有任何种类的模型元素通用的命名空间。可以这样说，如果将整个系统描述为一个高层的包，那么它就直接或间接地包含了所有的模型元素。在系统模型中，每个图必须被一个唯一确定的包所有，同样这个包可能被另一个包所包含。包构成进行配置控制、存储和访问控制的基础。所有的 UML 模型元素都能用包来进行组织。每一个模型元素或者为一个包所有，或者自己作为一个独立的包，模型元素的所有关系组成了一个具有等级关系的树状图。然而，模型元素（包括包）可以引用其他包中的元素，所以包的使用关系组成了一个网状结构。

在 UML 中，包图的标准形式是使用两个矩形进行表示的，一个小矩形（标签）和一个大矩形，小矩形紧连接在大矩形的左上角上，包的名称位于大矩形的中间，如图 11-3 所示。

包涉及的主要内容包括包的名称、包中拥有的元素和这些元素的可见性、包的构造型以及包与包之间的关系。

同其他的模型元素的名称一样，每个包都必须有一个与其他包相区别的名称。包的名称是一个字符串，它有两种形式：简单名（simple name）和路径名（path name）。其中，简单名仅包含一个名称字符串，路径名是以包处于的外围包的名字作为前缀并加上名称字符串，但是在 Rational Rose 2007 中，使用简单名称后加上"（from 外围包）"的形式，如图 11-4 所示，"PackageA"包拥有"InPackage"包。

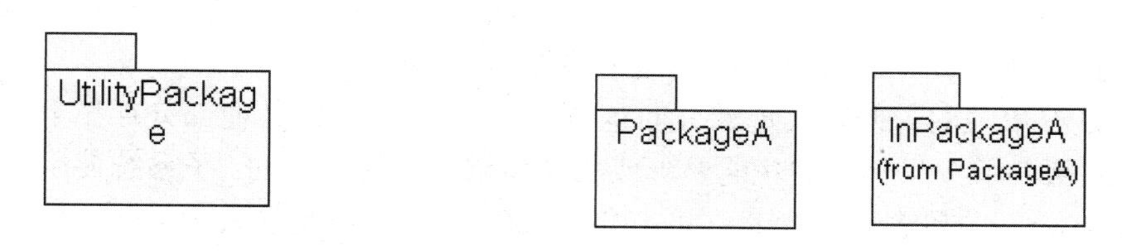

图 11-3　包的图形表示形式　　　　图 11-4　包的命名称示例

我们在包下可以创建各种模型元素，比如类、接口、构件、节点、用例、图以及其他包等。在包图下允许创建的各种模型元素是根据各种视图下所允许创建的内容决定，比如在用例视图下的包中，只能允许创建包、角色、用例、类、用例图、类图、活动图、状态图、序列图和协作图等。

包对自身所包含的内部元素的可见性也有定义，使用关键字 private、protected 或 public 来表示。Private 定义的私有元素对包外部元素完全不可见；protected 定义的被保护的元素只对那些与包含这些元素的包有泛化关系的包可见；public 定义的公共元素对所有引入的包以及它们的后代都可见。在这里涉及一个包对另一个包具有访问与引入的依赖关系的概念。这三种关键字在 Rational Rose 2007 的图形表示如图 11-5 所示，图中包含了 ClassA、ClassB 和 ClassC 三个类，分别是 public、protected 和 private 关键字修饰。

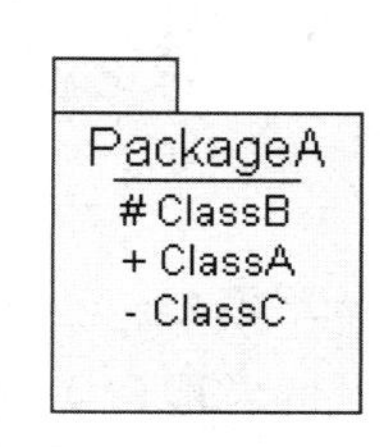

图 11-5　包中元素的可见性示例

通常，一个包不能访问另一个包的内容。包是不透明的，除非它们被访问或引入依赖关系才能打开。访问依赖关系直接应用到包和其他包容器中。在包层，访问依赖关系表示提供者包的内容可被客户包中的元素或嵌入客户包中的子包所引用。提供者中的元素在它的包中要有足够的可见性，使得客户可以看到它。通常，一个包只能看到其他包中被指定为具有公共可见性的元素。具有受保护可见性的元素只对包含它的包的后代包具有可见性。可见性也可用于类的内容（属性和操作）。一个类的后代可以看到它的祖先中具有公共或受保护可见性的成员，而其他的类则只能看到具有公共可见性的成员。对于引用一个元素而言，访问许可和正确的可见性都是必须的。所以，如果一个包中的元素要看到不相关的另一个包的元素，则第一个包必须访问或引入第二个包，且目标元素在第二个包中必须有公共可见性。

要引用包中的内容，使用 PackageName::PackageElement 的形式，这种形式叫作全限定名（fully qualified name）。

包也有不同的构造型，表现为不同的特殊类型的包，比如模型、子系统和系统等。我们在 Rational Rose 2007 中创建包时不仅可以使用内部支持一些构造性，也可以自己创建一些构造型，用户自定义的构造型也标记为关键字，但是不能与 UML 预定义的关键字相冲突。

模型是从某一个视角观察到的对进行系统完全描述的包。它从一个视点提供一个系统封闭的描述。它对其他包没有很强的依赖关系，如实现依赖或继承依赖。跟踪关系表示某些连接的存在，是不同模型的元素之间的一种较弱形式的依赖关系，它不用特殊的语义说明。通常，模型为树形结构。根包包含了存在于它体内的嵌套包，嵌套包组成了从给定观点出发系统的所有细节。在 Rational Rose 2007 中，支持业务分析模型包、业务设计包、业务用例模型包以及 CORBAModule 包，如图 11-6 所示，是这些模型的图形表示形式。

子系统是有单独的说明和实现部分的包。它表示具有对系统其他部分存在干净接口的连贯模型单元，通常表示按照一定的功能要求或实现要求对系统进行的。子系统使用具有构造型关键字“subsystem”的包表示。在 Rational Rose 2007 中，子系统的表示形式如图 11-7 所示。

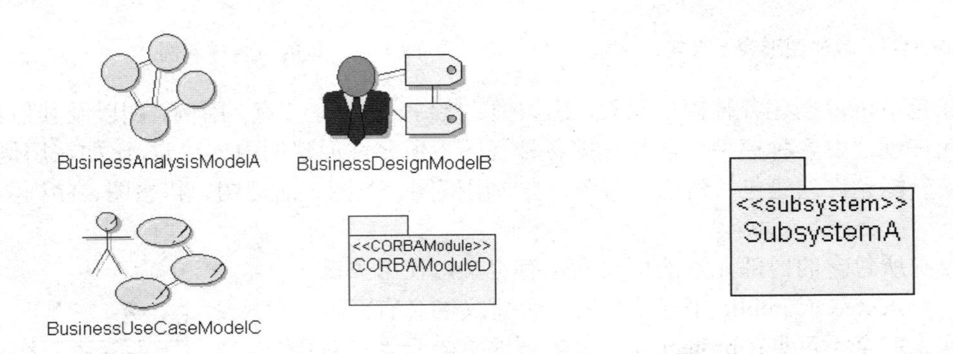

图 11-6　各种模型包示例　　　　图 11-7　子系统示例

系统是组织起来以完成一定目的的连接单元的集合，由一个高级子系统建模，该子系统间接包含共同完成现实世界目的的模型元素的集合。一个系统通常可以用一个或多个视点不同的模型描述。系统使用一个带有构造型“system”的包表示，在 Rational Rose 2007 中，内部支持的一些系统如应用系统、业务系统等，它们的图形表示形式如图 11-8 所示。

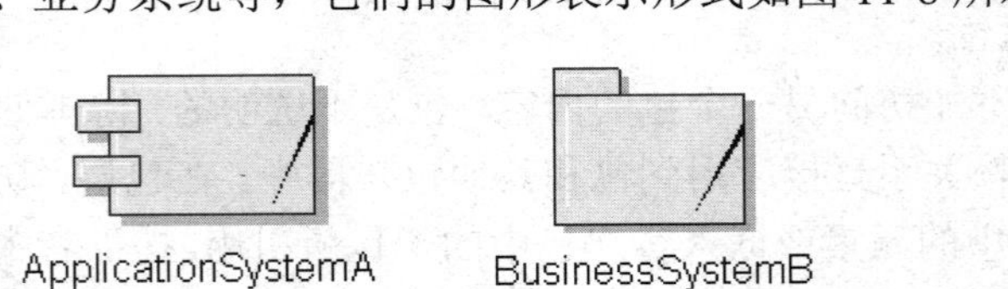

图 11-8　系统的图形表示示例

包之间的关系总的来讲可以概括为依赖关系。依赖关系在独立元素之间出现，但是在任何规模的系统中，应从更高的层次观察它们。包之间的依赖关系概述了包中元素的依赖关系，即包间的依赖关系可从独立元素间的依赖关系导出。包间的依赖关系可以分为很多种，比如，实现依赖、继承依赖、访问和引入依赖等。实现依赖也被称为细化关系，继承依赖也被称为泛化关系。

包间依赖关系的存在表示存在一个自底向上的方法（一个存在声明），或允许过后存在于一个自顶向下的方法（限制其他任何关系的约束）中，对应的包中至少有一个独立元素之间给定种类的依赖关系的关系元素。这是一个“存在声明”，并不意味着包中的所有元素都有依赖关系。这对建模者来说是表明存在更进一步的信息的标志，但是包层依赖关系本身并不包含任何更深的信息，它仅仅是一个概要。

自顶向下方法反映了系统的整个结构，自底向上方法可以从独立元素自动生成。在建模中两种方法有它们自己的地位，即使是在单个的系统中也是这样。

独立元素之间属于同一类别的多个依赖关系被聚集到包间的一个独立的包层依赖关系中，独立元素包含在这些包中。如果独立元素之间的依赖关系包含构造型（如几种不同的使用），为了产生单一的高层依赖关系，包层依赖关系中的构造型可能被忽略。

严格意义上来将，包图并非是正式的 UML 图，但实际上他们是很有用处的，我们创建一个包图是为了：

- 描述需求高阶概况。我们在前面介绍过有关包的两种特殊形式，分别是业务分析模型和业务用例模型，我们可以通过包来描述系统的业务需求，但是业务需求的描述不如用例等细化，只能是高阶概况。
- 描述设计的高阶概况。设计也是同样，可以通过业务设计包来组织业务设计模型，描述设计的高阶概况。
- 在逻辑上把一个复杂的系统模块化。包图的基本功能就是通过合理规划自身功能，反应系统的高层架构，在逻辑上将系统进行模块化分解。
- 组织源代码。从实际应用中来将，包最终还是组织源代码的方式而已。

11.3 使用 Rose 创建包图

1. 创建和删除包图

如果需要创建一个新的包，可以通过工具栏、菜单栏或浏览器三种方式进行添加。

通过工具栏或菜单栏添加包的步骤如下：

Step 01 在类图的图形编辑工具栏中，选择用于创建包的按钮，或者在菜单栏中，选择“Tools”（工具）中“Create”（新建）菜单下的“Package”选项。此时的光标变为“+”符号。

Step 02 单击类图的任意一个空白处，系统在该位置创建一个包图，如图 11-9 所示，系统产生的默认名称为“NewPackage”。

Step 03 将“NewPackage”重新命名成新的名称即可。

通过浏览器添加包的步骤如下：

Step 01 在浏览器中选择需要将包添加的目录，右键单击。

Step 02 在弹出的菜单中选择“New”（新建）下的“Package”选项。

Step 03 输入包的名称。如果需要将包添加进类图中，只需要将该包拖入类图即可。

如果需要对包设置不同的构造型，可以选中已经创建好的包，单击右键选择“Open specification ...”选项，在规范设置的对话框中，选择“General”选项卡，在“Stereotype”右侧的下拉框中，输入或选择一个构造型，如图 11-10 所示。在“Detail”选项卡中，可以设置包中包含元素的内容。

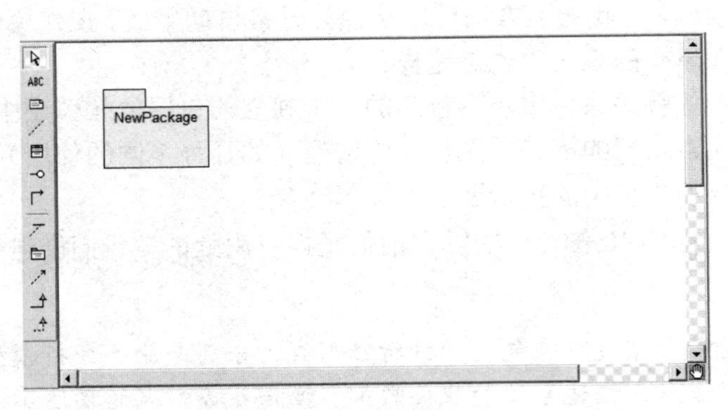

图 11-9　创建包图

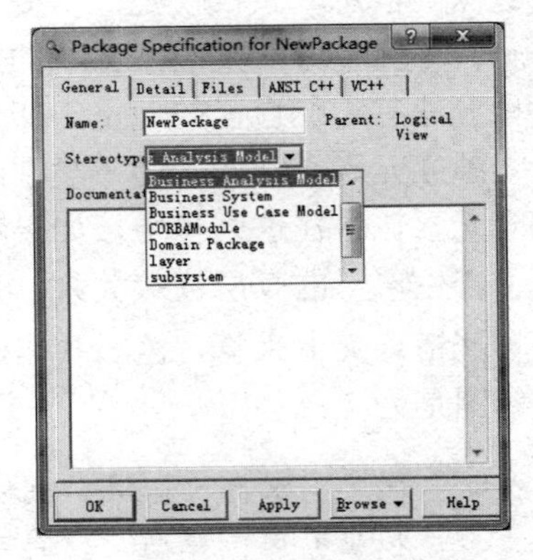

图 11-10　设置包的构造型

如果需要在模型中删除一个包，可以通过以下方式进行：

（1）在浏览器中选择需要删除的包，右键单击。

（2）在弹出菜单栏中选择“Delete”选项即可删除。

这种方式是将包从模型中永久删除，包及其包中内容都将被删除。如果需要将包从类图中移除，只需要选择类图中的包，按“Delete”键即可，此时包仅仅从该类图中移除，在浏览器中和其他类图中仍然可以存在。

2．添加包中的信息

在包图中，可以增加在包所在目录下的类。比如，我们在“PackageA”包所在的目录下创建了两个类，分别是“ClassA”和“ClassB”。如果需要将这两个类添加到包中，需要通过以下的步骤进行：

Step 01 选中“PackageA”包的图标，单击右键，弹出如图 11-11 所示的菜单选项。在菜单选项中选择“Select Compartment Items ...”选项，弹出如图 11-12 所示的对话框。

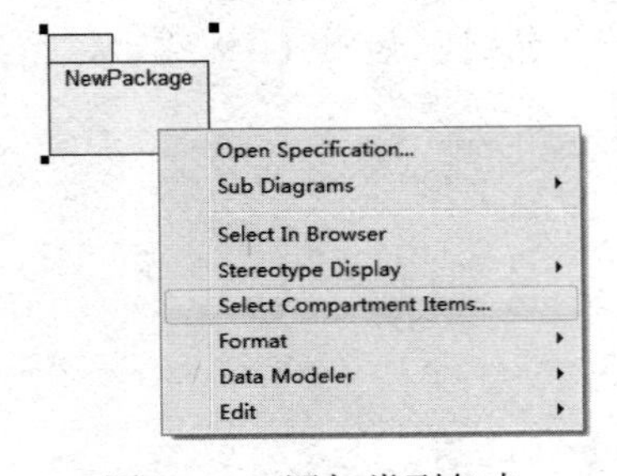

图 11-11　添加类到包中

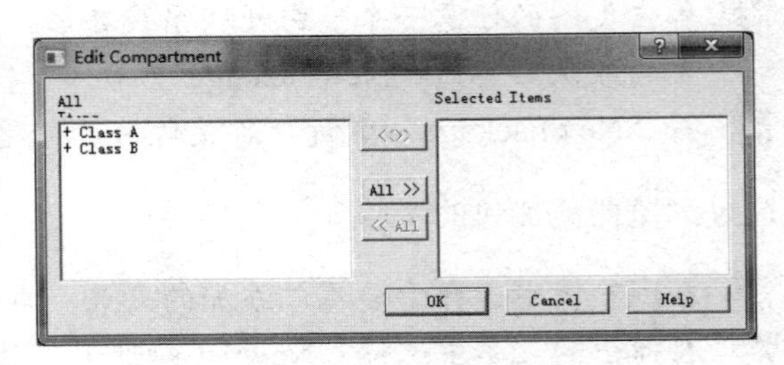

图 11-12　添加类

Step 02 在弹出对话框的左侧，显示了在该包目录下的所有的类，选中类，通过中间的按钮将“ClassA”和“ClassB”添加到右侧的框中。

Step 03 添加完毕以后，单击“OK”按钮即可。生成的包的图形表示形式如图 11-13 所示。

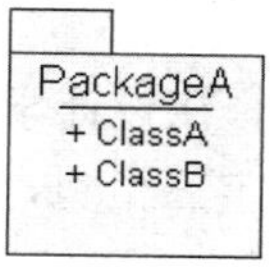

PackageA
+ ClassA
+ ClassB

图 11-13　添加类后包的图形形式

3．创建包的依赖关系

包与包之间和类和类之间一样，也可以有依赖关系，并且包的依赖关系也和类的依赖关系的表示形式一样，使用依赖关系的图标进行表示。如图 11-14 所示，表示从“PackageA”包中到“Package”包中的依赖关系，此种依赖关系是一种单向依赖，“PackageA”中的类需要知道“PackageB”中的某些类。

在创建包的依赖关系时，尽量避免循环依赖。循环依赖关系如图 11-15 所示。

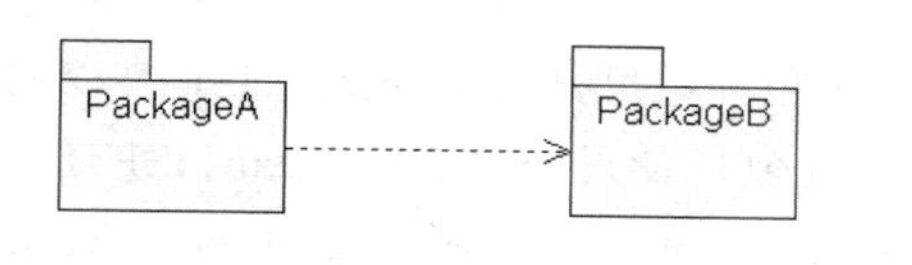

图 11-14　包的依赖关系示例

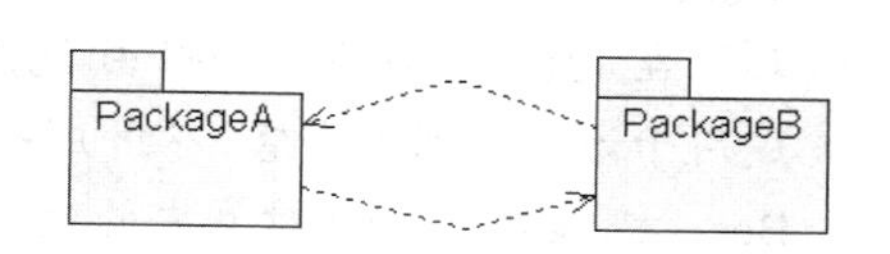

图 11-15　包的循环依赖关系示例

通常为解决循环依赖关系，需要将“PackageA”包或者“PackageB”包中的内容进行分解，将依赖于另一个包中的内容转移到另外一个包中，如图 11-16 所示，代表将“PackageA”中的依赖“PackageB”中的类转移到“PackageC”包中。

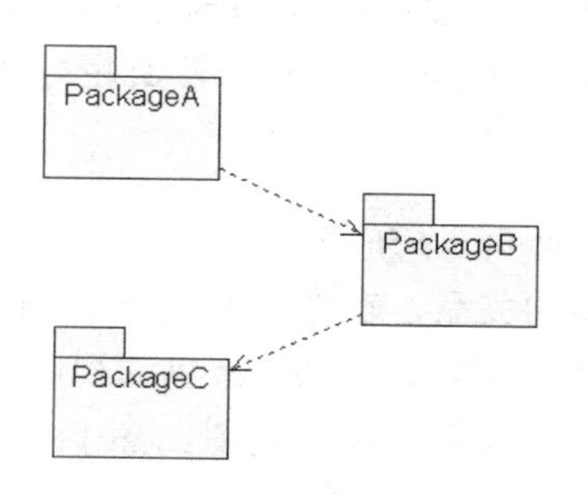

图 11-16　循环依赖分解示例

11.4　使用 Rose 创建包示例

包作为一种维护和描述系统结构模型的重要建模方式，可以根据系统的相关分类准则，如功能、类型等，将系统的各种构成文件放置在不同的包中，并通过对各个包之间关系的描述，展现出系统的模块与模块之间的依赖关系。一般情况下，系统包的划分往往包含很多划分的准则，但是这些准则通常需要满足系统架构设计的需要。

我们使用下列的步骤创建系统的包图：

（1）根据系统的架构需求，确定包的分类准则。

（2）在系统中创建的相关包，在包中添加各种文件，确定包之间的依赖关系。

例如，在设计学生信息管理系统中，如果我们采用 MVC 架构进行包的划分。可以在逻辑视图下确定三个包，分别为 Model 包、View 包和 Controller 包。

- Model 包是对系统应用功能的抽象，在包中的各个类封装了系统的状态。Model 包代表了商业规则和商业数据，存在于 EJB 层和 Web 层。在 Model 包中，包含了例如 Student、Teacher、Administrator、Class、Grade、Score 等参与者类或其他的业务类，在这些类中，其中一些类的数据需要对数据库进行存储和访问，这个时候我们通常采取提取取出来一些单独用于数据库访问的类的方式。
- View 包是对系统数据表达的抽象，在包中的各个类对用户的数据进行表达，并维护与 Model 中的各个类数据的一致性。View 代表系统界面内容的显示，它完全存在于 Web 层，在 J2EE 项目中，一般由 JSP、Java Bean 和一些用户标签组成。JSP 可以动态生成用于访问的网页内容，在用户标签中可以更方便地使用一些 Java Bean。JSP 通过 Java Bean 来读取 Model 对象中的数据，Model 和 Controller 对象则负责对 Java Bean 的数据进行更新。在学生信息管理系统中，如在前面序列图中提到的 WebInterface 界面，存在于 View 包中。
- Controller 包是对用户与系统交互事件的抽象，它把用户的操作编程系统的事件，根据用户的操作和系统的上下文调用不同的数据。Controller 对象协调 Model 与 View，它把用户请求翻译成系统能够识别的事件，用来接受用户请求和同步 View 与 Model 之间的数据。在 Web 层，通常有一些 Serverlet 来接受这些请求，并通过处理成为系统的事件。在学生信息管理系统中，如在前面序列图中提到的 DataManager，存在于 Controller 包中。

利用 MVC 架构创建的包如图 11-17 所示。

接下来我们可以根据包之间的关系，在图中将其表达出来。在 MVC 架构中，Controller 包可以对 Model 包修改状态，并且可以选择 View 包的视图；View 包可以使用 Model 包中的类进行状态查询。根据这些内容，我们创建的包图如图 11-18 所示。

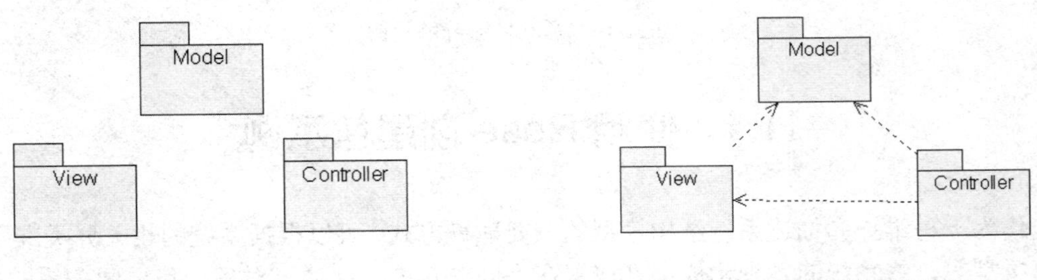

图 11-17　MVC 架构包图　　图 11-18　添加关系的包图

11.5　本章小结

在本章中，对系统的模型的组织结构——包进行介绍。在对包图的介绍中，我们通过介绍包图及其组成元素和如何创建这些模型元素的方式介绍的。希望读者在学完本章后，能够根据包图中的各种基本概念，创建各种包，通过一些规则将系统进行合理的规划。

习题十一

1. 填空题

（1）在 UML 的建模机制中，模型的组织是通过______来实现的。

（2）将系统分层很常用的一种方式是将系统分为三层的结构，分别是就是________、__________和___________。

（3）______是一种维护和描述系统总体结构的模型的重要建模工具，通过对图中各个包以及包之间关系的描述，展现出系统的模块与模块之间的依赖关系。

（4）包的组成包括______、包中______和这些元素的______、包的______以及包与包之间的关系。

2. 选择题

（1）下列关于系统的模型组织结构的说法不正确的是_____。

（A）将系统的模型组织分层或分组能够将一个大系统进行分解，降低系统的复杂度

（B）将系统的模型组织分层或分组使单块模型没有适用于其他情况的可重用的单元

（C）将系统的模型组织分层或分组能够允许多个项目开发小组同时使用某个模型而不发生过多的相互牵涉

（D）将系统的模型组织分层或分组使一个小的、独立的单元所进行的修改所造成的后果可以跟踪确定

（2）下列关于包的用途，说法不正确的是_____。

（A）描述需求和设计的高阶概况　　（B）组织源代码

（C）细化用例的表达　　（D）在逻辑上把一个复杂的系统模块化

（3）包图的组成不包括______。

（A）包　　（B）依赖关系

（C）发送者　　（D）子系统

（4）下列关于创建包的说法不正确的是_____。

（A）我们在序列图和协作图中可以创建包

（B）我们在类图中可以创建包

（C）如果将包从模型中永久删除，包及其包中内容都将被删除

（D）在创建包的依赖关系时，尽量避免循环依赖

3. 简答题

（1）什么是模型的组织结构？为什么模型需要有自己的内部组织结构?

（2）什么是包图？它有那些作用？

（3）包图有哪些组成部分？这些组成部分又有什么作用？

4. 练习题

在“远程网络教学系统”中，假设我们需要三个包，分别是 Business 包、DataAccess 包和 Common 包，其中 Business 包依赖 DataAccess 包和 Common 包，DataAccess 包依赖 Common 包。在类图中试着创建这些包，并绘制其依赖关系。

第 12 章

构件图与部署图

在前面几章介绍的 UML 图形，主要是对系统的行为结构、静态结构和动态结构进行建模。在完成系统的这些逻辑设计之后，需要进一步描述系统的物理实现和物理运行情况。本章将围绕构件图和部署图的基本概念以及使用方法逐一进行介绍。希望读者通过本章的学习，能够熟练使用构件图和部署图进行描述系统的物理实现和物理运行情况。

12.1 构件图与部署图的基本概念

系统模型的大部分图是反应系统的逻辑和设计方面的信息，它们独立与系统的最终实现单元。为了描述系统实现方面的信息，使系统具有可重用性和可操作性的目的，在 UML 中通过构件图和部署图来表示实现单元。

12.1.1 构件

在构件图中，我们将系统中可重用的模块封装成为具有可替代性的物理单元，我们称为构件，它是独立的，在一个系统或子系统中的封装单位，提供一个或多个接口，是系统高层的可重用的部件。构件作为系统中的一个物理实现单元，包括软件代码（包括源代码、二进制代码和可执行文件等）或者相应组成部分，例如脚本或命令行文件等，还包括带有身份标识，并有物理实体的文件，如运行时的对象、文档、数据库等。

构件作为系统定义良好接口的物理实现单元，它可以不直接依赖于其他构件而仅仅依赖于构件所支持的接口。通过使用被软件或硬件所支持的一个操作集——接口，构件可以避免在系统中与其他构件之间直接发生依赖关系。在这种情况下，系统中的一个构件可以被支持正确接口的其他构件所替代。

一个构件实例用于表示运行时存在的实现物理单元和在实例结点中的定位，它有两个特征，分别是代码特征和身份特征。构件的代码特征是指它包含和封装了实现系统功能的类或者其他元素的实现代码以及某些构成系统状态的实例对象。构件的身份特征是指构件拥有身份和状态，用于定位在其上的物理对象。由于构件的实例包含有身份和状态，我们称之为有身份的构件。一个有身份的构件是物理实体的包容器，例如运行时的对象和数据库。为了给其内部元素提供句柄，它可以有属性或者向外的关联，这些必须由它的实现元素来实现。它还可以指定一个支持所有公共属性和操作的主导类，但是这样的类必须是该构件的一个实现元素。

在 UML 中，标准构件用一个左边有两个小矩形的长方形表示，构件的名称位于矩形的内部，如图 12-1 所示。

构件也有不同的类型。在 Rational Rose 2007 中，还可以使用不同图标表示不同类型的构件。

有一些构件的图标表示形式和标准构件的图形形式相同，它们包括 ActiveX、Applet、Application、DLL、EXE 以及自定义构造型的构件，它们的表示形式是在构件上添加相关的构造型，如图 12-2 所示，是一个构造型为 Applet 的构件。

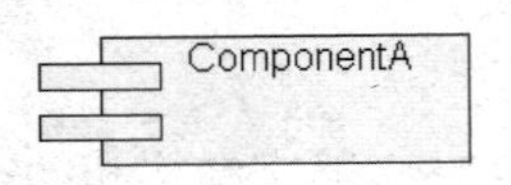

图 12-1　构件示例

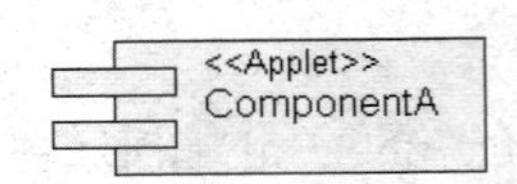

图 12-2　Applet 构件

在 Rational Rose 2007 中，数据库也被认为是一种构件，它的图形表示形式如图 12-3 所示。

虚包是一种只包含对其他包所具有的元素进行引用的构件。它被用来提供一个包的某些内容的公共视图。虚包不包含任何它自己的模型元素。它的图形表示形式如图 12-4 所示。

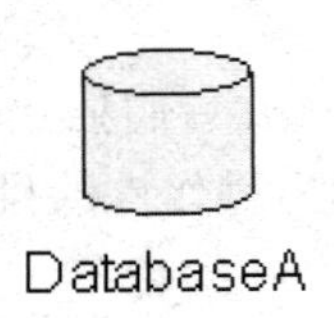

图 12-3　数据库

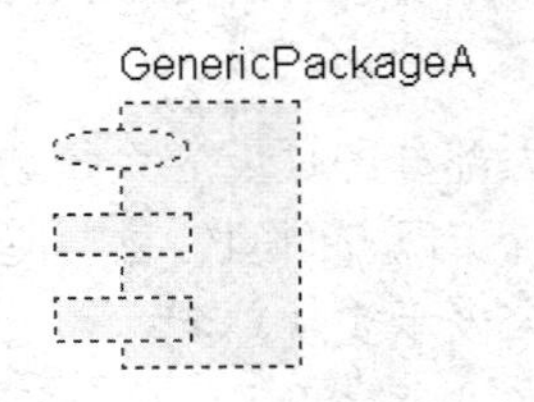

图 12-4　虚包

系统是指组织起来以完成一定目的的连接单元的集合。在系统中，肯定有一个文件用来指定系统的入口，也就是系统程序的根文件，这个文件被称为主程序。它的图形表示形式如图 12-5 所示。

子程序规范和子程序体是用来显示子程序的规范和实现体。子程序是一个单独处理的元素的包，我们通常用它代指一组子程序集，它们的图形表示形式如图 12-6 所示。

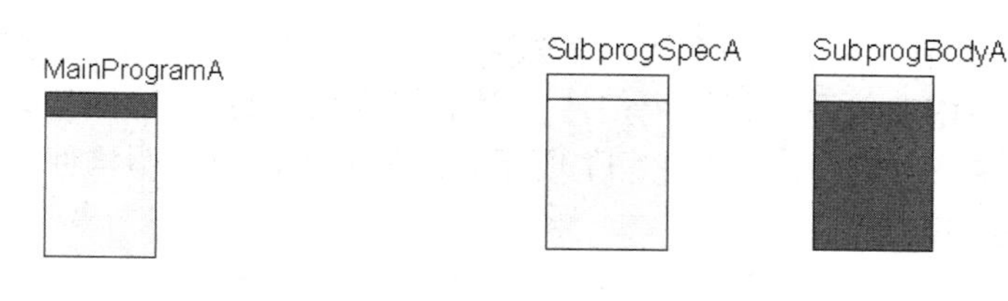

图 12-5　主程序　　　　图 12-6　子程序规范和子程序体

在具体的实现中，我们有时候将源文件中的声明文件和实现文件分离开来，例如，在 C++ 语言中，我们往往将“.h”文件和“.cpp”文件分离开来。在 Rational Rose 2007 中，我们使用包规范和包体分别放置这两种文件，在包规范中放置“.h”文件，在包体中放置“.cpp”文件。它们的图形表示形式如图 12-7 所示。

任务规范和任务体用来表示那些拥有独立控制线程构件的规范和实现体，它们的图形表示形式如图 12-8 所示。

图 12-7　包规范和包体　　　　图 12-8　任务规范和任务体

在系统实现过程中，之所以构件非常重要，是因为它在功能和概念上都比一个类或者一行代码强。典型的，构件拥有类的一个协作的结构和行为。在一个构件中，支持了一系列的实现元素，如实现类，即构件提供元素所需的源代码。构件的操作和接口，这些都是由实现元素实现的。当然一个实现元素可能被多个构件支持。每个构件通常都具有明确的功能，它们通过在逻辑上和物理上有粘聚性，能够表示一个更大系统的结构或行为块。

12.1.2　构件图的基本概念

构件图是用来表示系统中构件与构件之间，以及定义的类或接口与构件之间的关系的图。在构件图中，构件和构件之间的关系表现为依赖关系，定义的类或接口与类之间的关系表现为依赖关系或实现关系。

在 UML 中，构件与构件之间依赖关系的表示方式与类图中类与类之间的依赖关系的表示方式相同，都是使用一个从用户构件指向它所依赖的服务构件的虚线箭头表示。如图 12-9 所示，其中，“ComponentA”为一个用户构件，“ComponentB”为它所依赖的服务构件。

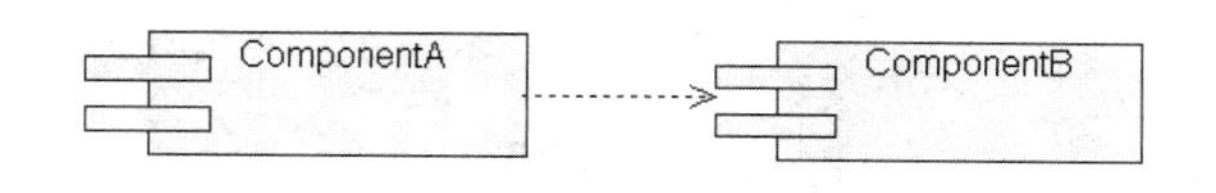

图 12-9　构件之间的依赖关系

在构件图中，如果一个构件是某一个或一些接口的实现，可以使用一条实线将接口连接到构件来表示，如图 12-10 所示。实现一个接口意味着构件中的实现元素支持接口中的所有操作。

构件和接口之间的依赖关系是指一个构件使用了其他元素的接口，依赖关系可以用带箭头的虚线表示，箭头指向接口符号，如图 12-11 所示。使用一个接口说明构件的实现元素只需要服务者提供接口所列出的操作。

图 12-10　构件和接口的实现关系　　　　图 12-11　构件与接口的依赖关系

构件图通过显示系统的构件以及接口等之间的接口关系，形成系统更大的一个设计单元。在以构件为基础的开发（Component Based Development，CBD）中，构件图为架构设计师提供了一个系统解决方案模型的自然形式。并且，它还能够在系统完成后允许一个架构设计师验证系统的必需功能是由构件实现的，这样确保了最终系统将会被接受。

除此之外，对于不同开发小组的人员来讲，构件图能够呈现出整个系统的早期设计，使系统开发的各个小组由于实现构件的不同而连接起来，构件图成为方便不同开发小组有用的交流工具。系统的开发者通过构件图呈现将要建立的系统的高层次架构视图，能够开始建立系统的各个里程碑，并决定开发的任务分配以及需求分析。系统管理员也通过构件图获得将运行于他们系统上的逻辑构件的早期视图，较早地提供了关于组件及其关系的信息。

12.1.3　部署图的基本概念

部署图（Deployment View）描述了一个系统运行时的硬件结点，以及在这些结点上运行的软件构件将在何处物理地运行，以及它们将如何彼此通信的静态视图。在一个部署图中，包含了两种基本的模型元素：节点（Node)和节点之间的连接（Connection）。在每一个模型中仅包含一个部署图。如图 12-12 所示，是一个系统的部署图，图中包含了客户端、服务器、数据库服务器和打印机等节点，其中客户端和服务器通过 http 方式连接，服务器与数据库服务器通过 ODBC 方式连接，客户端中拥有 IE6.0 进程，服务器中拥有 IIS6.0 进程，数据库服务器为 SQL Server 2000。

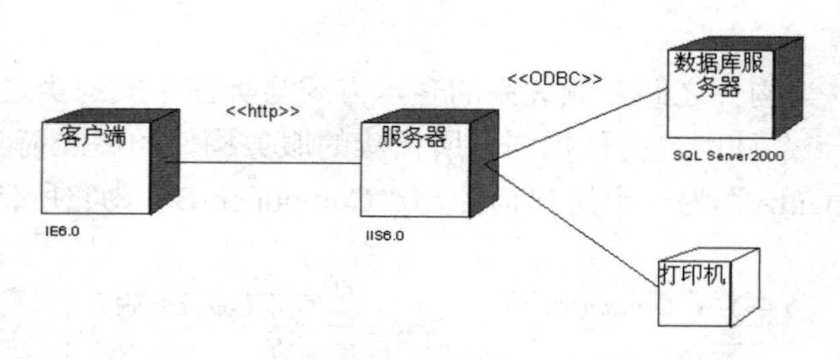

图 12-12　部署图示例

在 Rational Rose 2007 中可以表示的节点类型包括两种，分别是处理器（Processor）和设备（Device）。

处理器（Processor）是指那些本身具有计算能力，能够在行各种软件的节点，例如，服务器、工作站等这些都是具有处理能力的机器。在 UML 中，处理器的表示形式如图 12-13 所示。在处理器的命名方面，每一个处理器都有一个与其他处理器相区别的名称，处理器的命名没有任何限制，因为处理器通常表示一个硬件设备而不是软件实体。

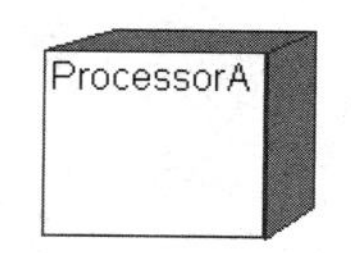

图 12-13　处理器示例

由于处理器是具有处理能力的机器，所以在描述处理器方面应当包含了处理器的调度（Scheduling）和进程（Process）。调度是指在处理器处理其进程中为实现一定的目的而对共同使用的资源进行时间分配。有时候我们需要指定该处理器的调度方式，从而使处理达到最优或比较优的效果。在 Rational Rose 2007 中，对处理器的调度（Scheduling）方式默认包含了以下几种，如表 12-1 所示。

表 12-1　处理器的调度方式

名称	含义
Preemptive	抢占式，高优先级的进程可以抢占低优先级的进程。默认选项
Nonpreemptive	无优先方式，进程没有优先级，当前进程在执行完毕以后再执行下一个集成
Cyclic	循环调度，进程循环控制，每一个进程都有一定的时间，超过时间或执行完毕后交给下一个进程执行
Executive	使用某种计算算法控制进程调度
Manual	用户手动计划进程调度

进程（Process）表示一个单独的控制线程，是系统中一个重量级的并发和执行单元。例如，一个构件图中的主程序或者是一个协作图中的主动对象都是进程。在一个处理器中可以包含许多个进程，使用特定的调度方式执行这些进程。一个显示调度方式和进程内容的处理器如图 12-14 所示。在该图中，处理器的进程调度方式为“Nonpreemptive”，包含的进程为“ProcessA”和“ProcessB”。

设备（Device）是指那些本身不具备处理能力的节点。通常情况下都是通过其接口为外部提供某些服务，例如打印机、扫描仪等。每一个设备如同处理器一样都要有一个与其他设备相区别的名称，当然有时候设备的命名可以比较抽象一些，例如调节器或终端等。在 UML 中，设备的表示形式如图 12-15 所示。

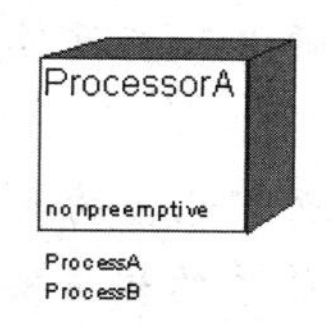

图 12-14　包含进程和调度方式处理器示例

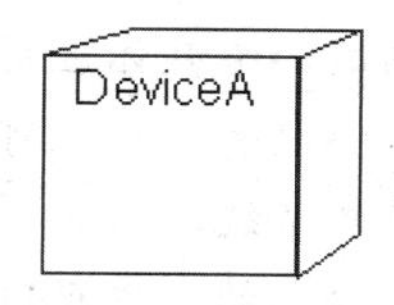

图 12-15　设备示例

连接（Connection）用来表示两个节点之间的硬件连接。节点之间的连接可以通过光缆等方式直接连接，或者通过卫星等方式非直接连接，但是通常连接都是双向的连接。在 UML 中，连接的表示形式使用一条实线表示，在实线上我们可以添加连接的名称和构造型。连接的名称和构造型都是可选的。如图 12-16 所示，节点客户端和服务器通过 http 方式进行通信。

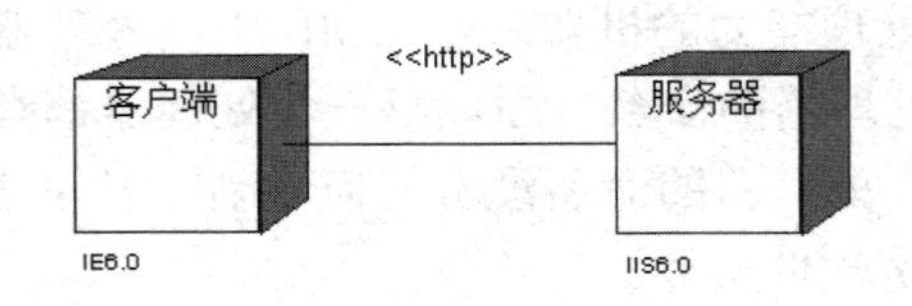

图 12-16　连接示例

在连接中支持一个或多个通信协议，它们每一个都可以使用一个关于连接的构造型来描述。如图 12-12 所示，该部署图中包含了 http 和 ODBC 等协议。如表 12-2 所示，包含了常用的一些通信协议。

表 12-2　常用通信协议

名称	含义
HTTP	超文本传输协议
JDBC	Java 数据库连接，一套为数据库存取编写的 Java API
ODBC	开放式数据库连接，一套微软的数据库存取应用编程接口
RMI	远程通信协议，一个 Java 的远程调用通信协议
RPC	远程过程调用通信协议
同步	同步连接，发送方必须等待从接收方的反馈信息后才能再发送消息
异步	异步连接，发送方不需要等待从接收方的反馈信息就能再发送消息
web services	经由诸如 SOAP 和 UDDI 的 Web Services 协议的通信

部署图表示该软件系统如何部署到硬件环境中，显示了该系统不同的构件将在何处物理地运行，以及它们将如何彼此通信。系统的开发人员和部署人员可以很好地利用这种图去了解系统的物理运行情况。其实在一些情况下，比如，如果我们开发的软件系统只需要运行在一台计算机上，并且这台计算机使用的是标准设备，不需要其他的辅助设备，这个时候我们甚至不需要去为它画出系统的部署图。部署图只需要给那些复杂的物理运行情况进行建模，比如说分布式系统等。系统的部署人员可以根据部署图了解系统的部署情况。

在部署图中显示了系统的硬件、安装在硬件上的软件和用于连接硬件的各种协议和中间件等。我们可以将创建一个部署模型的目的概括如下：

- 描述一个具体应用的主要部署结构。通过对各种硬件和在硬件中的软件，以及各种连接协议的显示，可以很好地描述系统是如何部署的。
- 平衡系统运行时的计算资源分布。运行时，在节点中包含的各个构件和对象是可以静态分配的，也可以在节点间迁移。如果含有依赖关系的构件实例放置在不同节点上，通过部署图可以展示出在执行过程中的瓶颈。
- 部署图也可以通过连接描述组织的硬件网络结构或者是嵌入式系统等具有多种硬件和软件相关的系统运行模型。

12.2　使用 Rose 创建构件图与部署图

在掌握构件图和部署图中各种概念的基础上，熟练使用 Rational Rose 2007 创建构件图和部署图以及它们中的各种模型元素，是学习的重点。下面将介绍如何创建构件、节点、设备等这些构件图和部署图中的基本模型元素。

12.2.1　创建构件图

在构件图的工具栏中，我们可以使用的工具按钮如表 12-3 所示，在该表中包含了所有 Rational Rose 2007 默认显示的 UML 模型元素。

表 12-3　构件图的图形编辑工具栏按钮

按钮图标	按钮名称	用途
	Selection Tool	光标返回箭头，选择工具
ABC	Text Box	创建文本框
	Note	创建注释
	Anchor Note to Item	将注释连接到序列图中相关模型元素
	Component	创建构件
	Package	创建包
	Dependency	创建依赖关系
	Subprogram Specification	创建子程序规范
	Subprogram Body	创建子程序体
	Main Program	创建主程序
	Package Specification	创建包规范
	Package Body	创建包体
	Task Specification	创建任务规范
	Task Body	创建任务体

同样，构件图的图形编辑工具栏也可以进行定制，其方式和在其他图中进行定制类图的图形编辑工具栏方式一样。将构件图的图形编辑工具栏完全添加后，将增加虚子程序（Generic Subprogram）、虚包（Generic Package）和数据库（Database）等图标按钮。

1．创建和删除构件图

创建一个新的构件图，可以通过以下两种方式进行。

方式一：

Step 01 右键单击浏览器中的 Component View（构件视图）或者位于构件视图下的包。

Step 02 在弹出的菜单中，选中“New”（新建）下的“Component Diagram”（构件图）选项。

Step 03 输入新的构件图名称。

Step 04 双击打开浏览器中的构件图。

方式二：

Step 01 在菜单栏中，选择“Browse”（浏览）下的“Component Diagram ...”（构件图）选项，或者在标准工具栏中选择按钮，弹出如图 12-17 所示的对话框。

Step 02 在左侧的关于包的列表框中，选择要创建的构件图的包的位置。

Step 03 在右侧的“Component Diagram”（构件图）列表框中，选择“<New>”（新建）选项。

Step 04 单击“OK”按钮，在弹出的对话框中输入新的构件图的名称。

在 Rational Rose 2007 中，可以在每一个包中设置一个默认的构件图。在创建一个新的解决方案时，在 Component View（构件视图）下会自动出现一个名称为 Main 的构件图，此图即为 Component View（构件视图）下的默认构件图。当然默认构件图的名称也可以不是 Main，我们可以使用其他构件图作为默认构件图。在浏览器中，右键单击要作为默认的构件图，出现如图 12-18 所示的菜单栏，在菜单栏中选择“Set as Default Diagram”选项即可把该图作为默认的构件图。

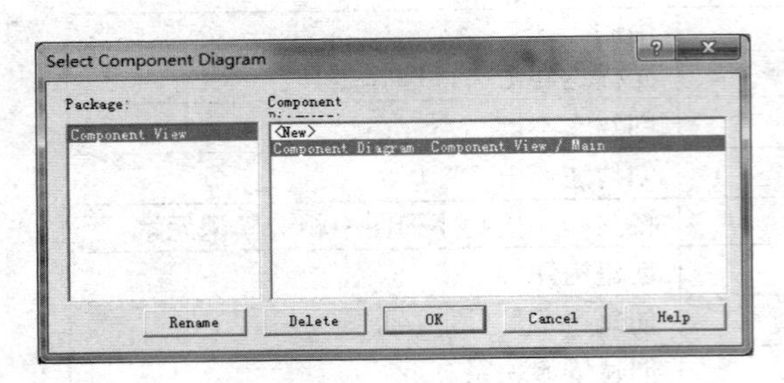

图 12-17　添加构件图

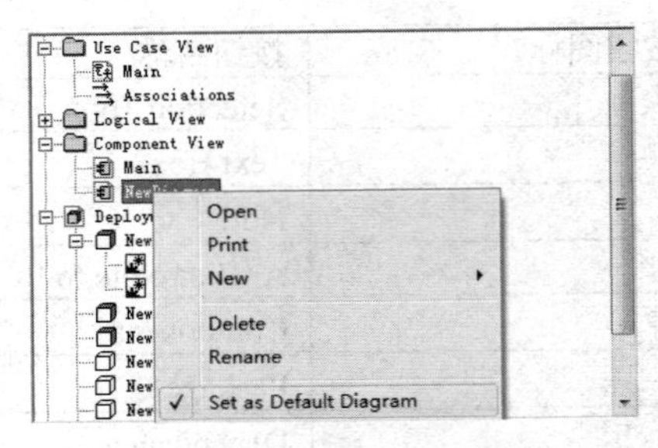

图 12-18　设置默认构件图

如果需要在模型中删除一个构件图，可以通过以下方式：

- 在浏览器中选中需要删除的构件图，右键单击。
- 在弹出菜单栏中选择“Delete”选项即可。

或者通过下面的方式：

- 在菜单栏中，选择“Browse”（浏览）下的“Component Diagram ...”（构件图）选项，或者在标准工具栏中选择按钮，弹出如图 12-17 所示的对话框。
- 在左侧关于包的列表框中，选择要删除的构件图的包的位置。
- 在右侧的“Component Diagram”（构件图）列表框中，选中该构件图。
- 单击“Delete”按钮，在弹出的对话框中确认即可。

2. 创建和删除构件

如果需要在构件图中增加一个构件，可以通过工具栏、浏览器或菜单栏三种方式进行添加。通过构件图的图形编辑工具栏添加对象的步骤如下：

- 在构件图的图形编辑工具栏中，选择按钮，此时光标变为“+”号。
- 在构件图图形编辑区内选择任意一个位置然后使用鼠标左键单击，系统在该位置创建一个新的构件，如图 12-19 所示。
- 在构件的名称栏中，输入构件的名称。

使用菜单栏或浏览器中添加构件的步骤如下：

Step 01 使用工具栏时，在菜单栏中，选择“Tools”（浏览）下的“Create”（创建）选项，在“Create”（创建）选项中选择“Component”（构件），此时光标变为“+”号。如果使用浏览器，选择需要添加的包，右键单击，在弹出的菜单中选择“New”（新建）选项下的“Component”（构件）选项，此时光标也变为“+”号。

Step 02 以下的步骤与使用工具栏添加构件的步骤类似，按照前面使用工具栏添加构件的步骤添加即可。

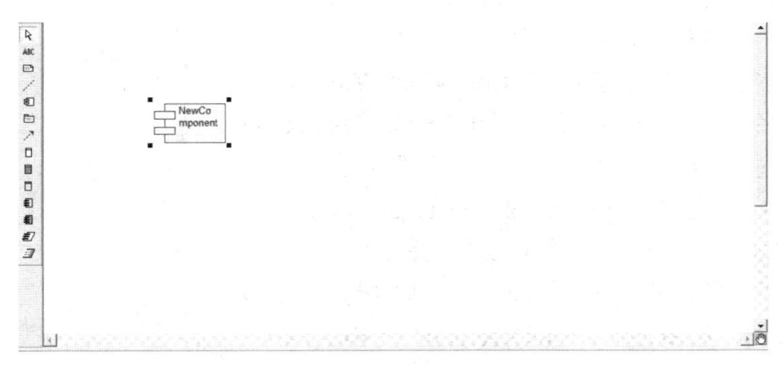

图 12-19　添加构件示例

如果需要将现有的构件添加到构件图中，可以通过两种方式进行添加。第一种方式是选中该类，直接将其拖动到打开的类图中即可。第二种方式的步骤如下：

Step 01 选择“Query”（查询）下的“Add Component”（添加构件）选项，弹出如图 12-20 所示的对话框。

Step 02 在对话框中的 Package 下的列表中选择需要待添加构件的位置。

Step 03 在 Component 列表框中选择待添加的构件，添加到右侧的列表中。

Step 04 单击 OK 按钮即可。

删除一个构件的方式同样分为两种，第一种方式是将构件从构件图中移除，另外一种是将构件永久的从模型中移除。第一种方式该构件还存在模型中，如果再用只需要将该构件添加到构件图中即可。删除它的方式只需要选中该构件按住“Delete”键即可。第二种方式将构件永久的从模型中移除，其他构件图中存在的该构件也会一起删除。可以通过以下方式进行：

（1）选中待删除的构件，右键单击。

（2）在弹出的菜单栏中选择“Edit”选项下的“Delete from Model”，或者按“Ctrl+D”快捷键即可。

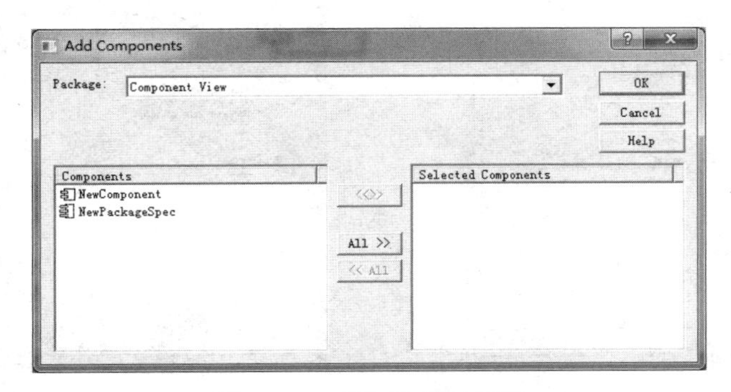

图 12-20　添加构件对话框

3. 设置构件

对于构件图中的构件，和其他 Rational Rose 2007 中的模型元素一样，我们可以通过构件的标准规范窗口设置增加其细节信息，包括名称、构造型、语言、文本、声明、实现类和关联文件等。构件的标准规范窗口如图 12-21 所示。

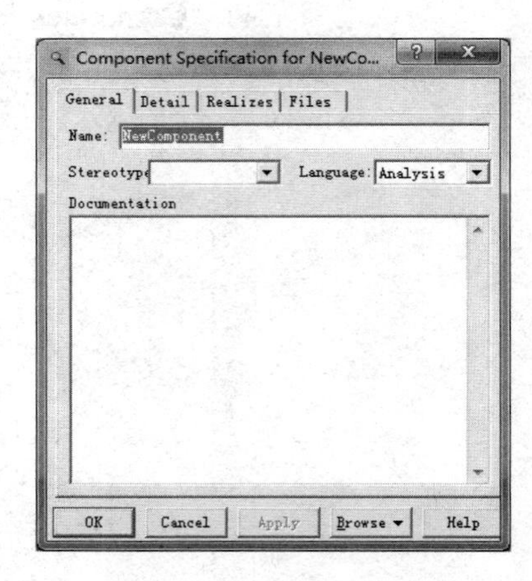

图 12-21　构件的标准规范窗口

一个构件在该构件位于的包或者是 Component View（构件视图）下有唯一的名称，并且它的命名方式和类的命名方式相同。

我们可以通过设置构件的构造型从而设置不同类型的构件，例如我们前面提到的 Application、Database 以及 Main Program 等都是 Rational Rose 2007 默认支持的构造型。此外，构造型还会根据不同的实现编程语言增加一些构造型，例如 Java 语言中增加 EJBDeploymentDescriptor、EJB-JAR、ServletDeploymentDescriptor 和 WAR 等构造型。设置一个构件的构造型的步骤如下：

Step 01 选中需要打开的构件，右键单击。

Step 02 在弹出的菜单选项中选择"Open Specification ..."（打开规范）选项，如果已经设置了实现语言，需要选择"Open Standard Specification ..."（打开标准规范）选项，弹出如图 12-21 所示的对话框。

Step 03 在对话框中选择 General 选项卡，在 Stereotype 右方的下拉框中选择构造型或输入构造型名称即可。

如果构件的语言是 Java、XML_DTD 或 CORBA 等，它们各自还有自己的规范窗口。

Java 语言的规范窗口如图 12-22 所示。在该对话框中，我们可以利用在 Import 下的导入功能添加在所有在 Component View（构件视图）下的构件，导入的构件将被包含在这个构件中。除此之外，我们还可以指定 CmIdentification、Copyright 和 DocComment 等方面的信息。

XML_DTD 语言的规范窗口如图 12-23 所示。在该对话框中，我们可以在 Assignment 下指定一个 DTD 元素到一个构件中。同样，也可以在 DocComment 下添加说明文档。

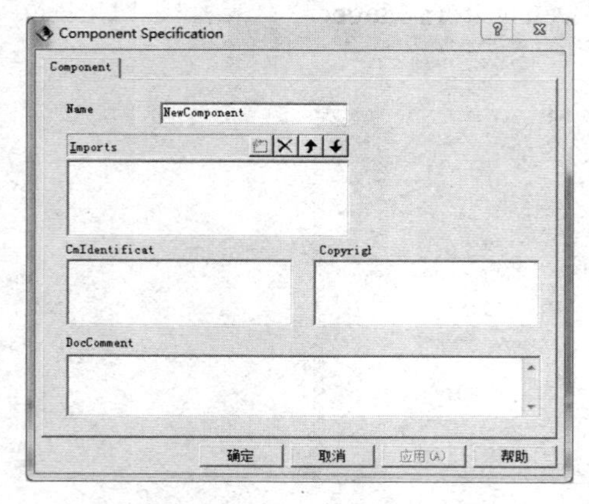

图 12-22　Java 构件规范窗口

图 12-23　XML_DTD 构件规范窗口

CORBA 语言的规范窗口如图 12-24 所示。在该对话框中，我们可以利用在 Includes 下的导入功能添加所有在 Component View（构件视图）下以及其包下的关于 CORBA 语言的构件，导入的构件将被包含在该构件中。除此之外，我们还可以指定 CmIdentification、Copyright、DocComment 以及 Inclusion Protection 等方面的信息。

在设置构造型的下拉框的右边，我们可以选择该构件使用的语言。在 Rational Rose 2007 的企业版中，可以支持 ASCI C++、Ada83、Ada95、CORBA、Java、Oracle8、COM、VC++、Visual Basic、Web Modeler 和 XML_DTD 等。这些语言也可以在安装的时候有目的地选择安装，当然我们也可以通过购买其他厂家的插件进行扩充。当我们为构件选择一种语言的时候，构件中实现的类的属性和操作不会自动变更。如果所选择的构件中包含了其他构件已经包含的类时，此时 Rational Rose 2007 就会弹出对话框进行提示，如图 12-25 所示。在该对话框中我们确认对其他构件的语言修改或者是将冲突的类从其他构件中移除。

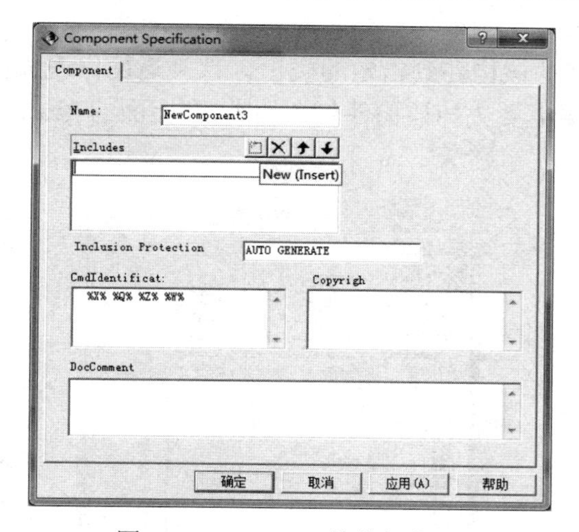

图 12-24　CORBA 构件规范

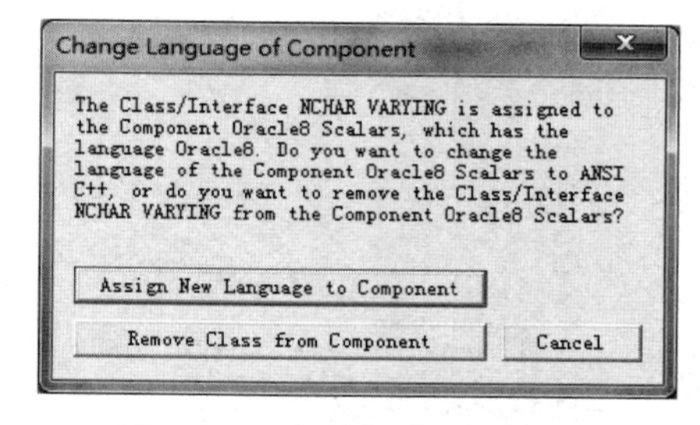

图 12-25　修改语言对话框

设置一个构件的语言的步骤如下：

Step 01　打开构件标准规范的标准规范窗口。

Step 02　在对话框中选择 General 选项卡，在 Language 右方的下拉框中选择所支持的语言即可。

在设置构造型和语言窗口的下方，我们可以在 Documentation 中添加文本信息对构件进行说明。

对于一些语言的实现，我们需要对构件在生成代码期间加入一定的补充声明。声明使用特定语言的特定语句，包括声明变量和类等，例如在 Visual C++中，包含“#include”语句等。

在一个构件中增加声明的步骤如下：

Step 01　打开构件标准规范的窗口。

Step 02　在对话框中选择 Detail 选项卡，在 Declarations 下输入声明的信息即可。

在一个构件中可以包含多个类，但是一个为“public”的类只能被一个构件包含。如果需要将该类生成代码，必须将其映射到构件中，从而指定该类应该存放的物理文件。当一个类被映射后，会在名称后添加一个括号，括号内包含映射的构件的名称，并且使用分号隔开。声明为“private”的类可以被映射到很多构件中。如图 12-26 所示，“PrivateClassExample”类被“Example”和“Component”构件包含。

在一个构件中添加包含类的步骤如下：

Step 01 打开构件的标准规范窗口。

Step 02 在对话框中选择 Realizes 选项卡。

Step 03 在“Show all classes”下选择需要添加的类，右键单击。

Step 04 在弹出的菜单中选择“Assign”选项，如图 12-27 所示。这时在类的图标上将出现一个红色的勾。

Step 05 单击“OK”按钮即可。

还有一种更简单的方式是，在浏览器中，拖动该构件到指定的类上，该类后面出现如图 12-26 中的括号信息，即将该类添加到构件中。如果需要去掉该构件包含的类，在上面的 Realizes 选项卡中，选择“Remove Assignment”即可。

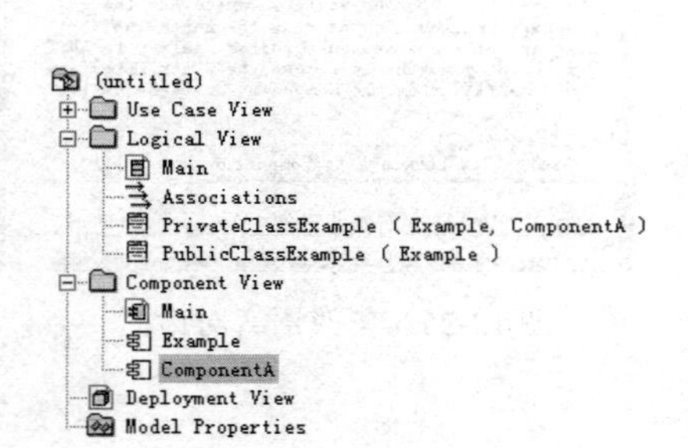

图 12-26　类映射构件示例

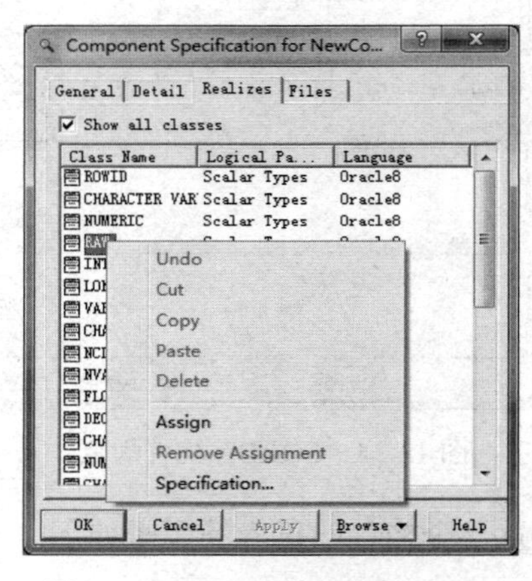

图 12-27　添加构件包含的类

4. 创建和删除构件之间的依赖关系

在构件图中添加构件之间的依赖关系的步骤如下：

Step 01 选择构件图的图形编辑工具栏中的↗图标，或者选择菜单栏“Tools”（工具）中“Create”（新建）下的“Dependency”选项，此时的光标变为“↑”符号。

Step 02 单击依赖关系的客户端构件。

Step 03 将依赖关系的线段拖动到被依赖的构件中即可，如图 12-28 所示。

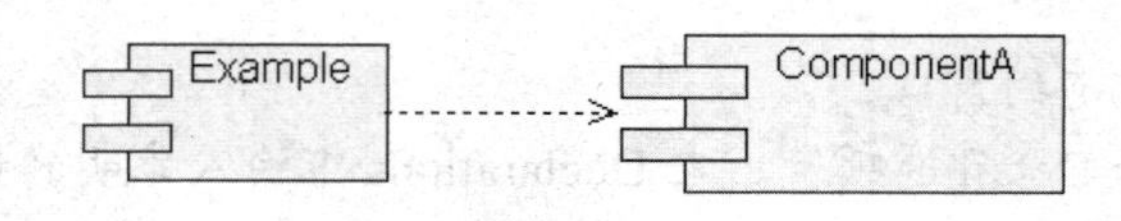

图 12-28　依赖关系示例

如果要将依赖关系从构件中删除，可以通过以下的步骤：

Step 01 选中该依赖关系线段。

Step 02 按“Delete”选项即可。

5. 创建构件与接口的实现关系

在构件图中，如果需要创建构件与接口之间的实现关系，可以通过以下的步骤进行：

Step 01 将接口包含在该构件中，可以通过在一个构件中添加包含类的方式添加接口。

Step 02 将该构件从浏览器中拖动到编辑区域内，这时接口会自动添加到图形编辑区内。

除此之外，我们还可以将该接口从 Logical View（逻辑视图）或 Use Case View 中拖动到构件图的图形编辑区内，然后，选择相应构件，将该接口添加到该构件中即可。

12.2.2 创建部署图

在部署图的工具栏中，我们可以使用的工具按钮如表 12-4 所示，在该表中包含了所有 Rational Rose 2007 默认显示的 UML 模型元素。

表 12-4　部署图的图形编辑工具栏按钮

按钮图标	按钮名称	用途
	Selection Tool	光标返回箭头，选择工具
ABC	Text Box	创建文本框
	Note	创建注释
	Anchor Note to Item	将注释连接到序列图中相关模型元素
	Processor	创建处理器
	Connection	创建连接
	Device	创建设备

同样，部署图的图形编辑工具栏也可以进行定制，其方式和在类图中进行定制类图的图形编辑工具栏方式一样。

在每一个系统模型中，只存在一个部署图。在使用 Rational Rose 2007 创建系统模型时，就已经创建完毕，即为 Deployment View（部署视图）。如果要访问部署图，在浏览器中双击该部署视图即可。

1. 创建和删除节点

如果需要在部署图中增加一个节点，也可以通过工具栏、浏览器或菜单栏三种方式进行添加。

通过部署图的图形编辑工具栏添加一个处理器节点的步骤如下：

Step 01 在部署图的图形编辑工具栏中，选择按钮，此时光标变为“+”号。

Step 02 在部署图图形编辑区内选择任意一个位置然后使用鼠标左键单击，系统在该位置创建一个新的处理器节点，如图 12-29 所示。

Step 03 在处理器节点的名称栏中，输入节点的名称。

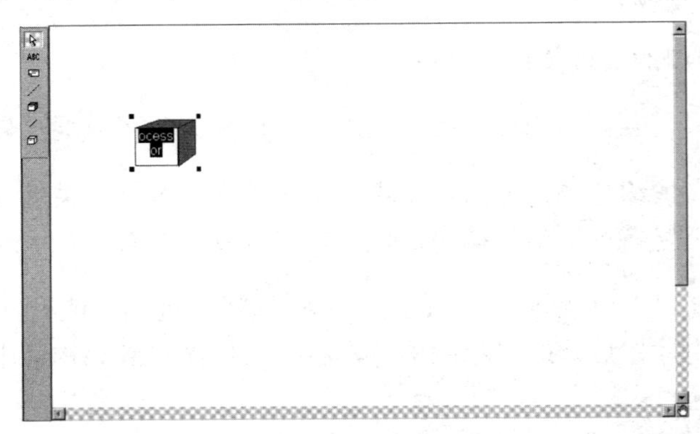

图 12-29　添加处理器节点

使用菜单栏或浏览器中添加处理器节点的步骤如下：

Step 01 使用工具栏时，在菜单栏中，选择“Tools”（浏览）下的“Create”（创建）选项，在“Create”（创建）选项中选择“Processor”（处理器），此时光标变为“+”号。如果使用浏览器，选择 Deployment View（部署视图），右键单击，在弹出的菜单中选择“New”（新建）选项下的“Processor”（处理器）选项，此时光标也变为“+”号。

Step 02 以下的步骤与使用工具栏添加处理器节点的步骤类似，按照前面使用工具栏添加处理器节点的步骤添加即可。

删除一个节点的方式同样分为两种，第一种方式是将节点从部署图中移除，另外一种是将节点永久的从模型中移除。第一种方式该节点还存在模型中，如果再用只需要将该节点添加到部署图中即可。删除节点的方式只需要选中该节点再按“Delete”键即可。第二种方式将节点永久的从模型中移除，可以通过以下方式进行：

- 选中待删除的节点，右键单击。
- 在弹出的菜单栏中选择“Edit”选项下的“Delete from Model”，或者按“Ctrl+D”快捷键即可。

2．设置节点

对于部署图中的节点，和其他 Rational Rose 2007 中的模型元素一样，我们可以通过节点的标准规范窗口设置添加其细节信息。对处理器的设置与对设备的设置也略微有一些差别，在处理器中，我们可以设置的内容包括名称、构造型、文本、特征、进程以及进程的调度方式等。在设备中，我们可以设置的内容包括名称、构造型、文本和特征等。

处理器的标准规范窗口如图 12-30 所示。

一个节点在该部署图中有唯一的名称，并且它的命名方式和其他模型元素，如类、构件等的命名方式相同。

也可以在处理器的标准规范窗口中指定不同类型的处理器。在 Rational Rose 2007 中，处理器的构造型没有默认的选项，如果需要指定节点的构造型，需要在构造型右方的下拉框中手动地输入构造型的名称。

在设置处理器的构造型的下方，我们可以在 Documentation 中添加文本信息对处理器进行说明。

在处理器的规范中，我们还可以在 Detail 选项卡中通过 Characteristics 文本框添加硬件的物理描述信息，如图 12-31 所示。这些物理描述信息包括硬件的连接类型、通信的带宽、内存大小、磁盘大小或设备大小等等。这些信息只能够通过规范进行设置，并且这些信息在部署图中是不显示的。

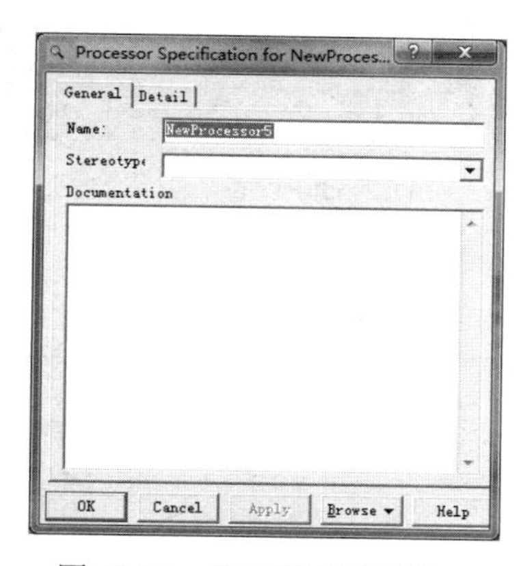

图 12-30　处理器的规范窗口 1

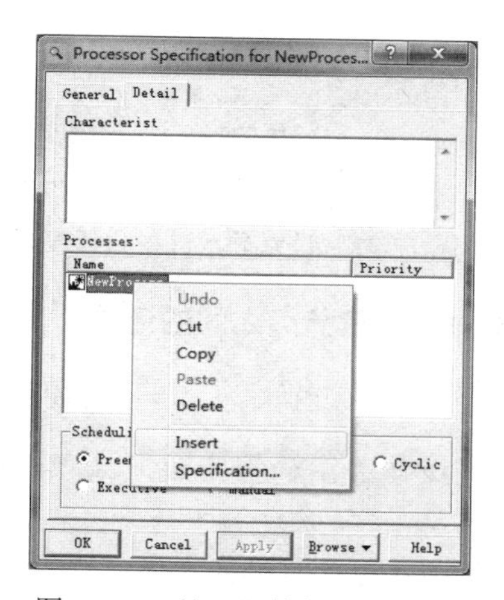

图 12-31　处理器的规范窗口 2

在 Characteristics 文本框的下方是关于处理器进程的信息。我们可以在“Processes”下添加处理器的各个进程。在处理器中添加一个进程的步骤如下：

Step 01 打开处理器的标准规范窗口并选择“Detail”选项卡。

Step 02 在“Processes”选项的下拉框中，选择一个空白区域，右键单击。

Step 03 在弹出的菜单中选择“Insert”选项，如图 12-31 所示。

Step 04 输入一个进程的名称或从下拉框中选择一个当前系统的主程序构件即可。

还可以通过双击该进程的方式设置进程的规范。在进程的规范中，我们可以指定进程的名称、优先级以及描述进程的文本信息。

在 Scheduling 栏中，我们可以指定进程的调度方式，在这五种调度方式中任意选择一种即可。

在默认的设置中，一个处理器是不显示该处理器包含的进程以及对这些进程的调度方式。我们可以通过设置来显示这些信息，设置显示处理器进程和进程调度方式的步骤如下：

Step 01 选中该处理器节点，右键单击。

Step 02 在弹出的菜单中选择“Show Processes”和“Show Scheduling”选项，如图 12-32 所示。

在部署图中，创建一个设备和创建一个处理器没有很大的差别。它们之间不同的是：在设备中规范设置的“Detail”选项卡中，仅包含设备的物理描述信息，没有进程和进程的调度信息，如图 12-33 所示。

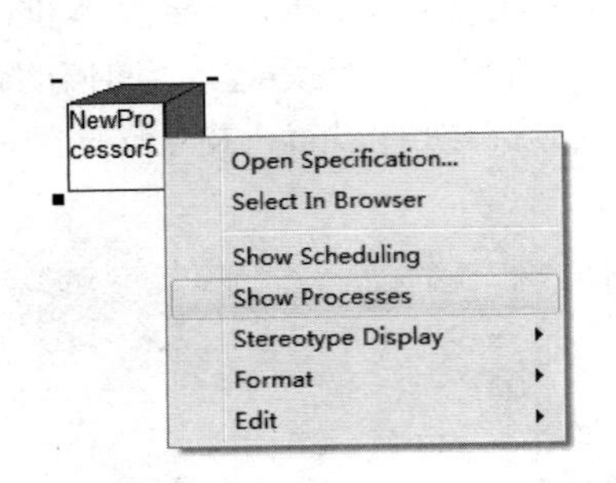

图 12-32　设置显示进程和调度方式

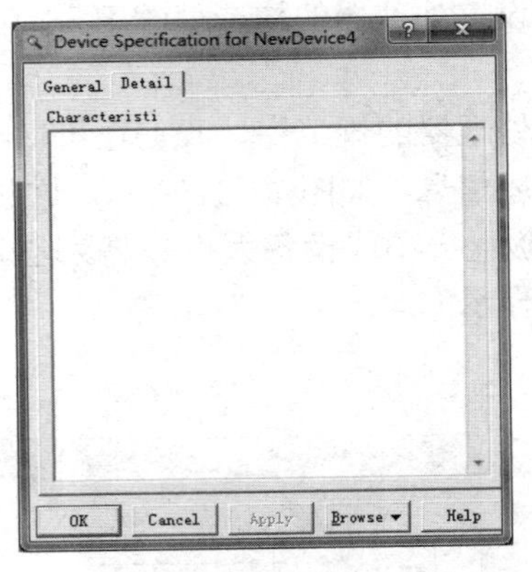

图 12-33　设备的规范设置

3. 添加和删除节点之间的连接

在部署图中添加节点之间的连接的步骤如下：

Step 01 选择部署图的图形编辑工具栏中的 ／ 图标，或者选择菜单栏“Tools”（工具）中“Create”（新建）下的“Connection”（连接）选项，此时的光标变为“↑”符号。

Step 02 单击需要连接的两个节点中的任意一个节点。

Step 03 将连接的线段拖动到另一个节点中即可，如图 12-34 所示。

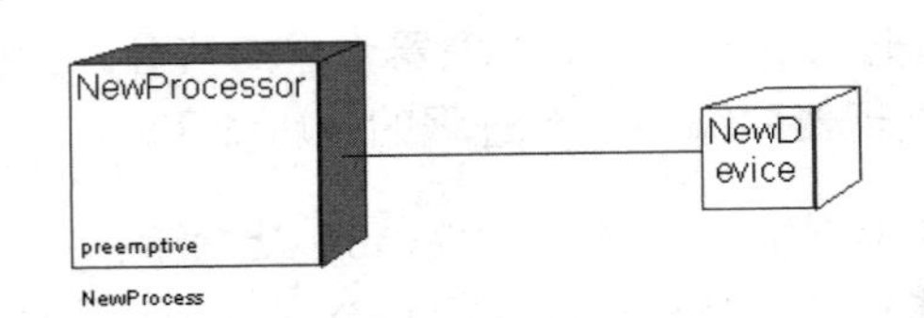

图 12-34　连接示例

如果要将连接从节点中删除，可以通过以下的步骤：

Step 01 选中该连接。

Step 02 按“Delete”键，或者右键单击，在菜单栏中选择“Edit”（编辑）下的“Delete”选项即可。

4. 设置连接规范

在部署中，也可以和其他元素一样，通过设置连接的规范增加连接的细节信息。例如我们可以设置连接的名称、构造型、文本和特征等信息。

打开连接规范窗口的步骤如下：

Step 01 选中需要打开的连接，右键单击。

Step 02 在弹出的菜单选项中选择“Open Specification ...”（打开规范）选项，弹出如图 12-35 所示的对话框。

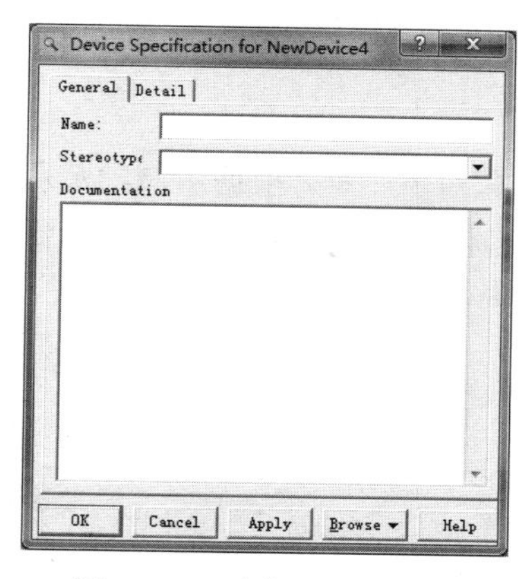

图 12-35　连接的规范窗口

在连接规范窗口“General”选项卡下，我们可以在“Name”（名称）框中设置连接的名称，连接的名称是可选的，并且有可能多个节点之间拥有名称相同的连接。在“Stereotype”（构造型）栏中，我们可以设置连接的构造型，手动输入构造型的名称或从下拉列表中选择以前设置过的构造型名称即可。在“Documentation”（文档）栏中，可以添加对该连接的说明信息。在连接规范窗口“Detail”选项卡下，我们可以设置连接的特征信息，比如使用的光缆的类型、网络的传播速度等等。

12.2.3　使用 Rose 创建构件图与部署图示例

以下我们将以具体的示例讲述如何使用 Rational Rose 2007 创建构件图和部署图。在构件图示例中，我们以在前面已经介绍过的某系统的一个简单用例“教师查看学生成绩”为例，介绍如何去创建系统该用例的构件图。在部署图示例中，我们以一些系统的需求为基础，创建系统的部署图。

1. 创建构件图

系统的构件图以文档方式描绘了系统的架构，能够有效地帮助系统的开发者和管理员理解系统的概况。构件通过实现某些接口和类，能够通过它们直接将这些类或接口转换成相关编程语言代码，简化了系统代码的编写。

我们使用下列的步骤创建构件图：

（1）根据用例或场景确定需求，确定系统的构件。
（2）将系统中的类、接口等逻辑元素映射到构件中。
（3）确定构件之间的依赖关系，并对构件进行细化。

这个步骤只是创建构件图的一个常用的普通步骤，可以根据使用创建系统架构的方法的不同而有所不同，比如我们是根据 MVC 架构创建的系统模型，那么我们需要按照一定的职责确定顶层的包，然后在包中创建各种构件并映射到相关类中。构件之间的依赖关系也是一个不好确定的因素，往往由于各种原因构件会彼此依赖起来。

下面仍将以在序列图中介绍的一个学生信息管理系统的简单用例为例，介绍如何去创建系统的构件图，该用例如图 12-36 所示。

1. 确定系统构件

我们可以和确定用例中的类和对象一样，根据用例的流程确定系统的构件。根据上面的用例，可以确定如图 12-37 所示的构件。除此以外，我们还需要一个系统的主程序，用来表示整个系统的启动入口。该主程序通常不会被其他构件依赖，只会依赖其他构件。

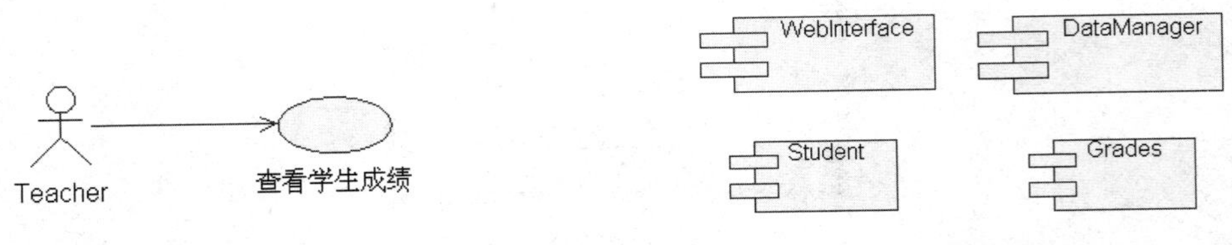

图 12-36　教师查看成绩用例　　　图 12-37　确定用例涉及的构件

2. 将系统中的类和接口等映射到构件中

然后我们将系统中的类、接口等逻辑元素映射到构件中。一个构件不仅仅包含一个类或接口，可以包含几个类或接口。

3. 确定构件的依赖关系

确定构件之间的依赖关系，并对构件进行细化。细化的内容包括指定构件的实现语言、构件的构造型、编程语言的设置以及针对某种编程语言的特殊设置，如 Java 语言中的导入文件、标准、版权和文档等。如图 12-38 所示，显示该用例中构件之间的依赖关系。

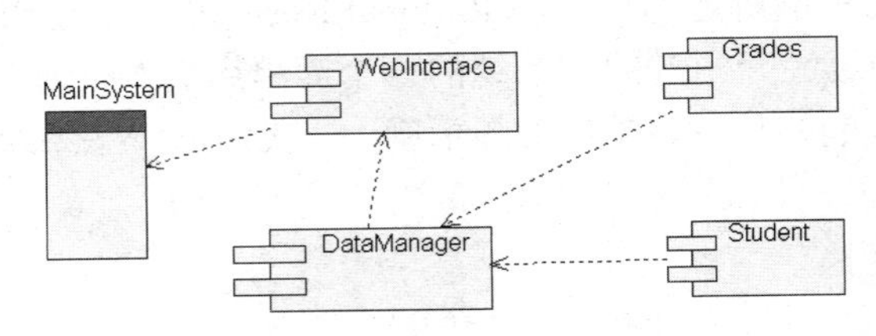

图 12-38　构件的依赖关系

12.2.4　创建部署图

通过显示系统中不同的构件将在何处物理地运行，以及它们是如何彼此通信，部署图表示了该软件系统如何部署到硬件环境中。因为部署图是对物理运行情况进行建模，在分布式系统中，常常被人们认为是一个系统的技术架构图或网络部署图。

可以使用下列的步骤创建部署图：

（1）根据系统的物理需求，确定系统的节点。

（2）根据节点之间的物理连接，将节点连接起来。

（3）通过添加处理器的进程、描述连接的类型等细化对部署图的表示。

建模一个简单的学生信息管理系统，该系统的需求如下所示：

（1）学生或教师可以在客户的 PC 机上通过浏览器，如 IE 6.0 等，查看系统页面，与 Web 服务器通信。

（2）Web 服务器安装 Web 服务器软件，如 Tomcat 等，通过 JDBC 与数据库服务器连接。

（3）数据库服务器中安装 SQL Server 2000，提供数据服务功能。

1. 确定系统节点

我们根据上面的需求列表可以获得系统的节点信息，如图 12-39 所示。

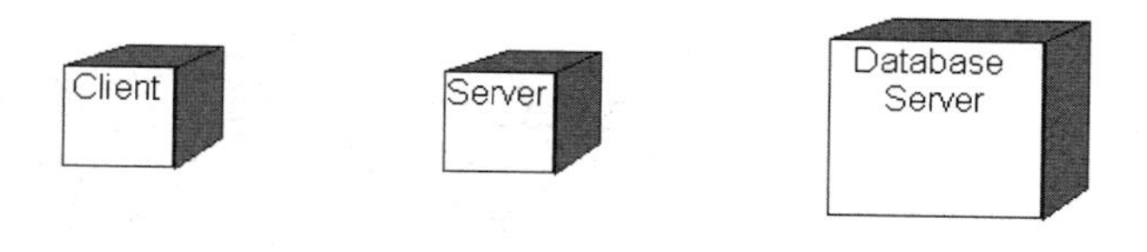

图 12-39　部署图节点

2. 添加节点连接

我们可以从上面的需求列表中获取下列的连接信息：

（1）客户的 PC 机上通过 Http 协议与 Web 服务器通信。

（2）Web 服务器通过 JDBC 与数据库服务器连接。

将上面的节点连接起来，我们得到的部署图如图 12-40 所示。

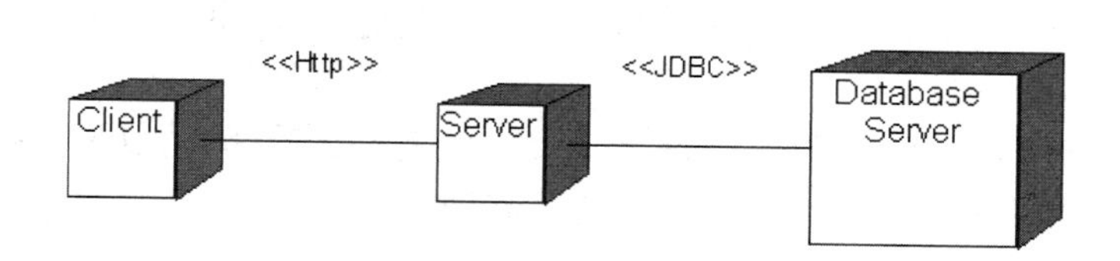

图 12-40　添加部署图的连接

3. 细化部署图

接下来需要确定各个处理器中的主程序以及其他的内容，如构造型、说明型文档和特征描述等。

确定各个处理器中的主程序后，我们得到的部署图如图 12-41 所示。

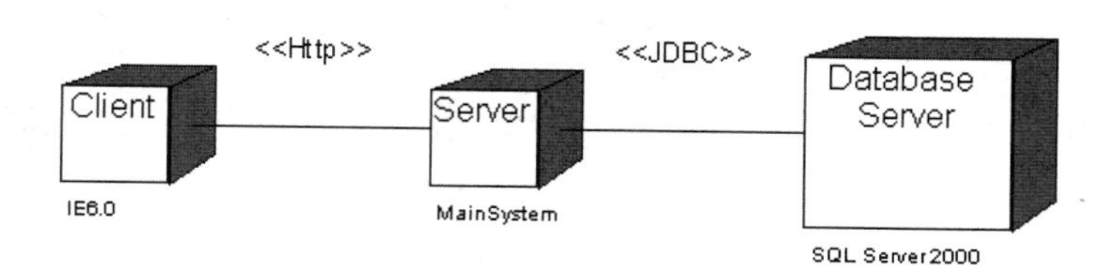

图 12-41　添加部署图中的主程序

12.3 本章小结

在本章中，我们对 UML 中的构件图和部署图进行了介绍。在构件图和部署图内容中，我们介绍了在以构件为基础的开发（Component Based Development，CBD）中构件图对不同开发人员的作用，并且介绍了使用部署图的三个目的。接着介绍了构件图和部署图的组成元素以及如何创建这些模型元素。最后，我们通过简单的例子说明如何去创建构件图和部署图。希望读者在学完本章后，和其他图一样，能够根据构件图和部署图的基本概念，创建图中的各种模型元素，描绘出系统的物理结构。并将前面介绍过的其他图结合起来，完成对整个系统的建模。

习题十二

1. 填空题

（1）在构件图中，我们将系统中可重用的模块封装成为具有可替代性的物理单元，我们称之称为______。

（2）构件的______是指它包含和封装了实现系统功能的类或者其他元素的实现代码以及某些构成系统状态的实例对象。构件的______是指构件拥有身份和状态，用于定位在其上的物理对象。

（3）_____是用来表示系统中构件与构件之间，以及定义的类或接口与构件之间的关系的图。

（4）在构件图中，构件和构件之间的关系表现为______，定义的类或接口与类之间的关系表现为______或实现关系。

（5）______描述了一个系统运行时的硬件结点，以及在这些结点上运行的软件构件将在何处物理地运行，以及它们将如何彼此通信的静态视图。

2. 选择题

（1）下列关于构件的说法不正确的是_____。

（A）在构件图中，我们将系统中可重用的模块封装成为具有可替代性的物理单元，我们称之称为构件

（B）构件是独立的，在一个系统或子系统中的封装单位，提供一个或多个接口，是系统高层的可重用的部件

（C）构件作为系统定义良好接口的物理实现单元，但是它需要接依赖于其他构件而不是仅仅依赖于构件所支持的接口

（D）构件作为系统中的一个物理实现单元，包括软件代码（包括源代码、二进制代码和可执行文件等）或者相应组成部分

（2）下列关于序列图的用途，说法不正确的是_____。

（A）在构件图中，我们可以将系统中可重用的模块封装成为具有可替代性的物理单元

（B）构件图是用来表示系统中构件与构件之间，以及定义的类或接口与构件之间的关系的图

（C）在构件图中，构件和构件之间的关系表现为实现关系，定义的类或接口与类之间的关系表现为依赖关系

（D）构件图的通过显示系统的构件以及接口等之间的接口关系，形成系统的更大的一个设计单元

（3）构件图的组成不包括______。

（A）接口　　（B）构件

（C）发送者　　（D）依赖关系

（4）下列关于部署图的说法不正确的是_____。

（A）部署图描述了一个系统运行时的硬件结点，以及在这些结点上运行的软件构件将在何处物理地运行，以及它们将如何彼此通信的静态视图

（B）使用 Rational Rose 2007 创建的每一个模型中可以包含多个部署图

（C）在一个部署图中，包含了两种基本的模型元素：节点和节点之间的连接

（D）使用 Rational Rose 2007 创建的每一个模型中仅包含一个部署图

（5）部署图的组成不包括______。

（A）处理器　　（B）设备

（C）构件　　（D）连接

3. 简答题

（1）什么是构件图？试述该图的作用。

（2）构件图有哪些组成部分？在 Rational Rose 2007 中，它们是如何表示的。

（3）什么是部署图？试述该图的作用。

（4）部署图有哪些组成部分？在 Rational Rose 2007 中，它们是如何表示的。

4. 练习题

（1）在“远程网络教学系统”中，以系统管理员添加教师信息用例为例，我们可以确定“Administrator”、“Teacher”、“AddTeacher”等类，根据这些类创建关于系统管理员添加教师信息的相关构件图。

（2）在“远程网络教学系统”中，该系统的需求如下所示：

①学生或教师可以在客户的 PC 机上通过浏览器，如 IE 6.0 等，登录到远程网络教学系统中。

②在 Web 服务器端，我们安装 Web 服务器软件，如 Tomcat 等，部署远程网络教学系统，并通过 JDBC 与数据库服务器连接。

③数据库服务器中使用 SQL Server 2000 提供数据服务。

根据以上的系统需求，创建系统的部署图。

第13章

图书管理系统

我们在前面的几章中，介绍了UML为面向对象系统的分析和设计提供的一系列标准化的图形符号。通过使用这些符号，我们能够方便地为各种面向对象的系统进行建模。本章将以图书管理系统为例，将前面介绍的UML的各种图形以及模型元素综合起来，形成一个对图书管理系统的建模实例。整个系统的分析以及设计过程按照软件设计的一般流程进行，包括需求分析和系统建模等。

13.1 需求分析

软件的需求（requirement）是系统必须达到的条件或性能，是用户对目标软件系统在功能、行为、性能、约束等方面的期望。系统分析（analysis）的目的是将系统需求转化为能更好地将需求映射到软件设计师所关心的实现领域的形式，如通过分解将系统转化为一系列的类和子系统。通过对问题域以及其环境的理解和分析，将系统的需求翻译成规格说明，将问题涉及的信息、功能及系统行为建立模型，描述如何实现系统。

软件的需求分析连接了系统分析和系统设计。一方面，为了描述系统实现，我们必须理解需求，完成系统的需求分析规格说明，并选择合适的策略将其转化为系统的设计；另一方面，系统的设计可以促进系统的一些需求塑造成型，完善软件的需求分析说明。良好的需求分析活动有助于避免或修正软件的早期错误，提高软件生产率，降低开发成本，改进软件质量。

我们可以将系统的需求划分为以下几个方面：

- 功能性需求。当我们考虑系统需求的时候，自然会想到用户希望系统为他们做什么事情，提供哪些服务。功能性需求是指系统需要完成的功能，它通过详细说明所期望的系统的输入和输出条件来描述系统的行为。
- 非功能型需求。为了能使最终用户获得期望的系统质量，系统还必须为那些没有包含在功能性需求中的内容进行描述，比如系统的使用性、可靠性、性能、可支持性等等。系统的使用性（usability）需求是指系统的一些人为因素，包括易学性、易用性等，和用户界面、用户文档等的一致性。可靠性（reliability）需求是指系统能正常运行的概率，涉及系统的失败程度、系统的可恢复性、可预测性和准确性。性能（performance）需求是指在系统功能上施加的条件，如事件的响应时间、内存占有量等。可支持性（supportability）需求是指易测试性、可维护性和其他在系统发布以后为此系统更新需要的质量。
- 设计约束条件。也称条件约束、补充规则，是指用户要安装系统时需要有什么样的必备条件。如对操作系统的要求、硬件网络的要求等。有时候也可以把设计约束条件作为非功能性需求来看待。

图书管理系统是面向学校图书馆用来进行图书管理的管理信息系统（MIS）。该信息系统能够方便地为借阅者提供各种借阅服务，也能够为图书管理员和系统管理员提供方便的管理服务。

图书管理系统的功能性需求包括以下内容：

（1）图书管理系统能够为一定数量的借阅者提供服务。每个借阅者能够拥有唯一标识其存在的编号。图书馆向每一个借阅者发放图书证，图书证中包含每一个借阅者的编号和个人信息。系统通过一个单独的程序为借阅者提供服务，不需要管理人员的干预，这些服务包括提供查询图书信息、查询个人信息服务和预定图书服务等。

（2）当借阅者借阅图书、归还图书时需要通过图书管理员进行，也就是说借阅者不直接与系统交互，而是图书管理员充当借阅者的代理与系统交互。当借阅者借阅的图书数量超过限制时，不运行借阅者再进行借阅。当借阅者借阅的图书超过一定的期限时，需要对其进行处罚。借阅图书时需要图书证作为凭据，归还时不需要。

（3）系统管理员负责系统的管理维护工作，维护工作包括图书的添加、删除和修改，书目的添加和删除，借阅者的添加、删除和修改，并且系统管理员能够查询借阅者、图书和图书管理员的信息。

（4）查询图书可以通过图书的名称或图书的 ISBN/ISSN 号进行。

满足上述需求的系统主要包括以下几个小的系统模块：

（1）基本业务处理模块。基本业务处理模块主要用于实现图书管理员对借阅者借阅图书和归还图书的处理。图书管理员通过合法的认证登录到该系统中，管理借阅者的借阅和归还等活动。

（2）信息查询模块。信息查询模块主要用于实现借阅者对信息的查询，包括图书信息的查询、自身信息的查询和图书的预定等功能。

（3）系统维护模块。系统维护模块主要用于实现系统管理员对系统的管理和对数据库的维护，系统的管理包括对借阅者信息、图书信息、图书管理员信息和书目信息等信息的维护。

数据库的维护包括数据库的备份、恢复等数据库管理操作。

13.2　系统建模

我们将以图书管理系统为例，系统地介绍如何使用 Rational Rose 2007 对该系统进行系统建模。通过使用用例驱动创建系统用例模型，获取系统的需求，并使用系统的静态模型创建系统内容，然后通过动态模型对系统的内容进行补充和说明，最后通过部署模型完成系统的部署。

在系统建模以前，我们首先需要在 Rational Rose 2007 中创建一个模型。在 Rational Rose 2007 的打开环境中，选择菜单“File”（文件）下“New”（新建）选项，弹出如图 13-1 所示的对话框，在对话框中单击“Cancel”（取消）按钮，一个空白的模型被创建。此时，模型中包含 Use Case View（用例视图）、Logical View（逻辑视图）、Component View（构件视图）和 Deployment View（部署视图）等文件夹。然后通过选择菜单“File”（文件）下“Save”（保存）选项保存该模型，并命名为“图书管理系统模型”，该名称将会在 Rational Rose 2007 的顶端出现。

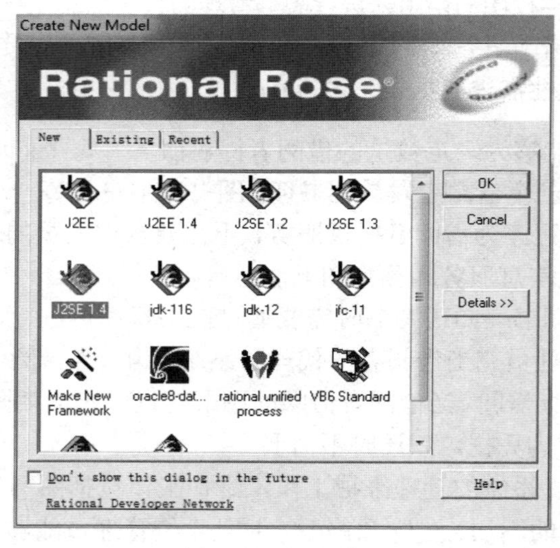

图 13-1　创建模型

13.2.1　创建系统用例模型

进行系统分析和设计的第一步是创建系统的用例模型。作为描述系统的用户或参与者所能进行操作的图，它在需求分析阶段有着重要的作用，整个开发过程都是围绕系统的需求用例表述的问题和问题模型进行的。

创建系统用例的第一步是确定系统的参与者。图书管理系统的参与者包含以下几种：

（1）借阅者。图书管理系统的服务对象之一首先是图书的借阅者。图书借阅者能够通过该系统进行借阅图书、查询图书信息、预定图书和归还图书等操作。

（2）图书管理员。对于系统来说，借阅者借阅图书和归还图书都需要图书管理员来进行处理。

（3）系统管理员。系统管理员负责图书、借阅者、书目等信息维护工作，并且系统管理员还需要对数据库进行维护操作。

由上我们可以得出，系统的参与者包含三种，分别是 Borrower（借阅者）、Librarian（图书管理员）和 Administrator（系统管理员），如图 13-2 所示。然后我们根据参与者的不同画出各个参与者的用例图。

图 13-2　系统参与者

1．借阅者用例图

借阅者能够通过该系统进行如下活动：

（1）查询图书信息。借阅者可以通过图书名称或 ISBN/ISSN 号查找图书的详细信息。

（2）登录自助系统。借阅者能够根据自己图书证编号和相关密码登录自助机器，查询图书信息、个人信息和进行图书预定。

（3）查询借阅者信息。每一个借阅者都可以通过自助机器在登录后查询自己的信息，但是不允许在未授权的情况下查询其他人的信息。

（4）预定图书。在登录自助机器后，借阅者可以预定相关图书。

（5）借阅图书。借阅者可以通过图书管理员借阅相关图书。

（6）归还图书。借阅者通过图书管理员归还图书，如果未按时归还，需要缴纳罚金。

通过上述这些活动，我们获得的借阅者用例图如图 13-3 所示。

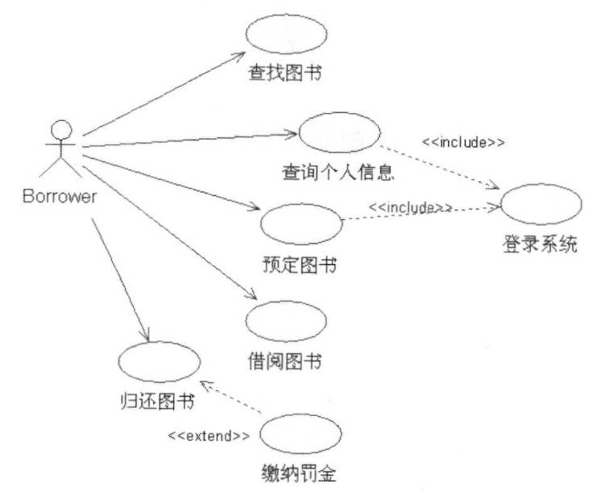

图 13-3　借阅者用例图

2．图书管理员用例图

图书管理员能够通过该系统进行如下活动：

（1）处理借阅。借阅者可以通过图书管理员借阅图书。当图书管理员处理借阅时，需要检查用户的合法性，如果不合法，不允许借阅图书。如果之前该图书已经被该借阅者预定，需要删除该图书的预定信息。

（2）处理归还。借阅者可以通过图书管理员归还图书。当借阅者借阅的图书超过一定的期限时，图书管理员需要收取罚金。

通过上述这些活动，我们获得的图书管理员用例图如图 13-4 所示。

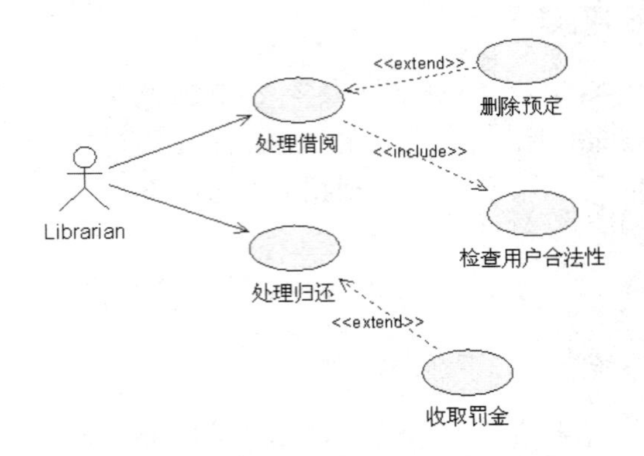

图 13-4　图书管理员用例图

3. 系统管理员用例图

系统管理员能够通过该系统进行如下活动：

（1）查询图书信息。系统管理员有权限查询各种图书的信息。

（2）添加图书。图书的添加是通过系统管理员进行的，图书添加时，要输入图书的详细信息。

（3）删除图书。图书的删除也是通过系统管理员进行的，图书删除时，图书的所有信息将被删除。

（4）修改图书信息。图书的信息可以被系统管理员进行修改。

（5）查询读者信息。系统管理员有权限查询读者的信息。

（6）添加读者。读者的添加是通过系统管理员进行的，读者被添加时，要输入读者的详细信息。

（7）删除读者。读者的删除也是通过系统管理员进行的，读者被删除时，读者的所有信息也将被删除。

（8）修改读者信息。读者的信息可以被系统管理员进行修改。

（9）添加书目。书目的添加是通过系统管理员进行的，书目被添加时，要输入书目的描述信息。

（10）删除书目。书目的删除也是通过系统管理员进行的，书目被删除时，所有关于该书目的图书信息的书目内容将被清空。

通过上述这些活动，我们获得的系统管理员用例图如图 13-5 所示。

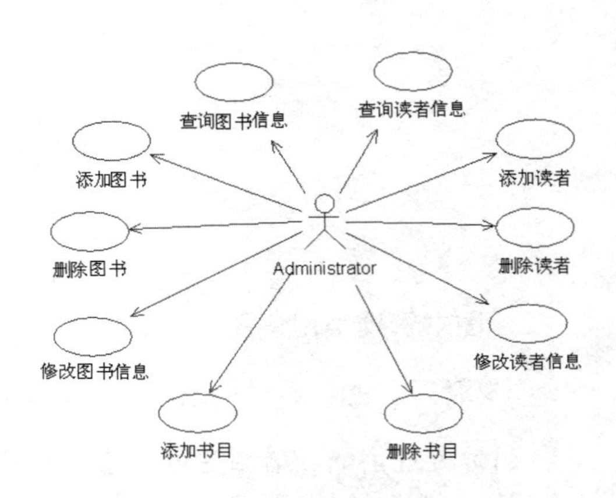

图 13-5　系统管理员用例图

13.2.2 创建系统静态模型

在获得系统的基本需求用例模型之后，我们通过考察系统对象的各种属性，创建系统静态模型。

首先，应先确定系统参与者的属性。系统管理员登录系统，需要提供系统管理员的用户名和密码，因此每一个系统管理员应该拥有用户名和密码属性，我们命名为 administratorName 和 passwords。同理，图书管理员也一样，我们命名为 librarianName 和 passwords。对于每一个借阅者，我们设置了一个图书编号，图书证中包含借阅者的名称、地址等，不同类型的借阅者可以借阅不同数目的图书，并且，不同的借阅者允许借阅和预定的天数也是不一样的。借阅者登录自助系统的时候需要密码，因此，我们可以创建借阅者编号 userId、借阅者名称 name、借阅者地址 address、最大允许借阅图书数目 maxBooks、最长借阅日期 maxBorrowDays、密码 passwords 和最大预定天数 maxReserveDays。根据这些属性，我们可以建立参与者：系统管理员、图书管理员和借阅者的初步类图模型，如图 13-6 所示。

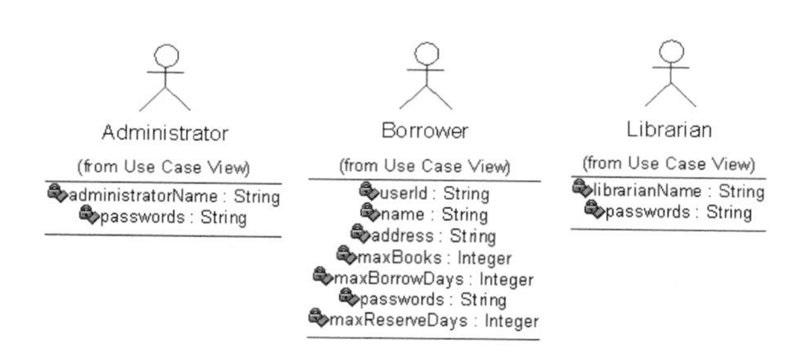

图 13-6　参与者的基本类图

其次，可以确定在系统中的主要业务实体类，这些类通常需要在数据库中进行存储。例如，存储图书的信息，需要一个图书类，同样，对于预定信息可以确定预定类；对于借阅信息可以确定借阅类；对于书目信息的存储同样需要一个书目类。在确定需要的这些存储类后，我们需要确定这些类的主要属性。

每一个图书拥有一个和其他图书相区别的编号，拥有一个目录名称编号、ISBN 名称、作者名称、出版社名称、书名称以及出版日期。借阅图书时，借阅信息存储图书的编号、借阅者的编号以及借阅日期。预定图书信息存储图书的编号、借阅者的编号以及预定日期。书目包含书目的编号和书目的名称。这些业务实体类的表示如图 13-7 所示。

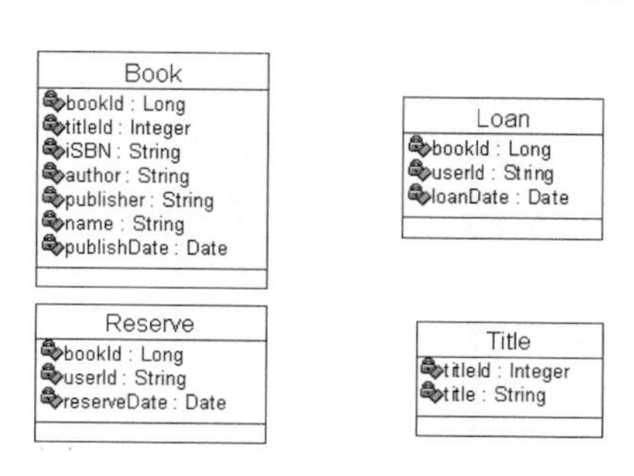

图 13-7　业务实体类

我们还可以根据对处理业务的不同，设计各种处理业务的界面类，比如涉及借阅者的界面包括借阅者登录界面、借阅者查询图书界面、借阅者查看个人信息界面等等。对于这些类的设计不是本章介绍的重点，并且它们通常还和借助的开发工具联系到一起，所以本章在此不做详细的介绍。

我们还可以通过关系连接将这些类连接起来。在关系表示中，要标明类与类之间一对多或多对多等数量关系。比如，一个书目的图书可以是很多本。一个借阅者可以有0或多个借阅或预定。每一个借阅和预定都可以和多本图书相联系。根据这些信息，连接起来的类图如图13-8所示。

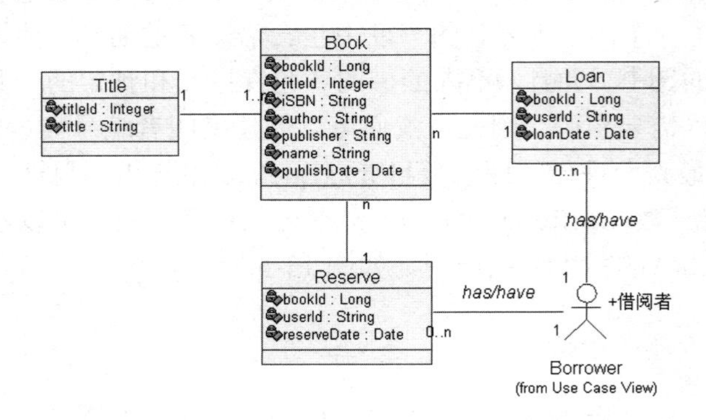

图 13-8 类之间关系示例

在上述创建的类图中的类，仅仅包含了类的属性，没有包含类的操作。我们可以通过系统的动态模型来确定类的操作。

13.2.3 创建系统动态模型

根据系统的用例模型，我们还可以通过对象之间的相互作用来考察系统对象的行为。这种交互作用通过两种方式进行考察，一种是相互作用的一组对象为中心考察，也就是通过交互图，包括序列图和协作图；另一种是以独立的对象为中心进行考察，包括活动图和状态图。对象之间的相互作用构成系统的动态模型。

序列图描绘了系统中的一组对象在时间上交互的整体行为。协作图描绘了系统中一组对象在几何排列上的交互行为。在图书管理系统中，通过上述的用例，我们可以获得以下的交互行为：

- 借阅者查找图书。
- 借阅者查询个人信息。
- 借阅者预定图书。
- 图书管理员处理借阅。
- 图书管理员处理还书。
- 系统管理员查询图书。
- 系统管理员添加图书。
- 系统管理员删除图书。
- 系统管理员修改图书信息。
- 系统管理员查询读者信息。

- 系统管理员添加读者。
- 系统管理员删除读者。
- 系统管理员修改读者信息。
- 系统管理员添加书目。
- 系统管理员删除书目。

我们可以将“借阅者查找图书”用例使用如表 13-1 所示的表格来描述。

表 13-1 借阅者查找图书

名称	借阅者查找图书
标识	UC 001
描述	借阅者查找某本图书的信息，包括图书的详细信息，是否被预定等信息
前提	通过图书的名称或图书的 ISBN/ISSN 号查找
结果	显示图书的相关信息
扩展	N/A
包含	N/A
继承自	N/A

也可以通过更加具体的描述来确定借阅者查找图书工作流程，基本工作流程如下：

（1）借阅者希望通过系统查询某本图书的信息。

（2）借阅者通过自助系统用户界面 SearchBookWindow 录入图书的 ISBN/ISSN 号请求查找图书信息。

（3）用户界面 SearchBookWindow 根据图书的 ISBN/ISSN 号将 Book 类实例化并请求图书信息。

（4）Book 类实例化对象根据图书的 ISBN/ISSN 号加载图书信息并提供给用户界面 SearchBookWindow。

（5）用户界面 SearchBookWindow 向读者显示图书信息。

在借阅者查找图书基本的工作流程中还存在分支，我们使用备选过程来描述。

备选过程 A：图书信息不存在。

（1）提供给用户界面 SearchBookWindow 为空。

（2）用户界面 SearchBookWindow 向读者提示该图书信息不存在。

根据基本流程，我们创建借阅者查找图书的序列图如图 13-9 所示。

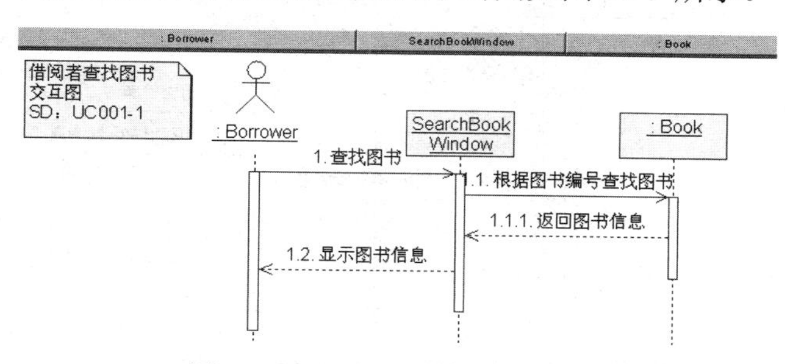

图 13-9 借阅者查找图书序列图

与序列图相等价的协作图如图 13-10 所示。

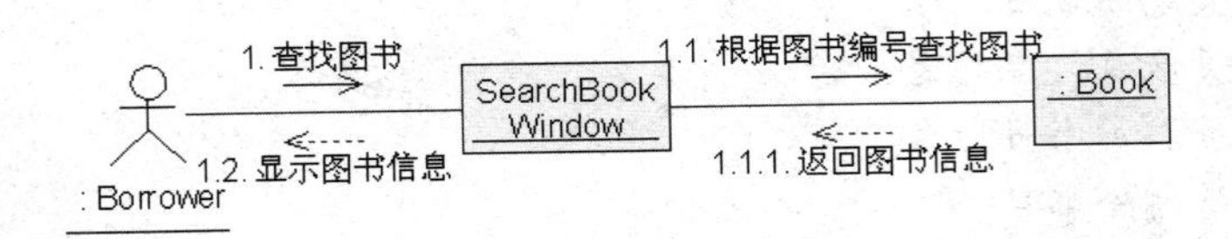

图 13-10　借阅者查找图书协作图

同样，我们可以将“借阅者查询个人信息”用例使用如表 13-2 所示表格来描述。

表 13-2　借阅者查询个人信息

名称	借阅者查询个人信息
标识	UC 002
描述	借阅者通过登录自助系统查询个人信息
前提	登录自助系统
结果	显示个人的信息，包括个人名称、地址、借阅图书内容等
扩展	N/A
包含	登录系统用例
继承自	N/A

我们通过以下信息描述来确定借阅者查询个人信息工作流程，基本工作流程如下：

（1）借阅者希望通过系统查询个人信息。
（2）借阅者通过自助系统用户登录界面 LoginWindow 录入图书证编号请求查找个人信息。
（3）用户登录界面 LoginWindow 根据图书证编号将 Borrower 类实例化并返回给用户信息显示界面 PersonInfoWindow。
（4）用户信息显示界面 PersonInfoWindow 向借阅者显示借阅者信息。

在借阅者查询个人信息基本的工作流程中还存在分支，我们使用备选过程来描述。
备选过程 B：借阅者登录不成功。

用户登录界面 LoginWindow 提示登录不成功信息，程序不执行。
根据基本流程，我们创建借阅者查询个人信息的序列图如图 13-11 所示。

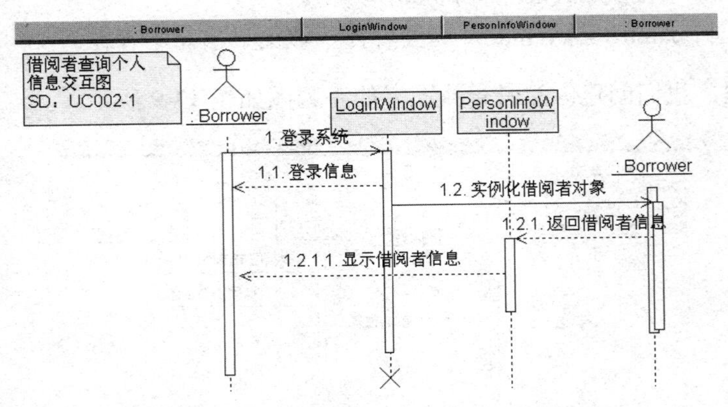

图 13-11　借阅者查询个人信息序列图

与序列图相等价的协作图如图 13-12 所示。

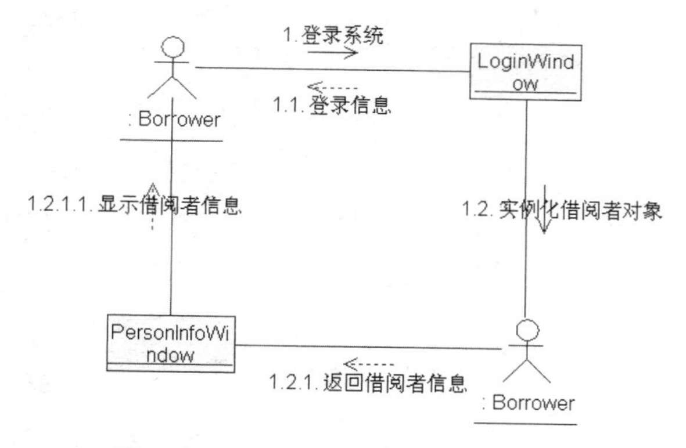

图 13-12 借阅者查询个人信息协作图

我们可以将“借阅者预定图书”用例使用如表 13-3 所示的表格来描述。

表 13-3 借阅者预定图书

名称	借阅者预定图书
标识	UC 003
描述	借阅者通过自助系统预定图书
前提	借阅者已经登录
结果	预定图书结果成功或失败
扩展	N/A
包含	N/A
继承自	N/A

我们可以通过更加具体的描述来确定借阅者预定图书工作流程，基本工作流程如下：

（1）借阅者希望通过系统预定某本图书。

（2）借阅者通过自助系统预定界面 ReserveWindow 录入图书的名称或 ISBN/ISSN 号请求查找该图书。

（3）预定界面 ReserveWindow 根据图书的名称或 ISBN/ISSN 号将 Book 类实例化并返回图书信息。

（4）预定界面 ReserveWindow 将图书信息添加到预定中，并返回是否预定成功信息。

（5）预定界面 ReserveWindow 向读者显示是否预定成功信息。

在借阅者预定图书基本的工作流程中还存在分支，我们使用备选过程来描述。

备选过程 A：图书信息不存在。

（1）提供给预定界面 ReserveWindow 为空，借阅者不能对该书进行预定。

（2）预定界面 ReserveWindow 向读者提示该图书信息不存在。

根据基本流程，我们创建借阅者预定图书的序列图如图 13-13 所示。

与序列图相等价的协作图如图 13-14 所示。

“图书管理员处理借阅”用例使用如表 13-4 所示的表格来描述。

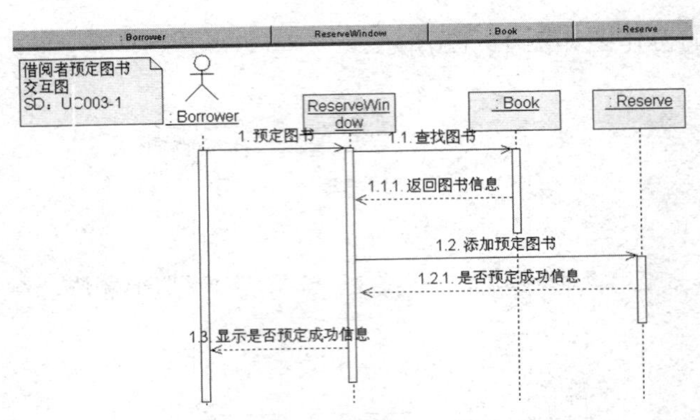

图 13-13　借阅者预定图书序列图

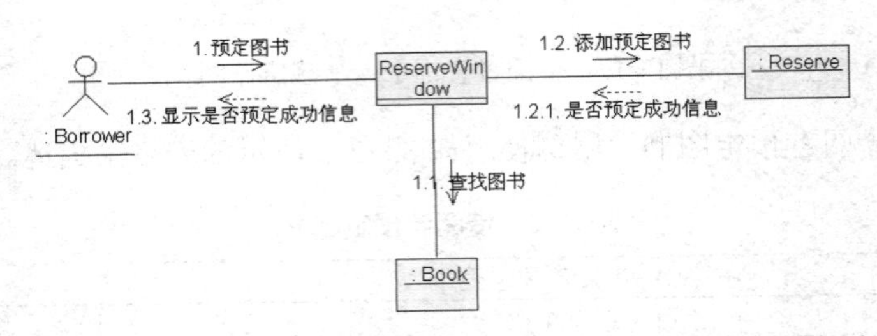

图 13-14　借阅者预定图书协作图

表 13-4　图书管理员处理借阅

名称	图书管理员处理借阅
标识	UC 004
描述	图书管理员处理借阅者借阅图书
前提	借阅者向图书管理员请求借阅图书并提交图书证
结果	借阅图书是否成功
扩展	N/A
包含	N/A
继承自	N/A

我们可以通过更加具体的描述来确定图书管理员处理借阅工作流程，基本工作流程如下：

（1）借阅者希望通过图书管理员借阅某本图书。

（2）借阅者将图书证和图书交给图书管理员。

（3）图书管理员将读者图书证编号录入借阅图书界面 LendBookWindow。根据图书的 ISBN/ISSN 号将 Book 类实例化并显示图书信息。

（4）借阅图书界面 LendBookWindow 根据图书的 ISBN/ISSN 号将 Book 类实例化并加载图书信息。

（5）借阅图书界面 LendBookWindow 将图书信息和读者信息添加到借阅实例中。

（6）借阅实例检查读者的借书数目，并添加借阅信息，返回借阅是否成功。

（7）借阅图书界面 LendBookWindow 显示是否成功。

（8）图书管理员将图书证和图书归还给借阅者。

在图书管理员处理借阅基本的工作流程中还存在分支，我们使用备选过程来描述。

备选过程 C：借阅图书数目超过限定数目。

（1）添加借阅信息不成功。

（2）借阅图书界面 LendBookWindow 显示借阅数目超过限额信息。

根据基本流程，我们创建图书管理员处理借阅的序列图如图 13-15 所示。

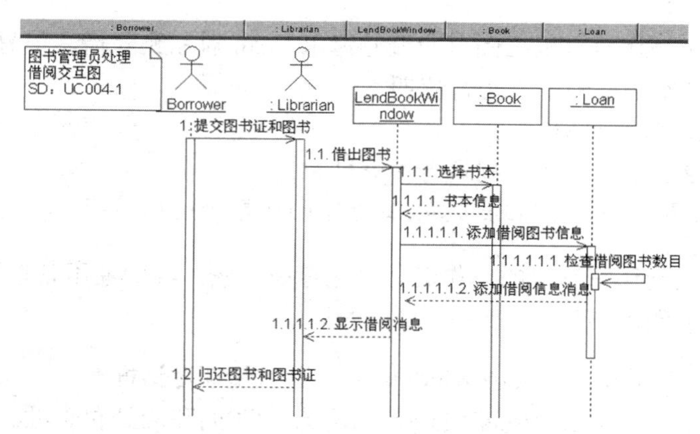

图 13-15　图书管理员处理借阅序列图

与序列图相等价的协作图如图 13-16 所示。

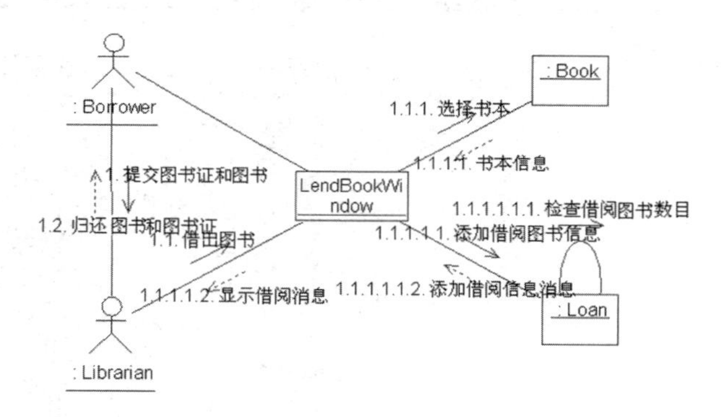

图 13-16　图书管理员处理借阅协作图

“图书管理员处理还书”用例使用如表 13-5 所示的表格来描述。

表 13-5　图书管理员处理还书

名称	图书管理员处理还书
标识	UC 005
描述	借阅者通过图书管理员归还所借图书
前提	借阅者将图书归还给图书管理员
结果	删除借阅者关于该书的借阅记录
扩展	N/A
包含	N/A
继承自	N/A

更加具体的描述来确定图书管理员处理还书工作流程如下：

（1）借阅者希望通过图书管理员归还所借图书。
（2）借阅者将所借图书交给图书管理员。
（3）图书管理员通过归还图书界面 SearchBookWindow 根据图书的 ISBN/ISSN 号将 Book 类实例化并请求图书信息。
（4）Book 类实例化对象根据图书的编号请求 Loan 对象删除借阅信息。
（5）Loan 对象检查借阅图书是否超期。
（6）Loan 对象删除借阅信息。
（7）Loan 对象返回是否成功删除借阅信息。
（8）归还图书界面 SearchBookWindow 提示归还是否成功显示。

在图书管理员处理还书基本的工作流程中还存在分支，我们使用备选过程来描述。
备选过程 D：借阅图书超期。

（1）归还图书界面 SearchBookWindow 提示图书超期对话框。
（2）归还图书界面 SearchBookWindow 显示超期时间和应处罚金额。

根据基本流程，我们创建图书管理员处理还书的序列图如图 13-17 所示。

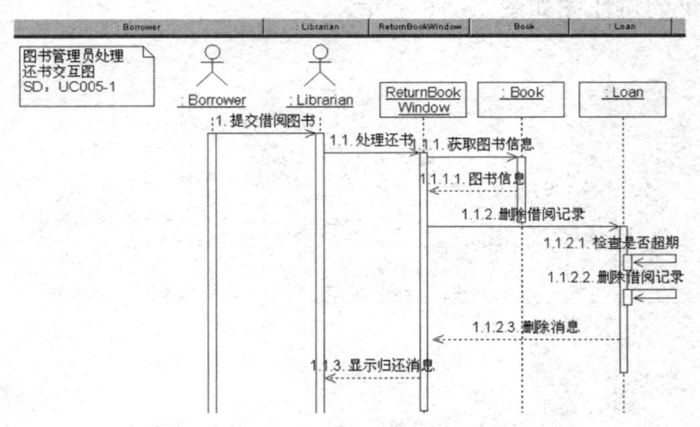

图 13-17　图书管理员处理还书序列图

与序列图相等价的协作图如图 13-18 所示。

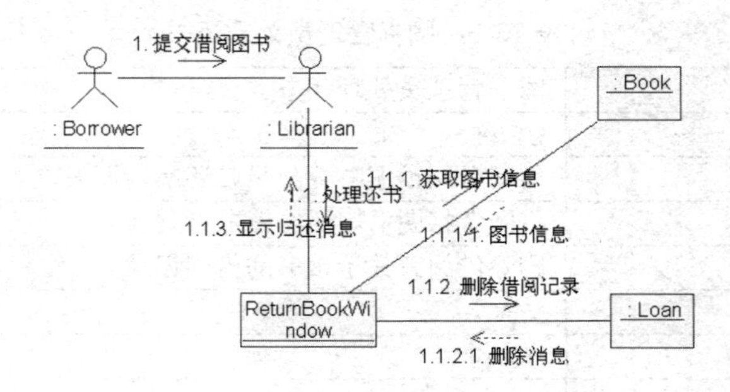

图 13-18　图书管理员处理还书协作图

“系统管理员查询图书”用例使用如表 13-6 所示的表格来描述。

表 13-6　系统管理员查询图书

名称	系统管理员查询图书
标识	UC 006
描述	系统管理员查找某本图书的信息，包括图书的详细信息，是否被预定等信息
前提	系统管理员已经登录
结果	显示图书的相关信息
扩展	N/A
包含	登录系统
继承自	N/A

更加具体的描述来确定系统管理员查询图书工作流程如下：

（1）系统管理员在登录后希望通过管理系统查询某本图书的信息。

（2）系统管理员通过管理系统查询图书界面 SearchBookWindow 录入图书的 ISBN/ISSN 号请求查找图书信息。

（3）查询图书界面 SearchBookWindow 根据图书的 ISBN/ISSN 号将 Book 类实例化并请求图书信息。

（3）Book 类实例化对象根据图书的 ISBN/ISSN 号加载图书信息并提供给查询图书界面 SearchBookWindow。

（4）查询图书界面 SearchBookWindow 向统管理员显示图书信息。

在系统管理员查询图书基本的工作流程中还存在分支，我们使用备选过程来描述。

备选过程 A：图书信息不存在。

（1）提供给查询图书界面 SearchBookWindow 图书信息为空。

（2）用户界面 SearchBookWindow 向系统管理员提示该图书信息不存在。

根据基本流程，我们创建系统管理员查询图书信息的序列图如图 13-19 所示。

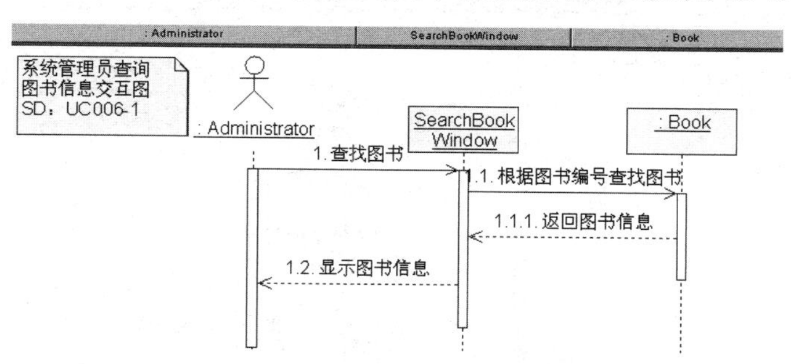

图 13-19　系统管理员查询图书信息序列图

与序列图相等价的协作图如图 13-20 所示。

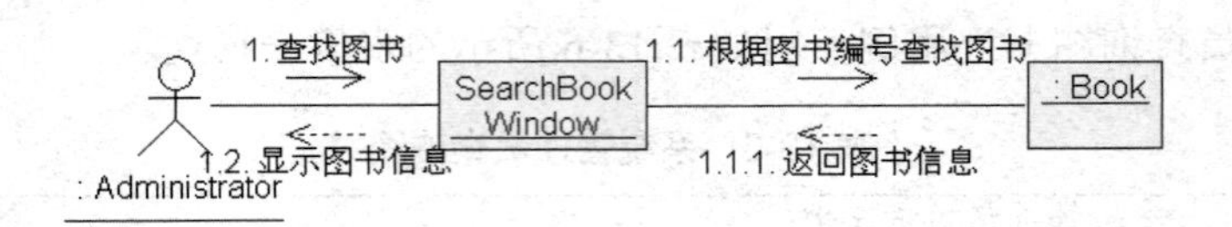

图 13-20　系统管理员查询图书信息协作图

“系统管理员添加图书”用例使用如表 13-7 所示的表格来描述。

表 13-7　系统管理员添加图书

名称	系统管理员添加图书
标识	UC 007
描述	系统管理员通过管理界面添加某图书的信息
前提	系统管理员已经登录
结果	显示图书是否被添加成功
扩展	N/A
包含	N/A
继承自	N/A

更加具体的描述来确定系统管理员添加图书工作流程如下：

（1）系统管理员希望通过系统添加某些图书。
（2）系统管理员通过添加图书界面 AddBookWindow 添加图书信息。
（3）系统管理员通过添加图书界面 AddBookWindow 选择图书的书目信息。
（3）系统管理员通过添加图书界面 AddBookWindow 添加图书的其他描述信息。
（4）添加图书界面 AddBookWindow 通过 Book 实例添加到数据库中。
（5）Book 实例返回图书是否添加成功的信息。
（6）添加图书界面 SearchBookWindow 显示图书是否添加成功信息。

根据基本流程，我们创建系统管理员添加图书的序列图如图 13-21 所示。

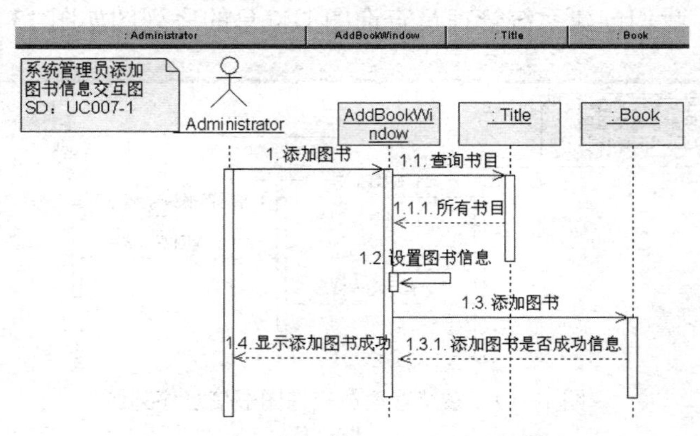

图 13-21　系统管理员添加图书序列图

与序列图相等价的协作图如图 13-22 所示。

“系统管理员删除图书”用例使用如表 13-8 所示的表格来描述。

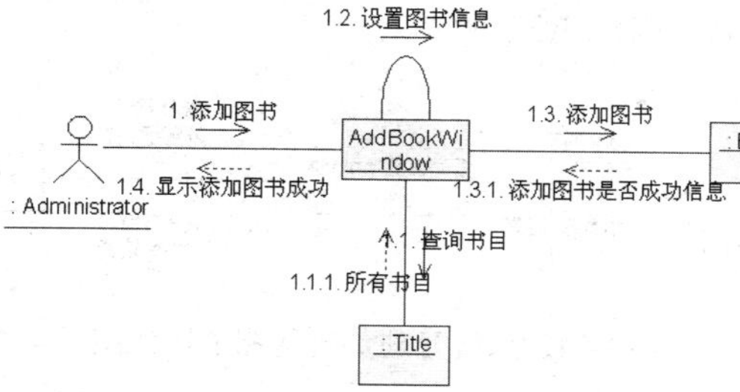

图 13-22　系统管理员添加图书协作图

表 13-8　系统管理员删除图书

名称	系统管理员删除图书
标识	UC 008
描述	系统管理员通过管理界面删除某本图书的信息
前提	系统管理员已经登录
结果	显示图书是否被删除成功
扩展	N/A
包含	N/A
继承自	N/A

更加具体的描述来确定系统管理员删除图书工作流程如下：

（1）系统管理员希望通过系统删除某些图书。
（2）系统管理员通过删除图书界面 DeleteBookWindow 删除图书。
（3）系统管理员通过删除图书界面 DeleteBookWindow 查找图书的信息，返回图书信息。
（4）删除图书界面 DeleteBookWindow 通过 Book 实例将图书删除图书，返回删除信息。
（5）删除图书界面 DeleteBookWindow 向系统管理员显示删除是否成功的信息。

在系统管理员删除图书基本的工作流程中还存在分支，我们使用备选过程来描述。
备选过程 A：图书信息不存在。

（1）提供给删除图书界面 DeleteBookWindow 的图书信息为空。
（2）删除图书界面 DeleteBookWindow 向系统管理员提示该图书信息不存在。

根据基本流程，我们创建系统管理员删除图书的序列图如图 13-23 所示。

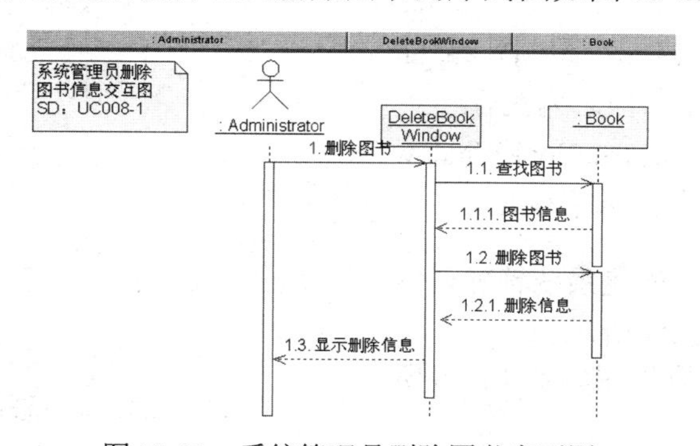

图 13-23　系统管理员删除图书序列图

与序列图相等价的协作图如图 13-24 所示。

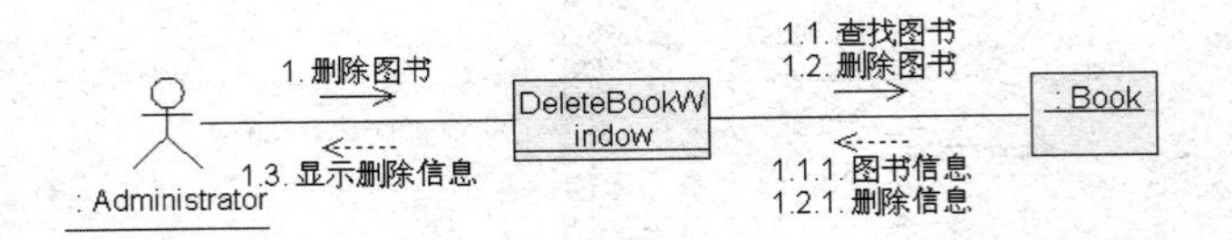

图 13-24　系统管理员删除图书协作图

“系统管理员修改图书”用例使用如表 13-9 所示的表格来描述。

表 13-9　系统管理员修改图书

名称	系统管理员修改图书
标识	UC 009
描述	系统管理员通过管理界面修改某本图书的信息
前提	系统管理员已经登录
结果	显示图书是否被修改成功
扩展	N/A
包含	N/A
继承自	N/A

更加具体的描述来确定系统管理员修改图书信息工作流程如下：

（1）系统管理员希望通过系统修改某些图书。

（2）系统管理员通过修改图书界面 UpdateBookWindow 修改图书信息。

（3）系统管理员通过修改图书界面 UpdateBookWindow 查找图书的信息，返回图书信息。

（4）修改图书界面 UpdateBookWindow 修改图书信息。

（5）修改图书界面 UpdateBookWindow 通过 Book 实例将修改后的图书信息修改到数据库中，返回是否修改成功信息。

（6）修改图书界面 UpdateBookWindow 向系统管理员显示修改是否成功的信息。

在系统管理员修改图书信息基本的工作流程中还存在分支，我们使用备选过程来描述。

备选过程 A：图书信息不存在。

（1）提供给修改图书界面 UpdateBookWindow 的图书信息为空。

（2）修改图书界面 UpdateBookWindow 向系统管理员提示该图书信息不存在。

根据基本流程，我们创建系统管理员修改图书的序列图如图 13-25 所示。

与序列图相等价的协作图如图 13-26 所示。

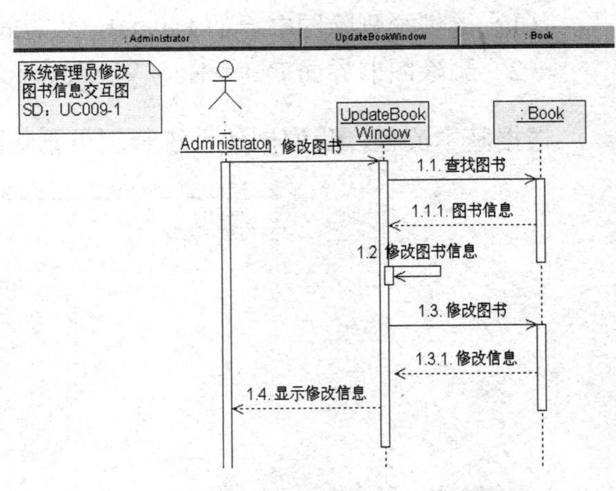

图 13-25　系统管理员修改图书序列图

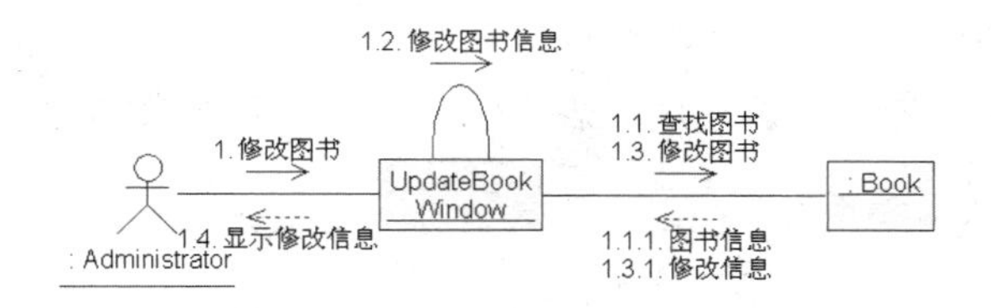

图 13-26　系统管理员修改图书协作图

“系统管理员查询借阅者信息”用例使用如表 13-10 所示的表格来描述。

表 13-10　系统管理员查询读者信息

名称	系统管理员查询借阅者信息
标识	UC 010
描述	系统管理员通过管理界面根据借阅者编号或姓名查询借阅者的信详细息
前提	系统管理员已经登录
结果	显示借阅者信息
扩展	N/A
包含	N/A
继承自	N/A

更加具体的描述来确定系统管理员查询借阅者信息的工作流程如下：

（1）系统管理员希望通过系统查询某个借阅者信息。

（2）系统管理员通过查询借阅者信息界面 SearchBorrowerWindow 查询借阅者信息。

（3）查询借阅者信息界面 SearchBorrowerWindow 通过 Borrower 实例查找借阅者信息，并返回借阅者信息。

（4）查询借阅者信息界面 SearchBorrowerWindow 显示借阅者信息。

在系统管理员查询借阅者信息基本的工作流程中还存在分支，我们使用备选过程来描述。

备选过程 A：借阅者信息不存在。

（1）提供给查询借阅者信息界面 SearchBorrowerWindow 的借阅者对象列表为空。

（2）查询借阅者信息界面 SearchBorrowerWindow 向系统管理员提示该借阅者信息不存在。

根据基本流程，我们创建系统管理员查询借阅者信息的序列图如图 13-27 所示。

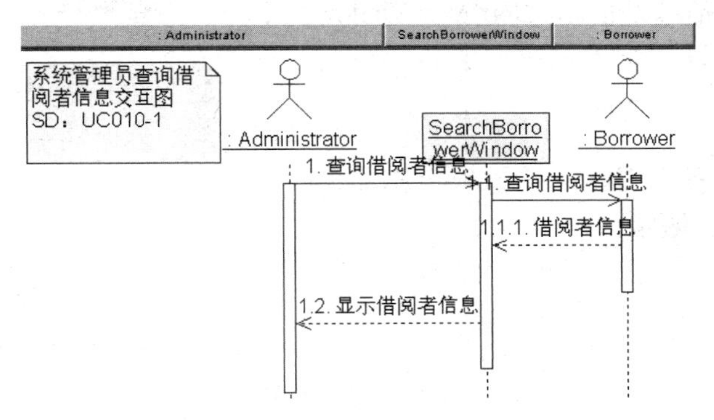

图 13-27　系统管理员查询借阅者信息序列图

与序列图相等价的协作图如图 13-28 所示。

“系统管理员添加读者”用例使用如表 13-11 所示的表格来描述。

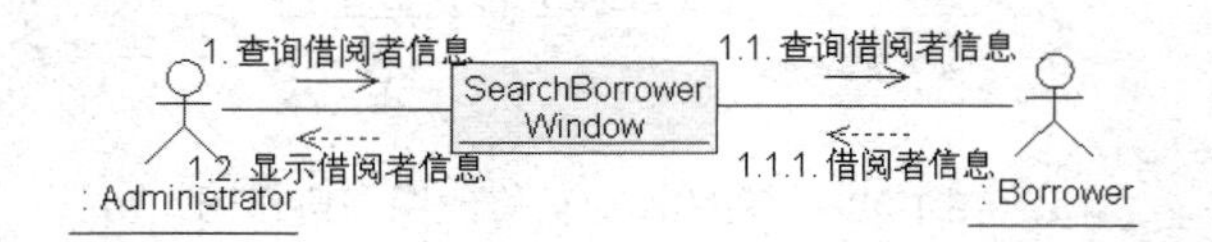

图 13-28　系统管理员查询借阅者信息协作图

表 13-11　系统管理员添加读者

名称	系统管理员添加读者
标识	UC 011
描述	系统管理员通过管理界面添加借阅者
前提	系统管理员已经登录
结果	借阅者被添加
扩展	N/A
包含	N/A
继承自	N/A

更加具体的描述来确定系统管理员添加读者的工作流程如下：

（1）系统管理员希望通过系统添加借阅者信息。

（2）系统管理员通过添加借阅者信息界面 AddBorrowerWindow 添加借阅者信息。

（3）系统管理员通过添加借阅者信息界面 AddBorrowerWindow 填写借阅者信息。

（4）添加借阅者信息界面 AddBorrowerWindow 通过 Borrower 实例添加借阅者信息，并返回是否添加成功的信息。

（5）添加借阅者信息界面 AddBorrowerWindow 显示添加借阅者是否成功的信息。

在系统管理员添加读者基本的工作流程中还存在分支，我们使用备选过程来描述。

备选过程 E：该读者的信息已经存在或者不存在。

（1）Borrower 实例提供给添加借阅者信息界面 AddBorrowerWindow 以及存在借阅者异常信息。

（2）添加借阅者信息界面 AddBorrowerWindow 捕获异常，并向系统管理员提示该借阅者信息已经存在。

根据基本流程，我们创建系统管理员添加读者的序列图如图 13-29 所示。

图 13-30 所示的是与序列图相等价的协作图。

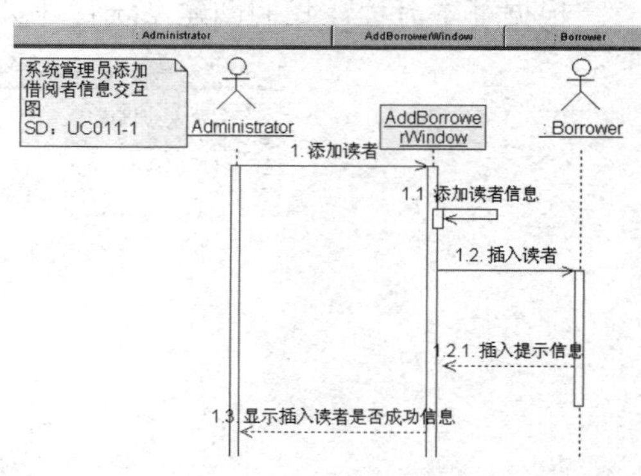

图 13-29　系统管理员添加读者序列图

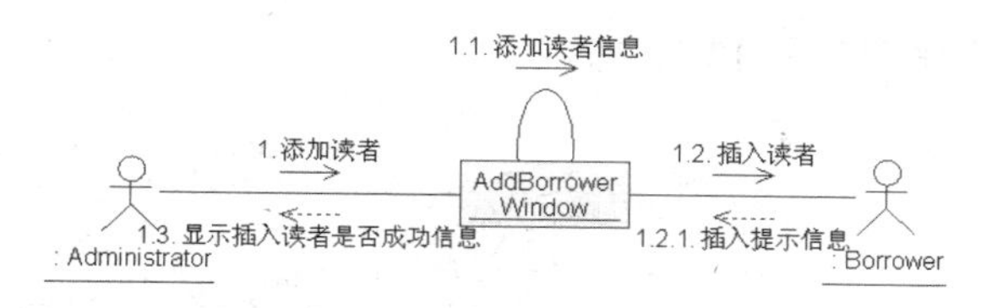

图 13-30　系统管理员添加读者协作图

“系统管理员删除借阅者”用例使用如表 13-12 所示的表格来描述。

表 13-12　系统管理员删除读者

名称	系统管理员删除借阅者
标识	UC 012
描述	系统管理员通过管理界面删除借阅者
前提	系统管理员已经登录
结果	借阅者被删除
扩展	N/A
包含	N/A
继承自	N/A

更加具体的描述来确定系统管理员删除借阅者工作流程如下：

（1）系统管理员希望通过系统删除借阅者信息。

（2）系统管理员通过删除借阅者信息界面 DeleteBorrowerWindow 删除借阅者信息。

（3）删除借阅者信息界面 DeleteBorrowerWindow 通过 Borrower 实例查询借阅者信息，并返回借阅者信息。

（4）删除借阅者信息界面 DeleteBorrowerWindow 通过 Borrower 实例删除借阅者信息，并返回是否删除成功的信息。

（5）删除借阅者信息界面 DeleteBorrowerWindow 显示删除借阅者是否成功的信息。

在系统管理员删除读者基本的工作流程中还存在分支，我们使用备选过程来描述。

备选过程 A：图书信息不存在。

（1）Borrower 实例提供给删除借阅者信息界面 DeleteBorrowerWindow 信息为空。

（2）删除借阅者信息界面 DeleteBorrowerWindow 向系统管理员提示该借阅者不存在。

根据基本流程，我们创建系统管理员删除借阅者的序列图如图 13-31 所示。

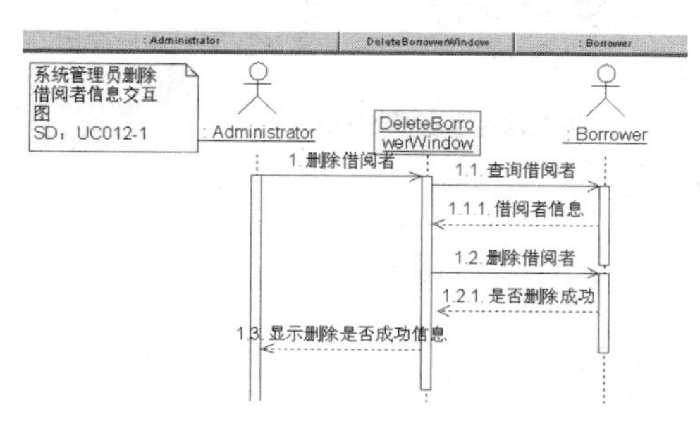

图 13-31　系统管理员删除借阅者序列图

与序列图相等价的协作图如图 13-32 所示。

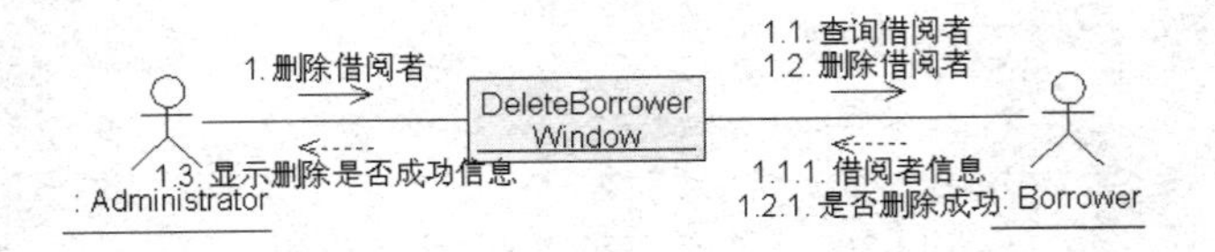

图 13-32　系统管理员删除借阅者协作图

“系统管理员修改读者信息”用例使用如表 13-13 所示的表格来描述。

表 13-13　系统管理员修改读者信息

名称	系统管理员修改读者信息
标识	UC 013
描述	系统管理员通过管理界面修改借阅者信息
前提	系统管理员已经登录
结果	借阅者信息被修改
扩展	N/A
包含	N/A
继承自	N/A

更加具体的描述来确定系统管理员修改读者信息的工作流程如下：

（1）系统管理员希望通过系统修改借阅者信息。

（2）系统管理员通过修改借阅者信息界面 UpdateBorrowerWindow 修改借阅者信息。

（3）修改借阅者信息界面 UpdateBorrowerWindow 通过 Borrower 实例查询借阅者信息，并返回借阅者信息。

（4）修改借阅者信息界面 UpdateBorrowerWindow 修改借阅者信息。

（5）修改借阅者信息界面 UpdateBorrowerWindow 通过 Borrower 实例保存修改后的借阅者信息，并返回是否保存成功的信息。

（6）修改借阅者信息界面 UpdateBorrowerWindow 显示修改借阅者是否成功的信息。

在系统管理员修改读者信息基本的工作流程中还存在分支，我们使用备选过程来描述。

备选过程 A：图书信息不存在。

（1）Borrower 实例提供给修改借阅者信息界面 UpdateBorrowerWindow 信息为空。

（2）修改借阅者信息界面 UpdateBorrowerWindow 向系统管理员提示该借阅者不存在。

根据基本流程，我们创建系统管理员修改借阅者信息的序列图如图 13-33 所示。

与序列图相等价的协作图如图 13-34 所示。

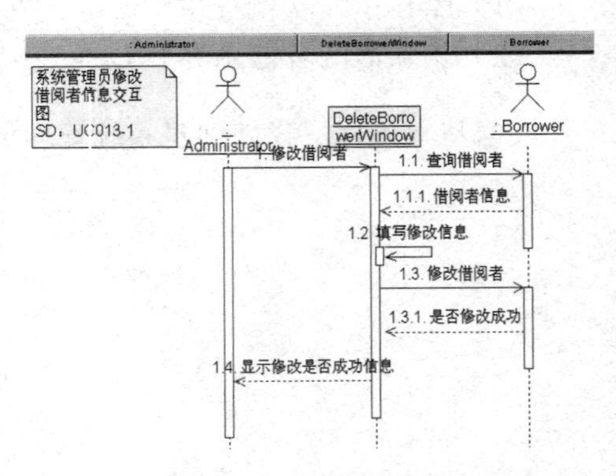

图 13-33　系统管理员修改借阅者信息序列图

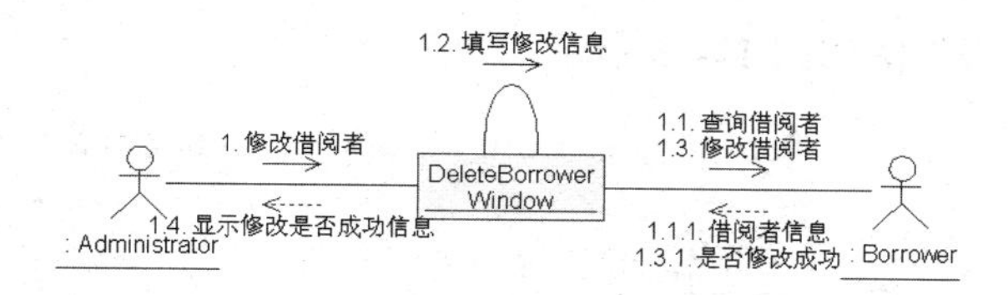

图 13-34　系统管理员修改借阅者信息协作图

“系统管理员添加书目”用例使用如表 13-14 所示的表格来描述。

表 13-14　系统管理员添加书目

名称	系统管理员添加书目
标识	UC 014
描述	系统管理员通过管理界面添加图书书目
前提	系统管理员已经登录
结果	书目信息被添加
扩展	N/A
包含	N/A
继承自	N/A

更加具体的描述来确定系统管理员添加书目工作流程如下：

（1）系统管理员希望通过系统添加书目。
（2）系统管理员通过添加书目界面 AddTitleWindow 添加书目信息。
（3）系统管理员通过添加书目界面 AddTitleWindow 填写书目信息。
（4）添加书目界面 AddTitleWindow 通过 Title 实例保存书目信息。
（5）Title 实例检查是否存在该图书书目。
（6）Title 实例返回是否保存成功的信息。
（7）添加书目界面 AddTitleWindow 显示是否保存成功的信息。

在系统管理员添加书目基本的工作流程中还存在分支，我们使用备选过程来描述。
备选过程 A：图书信息已经存在。

（1）Title 实例提供给添加书目界面 AddTitleWindow 图书书目存在异常信息。
（2）添加书目界面 AddTitleWindow 向系统管理员提示该图书书目已经存在。

根据基本流程，我们创建系统管理员添加书目的序列图如图 13-35 所示。

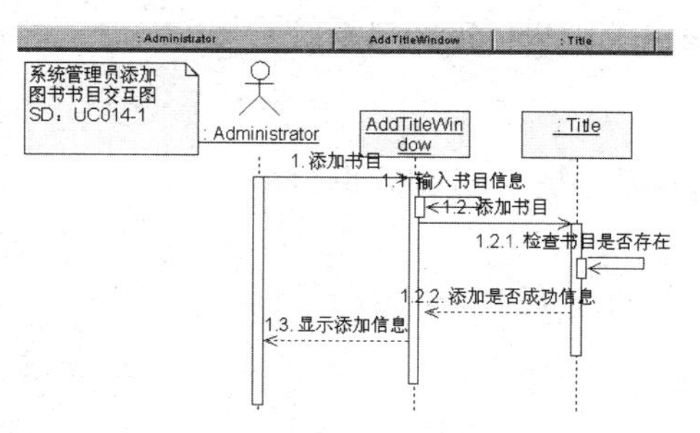

图 13-35　系统管理员添加书目序列图

与序列图相等价的协作图如图 13-36 所示。

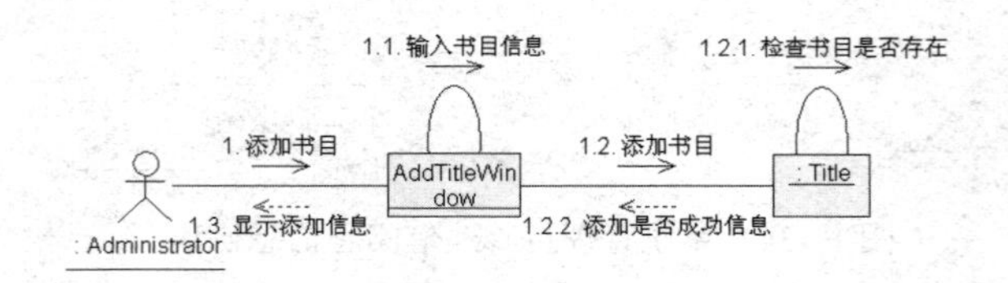

图 13-36　系统管理员添加书目协作图

“系统管理员删除书目”用例使用如表 13-15 所示的表格来描述。

表 13-15　系统管理员删除书目

名称	系统管理员删除书目
标识	UC 015
描述	系统管理员通过管理界面删除图书书目
前提	系统管理员已经登录
结果	书目信息被删除
扩展	N/A
包含	N/A
继承自	N/A

更加具体的描述来确定系统管理员删除书目的工作流程如下：

（1）系统管理员希望通过系统删除书目。
（2）系统管理员通过删除书目界面 DeleteTitleWindow 删除书目信息。
（3）系统管理员通过删除书目界面 DeleteTitleWindow 通过 Title 实例查找书目信息。
（4）Title 实例返回书目信息。
（5）系统管理员通过删除书目界面 DeleteTitleWindow 通过 Title 实例删除书目信息。
（6）Title 实例返回是否删除成功的信息。
（7）删除书目界面 DeleteTitleWindow 显示是否删除成功的信息。

在系统管理员删除书目基本的工作流程中还存在分支，我们使用备选过程来描述。
备选过程 A：书目信息不存在。

（1）Title 实例提供给删除书目界面 DeleteTitleWindow 书目信息为空。

（2）删除书目界面 DeleteTitleWindow 向系统管理员显示无书目信息。

根据基本流程，我们创建系统管理员删除书目的序列图如图 13-37 所示。

与序列图相等价的协作图如图 13-38 所示。

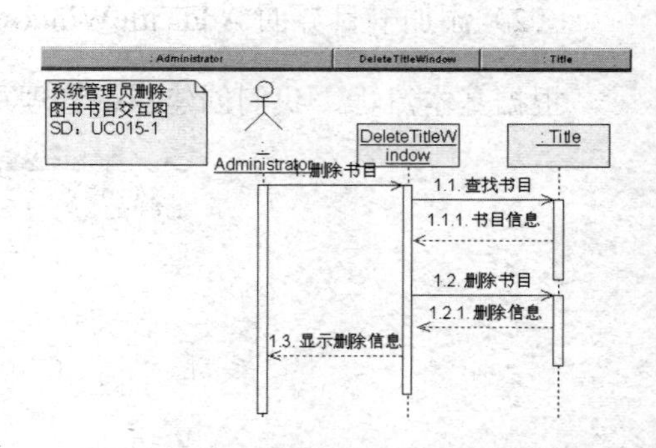

图 13-37　系统管理员删除书目序列图

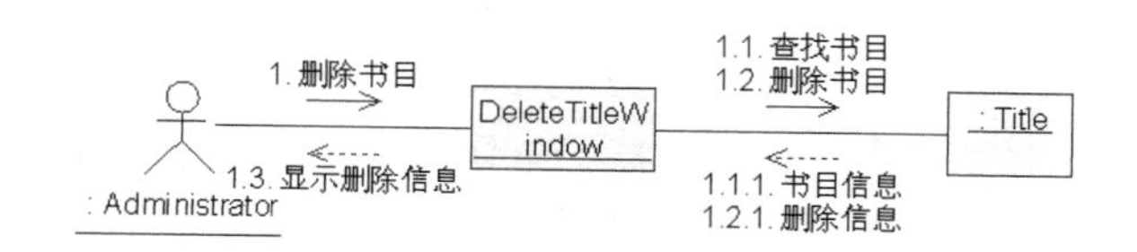

图 13-38　系统管理员删除书目协作图

上面描述了用例的活动状态，它们都是通过一组对象的交互活动来表达用例的行为。接着，我们需要对有明确状态转换的类进行建模。在图书管理系统中，有明确状态转换的类包括图书、借阅者。下面我们分别对这两个类使用状态图进行描述。

图书包含以下的状态：刚购买的新书、被添加能够借阅的图书、图书被预定、图书被借阅、图书被管理员删除。它们之间的转化规则是：

（1）刚购买的新书可以通过系统管理员添加成为能够被借阅的图书。

（2）图书成为被预定状态。

（3）当被预定的图书超过预定期限或者被借阅者取消预定时，转换为能够被借阅的图书状态。

（4）被预定的图书可以被预定的借阅者借阅。

（5）图书被借阅后成为被借阅状态。

（6）图书被归还后成为能够借阅状态。

（7）图书被删除成为被删除状态。

根据图书的各种状态以及转换规则，创建图书的状态图如图 13-39 所示。

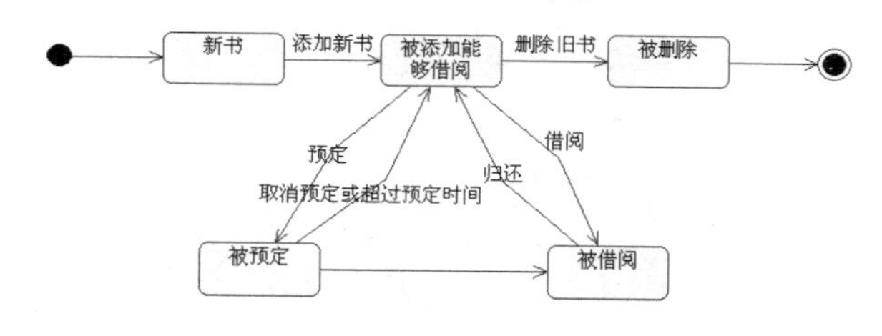

图 13-39　图书状态图

借阅者包含以下的状态：借阅者账户创建、借阅者能够借阅图书、借阅者不能够借阅图书、借阅者被管理员删除。它们之间的转化规则是：

（1）借阅者通过创建借阅者账户成为能够借阅图书的借阅者。

（2）当借阅者借阅图书数目超过一定限额，不能够再借阅图书。

（3）当借阅者处于不能够借阅图书时，借阅者归还借阅图书，成为能够借阅状态。

（4）借阅者能够借阅一定数目的图书。

（5）借阅者被系统管理员删除。

根据借阅者的各种状态以及转换规则，创建借阅者的状态图如图 13-40 所示。

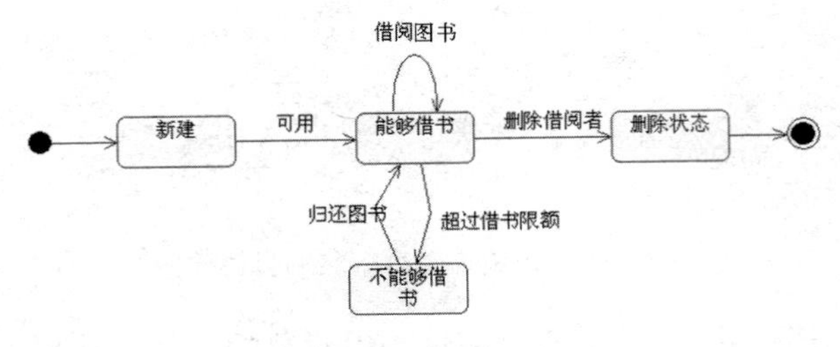

图 13-40　借阅者状态图

我们还可以利用系统的活动图来描述系统的参与者是如何协同工作的。在图书管理系统中，我们可以建立借阅者、图书管理员和系统管理员的活动图。

我们可以通过以下的方式描述借阅者在自助服务中的活动：

（1）借阅者需要进入自助服务系统才能够获得服务。

（2）借阅者在自助系统中可以选择直接搜索图书或者登录。

（3）在搜索图书后可以查看图书的详细信息，也可以预定图书，但是预定图书需要借阅者登录系统，如果没有登录，需要进入登录界面进行登录；如果已经登录，可以直接预定该图书。

（4）如果借阅者已登录系统，在离开时，需要退出。

（5）借阅者完成所有操作后离开电脑。

根据借阅者在自助服务中所进行的活动，我们可以创建借阅者的活动图如图 13-41 所示。

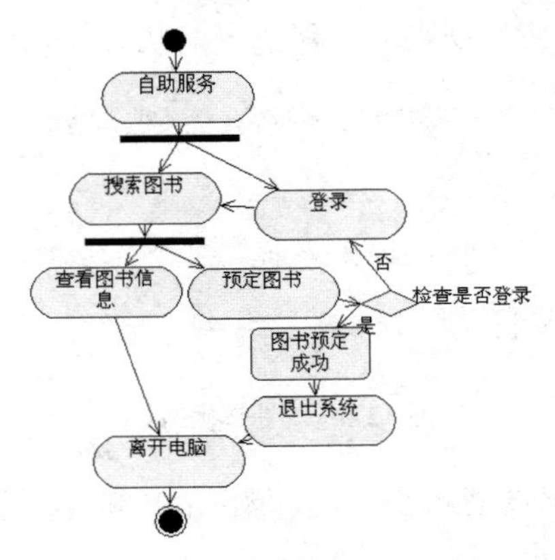

图 13-41　借阅者活动图

图书管理员处理图书归还和借阅的活动可以通过以下方式进行描述：

（1）图书管理员在处理图书归还或借阅前需要登录系统。

（2）图书管理员在登录系统后可以处理图书的借阅和归还。

（3）在处理借阅图书时，检查借阅者借阅图书数目是否超过允许借阅数目，如果超过允许数目，将不允许借阅者借阅；如果未超过允许数目，更新数据库记录，借阅者借阅图书成功。

（4）在处理归还图书时，图书管理员需要检查借阅者归还的图书是否超期，如果超期，需要对借阅者进行罚款；如果未超期，更新数据库记录，借阅者归还图书成功。

根据图书管理员在基本服务中所进行的活动，我们可以创建图书管理员的活动图，如图 13-42 所示。

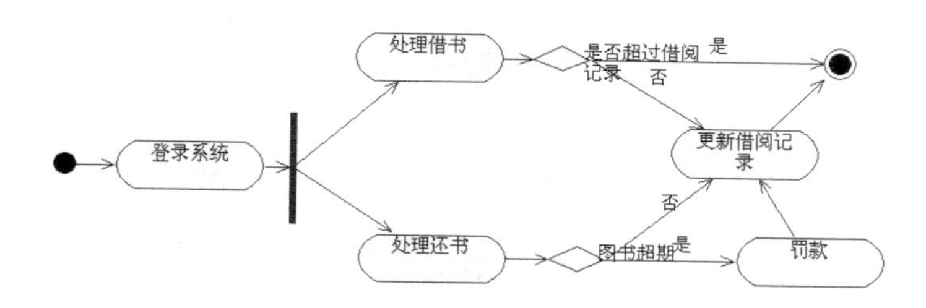

图 13-42 图书管理员活动图

系统管理员管理借阅者信息的活动可以通过以下方式进行描述：

（1）系统管理员在处理借阅者信息前需要登录到管理系统。
（2）系统管理员在登录后进入管理借阅者界面。
（3）系统管理员在管理借阅者界面中可以添加、查询、删除和修改借阅者。
（4）系统管理员在删除和修改借阅者时，需要首先查找到该借阅者。
（5）活动完毕后需要退出管理界面。

根据系统管理员管理借阅者信息的活动，我们可以创建系统管理员管理借阅者信息的活动图，如图 13-43 所示。

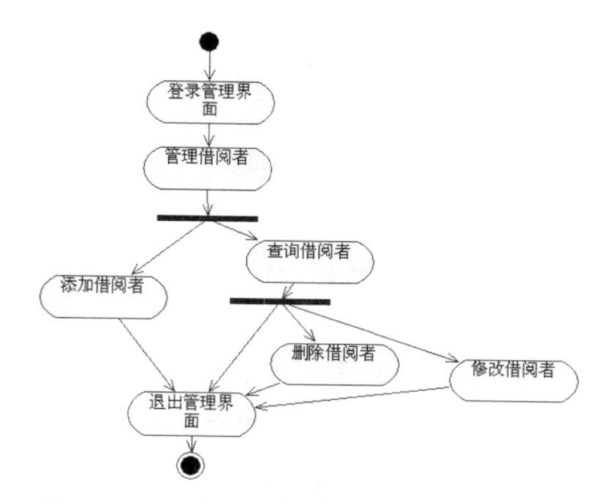

图 13-43 系统管理员管理借阅者信息活动图

系统管理员维护图书信息的活动可以通过以下方式进行描述：

（1）系统管理员在维护图书信息前需要登录到管理系统。
（2）系统管理员在登录后进入维护图书信息界面。
（3）系统管理员在维护图书信息界面中可以添加、查询、删除和修改图书信息。
（4）系统管理员在删除和修改图书信息时，需要首先查找到该图书。
（5）活动完毕后需要退出系统管理界面。

根据系统管理员维护图书信息的活动，我们可以创建系统管理员维护图书信息的活动图，如图 13-44 所示。

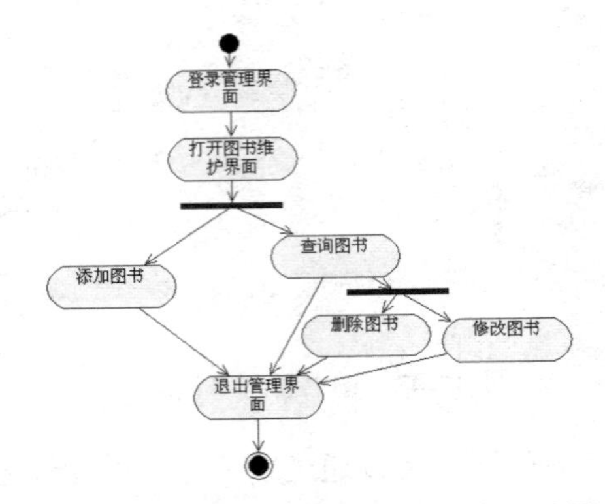

图 13-44　系统管理员维护图书信息活动图

系统管理员维护图书目录信息的活动可以通过以下方式进行描述：

（1）系统管理员在维护图书目录信息前需要登录到管理系统。

（2）系统管理员在登录后进入维护图书目录信息界面。

（3）系统管理员在维护图书信息界面中可以添加、删除和修改图书目录信息。

（4）活动完毕后需要退出系统管理界面。

根据系统管理员维护图书目录信息的活动，我们可以创建系统管理员维护图书目录信息的活动图，如图 13-45 所示。

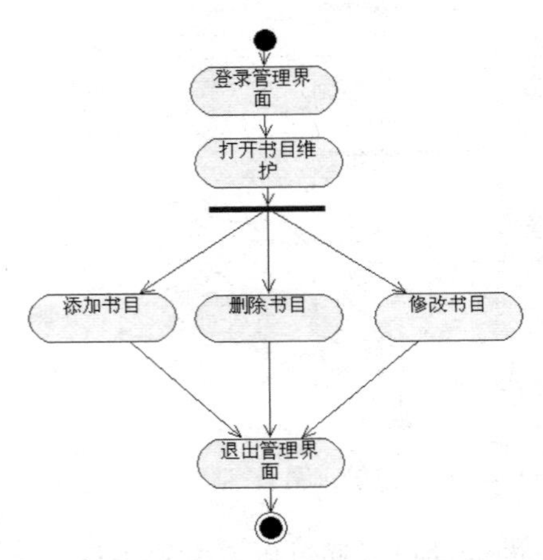

图 13-45　系统管理员维护图书目录信息活动图

在对系统的行为描述完成以后，我们基本上可以根据上述的行为或操作建立各个类的操作，从而将各个类的静态模型完善。

13.2.4　创建系统部署模型

前面的静态模型和动态模型都是按照逻辑的观点对系统进行的概念建模，我们还需要对系统的实现结构进行建模。对系统的实现结构进行建模的方式包括两种，即构件图和部署图。

构件，即构造应用的软件单元。构件图中不仅包括构件，同时还包括构件之间的依赖关系，以便通过依赖关系来估计对系统构件的修改给系统可能造成的影响。在图书管理系统中，我们通过构件映射到系统的实现类中，说明该构件物理实现的逻辑类。

在图书管理系统中，我们可以对系统的主要参与者和主要的业务实体类分别创建对应的构件，并进行映射。例如，我们创建 Borrower、Loan、Book、Reserve、Title、Administrator 和 Librarian 构件，并且 Borrower 构件使用 Loan 和 Reserve 构件，Loan 和 Reserve 构件使用 Book 构件，Book 构件使用 Title 构件。根据这些构件以及其关系创建的构件图如图 13-46 所示。

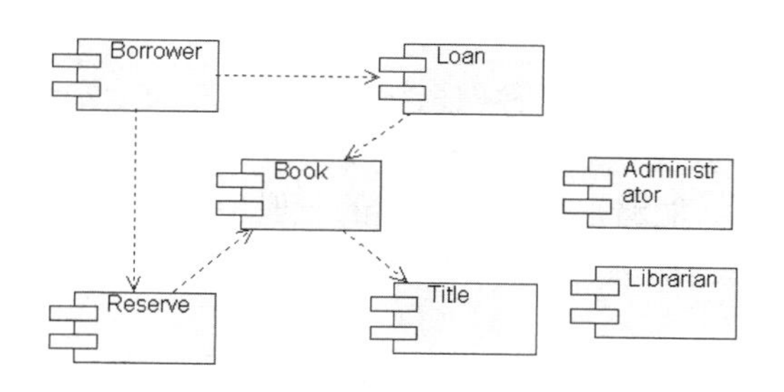

图 13-46　基本业务构件

除了对系统的主要参与者和主要的业务实体类创建构件外，我们还需要对系统与用户交互界面类创建一个构件图。由于在前面我们对涉及界面的类没有详细地介绍，在此也就不详细介绍了。

系统的部署图描绘的是系统节点上运行资源的安排。在图书管理系统中，系统包括 4 种节点，分别是数据库节点，负责数据存储、处理等；后台系统维护节点，系统管理员通过该节点进行后台维护，执行系统管理员允许的所以操作；借阅者自助系统节点，借阅者通过该节点进行自助服务；图书管理员业务处理节点，图书管理员通过该节点处理借阅者还书业务。图书管理系统的部署图如图 13-47 所示。

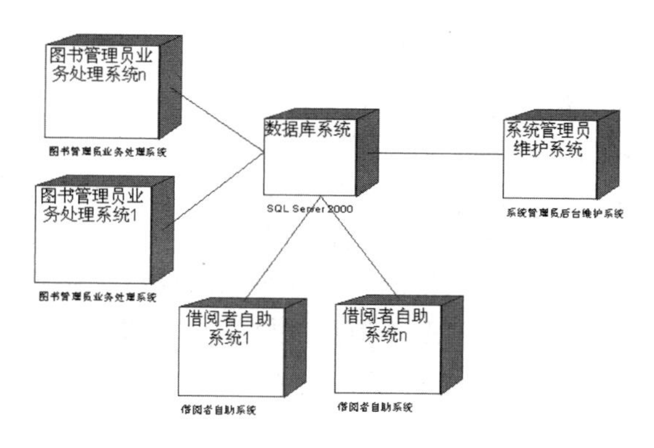

图 13-47　系统部署图

13.3 本章小结

本章以一个简单的图书管理系统为例，介绍了如何使用 Rational Rose 2007 进行 UML 建模。我们首先介绍了什么是系统的需求以及系统分析的目的。软件的需求（requirement）是系统必须达到的条件或性能，是用户对目标软件系统在功能、行为、性能、约束等方面的期望。系统分析（analysis）的目的是将系统需求转化为能更好地将需求映射到软件设计师实现的领域的形式。我们还介绍了系统分析的 3 个方面，包括功能性需求、非功能型需求以及设计约束条件。

接着，我们从 4 个方面来建模图书管理系统，这 4 个方面分别是系统的用例模型、系统的静态模型、系统的动态模型以及系统的部署模型。

希望读者在学完本章后，能够根据上述建模的一般步骤，分析和创建一般系统的模型，并巩固前面介绍过的各种例图的概念。

习题十三

1. 选择题

（1）我们可以将系统的需求分划分为以下几个方面，不包含的是_____。

（A）功能性需求　（B）非功能型需求

（C）设计需求　（D）设计约束条件

（2）系统分析（analysis）的目的是________。

（A）将系统需求转化为能更好地将需求映射到软件设计师所关心的实现的领域的形式

（B）将系统的需求直接转化成程序的代码

（C）将系统的需求转化为图形表示

（D）将系统的需求转换为系统用例

（3）下列说法不正确的是_____。

（A）软件的需求分析连接了系统设计和系统实现

（B）为了描述系统实现，我们必须理解需求，完成系统的需求分析规格说明，并选择合适的策略将其转化为系统的设计

（C）系统的设计可以促进系统的一些需求塑造成型，完善软件的需求分析说明

（D）良好的需求分析活动有助于避免或修正软件的早期错误，提高软件生产率，降低开发成本，改进软件质量

2. 简答题

（1）什么是软件的需求？什么是系统的分析？

（2）为什么说系统的需求如此重要？

（3）系统的需求通常包含哪些方面？

3. 设计题

（1）根据系统的动态模型，将系统的类图的操作补充完整。

（2）在设计对象访问数据库的时候，我们通常会设计一个数据库访问类，假设该类为 DataAccess 类，请使用这个类对系统的动态模型进行改动。

（3）在对图书管理系统中的类补充完整后，试着将一些类生成 Java 语言代码。

第 14 章

超市信息管理系统

在前面我们通过图书管理系统介绍了如何使用 Rational Rose 2007 进行 UML 建模。本章将以超市信息管理系统为例，继续介绍 UML 的建模过程。整个系统的分析以及设计过程仍然按照软件设计的一般流程进行，包括需求分析和系统建模等。

14.1 需求分析

超市信息管理系统是面向超市用来进行超市日常信息处理的管理信息系统（MIS）。该信息系统能够方便地为超市的售货员提供各种日常售货功能，也能够为超市的管理者提供各种管理功能，如进货、统计商品等。

超市信息管理系统的功能性需求包括以下内容：

（1）超市信息管理系统能够支持售货员日常售货功能。每一个售货员通过自己的用户名和密码登录到售货系统中，为顾客提供服务。在售货员为顾客提供售货服务时，售货员接收顾客购买商品，根据系统的定价计算出商品的总价，顾客付款并接受售货员打印的货物清单，系统自动保存顾客购买商品记录。

（2）超市信息管理系统能够为超市的管理者提供管理功能。超市的管理包括库存管理、订货管理、报表管理、售货人员管理和系统维护等。库存管理员负责超市的库存管理；订货员负责超市的订货管理；统计分析员负责超市的统计分析管理；系统管理员负责超市的售货人员管理和系统维护。每种管理者都通过自己的用户名和密码登录到各自的管理系统中。

（3）库存管理包括商品入库管理、处理盘点信息、处理报销商品信息和一些信息的管理设置信息。这些设置信息包括供应商信息、商品信息和特殊商品信息。库存管理员每天对商品进行一次盘点，当发现库存商品有损坏时，及时处理报损信息。当商品到货时，库存管理员检查商品是否合格后并将合格的商品入库。当商品进入卖场时，库存管理员进行出库处理。

（4）订货管理是对超市所缺货物进行的订货处理，包括统计订货商品和制作订单等步骤。当订货员发现库存商品低于库存下限时，根据系统供应商信息，制作订单进行商品订货处理。

（5）统计分析管理包括查询商品信息、查询销售信息、查询供应商信息、查询缺货信息、查询报表信息和查询特殊商品信息，并制作报表。统计分析员使用系统的统计分析功能，了解商品信息、销售信息、供应商信息、库存信息和特殊商品信息，以便能够制定出合理的销售计划。

（6）系统管理包括维护员工信息、维护会员信息和系统维护。系统管理员通过系统管理功能，了解公司员工信息、会员信息，并对系统进行维护工作。

满足上述需求的系统主要包括以下几个小的系统模块：

（1）销售管理子系统。销售管理子系统主要用于实现售货员对顾客购买商品的处理。售货员通过合法的认证登录到该系统中，进行售货服务。

（2）库存管理子系统。库存管理子系统主要用于实现库存管理人员处理商品入库、盘点、报销以及供应商、商品和特殊商品的信息设置。

（3）订货管理子系统。订货管理子系统主要用于实现订货员统计需要订货商品信息并制定订单。

（4）统计分析子系统。统计分析子系统主要用于实现统计分析人员对商品信息、销售信息、供应商信息、缺货信息、特殊商品信息以及报表信息等的查询和分析。

（5）系统管理子系统。系统管理子系统主要实现系统管理人员对系统信息的维护，这些信息包括员工信息、会员信息和系统相关参数设置等。

14.2 系统建模

以下我们将以超市信息管理系统为例，系统地介绍如何使用 Rational Rose 2007 对该系统进行系统建模。我们仍然和前面介绍过的图书管理系统一样，首先，通过使用用例驱动创建系统用例模型，获取系统的需求，并使用系统的静态模型创建系统内容，然后通过动态模型对系统的内容进行补充和说明，最后通过部署模型完成系统的部署。

在系统建模以前，我们首先需要在 Rational Rose 2007 中创建一个新模型，命名为“超市信息管理系统模型”，并将该模型保存。

14.2.1 创建系统用例模型

创建系统用例的第一步是确定系统的参与者。超市信息管理系统的参与者包含以下几种：

（1）售货员。售货员为顾客提供售货服务。

（2）顾客。购买超市商品的人员。

（3）库存管理员。库存管理员负责超市的库存管理活动。

（4）订货员。订货员负责超市的订货管理。

（5）统计分析员。统计分析员负责超市的统计分析管理。

（6）系统管理员。系统管理员负责超市的员工信息管理、会员信息管理以及系统维护等。

我们从上面的参与者可以看出，售货员、库存管理员、订货员、统计分析员和系统管理员都是超市的员工，其中库存管理员、订货员、统计分析员和系统管理员都是超市的管理者。根据这些信息，我们创建系统的参与者，如图 14-1 所示。

根据各个参与者所执行的具体职责，我们可以首先创建系统的顶层用例。员工登录必须进行身份验证；售货员进行销售管理；库存管理员进行库存管理；订货员进行订货管理；统计分析员进行统计分析；系统管理员进行员工管理、会员管理和系统维护。根据这些参与者的职责，创建的顶层用例图如图 14-2 所示。

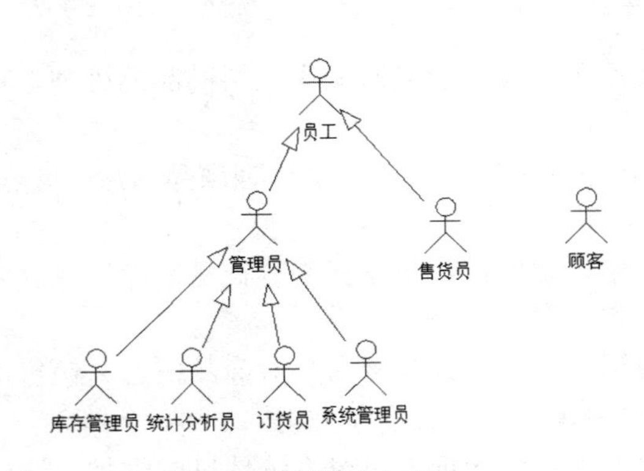

图 14-1　系统参与者

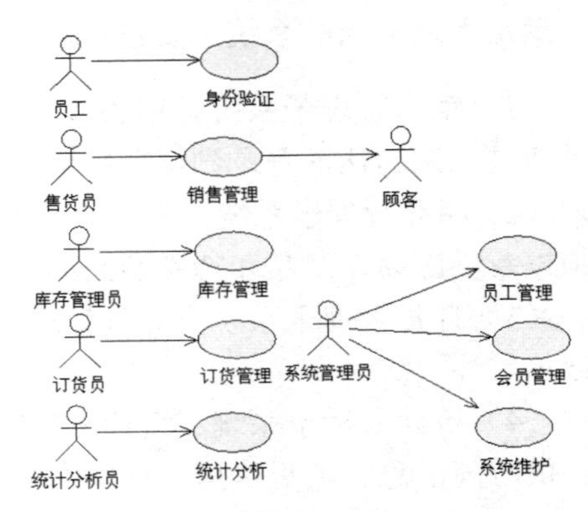

图 14-2　顶层用例图

1. 员工用例图

员工是超市售货员和超市管理者的抽象，它所包含的行为是超市售货员和超市管理者共同的行为。员工在本系统中通过合法的身份验证，能够修改自身信息和密码。根据这些活动，我们创建员工用例图如图 14-3 所示。

2. 售货员用例图

售货员能够通过该系统进行销售商品活动。当售货员销售商品时，首先获取商品信息，然后将销售信息更新，如果顾客需要打印购物清单，则需要打印购物清单，在购物清单中需要对商品信息进行计价处理。

通过上述这些活动，我们创建售货员用例图如图 14-4 所示。

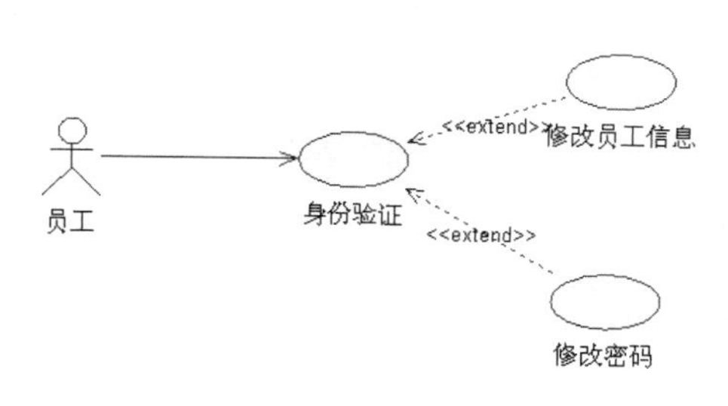

图 14-3　员工身份验证

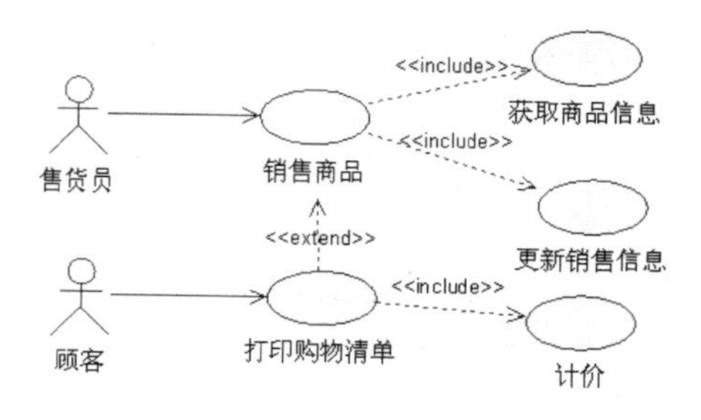

图 14-4　售货员销售商品用例图

3. 库存管理员用例图

库存管理员能够通过该系统进行如下活动：

（1）处理盘点。超市库存管理员每天需要对超市商品信息进行盘点。
（2）处理报销。超市库存管理员对超市损坏商品进行报销处理。
（3）商品入库。当商品到货时，库存管理员检查商品是否合格后并将合格的商品入库。
（4）商品出库。当商品进入卖场时，库存管理员进行出库处理。
（5）管理设置。库存管理员负责供应商信息、商品基本信息和特殊商品信息的管理设置。

通过上述这些活动，我们创建库存管理员用例图如图 14-5 所示。

4. 订货员用例图

订货员能够通过该系统进行订货管理活动。订货员首先根据商品缺货信息统计订货商品，根据需要订货商品信息制定出订单。通过上述这些活动，我们创建订货员用例图如图 14-6 所示。

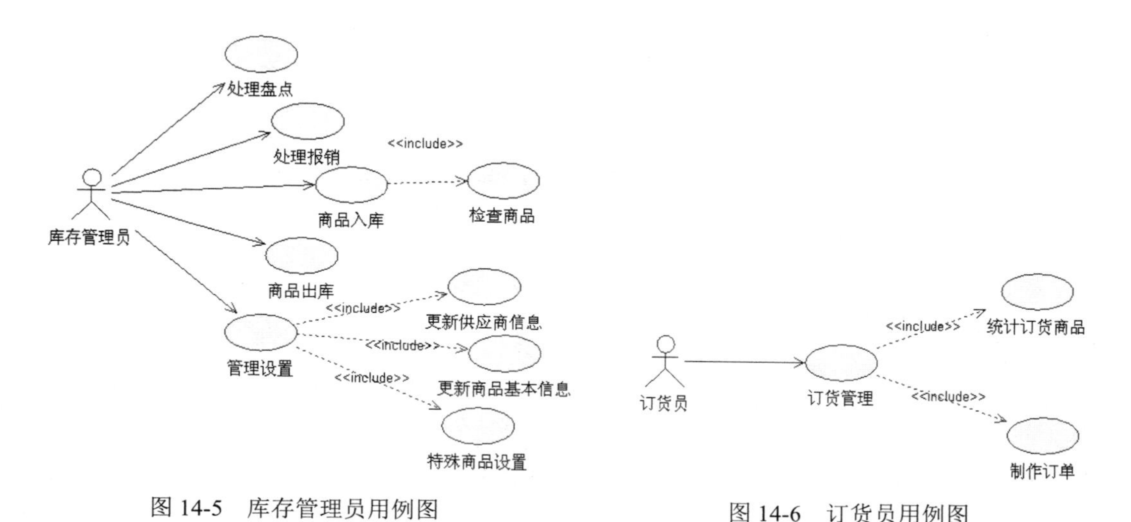

图 14-5　库存管理员用例图

图 14-6　订货员用例图

5. 统计分析员用例图

统计分析员负责超市的统计分析管理，他通过该系统进行如下活动：

（1）查询基本信息。统计分析员能够查询商品的基本信息，根据商品的基本信息，制定出相应的方案。
（2）查询销售信息。统计分析员根据销售情况，制定合理的销售方案。
（3）查询供应商信息。统计分析员查询供应商信息。
（4）查询缺货信息。统计分析员查询缺货信息。
（5）查询报损信息。统计分析员查询报损信息。
（6）查询特殊商品信息。统计分析员查询特殊商品信息。

通过上述这些活动，我们创建统计分析员用例图如图 14-7 所示。

6. 系统管理员用例图

系统管理员能够通过该系统进行如下活动：

（1）维护会员信息。系统管理员维护超市会员的信息，如添加会员、删除会员和修改会员信息等。
（2）维护员工信息。系统管理员维护超市员工的信息，如添加员工、删除员工和修改员工信息等。
（3）系统设置。系统管理员根据需要进行必要的系统设置。

通过上述这些活动，我们创建系统管理员用例图如图 14-8 所示。

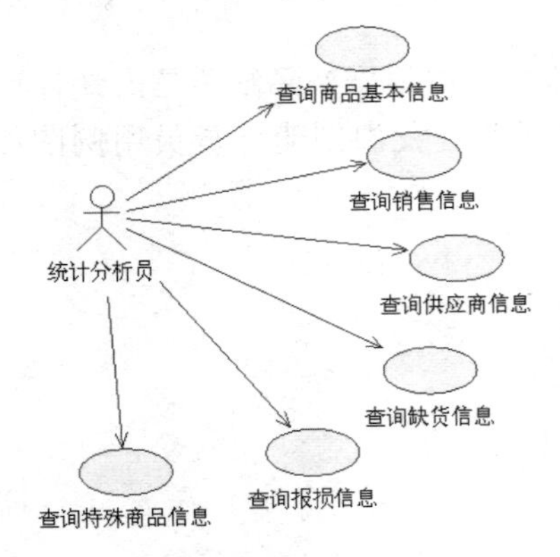

图 14-7　统计分析员用例图

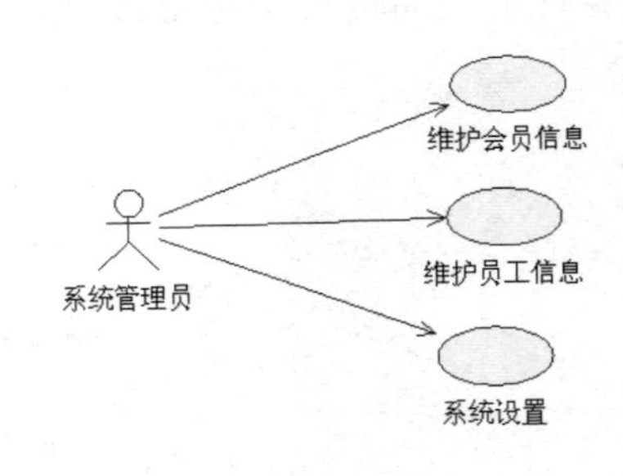

图 14-8　系统管理员用例图

14.2.2　创建系统静态模型

在获得系统的基本需求用例模型以后，我们通过考察系统对象的各种属性，创建系统静态模型。

首先，我们先确定系统参与者的属性。每一个超市员工在登录系统时，都需要提供员工的用户名称和密码，因此每一个超市员工应该拥有用户名和密码属性。超市员工还拥有在超市中的唯一标识——员工编号。此外，员工属性中还包含员工的年龄、头衔和照片等信息。超市的售货员和管理者都继承自员工，拥有员工的属性。

在系统中记录的顾客包括顾客的名称、顾客的编号、顾客地址、顾客级别和顾客的总消费金额等记录。

根据这些特征，我们可以建立参与者——员工和顾客的初步类图模型，如图 14-9 所示。

其次，我们确定在系统中的主要业务实体类，这些类通常需要在数据库中进行存储。例如，我们需要存储商品的信息，因此需要一个商品类，同样，根据供应商信息我们可以确定供应商类。在确定需要的这些存储类后，我们需要确定这些类的主要属性。

商品的信息主要包括商品的编号、商品的名称、商品的类别、计量单位、供应商、保质期、进价、售价、会员价等。供应商信息主要包括商家编号、商家姓名、联系方式、邮编、电话、email、联系人、法人代表、开户账号、开户银行、付款方式等。根据这些信息，我们创建这些类的基本属性信息。如图 14-10 所示，是商品类和供应商类的初步表示形式。

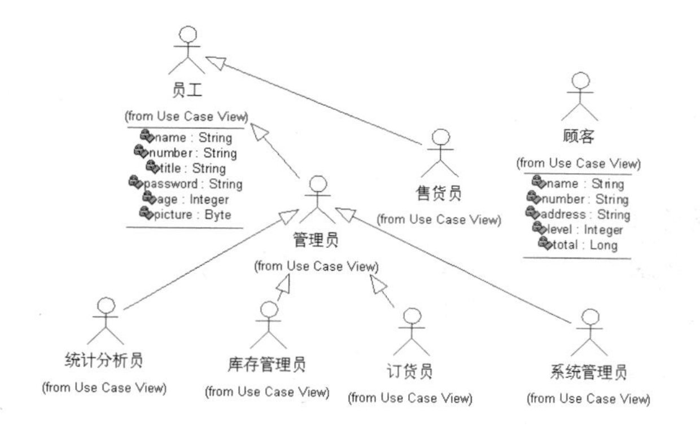

图 14-9 参与者初步类图模型

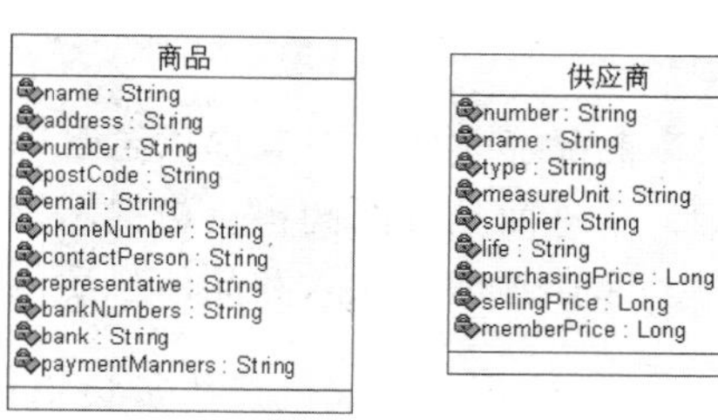

图 14-10 商品和供应商类

14.2.3 创建系统动态模型

根据系统的用例模型，我们通过以相互作用的一组对象为中心的序列图和协作图以及以独立的对象为中心的活动图和状态图来考察系统对象的行为。

在超市信息管理系统中，通过上述的用例，我们以下列的交互行为为例进行简单的说明：

（1）售货员销售商品。

（2）统计分析员查询商品信息。

（3）库存管理员处理商品入库。

（4）订货员处理订货管理。

我们可以将“售货员销售商品”用例使用如表 14-1 所示的表格来描述。

表 14-1 售货员销售商品

名称	售货员销售商品
标识	UC 001
描述	顾客在超市中选择商品后，通过售货员进行货物销售处理
前提	售货员已经登录系统
结果	顾客成功购买货物
扩展	打印顾客购物清单
包含	获取商品信息和更新商品销售信息
继承自	N/A

我们可以通过更加具体的描述来确定售货员销售商品工作流程，基本工作流程如下：

（1）顾客希望通过售货员购买商品，售货员希望通过售货管理子系统处理商品销售。
（2）顾客将购买商品提交给售货员。
（3）售货员通过销售管理子系统中的管理商品界面获取商品信息。
（4）管理商品界面根据商品的编号将商品类实例化并请求该商品信息。
（5）商品类实例化对象根据商品的编号加载商品信息并提供给管理商品界面。
（6）管理商品界面对商品进行计价处理。
（7）管理商品界面更新销售商品信息。
（8）管理商品界面显示处理商品。
（9）售货员将货物提交给顾客。

在售货员销售商品基本的工作流程中还存在分支，我们使用备选过程来描述。
备选过程 A：商品信息不存在。

（1）商品类实例化对象提供给管理商品界面的商品信息为空。
（2）管理商品界面向售货员提示该商品信息不存在，并要求库存管理员手动录入。
（3）库存管理员录入商品信息后，售货员继续处理商品销售。

根据基本流程，我们创建售货员销售商品的序列图如图 14-11 所示。
与序列图等价的协作图如图 14-12 所示。

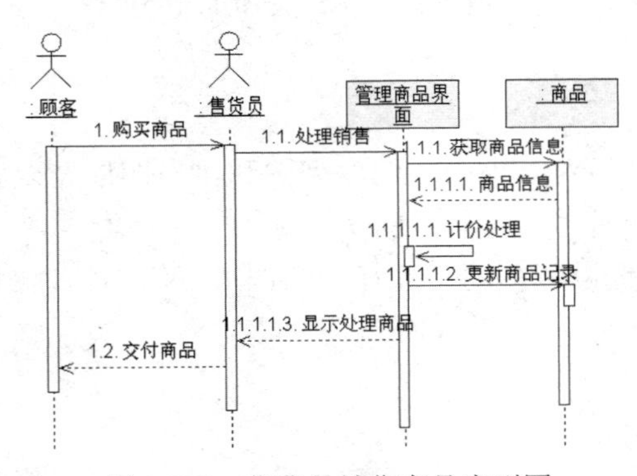

图 14-11　售货员销售商品序列图

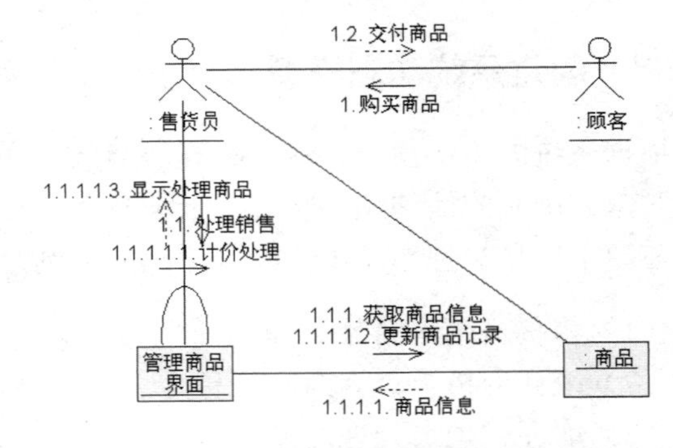

图 14-12　售货员销售商品协作图

我们可以将“统计分析员查询商品信息”用例使用如表 14-2 所示的表格来描述。

表 14-2　统计分析员查询商品信息

名称	统计分析员查询商品信息
标识	UC 002
描述	统计分析员通过统计分析子系统查询商品信息
前提	统计分析员已经登录系统
结果	统计分析员查询商品信息并制定商品报表
扩展	N/A
包含	N/A
继承自	N/A

我们可以通过更加具体的描述来确定统计分析员查询商品信息工作流程，基本工作流程如下：

（1）统计分析员希望通过统计分析子系统查询商品信息。
（2）统计分析员通过统计分析子系统中的查询商品信息界面获取商品信息。
（3）查询商品信息界面根据商品的属性或特征将商品类实例化并请求该类商品信息。
（4）商品类实例化对象加载商品信息，并提供给管理商品界面。
（5）查询商品信息界面显示该类商品信息。
（6）统计分析员请求查询商品信息界面制定该类商品报表。
（7）查询商品信息界面制定该类商品报表。
（8）查询商品信息界面将该类商品报表显示给统计分析员。

在统计分析员查询商品信息基本的工作流程中还存在分支，我们使用备选过程来描述。
备选过程 A：商品信息不存在。

（1）商品类实例化对象提供给查询商品信息界面的商品信息为空。
（2）统计分析员不再进行报表制作，退出该界面。

根据基本流程，我们创建统计分析员查询商品信息的序列图如图 14-13 所示。
与序列图相等价的协作图如图 14-14 所示。

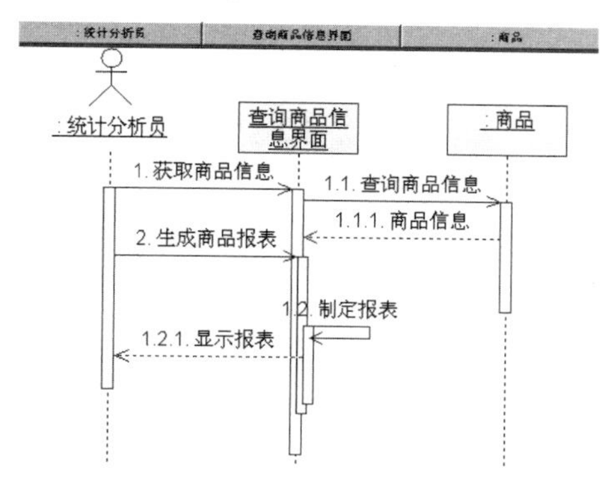

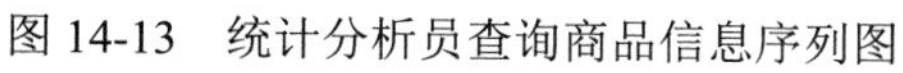

图 14-13 统计分析员查询商品信息序列图

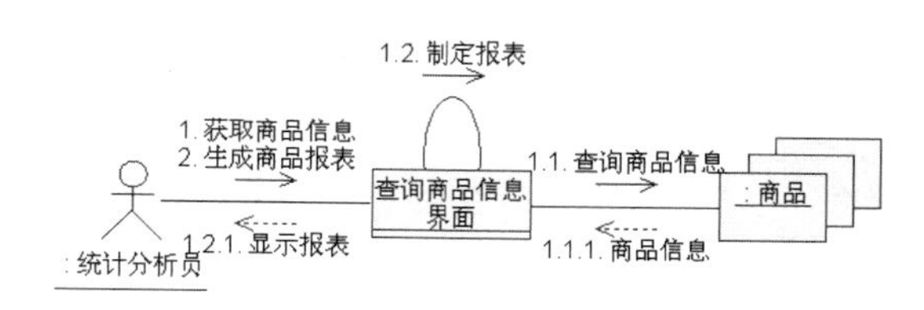

图 14-14 统计分析员查询商品信息协作图

我们可以将“库存管理员处理商品入库”用例使用如表 14-3 所示的表格来描述。

表 14-3 库存管理员处理商品入库

名称	库存管理员处理商品入库
标识	UC 003
描述	库存管理员通过库存管理子系统处理商品入库
前提	库存管理员已经登录系统
结果	库存管理员成功将商品添加
扩展	N/A
包含	库存管理员检查商品
继承自	N/A

我们可以通过更加具体的描述来确定库存管理员处理商品入库工作流程，基本工作流程如下：

（1）库存管理员希望通过库存管理子系统将购买的货物处理入库

（2）库存管理员通过库存管理子系统中的商品入库界面获取商品信息。

（3）商品入库界面根据商品的编号将商品类实例化并请求该类商品信息。

（4）商品类实例化对象根据商品的编号加载商品信息并提供给商品入库界面。

（5）库存管理员通过商品入库界面增加商品数目。

（6）商品入库界面通过商品类实例化对象修改商品信息。

（7）商品类实例化对象向商品入库界面返回修改的信息。

（8）商品入库界面向库存管理员显示添加成功的信息。

在售货员库存管理员处理商品入库的工作流程中还存在分支，我们使用备选过程来描述。

备选过程 A：商品信息不存在。

（1）商品类实例化对象提供给商品入库界面的商品信息为空。

（2）商品入库界面向库存管理员提示该商品信息不存在，并要求库存管理员手动录入。

（3）库存管理员录入商品基本信息后，库存管理员继续处理商品入库。

根据基本流程，我们创建库存管理员处理商品入库的序列图如图 14-15 所示。

与序列图相等价的协作图如图 14-16 所示。

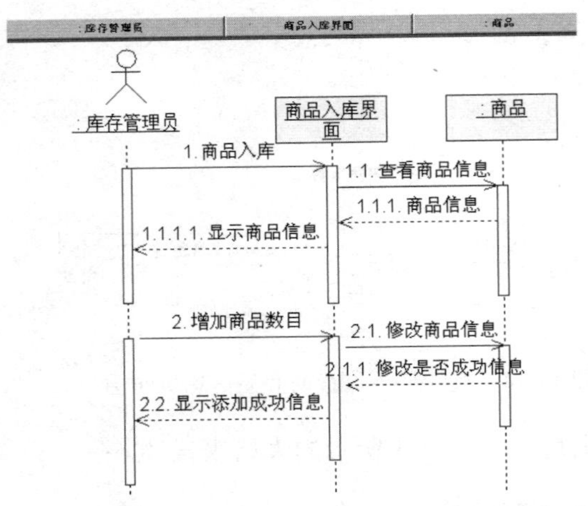

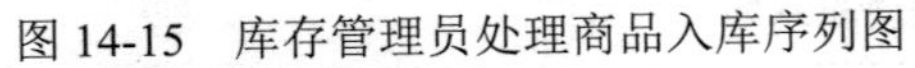

图 14-15　库存管理员处理商品入库序列图

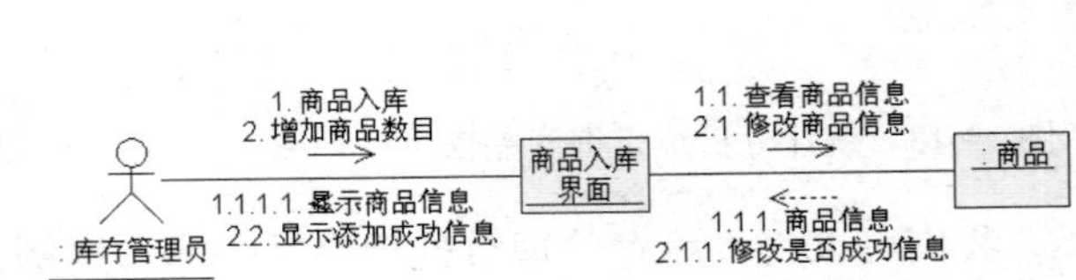

图 14-16　库存管理员处理商品入库协作图

我们可以将“订货员进行订货管理”用例使用如表 14-4 所示的表格来描述。

表 14-4　订货员进行订货管理

名称	订货员进行订货管理
标识	UC 004
描述	订货员通过订货管理子系统处理商品订货管理
前提	订货员已经登录系统
结果	订货员成功订货

（续表）

扩展	N/A
包含	统计订货商品和制作订单
继承自	N/A

我们可以通过更加具体的描述来确定订货员进行订货管理工作流程，基本工作流程如下：

（1）订货员希望通过订货管理子系统处理商品订货管理。

（2）订货员通过订货管理子系统中的订货管理界面获取待订货商品信息。

(3)订货管理界面将商品类实例化并根据商品的数量应当满足的条件请求有关商品信息。

（4）商品类实例化对象根据商品的数量应当满足的条件加载商品信息并提供给订货管理界面。

（5）订货员通过订货管理子系统中的订货管理界面获取待订货厂商信息。

（6）订货管理界面将供应商类实例化并根据商品的类型请求有关供应商信息。

（7）供应商类实例化对象加载供应商信息并提供给订货管理界面。

（8）订货员通过订货管理子系统中的订货管理界面制作相关订单。

（9）订货管理界面制作相关订单并显示给订货员。

在订货员进行订货管理基本的工作流程中还存在分支，我们使用备选过程来描述。

备选过程 A：商品信息不存在。

（1）商品类实例化对象提供给订货管理界面的商品信息为空。

（2）订货管理界面向订货员提示该商品信息不存在，并要求库存管理员手动录入。

（3）库存管理员录入商品信息后，订货员继续处理商品订货。

备选过程 B：供应商信息不存在。

（1）供应商类实例化对象提供给订货管理界面的供应商信息为空。

（2）订货管理界面向订货员提示该商品的供应商信息不存在，并要求库存管理员查询供应商信息并手动录入。

（3）在库存管理员录入商品信息后，订货员继续处理商品订货。

根据基本流程，我们创建订货员进行订货管理的序列图如图 14-17 所示。

与序列图相等价的协作图如图 14-18 所示。

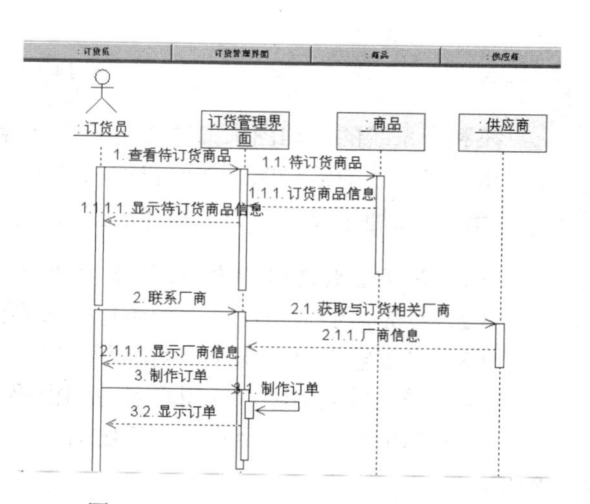

图 14-17　订货员进行订货管理序列图

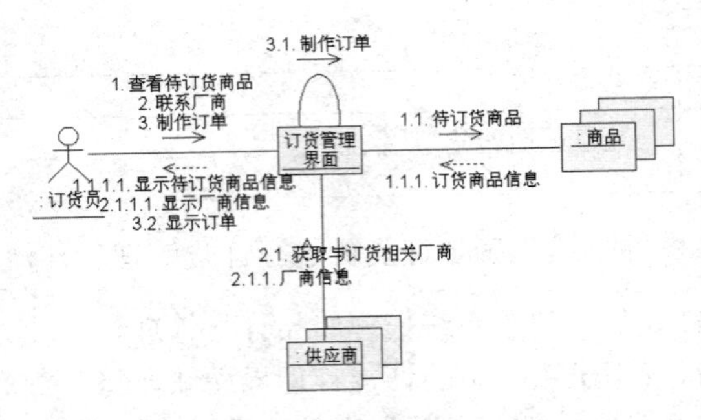

图 14-18 订货员进行订货管理协作图

上面我们描述了几个用例的序列图和协作图，它们都是通过一组对象的交互活动来表达用例的行为。然后，在超市信息管理系统中，我们通过状态图对有明确状态转换的类进行描述。以下以商品的状态图为例，简单进行说明。

商品包含以下的状态：刚被购买还未入库的商品、被添加能够出售的商品、商品被出售、商品被回收。它们之间的转化规则是：

（1）刚被购买的商品可以通过库存管理员添加成入库的商品。

（2）入库商品被出售，商品处于被销售状态。

（3）商品由于过期、损坏等因素造成不合格时，商品被剔除。

根据商品的各种状态以及转换规则，创建商品的状态图如图 14-19 所示。

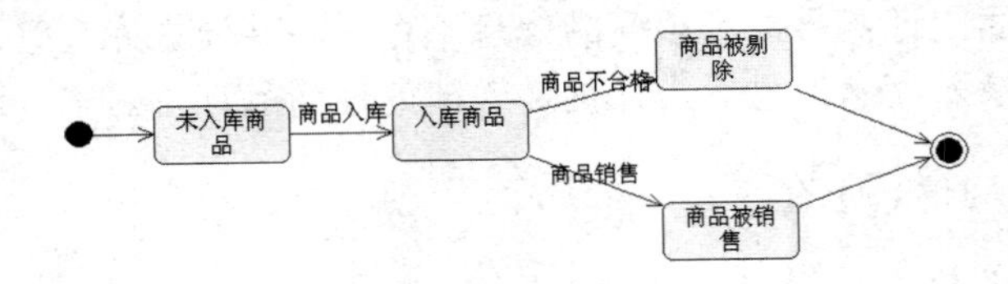

图 14-19 商品状态图

在利用系统的活动图来描述在超市信息管理系统中的参与者如何协同工作时，我们还可以建立相关参与者的活动图。下面我们以员工验证密码为例进行说明。

我们可以通过以下的方式描述员工验证登录的活动：

（1）员工需要通过身份验证后进入相关子系统才能够进行相关操作。

（2）首先，运行系统进入初始化登录界面。

（3）员工输入自己的用户名称和密码。

（4）登录界面对输入的用户名称和密码进行判断。

（5）如果是合法的用户，则系统对用户的权限进行判断，员工进入相关的管理界面，登录成功。

（6）如果是非法的用户，系统提示用户名称或密码错误，登录失败。

根据员工在系统中所进行的活动，我们可以创建员工验证登录的活动图如图 14-20 所示。

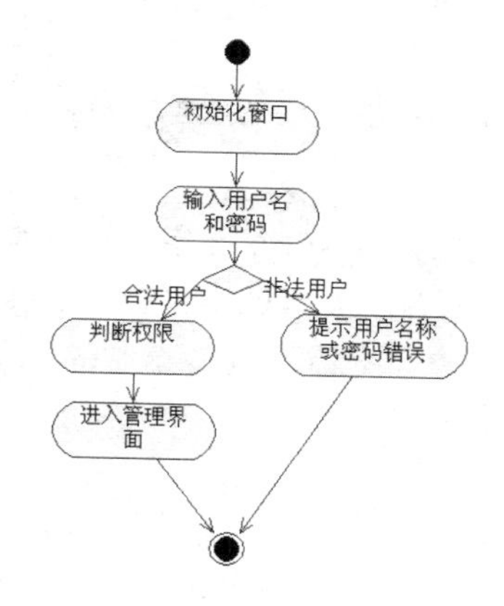

图 14-20　员工验证登录的活动图

14.2.4　创建系统部署模型

前面的模型都是按照逻辑的观点对系统进行的概念建模，下面我们通过构件图和部署图来说明系统的实现结构。

在超市信息管理系统中，我们通过构件映射到系统的实现类中，说明该构件物理实现的逻辑类。例如，在超市信息管理系统中，我们可以对商品类和供应商类分别创建对应的构件，并进行映射，创建的构件图如图 14-21 所示。

图 14-21　商品和供应商构件

系统的部署图描绘的是系统节点上运行资源的安排。在超市信息管理系统中，系统包括 4 种节点，分别是前台售货节点，售货员使用，负责货物销售；库存管理节点，库存管理员通过该节点进行库存管理和维护；订货管理节点，订货管理员通过该节点进行订货管理；统计分析节点，统计分析员通过该节点进行统计分析；系统管理节点，系统管理员通过该节点进行系统维护和员工信息维护。超市信息管理系统的部署图如图 14-22 所示。

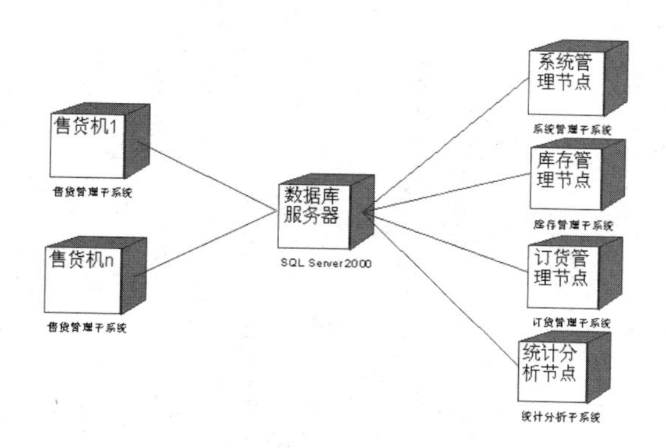

图 14-22　超市信息管理系统部署图

14.3 本章小结

本章以一个简单的超市信息管理系统为例，介绍了如何使用 Rational Rose 2007 进行 UML 建模。在本章中，我们仍然通过 4 个方面来建模超市信息管理系统，这 4 个方面分别是系统的用例模型、系统的静态模型、系统的动态模型以及系统的部署模型。

第 15 章

Rational Rose 的安装与应用

在前面我们介绍过 Rational Rose 的基本内容，但是没有对如何使用 Rational Rose 进行介绍。本章我们将对如何使用 Rational Rose 2007 进行介绍，包括如何安装、启动界面和主界面以及相关使用和设置等。希望读者能够通过本章的内容熟悉 Rational Rose 的应用环境，并能够熟练使用。

15.1 Rational Rose 的安装

1. Rational Rose 环境需求与获取

以 Rational Rose 2007 为例，它的安装需要以下的运行环境。

（1）硬件配置。最低的硬件配置环境需要基于 Pentium 的 PC 兼容系统，700MHz，512MB 内存，450MB 磁盘空间。推荐将内存增加至 2GB。

（2）系统要求。可以安装在以下的 Windows 操作系统中，Windows 2000 Professional（安装了 Service Pack 4）、Windows vista、Windows XP Professional（安装了 Service Pack 2）及其以上版本。

（3）数据库支持。Rational Rose 2007 可以提供多种数据库的支持，包括 IBM DB2 Universal Database、IBM DB2 OS390、MS SQL Server、Oracle 以及 Sybase System 及其对应版本。

由于 Rational 公司已经与 IBM 公司合并，可以通过购买的方式获取 IBM Rational 公司的正版商业软件，也可以直接从 IBM 的官方网站（http://www.ibm.com）上下载试用版再购买。

2. Rational Rose 的安装

我们以 Rational Rose 2007 为例，安装步骤如下：

Step 01 将 Rational Rose 安装光盘放置在光驱中，浏览该光盘，查找到 setup.exe 可执行文件，双击该文件进行运行，出现 Rational Rose 的安装向导界面，如图 15-1 所示。

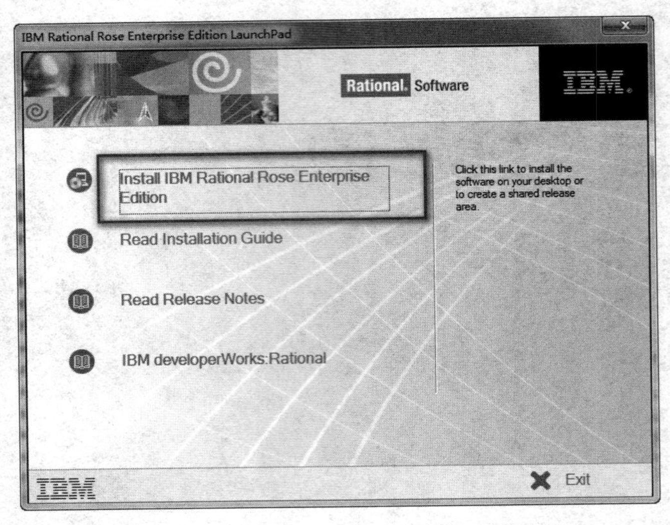

图 15-1　Rational Rose 2007 产品选择界面

Step 02 单击“Install IBM Rational Rose Enterprise Edition”按钮，进入安装向导界面，如图 15-2 所示。

图 15-2　安装向导

Step 03 单击“下一步”按钮，进入安装方式选择的界面，如图 15-3 所示。默认的安装方式为“Desktop installation from CD image”，选择该安装方式在本地桌面进行安装。

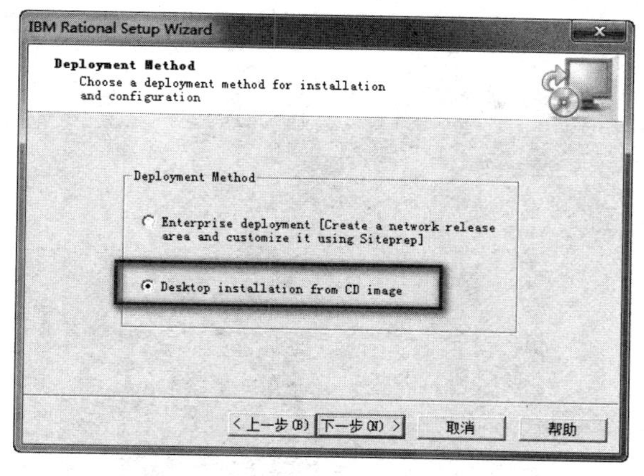

图 15-3　选择安装方式

Step 04 单击“下一步”按钮，进入 Rational Rose 安装提示界面，如图 15-4 所示。

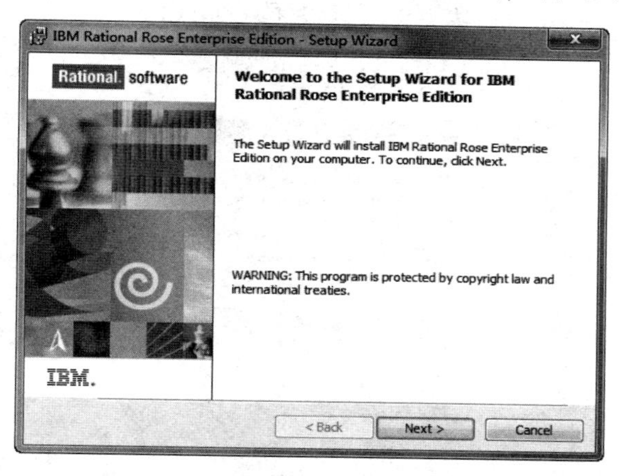

图 15-4　安装提示界面

Step 05 单击“Next >”按钮，出现安装注意事项的内容界面，如图 15-5 所示。

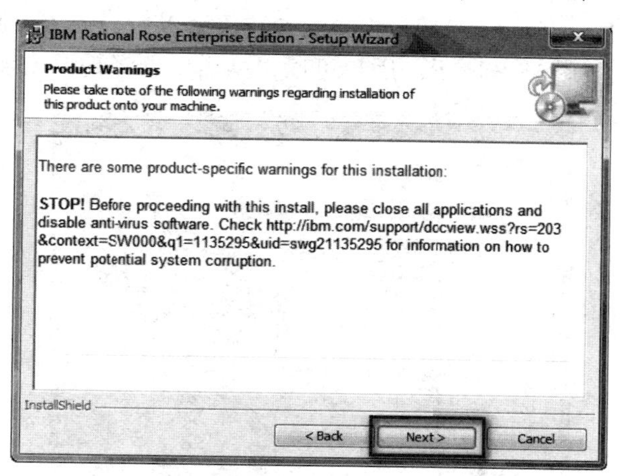

图 15-5　安装注意事项界面

Step 06 单击“Next >”按钮后，产品进入软件安装许可界面，如图 15-6 所示。

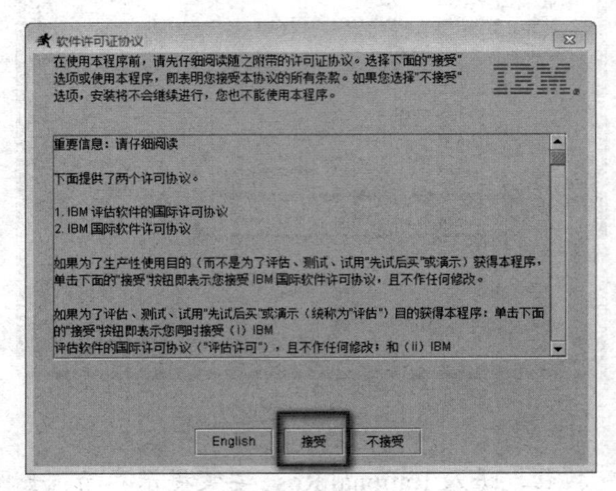

图 15-6　产品安装许可界面

Step 07 单击“接受”按钮后，进入安装位置选择界面，如图 15-7 所示。

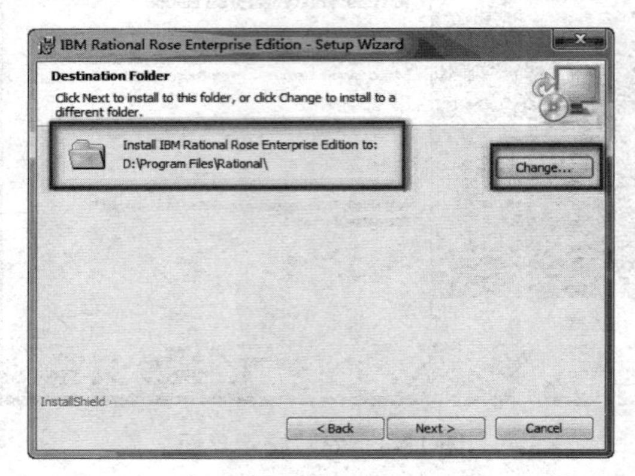

图 15-7　选择安装位置

在设定好 Rational Rose Enterprise Edition 的安装位置以后，单击“Next >”按钮，安装程序进入定制安装界面，如图 15-8 所示。用户可以根据需要选择需要安装的产品构件。

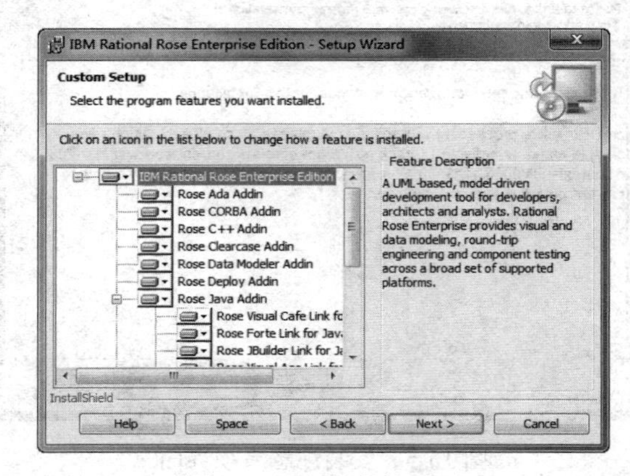

图 15-8　定制安装界面

这里采用系统默认选项，单击“Next >”按钮，准备进行安装，如图 15-9 所示。

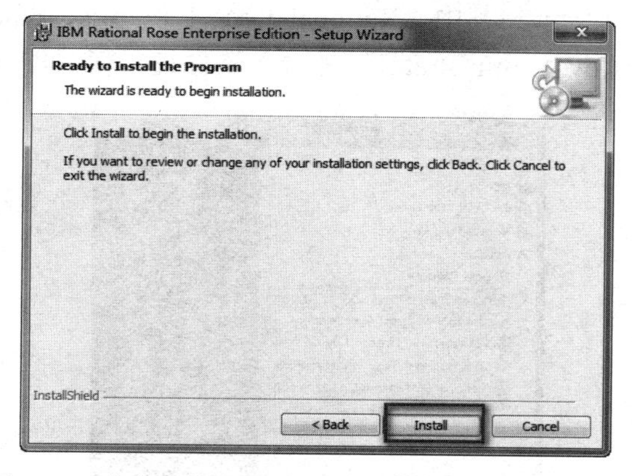

图 15-9　准备开始安装 Rational Rose Enterprise Edition

单击“Install”按钮，产品开始安装，安装界面如图 15-10 所示。安装的时间根据机器的配置而定。

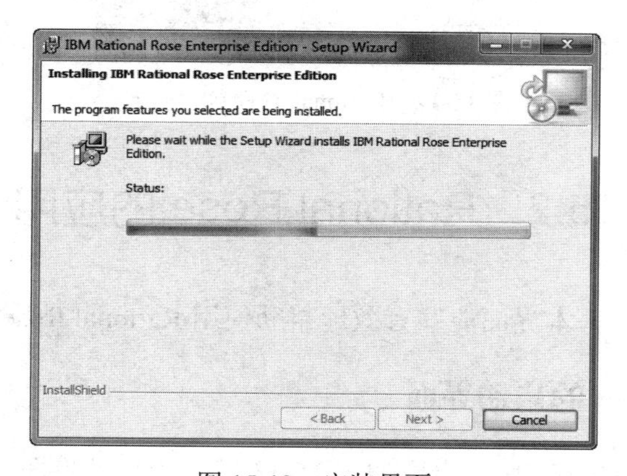

图 15-10　安装界面

在安装完成之后，进入安装完成的提示界面，如图 15-11 所示。我们在该界面中可以选择是否连接到 Rational 开发者网络或者打开 Readme 文件。单击“Finish”按钮，确认安装完毕。

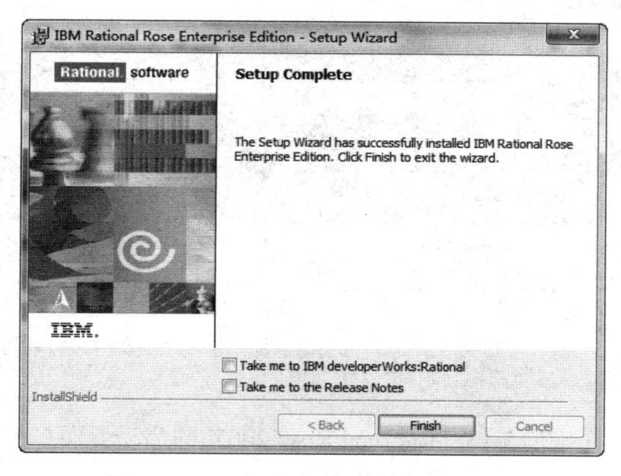

图 15-11　完成安装后的提示界面

安装成功后，在系统的“开始”→“程序”菜单中将会多出“Rational Software”选项，其下包含的内容如图 15-12 所示。其中“Rational Rose Enterprise Edition”是我们运行的建模软件，“Rational License Key Administrator”是输入软件许可信息的管理软件。

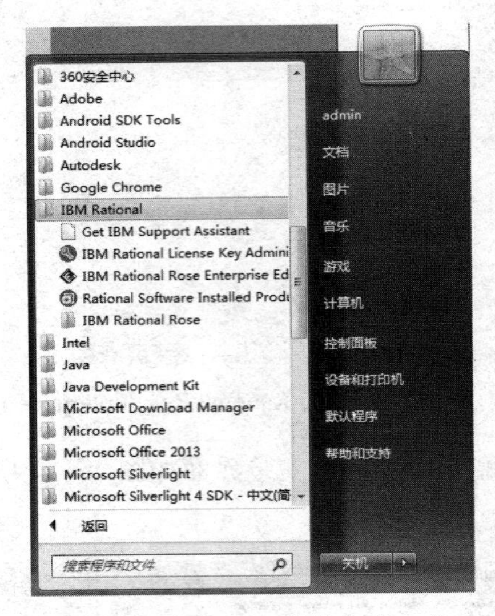

图 15-12　Rational 软件包含内容

15.2　Rational Rose 的应用

熟悉 Rational Rose 的基本界面能够有效地帮助使用 Rational Rose 来创建需要的图形。

15.2.1　Rational Rose 的启动界面

在启动 Rational Rose 2007 后，出现如图 15-13 所示的启动界面。

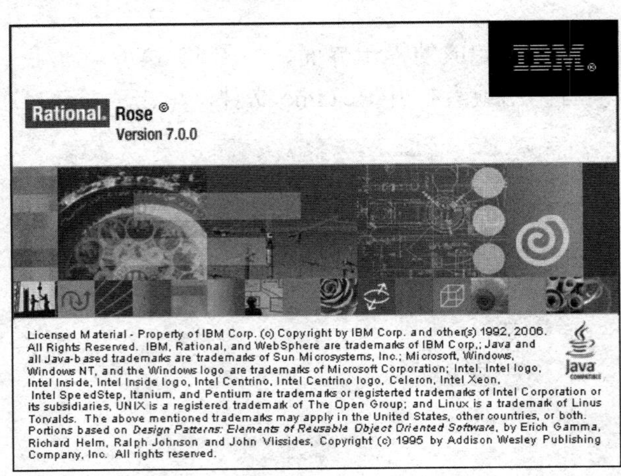

图 15-13　Rational Rose 2007 的启动界面

在启动界面消失以后，出现 Rational Rose 2007 的主界面，以及在主界面前弹出的用来设置启动选项的对话框，该对话框如图 15-14 所示。在对话框中，有 3 个可供选择的选项卡，分别为“New”（新建）、“Existing”（打开）、“Recent”（最近使用的模型）。

在“New”（新建）选项卡中，我们可以选择创建模型的模板。在这些“New”（新建）选项卡的选项中，有一个“Make New Framework”（创建新的框架）比较特殊，它是用来创建一个新的模板的，选择后，单击“OK”按钮，进入如图 15-15 所示的创建模板界面。

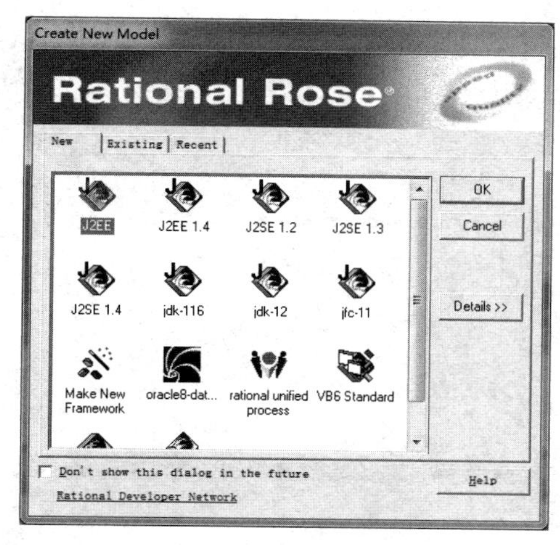

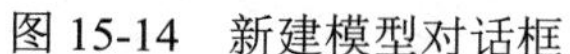
图 15-14　新建模型对话框

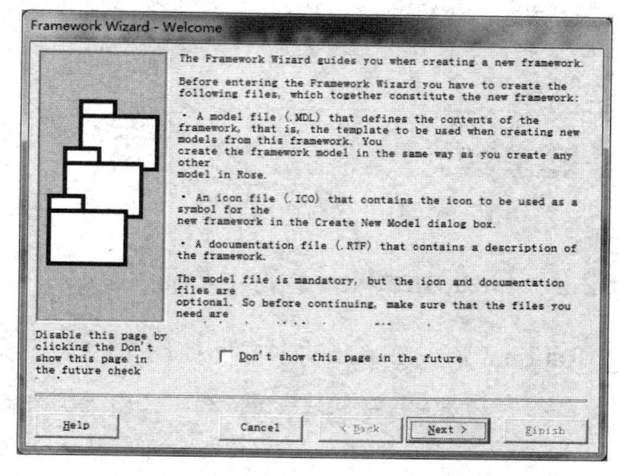

图 15-15　创建新的模板

在使用这些模板之前，首先要确定要创建模型的目标与结构，从而选择与将要创建的模型的目标与结构相一致的模板，然后使用该模板定义的一系列模型元素对待创建的模型进行初始化构建。模板的使用和系统实现的目标相一致。如果需要查看该模板的描述信息，可以在选中此模板后，单击“details”按钮进行查看。如果我们只是想创建一些模型，这些模型不具体使用那些模板，可以单击“Cancel”按钮取消即可。

在“Existing”（打开）选项卡中，我们可以打开一个已经存在的模型，打开模型的界面如图 15-16 所示。在对话框左侧的列表中，逐级找到该模型所在的目录，然后从右侧的列表中选中该模型，单击“Open”（打开）按钮打开。在打开一个新的模型前，应当保存并关闭正在工作的模型，当然在打开已经存在的模型的时候也会出现提示保存当前正在工作的模型。

在“Recent”（最近使用的模型）选项卡中，我们可以选择打开一个最近使用过的模型文件，如图 15-17 所示。在选项卡中，选中需要打开的模型，单击“Open”按钮或者双击该模型文件的图标即可。如果当前已经有正在工作的模型文件，在打开新的模型前，Rose 会先关闭当前正在工作的模型文件。如果当前工作的模型中包含未保存的内容，系统会弹出一个询问是否保存当前模型的对话框。

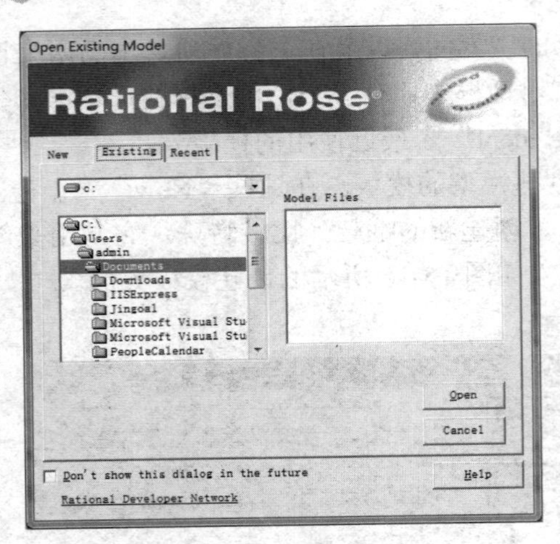

图 15-16　打开已存在模型

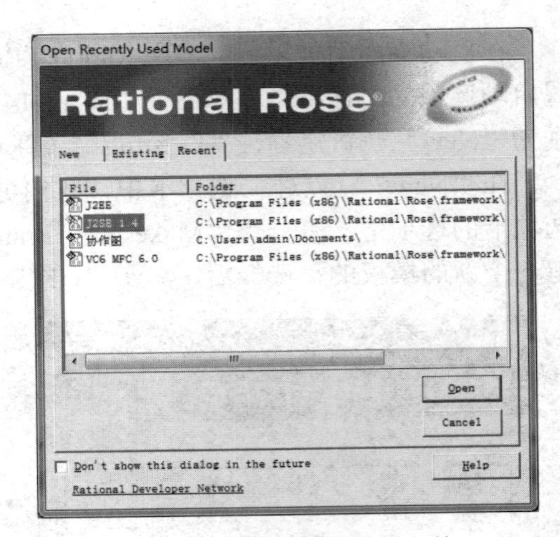

图 15-17　打开最近使用的模型文件

15.2.2　Rational Rose 的主界面

Rational Rose 2007 的主界面如图 15-18 所示。

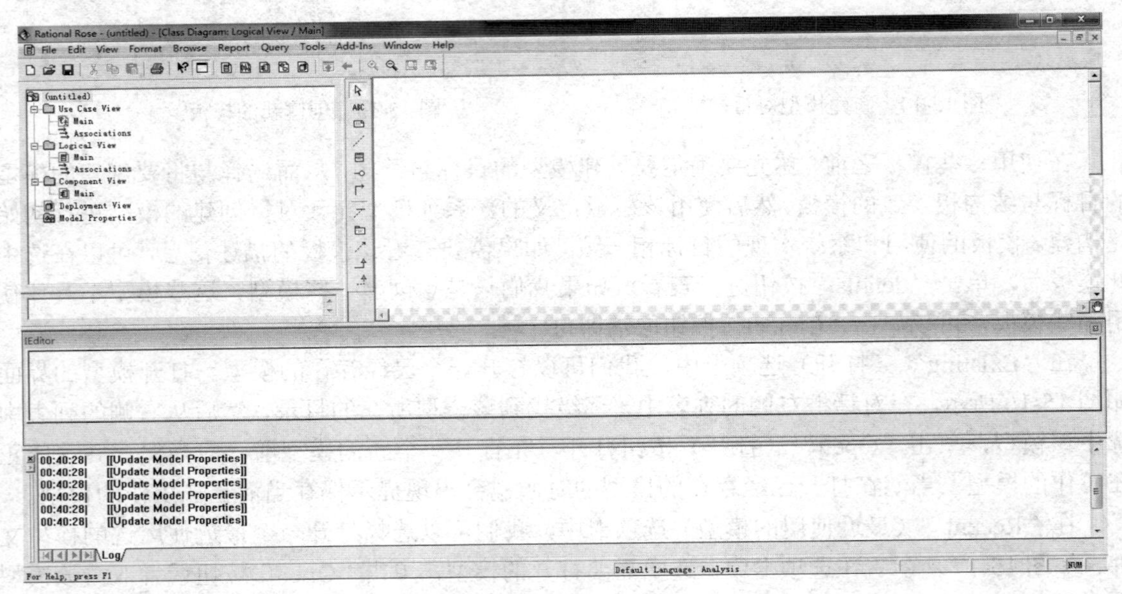

图 15-18　Rational Rose 2007 的主界面

由图 15-18 中可以看出，Rational Rose 2007 的主界面是由标题栏、菜单栏、工具栏、工作区和状态栏构成。默认的工作区域包含 4 个部分，分别是左侧的浏览器，文档编辑区和右侧的图形编辑区域，以及下方的是日志记录。

1. 标题栏

标题栏可以显示当前正在工作的模型文件名称，如图 15-19 所示，模型的名称为“模型示例”。对于刚刚新建还未被保存的模型名称使用“untitled”表示。除此之外，标题栏还可以显示当前正在编辑的图的名称和位置，如 Class Diagram：Logical View / Main 代表的是在 Logical View（逻辑视图）下创建的名称为 Main 的 Class Diagram（类图）。

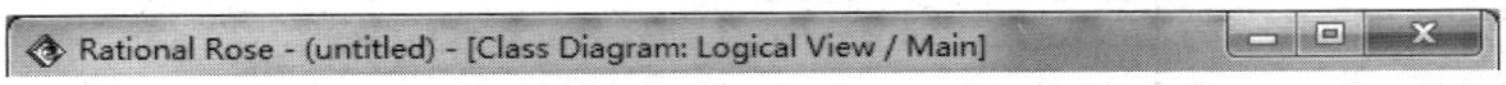

Rational Rose - (untitled) - [Class Diagram: Logical View / Main]

图 15-19　标题栏示例

2. 菜单栏

在菜单栏中包含了所有在 Rational Rose 2007 中可以进行的操作，一级菜单共有项分别是"File"（文件）、"Edit"（编辑）、"View"（视图）、"Format"（格式）、"Browse"（浏览）、"Report"（报告）、"Query"（查询）、"Tools"（工具）、"Add-Ins"（插件）、"Window"（窗口）和"Help"（帮助），如图 15-20 所示。

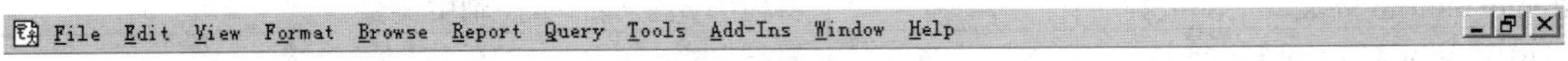

File Edit View Format Browse Report Query Tools Add-Ins Window Help

图 15-20　菜单栏示例

Step 01 "File"（文件）的下级菜单显示了关于文件的一些操作内容，菜单选项如表 15-1 所示。

表 15-1　"File"下的二级菜单

菜单名称	快捷键	用途
New	Ctrl+N	创建新的模型
Open	Ctrl+O	打开模型文件
Save	Ctrl+S	保存当前模型文件
Save As		将当前的模型文件另存为到其他文件中
Save Log As		保存日志文件
AutoSave Log		自动保存的日志文件
Clear Log		将日志记录清空
Load Model Workspace		加载模型的工作空间
Save Model Workspace		保存模型的工作空间
Save Model Workspace As		将当前模型的工作空间另存为
Units		Units 的菜单下包含的功能见表 15-2 所示
Import …		导入模型
Export Model …		导出模型
Update …		更新模型
Print …	Ctrl+P	打印当前的图
Page Setup …		打印设置
Edit Path Map …		设置虚拟路径映射
Exit		退出

Units 的下级菜单包含关于 Units 的相关操作，其内容如表 15-2 所示。

表 15-2　"Units"的下级菜单

菜单名称	快捷键	用途
Load …		加载
Save		保存
Save As …		另存为

（续表）

菜单名称	快捷键	用途
Unload		卸载
Control…		控制
Uncontrol		放弃控制
Write Protection		写保护
CM		CM 下的菜单内容见表 15-3 所示

CM 下的菜单内容如表 15-3 所示。

表 15-3　CM 下的菜单选项

菜单名称	快捷键	用途
Add to Version Control		将模型元素加入到版本控制中
Remove From Version Control		将模型元素从版本控制中删除
Start Version Control Explorer		启动 Rational Rose 的版本控制系统
Get Latest		获取模型元素的最新版本
Check Out		将模型签出
Check In		将模型签入
Undo Check Out		撤销上次的签出操作
File Properties		显示模型元素的描述信息
File History		显示模型元素的版本控制信息
Version Control Option		版本控制选项
About Rational Rose Version Control Integration		显示 Rational Rose 2007 的版本控制信息

“Edit”（编辑）的下级菜单是用来对各种图进行编辑操作的，并且它的下级菜单会根据图的不同有所不同，但是会有一些共同的选项，如表 15-4 所示。不同的选项如表 15-5 所示。

表 15-4　“Edit”菜单下共有的菜单项

菜单名称	快捷键	用途
Undo	Ctrl+Z	撤销前一次操作
Redo	Ctrl+Y	重做前一次操作
Cut	Ctrl+X	剪切
Copy	Ctrl+C	复制
Paste	Ctrl+V	粘贴
Delete	Del	删除
Select All	Ctrl+A	全选
Delete from Model	Ctrl+D	删除模型元素
Find	Ctrl+F	查找
Reassign		重新指定模型元素

表 15-5　“Edit”下不同图的下级菜单

图	菜单名称	下级菜单	用途
Class Diagram（类图）、Use Case Diagram（用例图）	Relocate		对模型元素重新部署
	Compartment		编辑模块
	Change Info	Class	更改类
		Parameterized Class	更改参数化的类
		Instantiated Class	更改实例化的类

（续表）

图	菜单名称	下级菜单	用途
Class Diagram（类图）、Use Case Diagram（用例图）	Change Info	Class Utility	更改使用类
		Parameterized Class Utility	更改参数化的使用类
		Uses Dependency	更改依赖关系
		Generalization	更改泛化关系
		Instantiates	更改实例化关系
		Association	更改关联关系
		Realize	更改实现关系
Component Diagram（构件图）	Relocate		对模型元素重新部署
	Compartment		编辑模块
	Change Info	Subprogram specification	更改子系统规范
		Subprogram body	更改子系统
		Generic subprogram	更改虚子系统
		Main program	更改主程序
		Package specification	更改包的规范
		Package body	更改包
		Task specification	更改工作规范
		Task body	更改工作体
Deployment Diagram（部署图）	Relocate		对模型元素重新部署
	Compartment		编辑模块
Sequence Diagram（序列图）	Attach Script		添加脚本
	Detach Script		删除脚步
Collaboration Diagram（协作图）	Compartment		编辑模块
Statechart Diagram（状态图）	Compartment		编辑模块
	Change Info	State	将活动转变为状态
		Activate	将状态转变为活动
Activate Diagram（活动图）	Relocate		对模型元素重新部署
	Compartment		编辑模块
	Change Info	State	将活动转变为状态
		Activate	将状态转变为活动

“View”（视图）的下级菜单是关于窗口显示的操作，其内容如表 15-6 所示。

表 15-6 “View”（视图）的菜单内容

菜单内容	下级菜单	快捷键	用途
Toolbars	Standard		显示或隐藏标准工具栏
	Toobars		显示或隐藏图形编辑区工具栏
	Configure		定制工具栏
Status Bar			显示或隐藏状态栏
Documentation			显示或隐藏文档区域
Browser			显示或隐藏浏览框
Log			显示或隐藏日志区
Editor			显示或隐藏编辑器
Time Stamp			显示或隐藏时间戳
Zoom to Selection		Ctrl+M	居中显示
Zoom In		Ctrl+I	放大

（续表）

菜单内容	下级菜单	快捷键	用途
Zoom Out		Ctrl+U	缩小
Fit In Window		Ctrl+W	按窗口比例显示
Undo Fit In Window			撤销按窗口比例显示
Page Breaks			显示或隐藏页边
Refresh		F2	刷新
As Booch		Ctrl+Alt+B	使用 Booch 符号表示模型
As OMT		Ctrl+Alt+O	使用 OMT 符合表示模型
As Unified		Ctrl+Alt+U	使用 UML 符合表示模型

“Format”（格式）的下级菜单是关于字体等显示样式的设置，其内容如表 15-7 所示。

表 15-7 “Format”（格式）下的菜单内容

菜单名称	下级菜单	快捷键	用途
Font Size	8		设置字体为 8 号字
	10		设置字体为 10 号字
	12		设置字体为 12 号字
	14		设置字体为 14 号字
	16		设置字体为 16 号字
	18		设置字体为 18 号字
Font			设置字体
Line Color			设置线的颜色
Fill Color			设置图标颜色
Use Fill Color			使用设置的图标颜色
Automatic Resize			自动调节大小
Stereotype Display	None		设置空的构造型
	Label		设置构造型的显示为标签
	Decoration		设置构造型的显示带注释
	Icon		设置构造型的显示为图标
Stereotype Label			显示构造型的标签
Show Visibility			显示类的访问类型
Show Compartment Stereotype			显示构造型的属性和操作
Show Operation signature			显示操作的声明
Show All Attributes			显示所有属性
Show All Operations			显示所有操作
Show All Columns			显示图中关于表的所有列（在 Use Case Diagram 和 Class Diagram 中不显示）
Show All Triggers			显示图中关于表的所有触发器 （在 Use Case Diagram 和 Class Diagram 中不显示）
Suppress Attributes			禁止显示类的属性
Suppress Operation			禁止显示类的操作
Suppress Columns			禁止显示图中关于表的所有列 （在 Use Case Diagram 和 Class Diagram 中不显示）
Suppress Triggers			禁止显示图中关于表的所有触发器 （在 Use Case Diagram 和 Class Diagram 中不显示）

（续表）

菜单名称	下级菜单	快捷键	用途
Line Style	Rectilinear		垂线样式（Collaboration Diagram 中不显示）
	Oblique		斜体样式（Collaboration Diagram 中不显示）
	Toggle	Ctrl+Alt+L	折线样式（Collaboration Diagram 中不显示）
Layout Diagram			根据设置重新排列图中所有的图形（Sequence Diagram 和 Collaboration Diagram 中不显示）
Autosize All			自动调节大小（Component Diagram 和 Deployment Diagram 中不显示）
Layout Selected Shapes			根据设置重新排列选中图形（Sequence Diagram 和 Collaboration Diagram 中不显示）

“Browse”（浏览）的下级菜单和“Edit”（编辑）的下级菜单类似，根据不同的图可以显示不同的内容，但是有一些选项是这些图都能够使用到的，如表 15-8 所示。根据不同图显示不同的菜单选项如表 15-9 所示。

表 15-8　“Browse”（浏览）下的共有菜单内容

菜单名称	快捷键	用途
Use Case Diagram …		查看用例图
Class Diagram …		查看类图
Component Diagram …		查看构件图
Deployment Diagram …		查看部署图
Interaction Diagram …		查看交互图
State Machine Diagram …	Ctrl+T	查看状态机
Expand	Ctrl+E	将选中的包展开
Parent		查看父图
Specification	Ctrl+B	查看模型元素规范
Top Level		查看顶层图
Referenced Item	Ctrl+R	查看选中的内容相关的信息
Previous Diagram	F3	浏览前一个图

表 15-9　“Browse”（浏览）下不同图各自的菜单内容

图	菜单名称	快捷键	用途
Use Case Diagram（用例图），Class Diagram（类图）	Create Message Trace Diagram	F5	创建消息的跟踪图
Sequence Diagram　（序列图）	Create Collaboration Diagram	F5	根据序列图信息创建协作图
Collaboration Diagram（协作图）	Create Sequence Diagram	F5	根据协作图信息创建序列图

“Report”（报告）的下级菜单显示了关于模型元素在使用过程中的一些信息，其内容如表 15-10 所示。

表 15-10　“Report”（报告）下的菜单内容

菜单名称	快捷键	用途
Show Usage		显示选中项目被使用的地方
Show Participants in UC		显示用例中所有参与者列表

（续表）

菜单名称	快捷键	用途
Show Instances		显示关于类的实例化信息（在 Use Case Diagram 和 Class Diagram 中显示）
Show Access Violations		显示类之间拒绝访问列表（在 Use Case Diagram 和 Class Diagram 中显示）
Show Unresolved Object		显示所选项目中没有类的对象信息（在 Sequence Diagram 和 Collaboration Diagram 中显示）
Show Unresolved Messages		显示所选项目中未解决的消息列表（在 Use Case Diagram 和 Class Diagram 中显示）

“Query”（查询）的下级菜单显示了关于一些图的操作信息，其内容如表 15-11 所示，可以看得出，在 Sequence Diagram（序列图）、Collaboration Diagram（协作图）和 Deployment Diagram（部署图）中没有“Query”（查询）的菜单选项。

表 15-11 “Query”（查询）下的菜单内容

图	菜单名称	快捷键	用途
Use Case Diagram（用例图）、Class Diagram（类图）	Add Class		添加类
	Add Use Case		添加用例
	Expand Selected Elements		展开所选元素
	Hide Selected Element		隐藏所选元素
	Filter Relationships		过滤关系
Statechart Diagram（状态图）、Activate Diagram（交互图）	Add Elements		添加元素
	Expand Selected Elements		展开所选元素
	Hide Selected Elements		隐藏所选元素
	Filter Transitions		过滤转换
Component Diagram（构件图）	Add Components		添加构件
	Add Interface		添加接口
	Expand Selected Elements		展开所选元素
	Hide Selected Element		隐藏所选元素
	Filter Relationships		过滤关系

“Tools”（工具）的下级菜单显示了各种插件工具的使用，其菜单内容如表 15-12 所示。

表 15-12 “Tools”（工具）菜单下的内容

菜单名称	下级菜单	次级菜单	用途
Create	根据图的不同，菜单选项包含不同的内容，见表 15-13 所示		创建各种图形或元素
Check Model			校验模型
Model Properties	Edit ...		编辑模型
	View ...		显示模型
	Replace ...		替代模型
	Export ...		导出模型
	Add ...		添加新的模型
	Update ...		更新模型
Options			定制 Rational Rose 设置
Open Script			打开脚本

（续表）

菜单名称	下级菜单	次级菜单	用途
New Script			创建脚本
ANSI C++	Open ANSI C++ Specification …		打开 ANSI C++规范
	Browse Header …		浏览 ANSI C++标题
	Browse Body …		浏览 ANSI C++内容
	Reverse Engineer …		逆向工程，由 ANSI C++代码生成模型
	Generate Code …		由模型生成 ANSI C++代码
	Class Customization …		定制 ANSI C++中的类
	Preferences		定制 ANSI C++中的参数
	Convert From Classic C++ …		从 Classic C++转化为 ANSI C++
Ada83	Code Generation		代码生成
	Browse Spec		浏览 Ada83 说明
	Browse Body		浏览 Ada83 内容
Ada95	Code Generation		代码生成
	Browse Spec		浏览 Ada95 说明
	Browse Body		浏览 Ada95 内容
CORBA	Project Specification		编辑工程规范
	Syntax Check		语法检查
	Browse CORBA Source		浏览 CORBA 代码
	Reverse Engineer CORBA		逆向工程，由 CORBA 生成模型
	Generate Code		生成 CORBA 代码
J2EE Deploy	Deploy		配置 J2EE
Java/J2EE	Project Specification		项目规范
	Syntax Check		语法检查
	Edit Code		编辑代码
	Generate Code		由模型生成代码
	Reverse Engineer		逆向工程，由代码生成模型
	Check In		签入
	Check Out		签出
	Undo Check Out		撤销签出
	Use Source Code Explorer		使用源代码控制器
	New EJB		创建 EJB
	New Servlet		创建 Servlet
	Generate EJB-JAR File		生成 EJB-JAR 文件
	Generate WAR File		生成 WAR 文件
Oracle8	Data Type Creation Wizard		创建数据类型导航
	Ordering Wizard		更改顺序导航
	Edit Foreign Keys		编辑外键

（续表）

菜单名称	下级菜单	次级菜单	用途
Oracle8	Analyze Schema		分析图表
	Schema Generation		生成图表
	Syntax Check		语法检查
	Reports		生成报告
	Import Oracle8 Data Types		导入数据类型
Quality Architect	Console		打开控制台
	Unit Test	Generate Unit Test	生成单元测试
		Select Unit Test Template	选择单元测试模板
		Create/Edit Datapool	创建/编辑数据池
	Stubs	Generate stub	生成存根
		Create/Edit Look-up Table	创建/编辑查询表
	Scenario Test	Generate Scenario Test …	生成情景测试
		Select Scenario Test …	选择情景测试
	Online Manual …		在线手册
Model Integrator			模型集成器
Web Publisher …			Web 模型发布
TOPLink …			TOPLink 转换
COM	Properties		定制 COM 属性
	Import Type Library		导入类型库
Visual C++	Model Assistant		Visual C++模型助手
	Component Assignment Tool		Visual C++构件分配工具
	Update Code		更新代码
	Update Model from Code		更新模型
	Class Wizard		创建类的导航
	Undo Last Code Update		撤销上次代码更新操作
	COM	New ATL Object	创建 ATL 对象
		Implement interface	实现接口
		Module Dependency Properties	设置模块依赖选项
		How DO I	介绍如何实现 COM 中的类
	Quick Import ATL 3.0		将 ATL 3.0 的类导入模型
	Quick Import MFC 6.0		将 MFC 6.0 的类导入模型
	Model Converter		模型转化成相应代码
	Frequently Asked Questions		帮助
	Properties		设置 Visual C++选项
Version Control	Add to Version Control		加入版本控制系统
	Remove From Version Control		从版本控制系统中删除
	Start Version Control Explorer		启动版本控制系统

（续表）

菜单名称	下级菜单	次级菜单	用途
Version Control	Check In		将文件签入
	Check Out		将文件签出
	Undo Check Out		取消上次的签出操作
	Get Latest		获取最新版本
	File Properties		文件信息
	File History		文件历史信息
	Version Control Options		版本控制选项
	About Rational Rose Version Control Integration		显示 Rational Rose 的版本控制信息
Visual Basic	Model Assistant		Visual Basic 建模助手
	Component Assignment Tool		构件管理工具
	Update Code		代码更新工具
	Update Model from Code		根据代码生成模型
	Class Wizard		创建类导航
	Add Reference		添加引用
	Browse Source Code		浏览源代码
	Properties		设置选项
Web Modeler	User Preferences		设置用户参数
	Reverse Engineer a New Web Application		逆向生成一个 Web 程序
XML_DTD	Project Specification		编辑工程规范
	Syntax Check		语法检查
	Browse XML_DTD Resource		浏览 XML_DTD 资源
	Reverse Engineer XML_DTD		逆向生成模型
	Generate Code		生成代码
Class Wizard			创建类导航

在不同图中，“Create”下可以显示不同的内容，其菜单内容如表 15-13 所示。

表 15-13　“Create”（新建）下根据不同图显示菜单的内容

图	菜单名称	用途
Use Case Diagram（用例图）、Class Diagram（类图）	Text	创建新文本
	Note	创建注释
	Note Anchor	创建注释超链接
	Class	创建类
	Parameterized Class	创建含参数的类
	Interface	创建接口
	Actor	创建参与者
	Use Case	创建用例
	Association	创建关联

（续表）

图	菜单名称	用途
Use Case Diagram（用例图）、Class Diagram（类图）	Unidirectional Association	创建单向关联
	Aggregation	创建聚合关系
	Unidirectional Aggregation	创建单向聚合关系
	Associate Class	创建关联类
	Generation	创建泛化关系
	Dependency or Instantiates	创建依赖或实例
	Realize	创建实现关系
	Package	创建包
	Instantiated Class	创建实例化类
	Class Utility	创建使用类
	Parameterized Class Utility	创建参数化的使用类
	Instantiated Class Utility	创建实例化的使用类
Sequence Diagram（序列图）	Text	创建新文本
	Note	创建注释
	Note Anchor	创建注释超链接
	Object	创建对象
	Message	创建消息
	Message To Self	创建自身消息
Collaboration Diagram（协作图）	Text	创建新文本
	Note	创建注释
	Note Anchor	创建注释超链接
	Object	创建对象
	Class Instance	创建类实例
	Object Link	创建对象连接
	Link to Self	创建自身链接
	Message	创建消息
	Reverse Message	创建反向消息
	Data Token	创建数据标记
	Reverse Data Token	创建反向数据标记
Statechart Diagram（状态图）、Activate Diagram（活动图）	Text	创建新文本
	Note	创建注释
	Note Anchor	创建注释超链接
	State	创建状态
	Activity	创建活动
	Start State	创建开始状态
	End State	创建结束状态
	Transition	创建转换
	Transition to Self	创建自身转换
	Horizontal Synchronization Bar	创建水平同步栏
	Vertical Synchronization Bar	创建垂直同步栏

（续表）

图	菜单名称	用途
Statechart Diagram（状态图）、Activate Diagram（活动图）	Decision	创建决策点
	Swimlane	创建泳道
	Object	创建对象
Component Diagram（构件图）	Text	创建新文本
	Note	创建注释
	Note Anchor	创建注释超链接
	Component	创建构件
	Dependency	创建依赖关系
	Package	创建包
	Subprogram specification	创建子程序规范
	Subprogram body	创建子程序主体
	Generic subprogram	创建虚子程序
	Main program	创建主程序
	Package specification	创建包的规范
	Package body	创建包的内容
	Generic package	创建虚包
	Task specification	创建任务规范
	Task body	创建任务内容
Deployment Diagram（部署图）	Text	创建新文本
	Note	创建注释
	Note Anchor	创建注释超链接
	Processor	创建处理器
	Device	创建设备
	Connection	创建链接

“Add-Ins”（插件）的下级菜单选项中只包含一个，即“Add-In Manager ...”，它用于对附加工具插件的管理，标明这些插件是否有效。很多外部的产品都对 Rational Rose 2007 发布了 Add-in 支持，用来对 rose 的功能进行进一步的扩展，如 java、oracle 或者 C#等，有了这些 Add-in，Rational Rose 2007 就可以做更多深层次的工作了。例如，在安装了 C#的相关插件之后，Rational Rose 2007 就可以直接生成 C#的框架代码，也可以从 C#代码转化成 Rational Rose 2007 模型，并进行两者的同步操作。

“Window”（窗口）的下级菜单内容和大多数应用程序相同，是对编辑区域窗口的操作。它的下级菜单如表 15-14 所示。

表 15-14 “Window”（窗口）的菜单内容

菜单名称	快捷键	用途
Cascade		将编辑区窗口重叠
Title		将编辑区窗口平铺
Arrange Icons		将编辑区按照图标排列

“Help”（帮助）的下级菜单内容也是和大多数应有程序相同，包含了系统的帮助信息，其菜单内容如表 15-15 所示。

表 15-15 “Help”（帮助）的菜单内容

菜单名称	下级菜单	用途
Contents and Index		显示帮助文档的列表
Search for Help On …		搜索指定帮助主体
Using Help		查看帮助
Extended Help		扩展帮助
Contacting Technical Support		联系技术支持
Rational on the Web	Rational Home Page	Rational 主页
	Rose Home Page	Rose 主页
	Technical Support	技术支持主页
Rational Developer Network		Rational 开发者网站
About Rational Rose …		Rational Rose 产品信息

3. 工具栏

在 Rational Rose 2007 中，关于工具栏的形式包含两种，分别是：标准工具栏和编辑区工具栏。标准工具栏在任何图中都可以使用，因此在任何图中都会显示，其默认的标准工具栏中的内容如图 15-21 所示，标准工具栏中每个选项的具体操作的详细信息如表 15-16 所示。编辑区工具栏是根据不同的图形而设置的具有绘制不同图形元素内容的工具栏，显示的时候位于图形编辑区的左侧。我们也可以通过“View”（视图）下的“Toolbars”（工具栏）来定制是否显示标准工具栏和编辑区工具栏。

图 15-21 标准工具栏

表 15-16 标准工具栏的详细说明

图标	Tips	用途
	Create New Model or File	创建新的模型或文件
	Open Existing Model or File	打开模型文件
	Save Model，File or Script	保存模型、文件或脚本
	Cut	剪切
	Copy	复制
	Paste	粘贴
	Print	打印
	Context Sensitive Help	帮助文件
	View Document	显示或隐藏文档区域
	Browse Class Diagram	浏览类图
	Browse Interaction Diagram	浏览交互图
	Browse Component Diagram	浏览构件图

（续表）

图标	Tips	用途
	Browse State Machine Diagram	浏览状态图
	Browse Deployment Diagram	浏览部署图
	Browse Parent	浏览父图
	Browse Previous Diagram	浏览前一个图形
	Zoom In	放大
	Zoom Out	缩小
	Fit In Window	适合窗口大小
	Undo Fit In Window	撤销适合窗口大小操作

对于标准工具栏和编辑区工具栏，也是可以通过菜单中的选项进行定制的。单击“Tools”（工具）下的“Options”（选项），弹出一个对话框，选中“Toolbars”（工具栏）选项卡，如图 15-22 所示。我们可以在“Standard Toolbar”（标准工具栏）复选框中选择显示或隐藏标准工具栏，或者工具栏中的选项是否使用大图标。也可以在“Diagram Toolbar”（图形编辑工具栏）中选择是否显示编辑区工具栏，以及编辑区工具栏显示的样式，例如，是否使用大图标或小图标、是否自动显示或锁定等。在“Customize toolbars”（定制工具栏）选项卡中，我们可以根据具体情况定制标准工具栏和图形编辑工具栏的详细信息。定制标准工具栏可以单击位于“Standard”（标准）选项右侧的按钮，弹出如图 15-23 所示的对话框。在对话框中，可以将左侧的选项添加到右侧的选项中，这样在标准工具栏中就会显示，当然也可以通过这种方式删除标准工具栏中不用的信息。对于各种图形编辑工具栏的定制可以单击位于该图右侧的按钮，弹出关于该图形定制的对话框，如图 15-24 所示，是定制 Deployment Diagram（构件图）编辑区工具栏对话框，在对话框中添加或删除在编辑区工具栏中显示的信息。

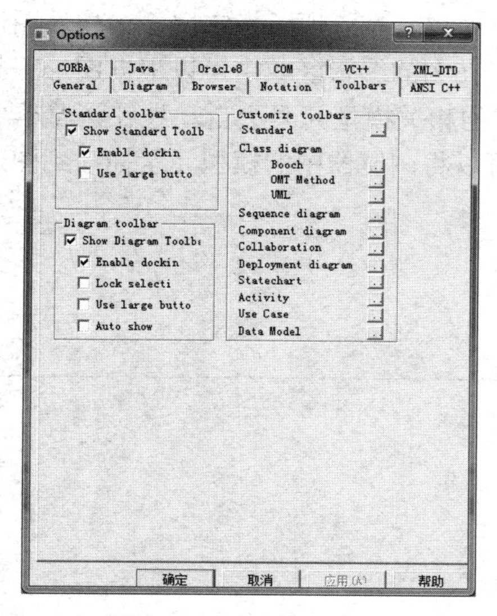

图 15-22　定制工具栏

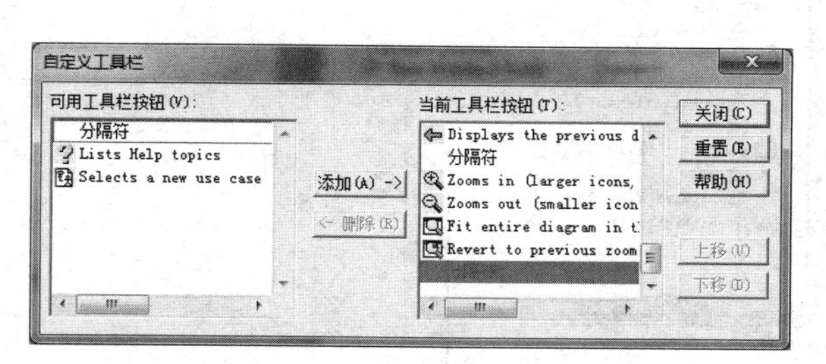

图 15-23　定制标准工具栏

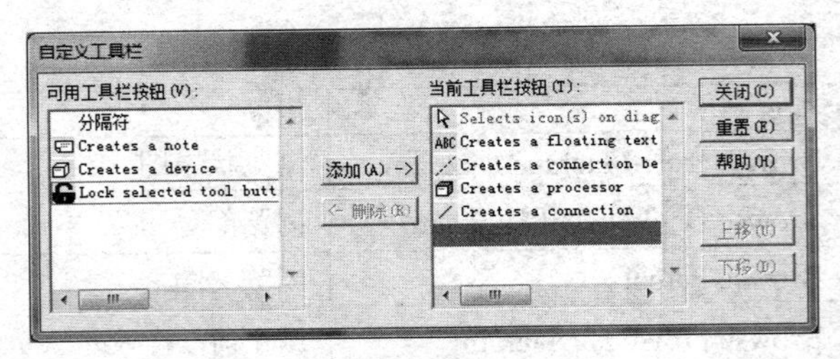

图 15-24　定制构件图的编辑区工具栏

4. 工作区

工作区由 4 部分构成，分别为浏览器、文档区、图形编辑区和日志区。在工作区中，可以方便地完成绘制各种 UML 图形的任务。

（1）浏览器和文档区

浏览器和文档区位于 Rational Rose 2007 工作区域的左侧，如图 15-25 所示。浏览器是一种树形的层次结构，可以帮助我们迅速地查找到各种图或者模型元素。在浏览器中，默认创建了 4 个视图，分别是：Use Case View（用例视图）、Logical View（逻辑视图）、Component View（构件视图）和 Deployment View（部署视图）。在这些视图所在的包或者图下，可以创建不同的模型元素，这些在第三章中已经详细的说明过了。

文档区用于对 Rational Rose 2007 中所创建的图或模型元素进行说明。例如，当对某一个图进行详细的说明时，可以将该图的作用和范围等信息置于文档区，那么在浏览或选中该图的时候就会看到该图的说明信息，模型元素的文档信息也是相同。在类中加入文档信息，在生成代码后以注释的形式存在。

（2）编辑区

编辑区位于 Rational Rose 2007 工作区域的右侧，如图 15-26 所示，它用于对构件图进行编辑操作。编辑区包含了图形工具栏和图的编辑区域，在图的编辑区域中可以根据图形工具栏中的图形元素内容绘制相关信息。在图的编辑区添加的相关模型元素会自动地在浏览器中添加，这样使浏览器和编辑区的信息保持同步。我们也可以将浏览器中的模型元素拖动到图形编辑区中进行添加。

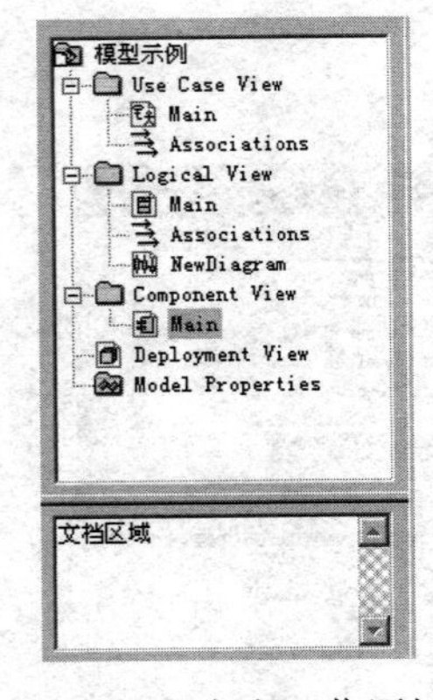

图 15-25　左方工作区域

图 15-26　右方编辑区

（3）日志区

日志区位于 Rational Rose 2007 工作区域的下方，如图 15-27 所示。在日志区中，记录了对模型的一些重要操作。

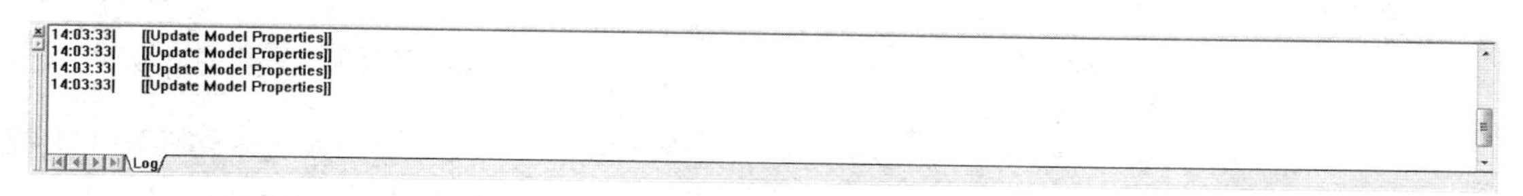

图 15-27　下方日志区

5. 状态栏

状态栏中，记录了对当前信息的提示和当前的一些描述信息，如帮助信息“For Help，press F1”以及当前使用的语言“Default Language: Analysis”等信息。如图 15-28 所示。

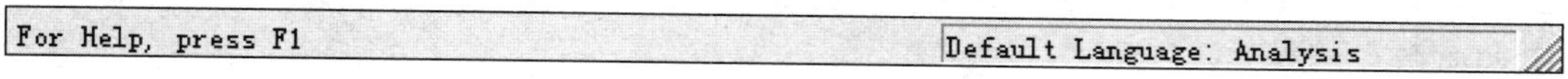

For Help, press F1　　Default Language: Analysis

图 15-28　状态栏

15.2.3　Rational Rose 的使用

1. 创建模型

可以通过选择“File”（文件）菜单栏下的“New”（新建）命令来创建新的模型，也可以通过标准工具栏下的“新建”按钮创建新的模型，这时便会弹出选择模板的对话框，选择我们想要使用的模板，单击“OK”（确定）按钮即可。如果使用模板，Rational Rose 2007 系统就会将模板的相关初始化信息添加到创建的模型中，这些初始化信息包含了一些包、类、构件和图等。也可以不使用模板，单击“Cancel”（取消）按钮即可，这个时候创建的是一个空的模型项目。

2. 保存模型

保存模型包括对模型内容的保存和对在创建模型过程中的日志记录的保存。这些都可以通过菜单栏和工具栏来实现。

（1）保存模型内容。可以通过选择“File”（文件）菜单栏下的“Save”（保存）命令来保存新建的模型，也可以通过标准工具栏下的按钮保存新建的模型，保存的 Rational Rose 模型文件的扩展名为.mdl。在选择“File”（文件）菜单栏下的“Save”（保存）命令进行保存文件后，保存文件的对话框如图 15-29 所示，在文件名栏中我们可以设置 Rational Rose 模型文件的名称。

（2）保存日志。可以通过选择“File”（文件）菜单栏下的“Save Log As”（保存日志）来保存日志，保存日志的对话框如图 15-30 所示。也可以通过“AutoSave Log”（自动保存日志），通过指定保存的目录从而系统可以在该文件中自动保存日志记录。

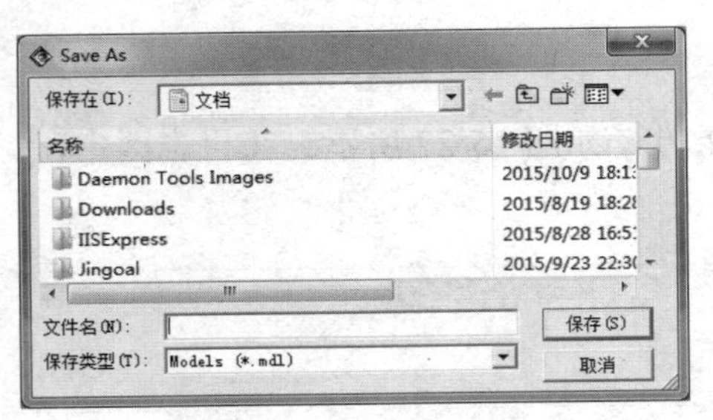

图 15-29　保存模型

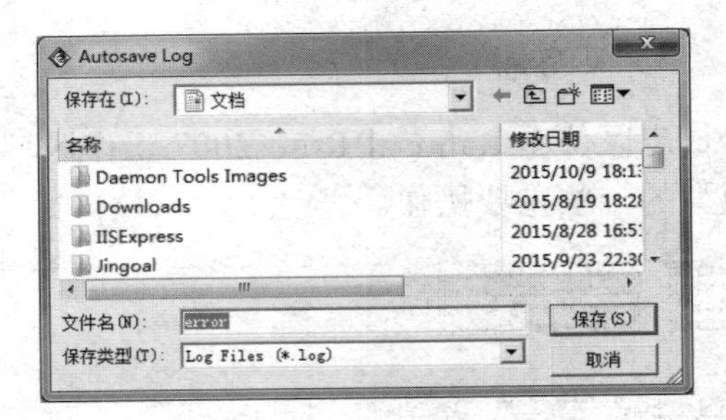

图 15-30　保存日志

3. 导入模型

通过选择“File”（文件）菜单栏下的“Import”（导入）可以用来导入模型、包或类等，可供选择的文件类型包含.mdl、.ptl、.sub 或.cat 等，导入模型的对话框如图 15-31 所示。导入模型，可以对利用现成的建模，例如，我们可以导进一个现成的 Java 模型，这样就可以直接利用 Java 标准的对象。

4. 导出模型

通过选择“File”（文件）菜单栏下的“Export Model ...”菜单选项来导出模型，导出模型的对话框如图 15-32 所示，导出的文件后缀名为.ptl。

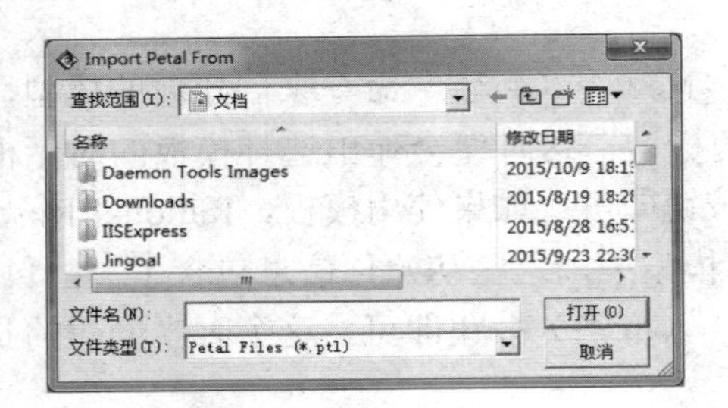

图 15-31　导入模型

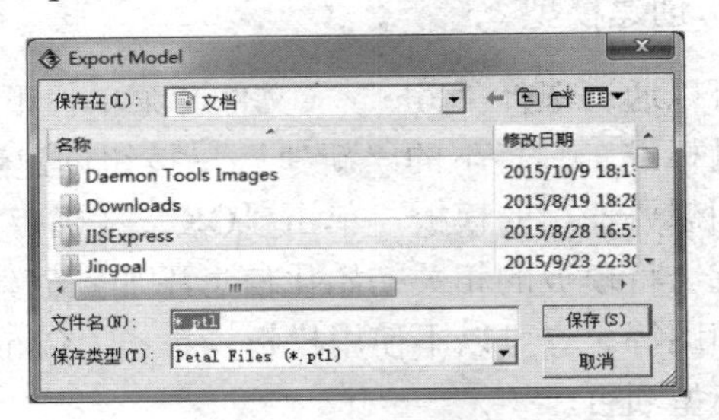

图 15-32　导出模型

当选择一个具体的类的时候，比如选择一个类名称为“Student”，然后我们可以通过选择“File”（文件）菜单栏下的“Export Student”菜单选项来导出 Student 类，弹出一个导出类的对话框，如图 15-33 所示，导出的文件后缀名称为.ptl。

我们也可以利用导出模型来进行导出包的操作，如选择一个名称为“UtilityPackage”的包，然后通过选择“File”（文件）菜单栏下的“Export UtilityPackage”（导出 UtilityPackage）来进行导出 UtilityPackage 包操作，弹出一个导出包的对话框如图 15-34 所示，导出的文件后缀名称为.ptl。

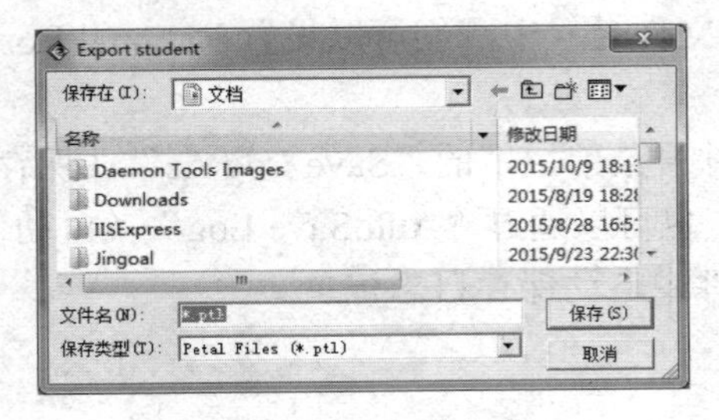

图 15-33　导出单个类

图 15-34　导出“UtilityPackage”包

5. 发布模型

Rational Rose 2007 提供了将模型生成相关网页从而在网络上进行发布的功能，这样，可以方便的系统模型的设计人员将系统的模型内容对其他开发人员进行说明。

发布模型的步骤可以通过下列的方式进行：首先，选择“Tools”（工具）菜单栏下的“Web Publisher”选项，弹出如图 15-35 所示的对话框。其次，我们在弹出的对话框的“Selection”（选择）中选择要发布的内容，包括相关模型视图或者包。在“Level of Detail”（细节级别）的单选框中选择要发布的细节级别设置，包括“Document Only”（仅发布文档）、“Intermediate”（中间级别）和“Full”（全部发布）。然后，在“Notation”（标记）单选框中选择发布模型的类型，可供选择的有“Booch”、“OMT”和 UML 三种类型，可以根据实际需要的情况选择合适的标记类型。在下面的几个框中选择在发布的时候要包含的内容，如“Include Inherited Items”（包含继承的项）、“Include Properties”（包含属性）、“Include Associations in Browser”（包含关联链接）和“Include Document Wrapping in Browser”（包含文档说明链接）等。最后，在“HTML Root File Name”（HTML 根文件名称）中设置要发布的网页文件的根文件名称。

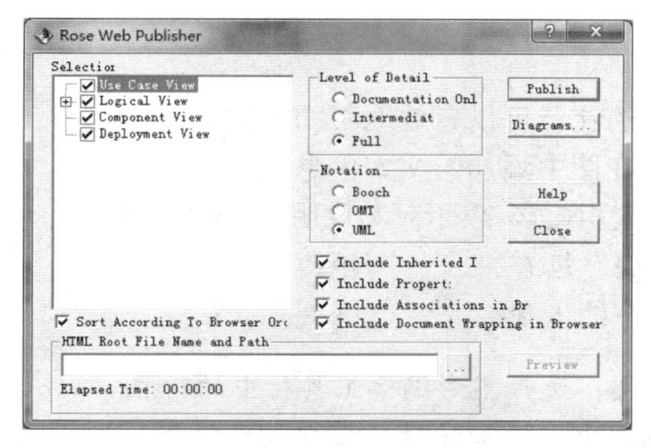

图 15-35　发布模型

如果需要设置发布的模型生成的图片格式，可以单击“Diagram”按钮，弹出如图 15-36 所示的对话框，有 4 个选项可以提供选择，分别是“Don't Publish Diagrams”（不要发布图）、Windows Bitmaps（BMP 格式）、Portable Network Graphics（PNG 格式）和 JPEG（JPEG 格式）。“Don't Publish Diagrams”（不要发布图）是指不发布图像，仅仅包含文本内容。其余 3 种指的是发布的图形文件格式。

单击“Publish”按钮后，弹出模型发布窗口，如图 15-37 发布过程窗口所示。

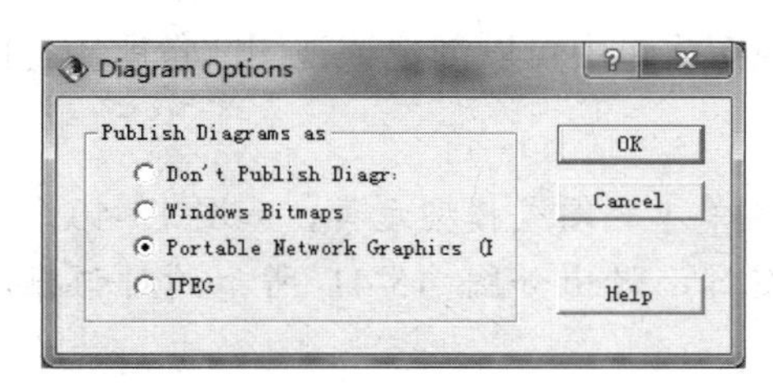

图 15-36　设置模型生成的图片格式

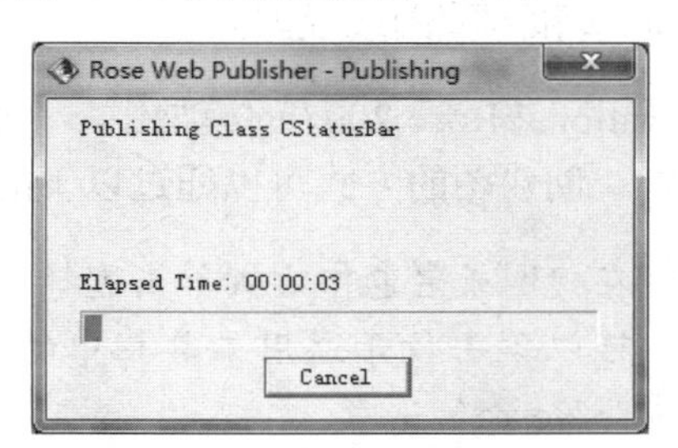

图 15-37　发布过程窗口

发布后的模型 Web 文件如图 15-38 所示。

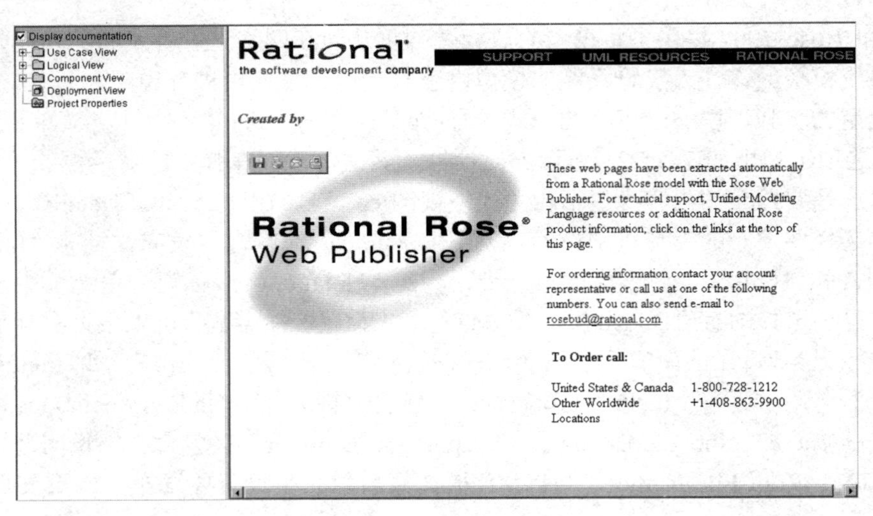

图 15-38　发布后的页面

6. 添加或删除注释

对模型元素进行适当的注释可以有效地帮助人们对该模型元素进行理解。注释是在图中添加的文本信息，并且这些文本和相关的图或模型元素相连接，表示对其说明。如图 15-39 所示，是给“UtilityPackage”包添加了一个注释。

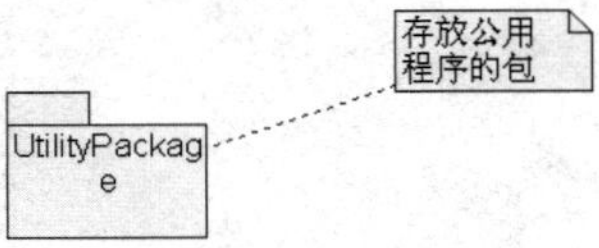

存放公用程序的包

UtilityPackage

图 15-39　给包添加注释

添加一个注释包含以下的步骤：

Step 01 打开正在编辑的图，选择图形编辑工具栏中的图标，将其拖入到图中需添加注释的模型元素附近。
也可以选择“Tools”（工具）菜单下的“Create”（新建）菜单中的“Note”选项，在图中需添加注释的模型元素附近绘制注释即可。

Step 02 在图形编辑工具栏中选择图标，或者在“Tools”（工具）菜单下的“Create”（新建）菜单中选择“Note Anchor”选项，添加注释与模型元素的超链接。

删除注释的方法很简单，选中注释信息或者注释超链接，按“Delete”或者右键选择“Edit”下“Delete”选项即可。

7. 添加和删除图或模型元素

在 Rational Rose 2007 的模型中，在合适的视图或包中可以创建该视图或包所支持的图或模型元素。创建图的方式可以通过以下的步骤：

Step 01 在视图或者包中右键单击选择“New”菜单下的图或模型元素，如图 15-40 所示。也可以单击位于通用工具栏中的该图的图标，弹出如图 15-41 所示的对话框，选择“<New>”选项。

Step 02 将创建的图或模型元素进行命名，双击打开该图即可。

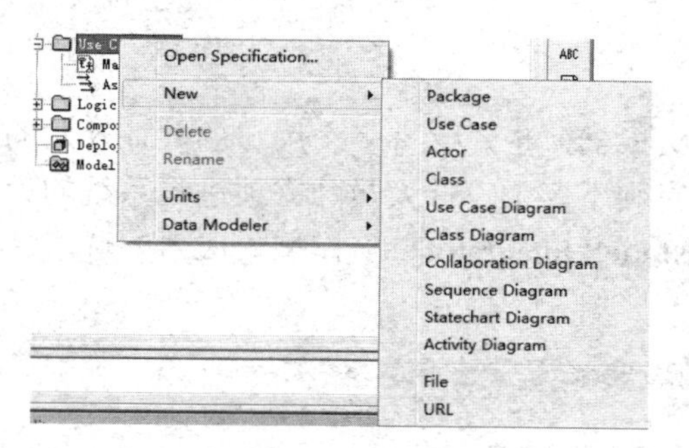

图 15-40　创建各种图

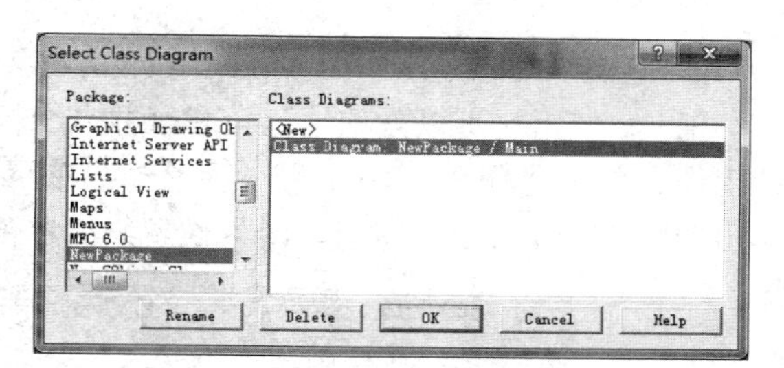

图 15-41　选择待插入图形的包

如果需要删除模型中的图或模型元素，需要在浏览器中选中该模型元素或图，右键单击选择“Delete”即可，如图 15-42 所示，这样在所有图中存在的该模型元素都会删除。如果在图中选择该模型元素，按“Delete”键或者右键选择“Edit”下“Delete”选项值会在该图中删除，其他图中不会产生影响。

8. 使用控制单元

Rational Rose 2007 支持多个用户的并行开发，使用控制单元便是支持的一种方式。控制单元可以控制各种视图、Model Properties（模型属性）和各种视图下的包。在使用一个控制单元时，该单元中的所有模型元素存在一个后缀为“.cat”的文件中。

如图 15-43 所示，是创建一个名称为“UtilityPackage”包的控制单元，选择后，弹出如图 15-44 所示的对话框，在对话框中输入控制单元名称，保存即可。

在创建完成该控制单元以后，可以对该控制单元进行重载、卸载、取消控制、另存为以及写保护操作，如图 15-45 所示，在菜单下选择相应的操作即可。

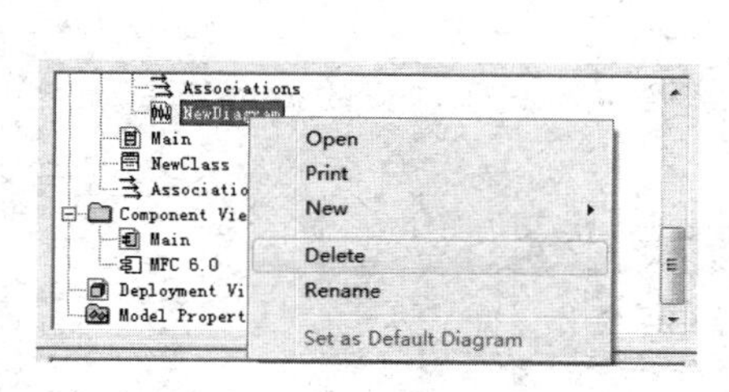

图 15-42　完全删除一个图

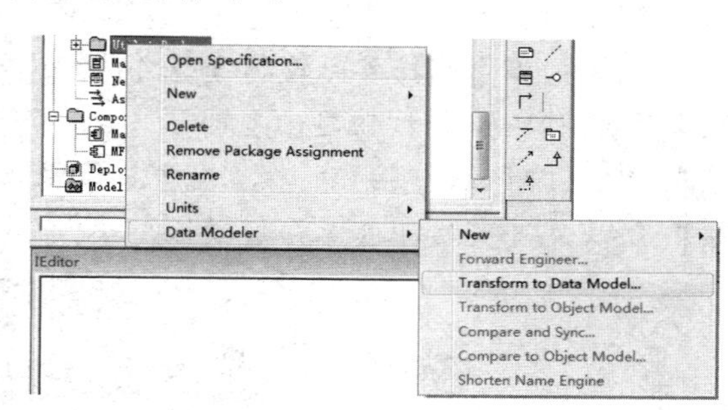

图 15-43　创建控制单元

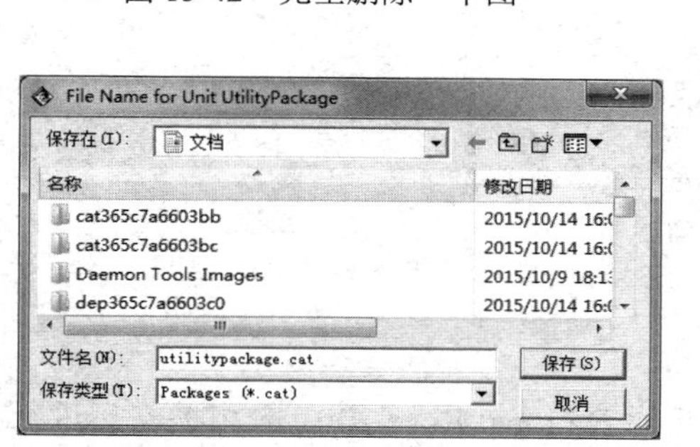

图 15-44　输入控制单元名称

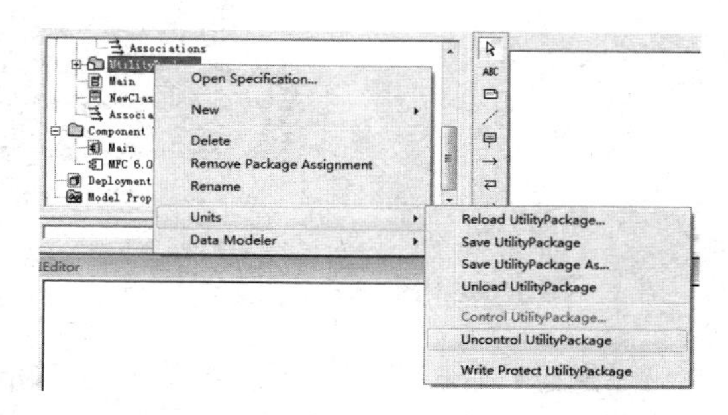

图 15-45　创建控制单元后的操作

9. 使用模型集成器

Rational Rose 2007 中的 Model Integrator（模型集成器）也是支持多个用户的并行开发的一种工具，使用它可以方便地比较和合并多个模型，有利于多个设计人员独立地进行系统的设计工作。单击选择在“Tools”（工具）菜单下的“Model Integrator”（模型集成器）选项，弹出如图 15-46 所示的窗口，即为模型集成器窗口。

图 15-46　模型集成器

模型集成器的使用步骤如下：

Step 01 选择在模型集成器的“File”（文件）菜单下“Contributors”（贡献者）选项，弹出如图 15-47 所示的对话框。

Step 02 在对话框中选择要比较的模型文件。

Step 03 单击“View”按钮显示差别。

Step 04 单击“Merge”按钮将模型合并，如果出现冲突会提示关于冲突的提示信息。

Step 05 解决完冲突后即可保存新模型。

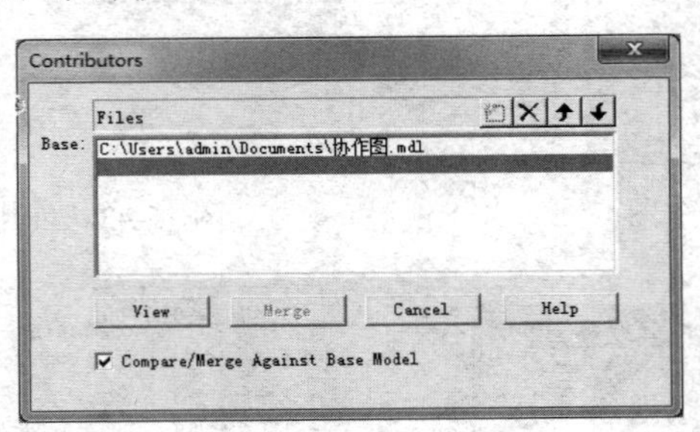

图 15-47　合并模型

15.2.4　Rational Rose 的设置

可以通过“Tools”（工具）菜单下的“Options”对 Rational Rose 2007 的相关信息进行设置，如图 15-48 所示。General（全局）选项卡是用来对 Rational Rose 2007 的全局信息进行设置；“Diagram”（图）选项卡是用来对 Rational Rose 2007 中有关图的显示等信息进行设置；“Browser”（浏览器）是对浏览器的形状进行设置；“Notation”（标记）用来设置使用的标记语言以及默认的语言信息；“Toolbars”用来对工具栏进行设置，我们在前面已经介绍过了。其余的是 Rational Rose 2007 所支持的语言，可以通过该对话框设置该语言的相关信息。

下面我们简单介绍一下如何对系统的字体和颜色信息进行设置。

1. 字体设置

在“General”（全局）选项卡中，单击任意一个“Font ...”（字体）按钮，便会弹出如所图 15-49 所示的对话框。在该对话框中，可以设置相关选项的字体信息，这些选项包括“Default font”（默认字体）、“Documentation window font”（文档窗口字体）和“Log window font”（日志窗口字体）。

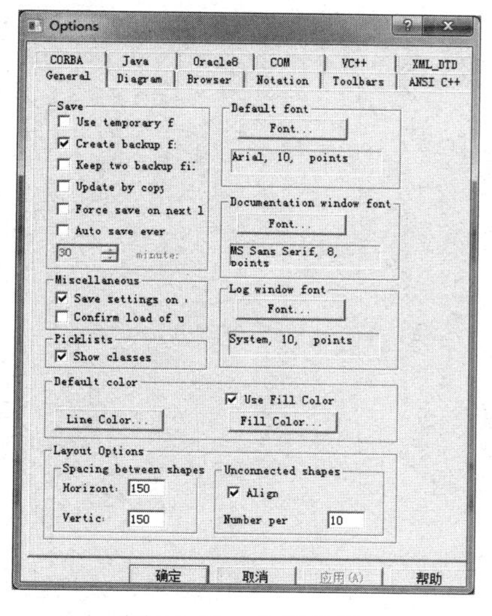

图 15-48　全局设置

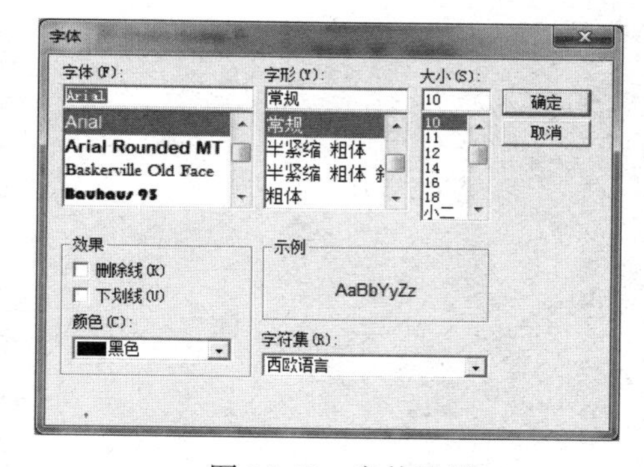

图 15-49　字体设置

2. 颜色设置

在“General”（全局）选项卡中，在“Default Color”选项中，单击相关按钮，便会弹出如图 15-50 所示的对话框，在该对话框中，可以设置该选项的颜色信息，这些选项包括“Line Color”（线的颜色）和“Fill Color”（填充区颜色）。

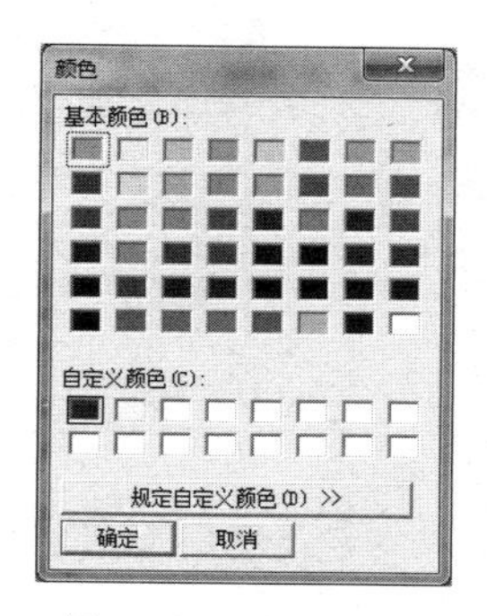

图 15-50　颜色设置

15.3　本章小结

本章介绍了 Rational Rose 2007 系统的是如何进行安装的，以及有关它的一些应用信息。在对 Rational Rose 2007 的应用介绍中，我们介绍了 Rational Rose 2007 的启动信息、主界面内容、包括对菜单的详细说明，希望读者能够在学习的过程中有所参考，还介绍了 Rational Rose 2007 的一些使用，包括对模型的创建、导入、导出和删除等操作，熟悉这些内容能够帮助读者熟练掌握 Rational Rose 2007 系统，最后简要介绍了 Rational Rose 2007 的一些通用设置信息，如字体和颜色设置等。

附录 A

参考答案

第 1 章

1.（1）状态；行为；软件构造模型

（2）一组相似对象的共同特征

（3）抽象；封装；继承；多态

2.（1）D （2）C （3）B （4）A

3.（1）根据《韦氏大词典》（Merriam-Webster's Collegiate Dictionary）的词典释义，对象是某种可为人感知的事物或者是思维、感觉或动作所能作用的物质或精神体。软件对象可以这样定义：所谓软件对象，是一种将状态和行为有机地结合起来形成的软件构造模型，它可以用来描述现实世界中的一个对象。例如桌子、椅子等。

（2）抽象是对现实世界信息的简化。我们能够通过抽象：将需要的事物进行简化；将事物特征进行概括；将抽象模型组织为层次结构；将软件重用得以保证。

（3）封装就是把对象的状态和行为绑到一起的机制，把对象形成一个独立的整体，并且尽可能的隐藏对象的内部细节。封装有两个含义：一是把对象的全部状态和行为结合一起，形成一个不可分割的整体。对象的私有属性只能够由对象的行为来修改和读取；二是尽可能隐蔽对象的内部细节，与外界的联系只能够通过外部接口来实现。通过公共访问控制器来限制对象的私有属性，有以下的好处：避免对封装数据的未授权访问；帮助保护数据的完整性；当类的私有方法必须修改时，限制了在整个应用程序内的影响。

（4）继承是指特殊类的对象拥有其一般类的属性和行为。继承意味着“自动地拥有”，即在特殊类中不必重新对已经在一般类中所定义过的属性和行为进行定义，而是特殊类自动地、隐含地拥有其一般类的属性和行为。通过继承：使派生类能够比不使用继承直接进行描述的类更加的简洁；能够重用和扩展现有类库资源；使软件易于维护和修改。

（5）面向对象的分析的过程包括：获取需求内容陈述；建立系统的对象模型结构；建立对象的动态模型；建立系统功能建模；确定类的操作。

（6）面向对象设计的准则包括模块化、抽象、信息隐藏、低耦合和高内聚等。

（7）对象建模的目标就是要为正在开发的系统制定一个精确、简明和易理解的面向对象模型。统一建模语言的出现是面向对象方法建模领域的三位巨头 James Rumbaugh、Grady Booch 和 Ivar Jacobson 所合作的结果，并且 UML 语言已经成为工业标准的对象建模语言。建模能够帮助开发组织更好地对系统计划进行可视化，并帮助他们正确地进行构造，使开发工作进展得更快。

第 2 章

1.（1）静态视图；用例视图；状态机视图；活动视图；模型管理视图

（2）用例图；类图；状态图；构件图；部署图

（3）参与者；参与者；用例；参与者

（4）状态机视图

（5）用例图；用例

（6）结构事物；行为事物；分组事物；注释事物

2.（1）D （2）D （3）C （4）B （5）B

3.（1）略

（2）为用户提供了一种易用的、具有可视化的建模能力的语言，能够使用户使用该语言进行系统的开发工作，并且能够进行有意义的模型互换；为面向对象建模语言的核心概念提供可扩展性和规约机制；为理解建模语言提供一种形式化的基础；鼓励面向对象的各种工具市场的生长和繁荣；支持高级的开发概念，例如构件、协作、框架和模式等；集成优秀的实践成果和经验。

（3）在 UML 中主要包括的视图为静态视图、用例视图、交互视图、实现视图、状态机视图、活动视图、部署视图和模型管理视图。静态视图包括类图；用例视图包括用例图；实现视图包括构件图；部署视图包括部署图；状态机视图包括状态机图；活动视图包括活动图；交互视图包括序列图和协作图；模型管理视图对应为类图。

（4）静态视图是对在应用领域中的各种概念以及与系统实现相关的各种内部概念进行的建模。静态视图在 UML 中的作用包含三个方面，首先，静态视图是 UML 的基础。模型中静态视图的元素代表的是现实系统应用中有意义的概念，这些系统应用中的各种概念包括真实世界中的概念、抽象的概念、实现方面的概念和计算机领域的概念。其次，静态视图构造了这些概念对象的基本结构。我们都知道，在面向对象的系统中，我们是将对象的数据结构和操作统一到一个独立的对象当中。静态视图不仅包括所有的对象数据结构，同时也包括了对数据的操作。最后，静态视图也是建立其他动态视图的基础。静态视图将具体的数据操作使用离散的模型元素进行描述，尽管它不包括对具体动态行为细节的描述，但是它们是类所拥有并使用的元素，使用和数据同样的描述方式，只是在标识上进行区分。

（5）最常用的 UML 图包括：用例图、类图、序列图、状态图、活动图、构件图和部署图。用例图的主要目的是帮助开发团队以一种可视化的方式理解系统的功能需求，包括基于基本流程的“角色”关系，以及系统内用例之间的关系；类图显示了系统的静态结构，表示了不同的实体（人、事物和数据）是如何彼此相关联起来；序列图显示了一个具体用例或者用例的一部分的一个详细流程；状态图表示某个类所处的不同状态以及该类在这些状态中的转换过程；活动图是用来表示两个或者更多的对象之间在处理某个活动时的过程控制流程；构件图提供系统的物理视图，它是根据系统的代码构件显示了系统代码的整个物理结构；部署图是用于表示该软件系统如何部署到硬件环境中，它是显示在系统中的不同的构件在何处物理地运行，以及如何进行彼此的通信。

（6）包是一种在概念上的对 UML 模型中各个组成部分进行分组的机制。在包中可以包含有结构事物、行为事物和分组事物。包的使用比较自由，我们可以根据自己的需要划分系统中的各个部分，例如可以按外部 Web 服务的功能来划分这些 Web 服务。包是用来组织 UML 模型的基本分组事物，它也有变体，如框架、模型和子系统等。

（7）UML 中主要包含四种关系，分别是依赖、关联、泛化和实现。依赖关系指的是两个事物之间的一种语义关系，当其中一个事物（独立事物）发生变化就会影响另外一个事物（依赖事物）的语义。关联关系是一种事物之间的结构关系，我们用它来描述一组链，链是对象之间的连接。泛化关系表示事物之间特殊与一般的关系，特殊元素（子元素）的对象可替代一般元素（父元素）的对象，也就是我们在面向对象学中常常提起的继承。实现关系也是 UML 元素之间的一种语义关系，它描述了一组操作的规约和一组对操作的具体实现之间的语义关系。

（8）在 UML 中，共有四种贯穿于整个统一建模语言并且一致应用的公共机制，这四种公共机制分别是规格说明、修饰、通用划分和扩展机制。我们通常会把规格说明、修饰和通用划分看作为 UML 的通用机制。其中扩展机制可以再划分为构造型、标记值和约束。这四种公共机制的出现使得 UML 的更加详细的语义描述变得较为简单。对于系统的建模来说，拥有这些机制，我们可以构建出相对完备的系统。

第 3 章

1.（1）用例视图；逻辑视图；构件视图；部署视图

（2）用例视图

（3）逻辑视图

（4）构件视图

（5）部署视图

2.（1）D （2）C （3）B （4）B

3.（1）略

（2）Rational Rose 建模工具能够为 UML 提供很好的支持，我们可以从以下六个方面进行说明：Rational Rose 为 UML 提供了基本的绘图功能；Rational Rose 为模型元素提供存储库；Rational Rose 为各种视图和图提供导航功能；Rational Rose 提供了代码生成功能；Rational Rose

提供逆向工程功能；Rational Rose 提供了模型互换功能。

（3）使用 Rational Rose 建立的 Rose 模型中分别包括四种视图，分别是用例视图（Use Case View）、逻辑视图（Logical View）、构件视图（Component View）和部署视图（Deployment View）。用例视图关注的是系统功能的高层抽象，适合于对系统进行分析和获取需求，而不关注于系统的具体实现方法。逻辑视图关注系统如何实现用例中所描述的功能，主要是对系统功能性需求提供支持，即在为用户提供服务方面系统所应该提供的功能。构件视图用来描述系统中的各个实现模块以及它们之间的依赖关系。部署视图显示的是系统的实际部署情况，它是为了便于理解系统如何在一组处理节点上的物理分布，而在分析和设计中使用的构架视图。在系统中，只包含有一个部署视图。

（4）略

第4章

1.（1）迭代式软件开发；基于构件的架构应用；软件质量验证

（2）角色；活动；产物

（3）初始阶段；构造阶段

（4）架构的表示；架构的过程

2.（1）A （2）D （3）B （4）B

3.（1）Rational 统一过程是一种软件工程过程；Rational 统一过程是一个过程产品；Rational 统一过程拥有一套自己的过程框架；Rational 统一过程包含了许多现代软件开发中的最佳实践。

（2）Rational 统一过程的知识内容划分为以下七个方面： 提供了扩展的准则用来帮助全部成员对软件生命期所有组成部分进行参考；工具指导提供了涵盖整个软件开发生命周期工具的指引；提供了相关 Rational Rose 进行开发的例子和模板，并且这些例子和模板是在遵循 Rational 统一过场下进行的；提供 10 个以上 SoDA 模板用来帮助软件文档自动化；提供了超过 30 个模板用来帮助实现工作流和生命期所有部分文档化；提供了反映迭代开发方法的项目计划 Microsoft Project Plans；在开发工具中介绍了如何定制和扩展 Rational 统一过程。

（3）Rational 统一过程作为一种软件产品的好处包括：首先，对于一种软件过程来讲，及时的更新和改进会使软件过程从来不过时。每隔一段时间，我们就可以通过公司的相关网站获得一个包含改进技术和最新技术的 Rational 统一过程的最新版本。其次，开发人员可以通过 Rational 统一过程电子版教程中的内置 Java 小程序（如过程浏览器和内置的搜索引擎）查找即时更新的过程指导或策略，其中包括需要使用的最新文档模板。再次，Rational 统一过程电子版教程中的超级链接提供了从过程的一部分到另一部分的导航，最终通过分支转移到软件开发工具、外部参考或指导文档。最后，Rational 统一过程电子版教程很容易将与项目或公司相关的过程改进或特殊规程包括在内。并且，每个项目或部门可以管理他们自己的过程版本或过程的变体。

（4）略

（5）在软件开发组织中实现一个全新的过程可以使用以下六个步骤来描述。它们分别是：

评估当前状态。建立明确目标。识别过程风险。计划过程实现。执行过程实现。评价过程实现。

第5章

1.（1）参与者；用例

（2）可视化

（3）用例规约

（4）包含关系

2.（1）C（2）D（3）B（4）A

3.（1）由参与者（Actor）、用例（Use Case）以及它们之间的关系构成的用于描述系统功能的动态视图称为用例图。用例图是从软件需求分析到最终实现的第一步，它显示了系统的用户和用户希望提供的功能，有利于用户和软件开发人员之间的沟通。用例图可视化地表达了系统的需求，具有直观、规范等优点，克服了纯文字性说明的不足。另外用例方法是完全从外部来定义系统功能，它把需求和设计完全的分离开来，使用户不用关心系统内部是如何完成各种功能的。

（2）用例之间的关系有包含（include）、扩展（extend）和泛化（generalization）这几种关系。包含关系指用例可以简单地包含其他用例具有的行为，并把它所包含的用例行为作为自身行为的一部分。在一定条件下，把新的行为加入到已有的用例中，获得的新用例叫作扩展用例（Extension），原有的用例叫作基础用例（Base），从扩展用例到基础用例的关系就是扩展关系。用例的泛化指的是一个父用例可以被特化形成多个子用例，而父用例和子用例之间的关系就是泛化关系。

（3）寻找参与者的时候不要把目光只停留在使用计算机的人身上，直接或间接地与系统交互的任何人和事都是参与者。另外由于参与者总是处于系统外部，因此他们可以处于人的控制之外。

4.（1） （2）

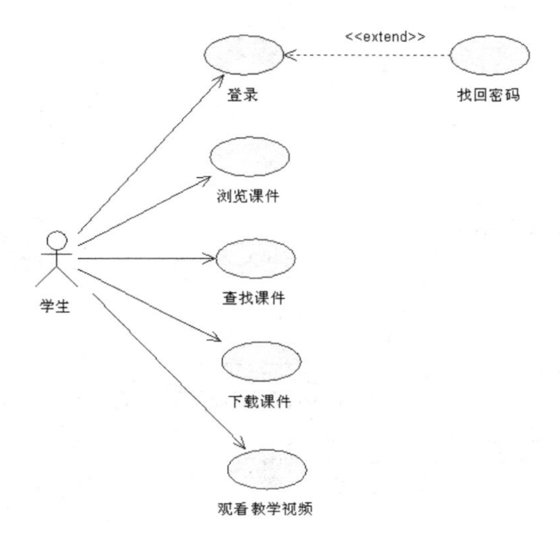

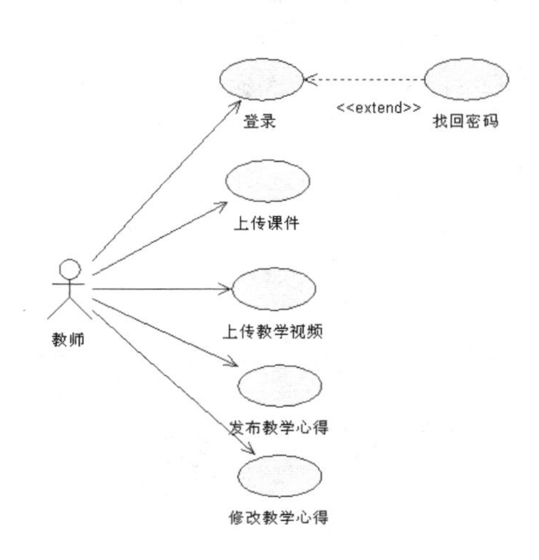

第 6 章

1.（1）类；接口；泛化；实现

（2）对象图

（3）对象；链

（4）类的名称；类的属性；类的操作

（5）公有类型（public）；受保护类型（protected）；私有类型（private）

2.（1）C （2）B （3）D （4）D

3.（1）类图，就是用于对系统中的各种概念进行建模，并描绘出它们之间关系的图。对象图描述系统在某一个特定时间点上的静态结构，是类图的实例和快照，即类图中的各个类在某一个时间点上的实例及其关系的静态写照。类图的作用为：为系统的词汇建模；模型化简单的协作；模型化逻辑数据库模式。对象图的作用：说明复杂的数据结构；表示快照中的行为。

（2）类图（Class Diagram）是由类、接口等模型元素以及它们之间的关系构成的。

（3）类与类之间的关系最常用的通常认为有四种关系，它们分别是依赖关系、泛化关系、关联关系和实现关系。

（4）对象图是由对象和链组成的。对象是类的实例。链是两个或多个对象之间的独立连接，它是对象引用元组（有序表），是关联的实例。

4.（1）

Student
account : String
passwords : String
studentName : String
sex : Byte
age : Integer
class : String
grade : String
email : String

Teacher
account : String
passwords : String
teacherName : String
sex : Byte
course : String
phone : String
email : String

Administrator
account : String
passwords : String
email : String

（2）

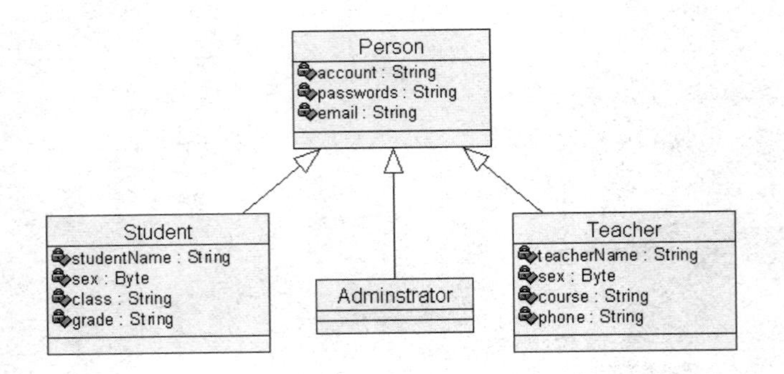

第7章

1.（1）交互

（2）时间轴；各独立对象的角色

（3）对象；生命线；激活；消息

（4）对象；对象；对象；对象

（5）生命线

2.（1）D （2）D （3）A （4）D

3.（1）序列图是对对象之间传送消息的时间顺序的可视化表示。序列图从一定程度上更加详细的描述了用例表达的需求，将其转化为进一步、更加正式层次的精细表达，这也是序列图的主要用途之一。序列图的目的在于描述系统中各个对象按照时间顺序的交互的过程。

（2）序列图是由对象、生命线、激活和消息等构成的。

（3）序列图中的消息有普通消息、自身消息、返回消息、过程调用、异步调用、阻止消息和超时消息等。

（4）在序列图中，创建对象操作的执行使用消息的箭头表示，箭头指向被创建对象的框。对象创建之后就会具有生命线，就像序列图中的任何其他对象一样。对象符号下方是对象的生命线，它持续到对象被销毁或者图结束。在序列图中，对象被销毁是使用在对象的生命线上画大×表示，在销毁新创建的对象，或者序列图中的任何其他对象时，都可以使用。它的位置是在导致对象被销毁的信息上，或者在对象自我终结的地方。

4.（1）

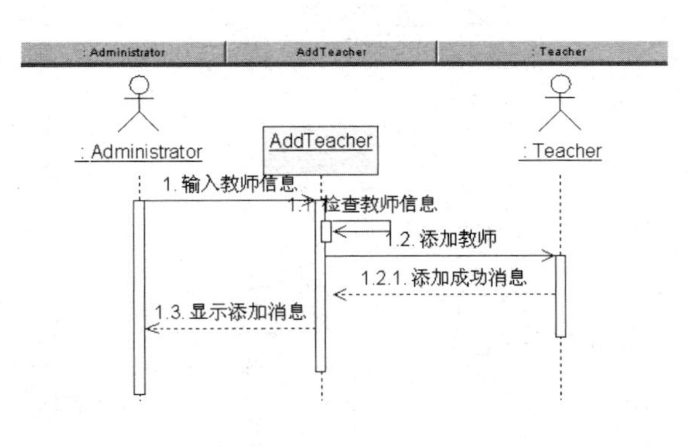

（2）

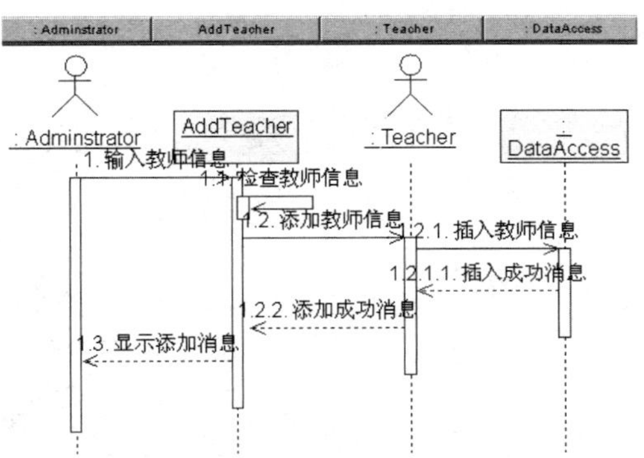

第8章

1.（1）协作图

（2）类元角色；关联角色

（3）对象；消息；链

（4）交互

（5）链

2.（1）C （2）C （3）C （4）C

3.（1）协作图就是表现对象协作关系的图，它表示了协作中作为各种类元角色的对象所处的位置，在图中主要显示了类元角色（Classifier Roles）和关联角色（Association Roles）。作用分为以下三个方面：通过描绘对象之间消息的传递情况来反映具体的使用语境的逻辑表达；显示对象及其交互关系的空间组织结构；表现一个类操作的实现。

（2）协作图是由对象、消息和链等构成的。

（3）略

（4）略

4.（1）

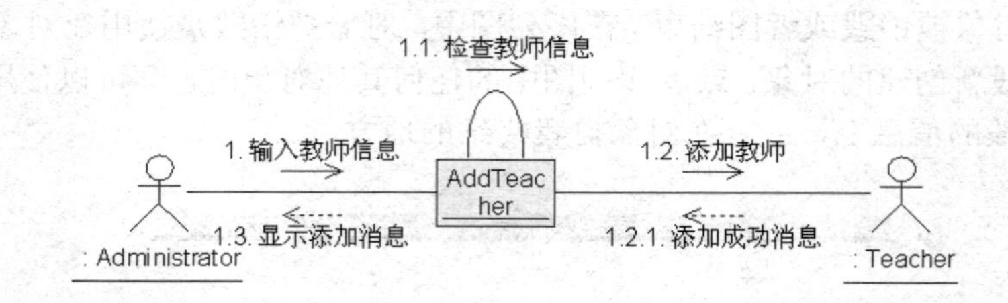

（2）

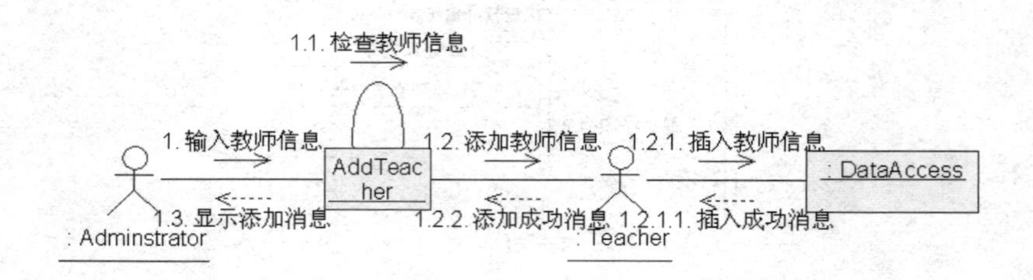

第9章

1.（1）实例

（2）转换

（3）H

（4）生命周期

2.（1）D（2）B（3）D（4）C

3.（1）广义上，状态机是一种记录下给定时刻状态的设备，它可以根据各种不同的输入对每个给定的变化而改变其状态或引发一个动作。在 UML 中，状态机由对象的各个状态和连接这些状态的转换组成，是展示状态与状态转换的图。一个状态图（Statechart Diagram）本质上就是一个状态机，或者是状态机的特殊情况，它基本上是一个状态机中的元素的一个投影，这也就意味着状态图包括状态机的所有特征。状态图描述了一个实体基于事件反应的动态行为，显示了该实体如何根据当前所处的状态对不同的时间做出反应的。

（2）状态图的组成要素包括：状态、转换、事件、判定、同步、动作、条件等。

（3）状态可以分为简单状态和组成状态。简单状态指的是不包含其他状态的状态，简单状态没有子结构，但是它可以具有内部转换、进入退出动作等。组成状态（composite state）是内部嵌套有子状态的状态。一个组成状态包括一系列子状态。组成状态可以使用"与"关系分解为并行子状态，或者通过"或"关系分解为互相排斥的互斥子状态。因此，组成状态可以是并发或者顺序的。

4. （1） （2）

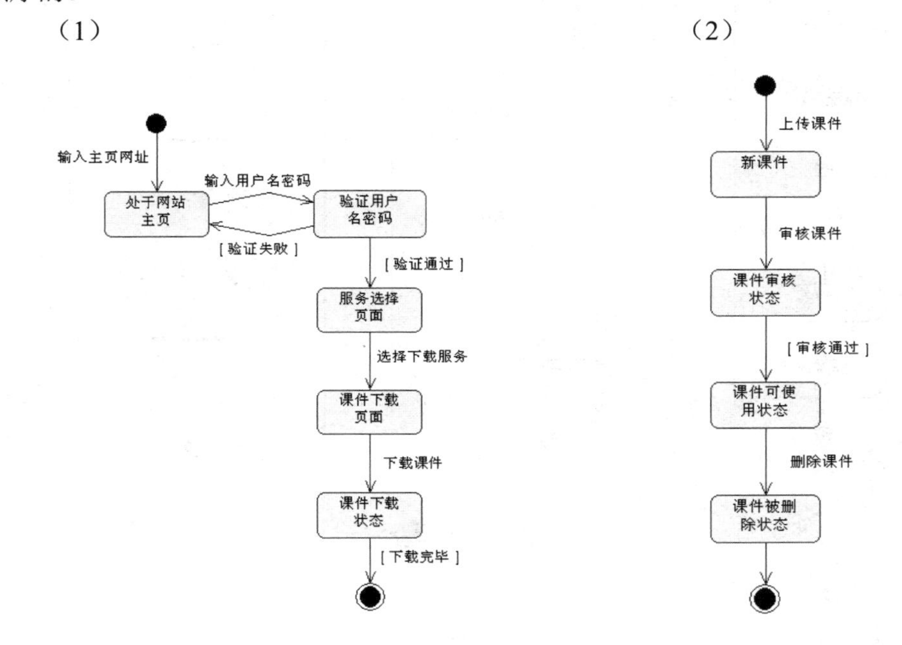

第 10 章

1.（1）5 种

（2）活动状态；动作状态

（3）参数；结果

（4）泳道

2.（1）A（2）A（3）C（4）D

3.（1）活动图是一种用于描述系统行为的模型视图，它可用来描述动作和动作导致对象状态改变的结果，而不用考虑引发状态改变的事件。活动图可以描述一个操作执行过程中所完成的工作。说明角色、工作流、组织和对象是如何工作的。活动图对用例描述尤其有用，它可建模用例的工作流，显示用例内部和用例之间的路径。活动图显示如何执行一组相关的动作，以及这些动作如何影响它们周围的对象。活动图对理解业务处理过程十分有用。活动图可以描述复杂过程的算法，在这种情况下使用的活动图和传统的程序流程图的功能是差不多的。

（2）合并汇合了两个以上的控制路径，在任何执行中，每次只走一条，不同路径之间是互斥的关系。而结合则汇合了两条或两条以上的并行控制路径。在执行过程中，所有路径都要走过，先到的控制流要等其他路径的控制流都到后，才能继续运行。

（3）UML 活动图中包含的图形元素有：动作状态、活动状态、组合状态、分叉与结合、分支与合并、泳道、对象流。

4. （1）

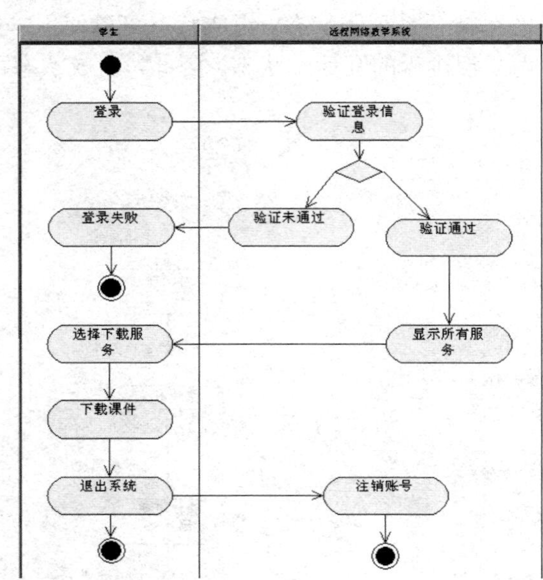

（2）

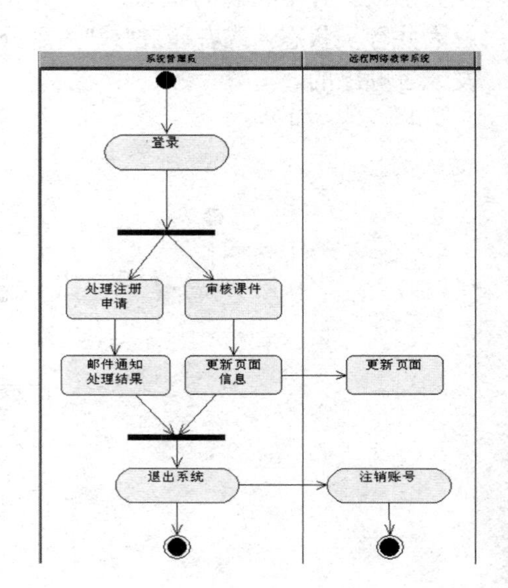

第 11 章

1. （1）包

（2）用户界面层；业务逻辑层；数据访问层

（3）包图

（4）名称；拥有的元素；可见性；构造型

2. （1）B （2）C （3）C （4）A

3. （1）计算机系统的模型自身是一个计算机系统的制品，被应用在一个给出了模型含义的大型语境中。这个包括模型的内部组织、整个开发过程中对每个模型的注释说明、一个缺省值集合、创建和操纵模型的假定条件以及模型与其所处环境之间的关系等。模型需要有自己的内部组织结构，一方面能够将一个大系统进行分解，降低系统的复杂度；另一方面能够允许多个项目开发小组同时使用某个模型而不发生过多的相互牵涉。

（2）包图（Package Diagram）是一种维护和描述系统总体结构的模型的重要建模工具，

通过对图中各个包以及包之间关系的描述，展现出系统的模块与模块之间的依赖关系。通过包图，我们可以描述需求高阶概况；描述设计的高阶概况；在逻辑上把一个复杂的系统模块化；组织源代码。

（3）包的主要组成包括包的名称、包中拥有的元素和这些元素的可见性、包的构造型以及包与包之间的关系。

4.（1）

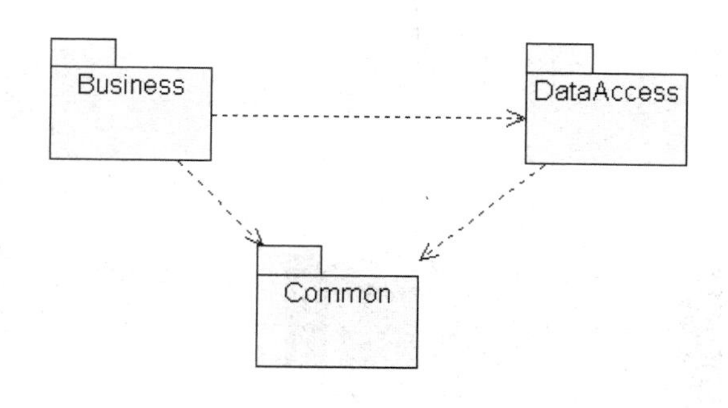

第 12 章

1.（1）构件

（2）代码特征；身份特征

（3）构件图

（4）依赖关系；依赖关系

（5）部署图

2.（1）C （2）C （3）C （4）A （5）C

3.（1）构件图是用来表示系统中构件与构件之间，以及定义的类或接口与构件之间的关系的图。构件图的通过显示系统的构件以及接口等之间的接口关系，形成系统的更大的一个设计单元。在以构件为基础的开发（Component Based Development，CBD）中，构件图为架构设计师提供了一个系统解决方案模型的自然形式，并且，它还能够在系统完成后允许一个架构设计师验证系统的必需功能是由构件实现的，这样确保了最终系统将会被接受。

（2）在构件图中，可以创建各种构件、接口、构件之间的依赖关系以及构件和接口的实现关系。

（3）部署图描述了一个系统运行时的硬件结点，以及在这些结点上运行的软件构件将在何处物理地运行，以及它们将如何彼此通信的静态视图。部署图的作用包括：描述一个具体应用的主要部署结构；平衡系统运行时的计算资源分布；部署图也可以通过连接描述组织的硬件网络结构或者是嵌入式系统等具有多种硬件和软件相关的系统运行模型。

（4）在一个部署图中，包含了两种基本的模型元素：节点和节点之间的连接。节点分为处理器和设备。

4.（1）

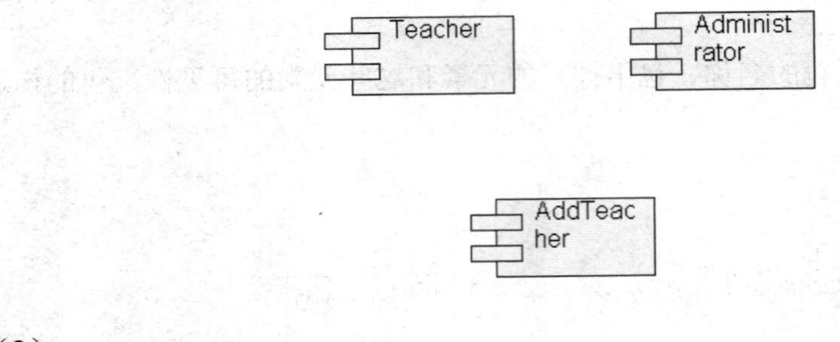

（2）

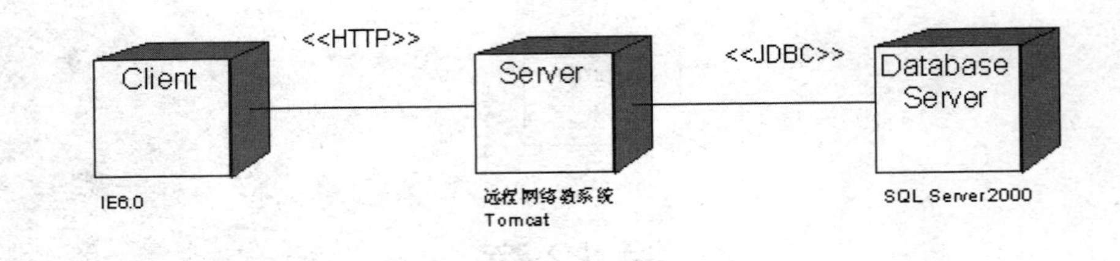

第 13 章

1.（1）C （2）B （3）A

2.（1）软件的需求（requirement）是系统必须达到的条件或性能，是用户对目标软件系统在功能、行为、性能、约束等方面的期望。系统分析（analysis）的目的是将系统需求转化为能更好地将需求映射到软件设计师所关心的实现的领域的形式，如通过分解将系统转化为一系列的类和子系统。通过对问题域以及其环境的理解和分析，将系统的需求翻译成规格说明，为问题涉及的信息、功能及系统行为建立模型，描述如何实现系统。

（2）软件的需求分析连接了系统分析和系统设计。一方面，为了描述系统实现，我们必须理解需求，完成系统的需求分析规格说明，并选择合适的策略将其转化为系统的设计；另一方面，系统的设计可以促进系统的一些需求塑造成型，完善软件的需求分析说明。良好的需求分析活动有助于避免或修正软件的早期错误，提高软件生产率，降低开发成本，改进软件质量。

（3）我们可以将系统的需求分划分为以下几个方面：功能性需求；非功能型需求；设计约束条件。

3. 略

附录B

考试成绩管理系统

在前面我们详细介绍如何使用 Rational Rose 2007 对一个超市管理系统和图书管理系统进行建模，这里我们以附录的形式简单的介绍六个软件系统，以加深大家对使用 UML 进行统一建模方法的认识。由于篇幅原因，对于这六个系统的 UML 建模，我们仅给出系统的需求分析和各种建模元素的图例。本附录介绍的是一个考试成绩管理系统。

B.1 需求分析

考试成绩管理系统是举行成人高考、自学考试等成人高校对每个参与考试的学员成绩进行综合管理的一个系统。本系统的功能性需求如下：

（1）学员报名参加相应的科目考试，通过考试成绩管理系统办理考试报名手续，并产生相应的考试编号。

（2）每次考试完毕后，系统管理员及时将参加考试学员的考试最终成绩输入到考试成绩管理系统中。

（3）考试成绩管理系统可以供学员和系统管理人员查询考试的成绩，学员可以根据自己的考试编号查询成绩，系统管理人员可以根据自己的编号查询成绩。

（4）系统管理人员可以根据自己的权限通过考试成绩管理系统添加，删除，修改各种数据库中的数据。

（5）考试成绩管理系统能够根据数据库中的学员考试成绩，自动加以分类统计，进行排序显示。

B.2　系统建模

在系统建模以前，我们首先需要在Rational Rose 2007中创建一个模型。并命名为“考试成绩管理系统”，该名称将会在Rational Rose 2007的顶端出现，如图B-1所示。

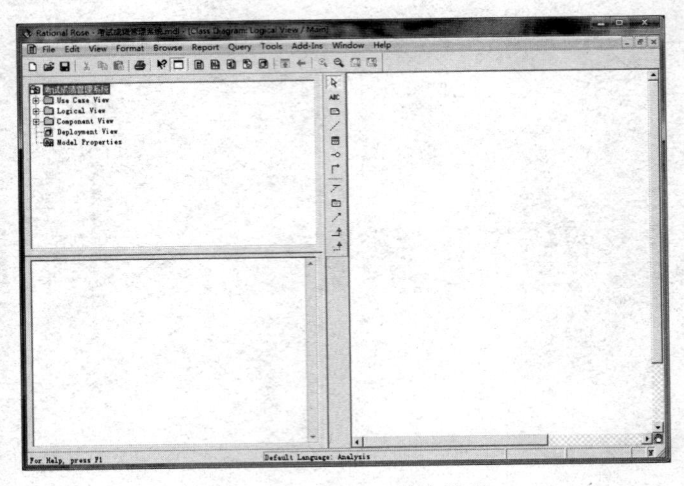

图B-1　创建项目系统模型

B.2.1　创建系统用例模型

创建系统用例的第一步是确定系统的参与者。考试成绩管理系统的参与者包含以下3种：

（1）学员：参加考试的主体。
（2）系统管理员：负责考试成绩管理系统的操作和后台维护。
（3）系统数据库：参与系统完成各项功能的整个过程。

三个参与者如图B-2所示。
然后我们根据参与者的不同分别画出各个参与者的用例图。

（1）学员用例图：学生在本系统中能够进行考试报名、成绩查询和退出系统的相关操作。通过这些活动创建的学员用例图如图B-3所示。

图B-2　系统参与者

图B-3　学员用例图

（2）系统管理员用例图：系统管理员在考试成绩管理系统中可进行录入成绩、查询成绩、修改成绩、删除成绩和退出系统的操作，根据这些活动创建的系统管理员用例图如图 B-4 所示。

（3）系统数据库用例图：系统数据库在本系统中负责考试报名、记录成绩、成绩查询、统计成绩、更新维护成绩、设置考试编号等操作时与数据的彼此交互，根据这些活动创建的系统数据库用例图如图 B-5 所示。

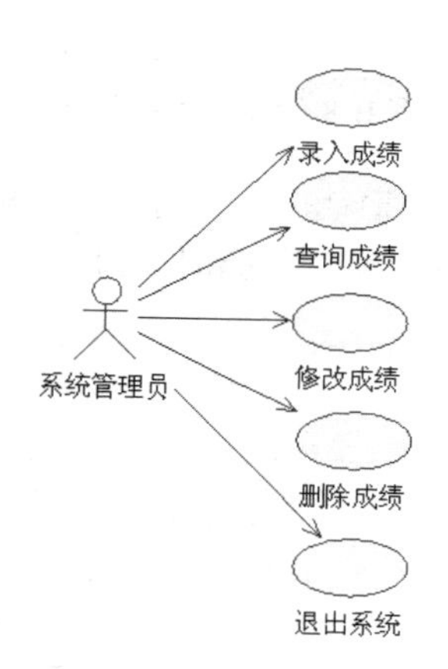

图 B-4　系统管理员用例图

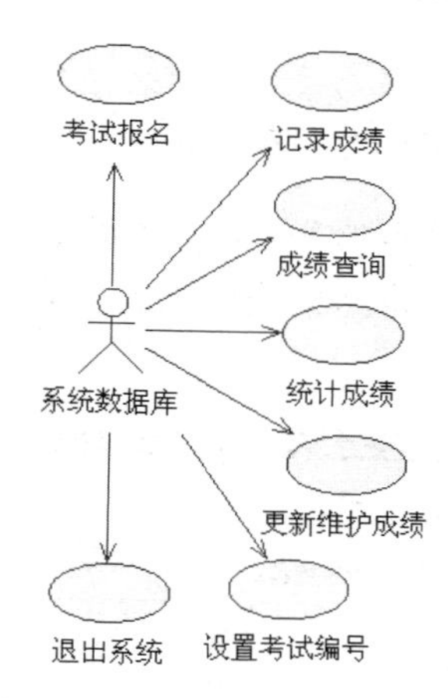

图 B-5　系统数据库用例图

B.2.2　创建系统静态模型

从前面的需求分析中，我们可以依据主要的 4 个类对象：学员、系统管理员和系统数据库创建完整的类图如图 B-6 所示。

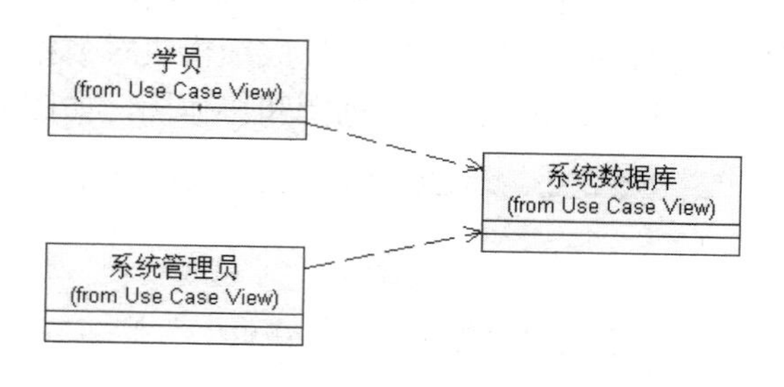

图 B-6　类图

B.2.3　创建系统动态模型

系统的动态模型可以使用交互作用图、状态图和活动图来描述。

1. 创建序列图和协作图

学员报名活动的步骤分为：①学员在操作界面输入报名信息；②系统添加相应数据；③数据库数据进行更新；④系统将考试编号输出到屏幕。根据以上步骤创建的序列图和协助图，如图 B-7 和图 B-8 所示。

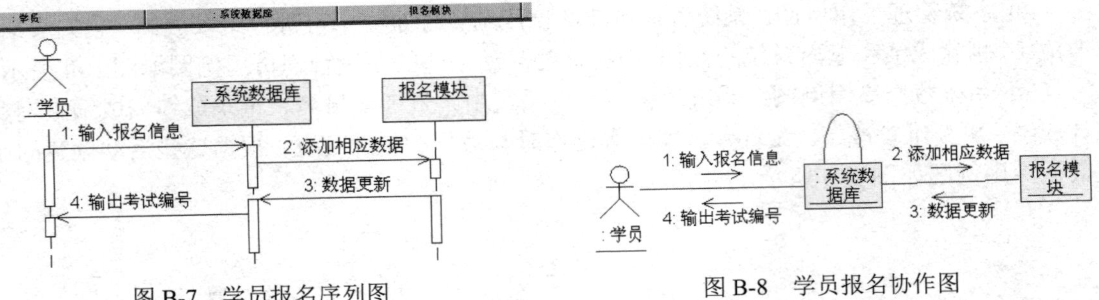

图 B-7　学员报名序列图　　　　图 B-8　学员报名协作图

查询成绩的步骤分为：①学员或系统管理员在系统成绩查询的界面输入查询的条件；②系统根据查询结果将结果输出到界面显示。根据以上步骤创建的序列图和协作图，如图 B-9 和图 B-10 所示。

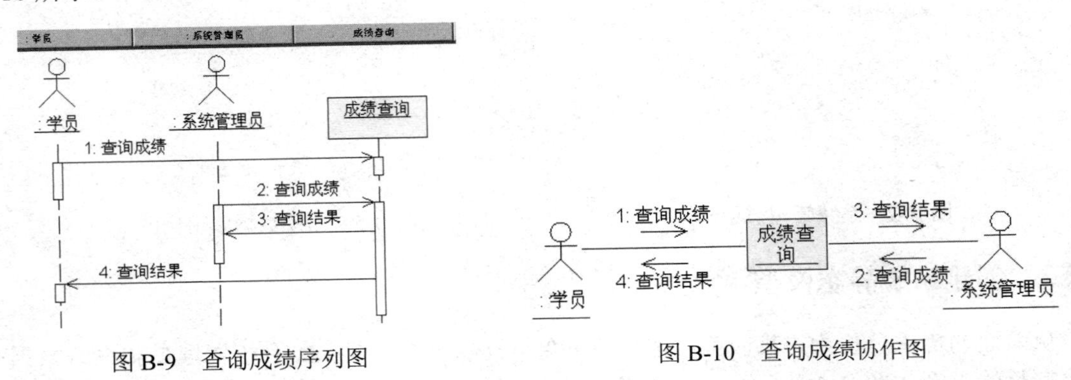

图 B-9　查询成绩序列图　　　　图 B-10　查询成绩协作图

系统管理员维护成绩的步骤分为：①系统管理员在操作界面执行录入、修改和删除成绩的操作；②系统数据库对数据进行相应的处理；③统计成绩模块对数据进行更新保存到数据库；④向界面返回操作结果。根据以上步骤创建的序列图和协作图，如图 B-11 和图 B-12 所示。

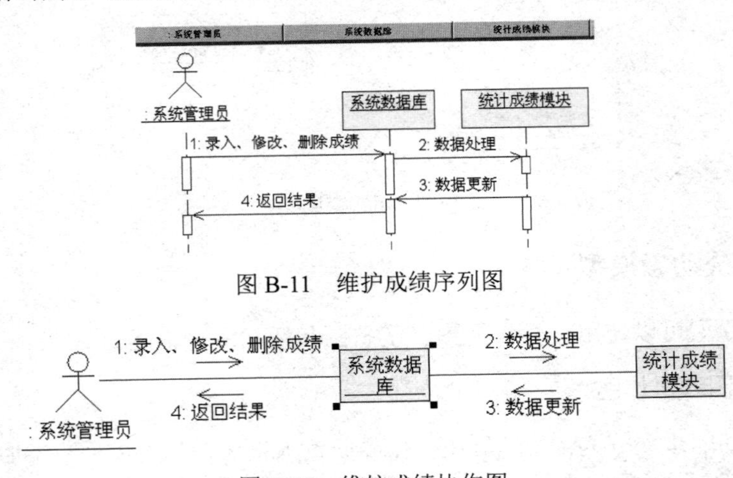

图 B-11　维护成绩序列图

图 B-12　维护成绩协作图

2. 创建活动图

我们还可以利用系统的活动图来描述系统的参与者是如何协同工作的。考试成绩管理系统中，根据学生和系统管理员的活动步骤，我们可以创建活动图如图 B-13 所示。

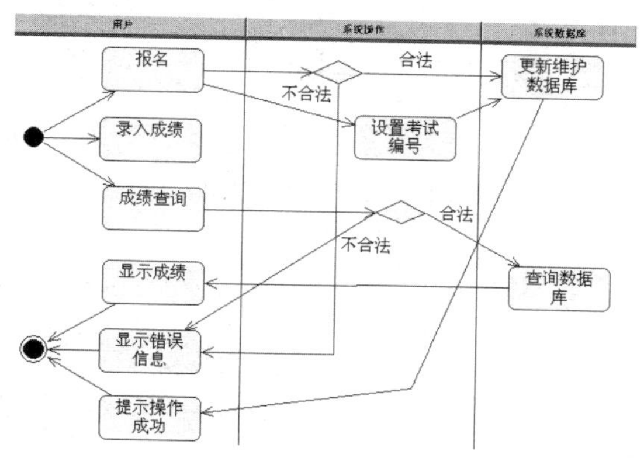

图 B-13 系统活动图

3. 创建状态图

在考试成绩管理系统中，有明确状态转换的类是考试成绩。考试成绩主要有二个状态：一个是原来产生的成绩；另一个是维护更新数据库数据后的成绩。创建后的系统状态图如图 B-14 所示。

图 B-14 考试成绩状态图

B.2.4 创建系统部署模型

对系统的实现结构进行建模的方式包括两种，即构件图和部署图。成绩管理系统的构件图我们通过构件映射到系统的实现类中，说明该构件物理实现的逻辑类，在本系统中，我们可以对学员类、系统管理员类、成绩类和系统数据库分别创建对应的构件进行映射，创建的构件图如图 B-15 所示。

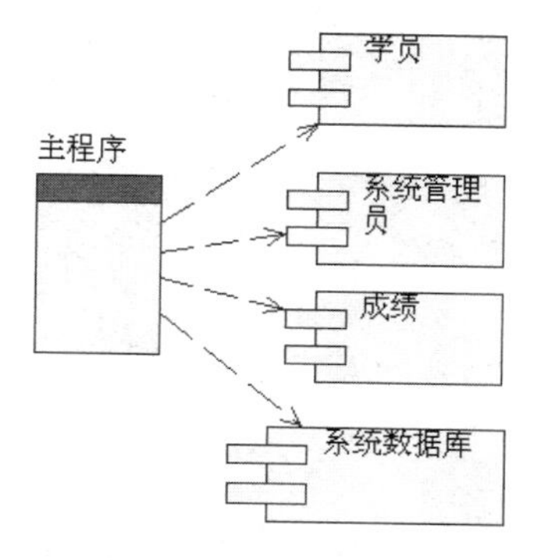

图 B-15 系统构件图

成绩管理系统的部署图描绘的是系统节点上运行资源的安排。包括四个节点，分别是：客户端浏览器、Http 服务器、数据库服务器和打印机，创建后的部署图如图 B-16 所示。

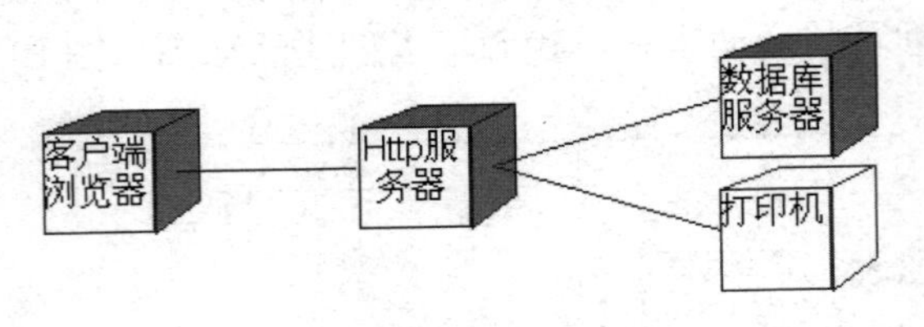

图 B-16　系统部署图

附录C

网上教学系统

网络教学系统是在网络环境下，充分发挥网络的教育功能和教育资源优势，向教育者和学习者提供的一种教和学的环境，通过传递数字化教育信息，开展交互式的同步或异步的教学活动。由于其具有教学资源共享、学习时空不限、交流多向互动和便于学习合作的特点与优势。作为传统教育的补充，目前在我国的高校中得到了广泛推广。

C.1　需求分析

网上教学系统的功能性需求分析总述如下：

（1）学员登录本系统后可以浏览网站的网页信息、选择和查找自己所需要学习文章和课件并进行下载。

（2）教师可以登录本系统，在网站上输入课程介绍、上传课程的课件、发布、更新和修改消息。

（3）系统管理员可以进行对本系统网站页面的维护和执行批准用户申请注册的操作

C.2　系统建模

在系统建模以前，我们首先需要在 Rational Rose 2007 中创建一个模型。并命名为“网上教学系统”，该名称将会在 Rational Rose 2007 的顶端出现，如图 C-1 所示。

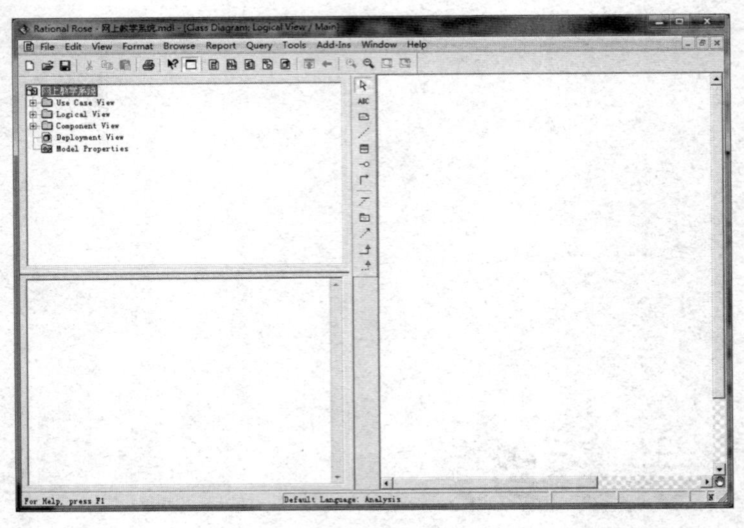

图 C-1　创建项目系统模型

C.2.1　创建系统用例模型

创建系统用例的第一步是确定系统的参与者。考试成绩管理系统的参与者包含三种：①学员；②教师；③系统管理员。

三名参与者如图 C-2 所示。

图 C-2　系统参与者

然后，我们根据参与者的不同分别画出各个参与者的用例图。

学生用例图：学生在本系统中能够进行系统登录、浏览信息、课件查询和下载课件的相关操作。通过这些活动创建的学生用例图如图 C-3 所示。

教师用例图：教师在本系统中能够进行登录系统、输入课程介绍、上传课件和发表修改信息的相关操作，通过这些活动创建的教师用例如图 C-4 所示。

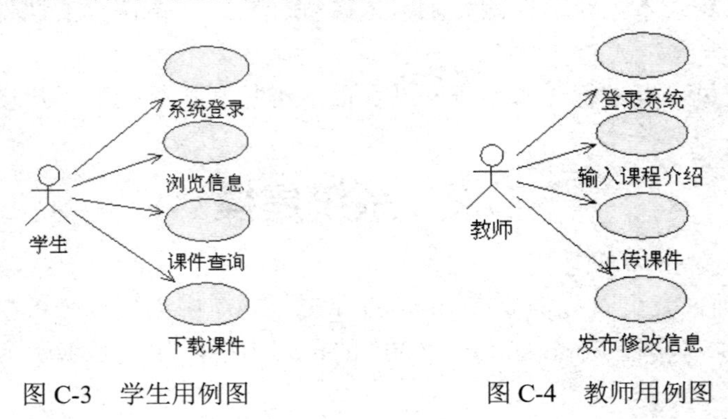

图 C-3　学生用例图　　　　图 C-4　教师用例图

系统管理员用例图：系统管理员在网上教学系统中可以进行系统登录、页面管理和批准用户注册的相关操作。通过这些活动创建的系统管理员用例图如图 C-5 所示。

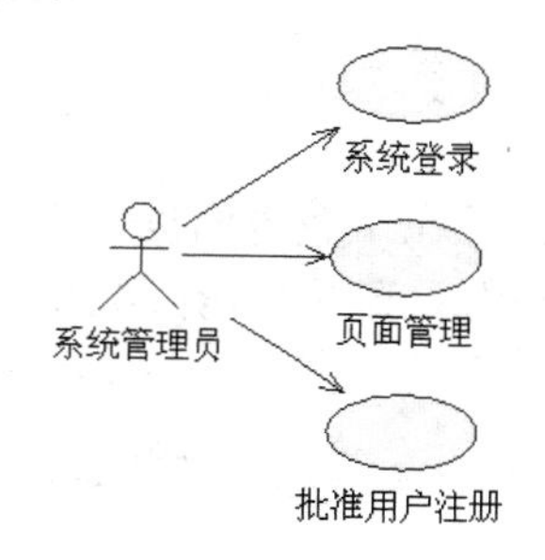

图 C-5　系统管理员用例图

C.2.2　创建系统静态模型

从前面的需求分析中，我们可以依据主要的五个类对象：课程信息、课件、上传下载、教师、学生和系统管理员创建完整的类图如图 C-6 所示。

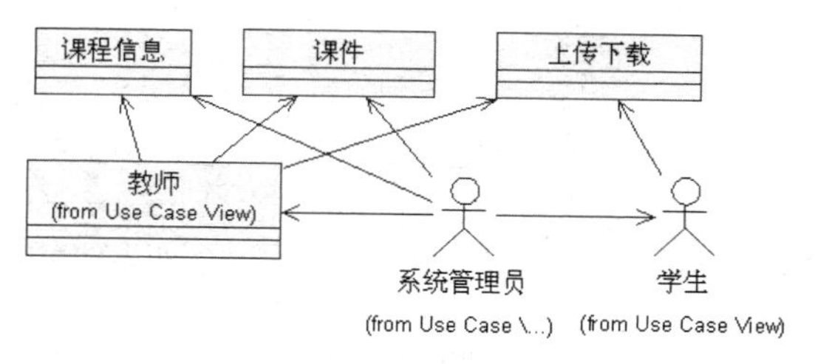

图 C-6　系统类图

C.2.3　创建系统动态模型

系统的动态模型可以使用交互作用图、状态图和活动图来描述。

1. 创建序列图和协作图

用户登录的活动步骤分为：①输入账号和密码；②提交账号和密码；③查询验证用户的身份；④返回反馈的结果；⑤在屏幕显示结果。根据以上步骤创建的序列图和协助图，如图 C-7 和图 C-8 所示。

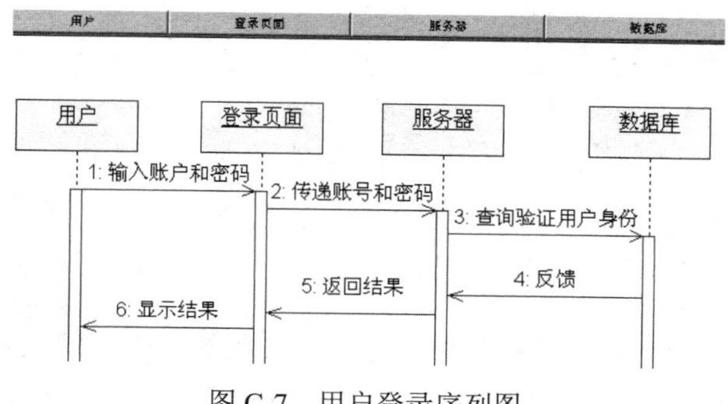

图 C-7　用户登录序列图

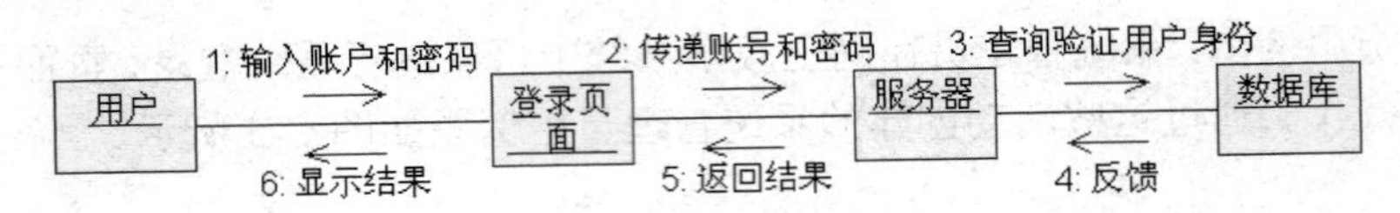

图 C-8　用户登录序协作图

学生下载课件的活动步骤分为：①在下载页面提出下载请求；②发送课件编号到服务器；③数据库验证课件信息；④返回课件内容到服务器；⑤将课件下载到客户端；⑥在屏幕显示下载信息。根据以上步骤创建的序列图和协作图，如图 C-9 和图 C-10 所示。

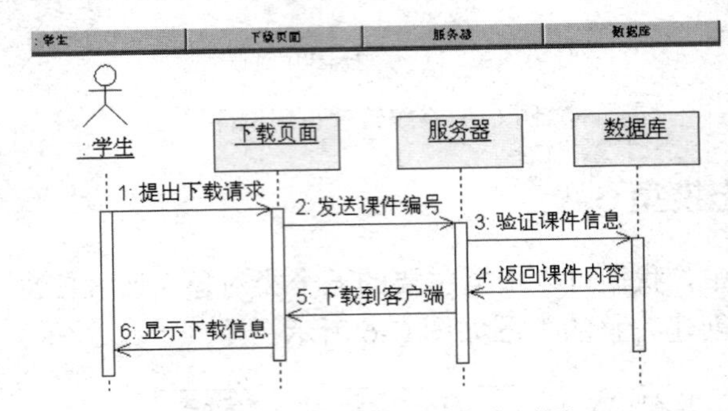

图 C-9　学生下载课件序列图

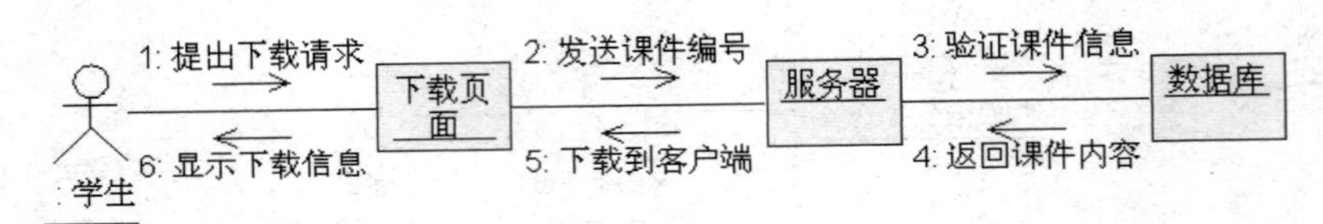

图 C-10　学生下载课件协作图

系统管理员的活动步骤分为：①登录到管理操作页面；②更新课件、添加或删除用户；③数据库保存信息后返回结果至操作界面。根据以上步骤创建的序列图和协作图，如图 C-11 和图 C-12 所示。

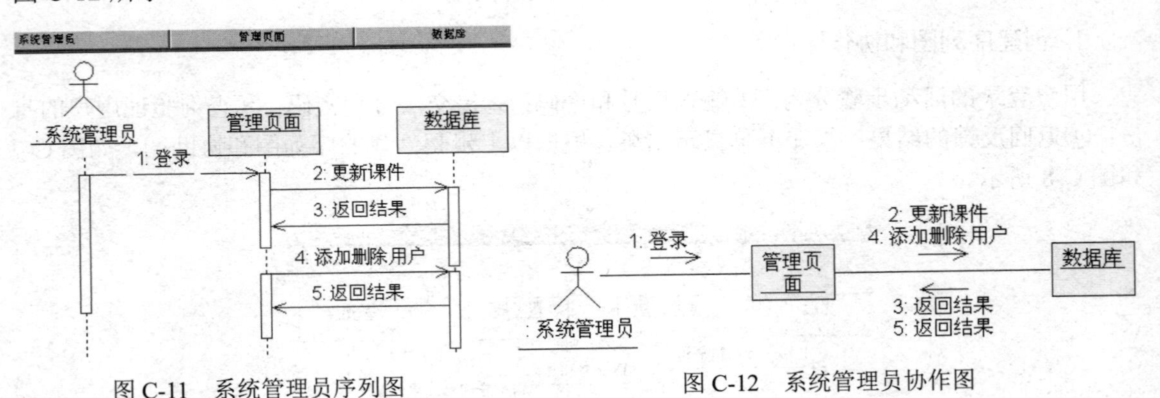

图 C-11　系统管理员序列图　　　　图 C-12　系统管理员协作图

2. 创建活动图

我们还可以利用系统的活动图来描述系统的参与者是如何协同工作的。在网上教学系统中，根据教师和系统管理员的活动步骤，我们可以创建的活动图如图 C-13 所示。

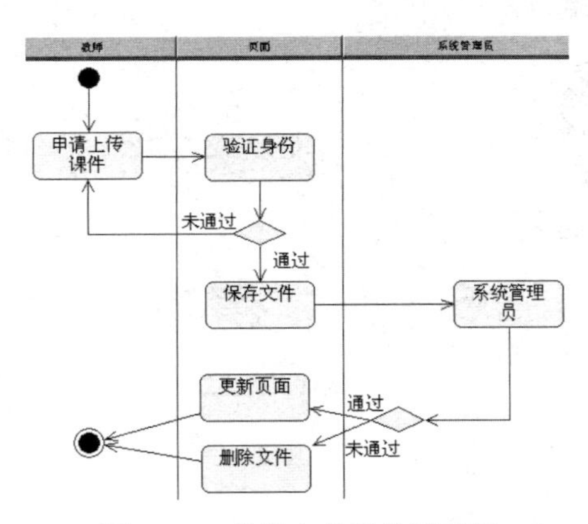

图 C-13 教师上传课件活动图

3. 创建状态图

在网上教学管理系统中，有明确状态转换的类是上传的文件，从用教师的输入网站的地址开始到最后上传文件结束整个过程的状态图如图 C-14 所示。

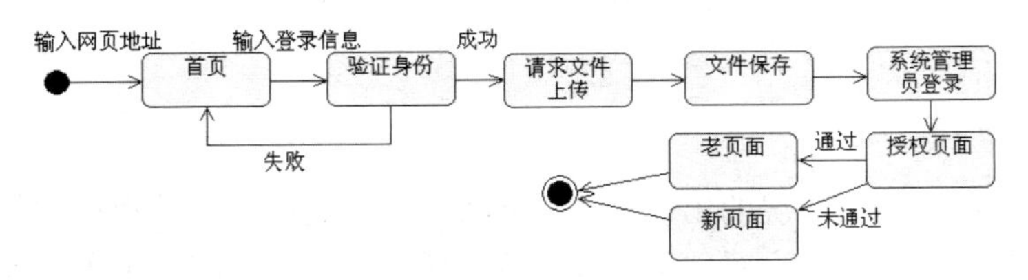

图 C-14 系统状态图

C.2.4 创建系统部署模型

对系统的实现结构进行建模的方式包括两种，即构件图和部署图。网上教学管理系统的构件图我们通过构件映射到系统的实现类中，说明该构件物理实现的逻辑类，在本系统中，我们可以对学生类、系统管理员类、教师类、课件类和系统数据库分别创建对应的构件进行映射。创建后系统的构件图如图 C-15 所示。

网上教学管理系统的部署图描绘的是系统节点上运行资源的安排。包括三个节点，分别是：客户端浏览器、Http 服务器、数据库服务器，创建后的部署图如图 C-16 所示。

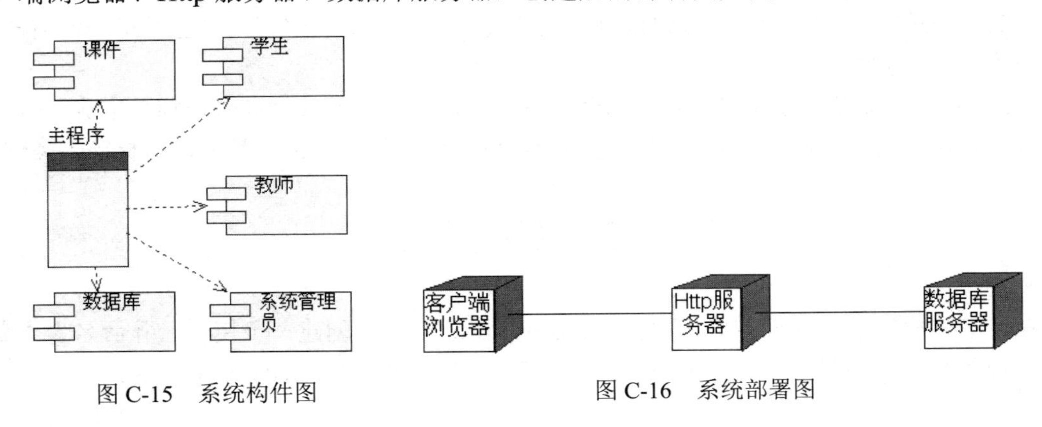

图 C-15 系统构件图

图 C-16 系统部署图

附录 D

高校教材管理系统

随着高等学校扩大招生情况的出现，每一个高校需要处理的各种教材的数量逐年倍增。如何改变低效率的原始教材管理方式，成为摆在高校管理人员面前的一个重要课题。而建立高效的教材管理系统就是一个解决此根本问题的思路。所以，这里为读者介绍一个高校教材管理系统的建模实例。

D.1 需求分析

高校教材管理系统的功能性需求综述如下：

（1）高校的每个学生使用自己的姓名和学号登录系统之后，可以查询自己每个学期的教材使用情况，也能够查询自己的教材费用。

（2）高校的每个老师使用自己的姓名和密码登录系统后，能够查询自己教材的使用情况，也可查询自己的教材费用（供报销用）。

（3）系统管理员通过用户名和密码登录系统后，能够输入教材订购计划，生成订购单，统计各个班级教材费用和教材使用情况，同时，还可以更新删除学生、教师、教材等各类信息。

D.2 系统建模

在系统建模以前，我们首先需要在 Rational Rose 2007 中创建一个模型。并命名为“高校教材管理系统”，该名称将会在 Rational Rose 2007 的顶端出现，如图 D-1 所示。

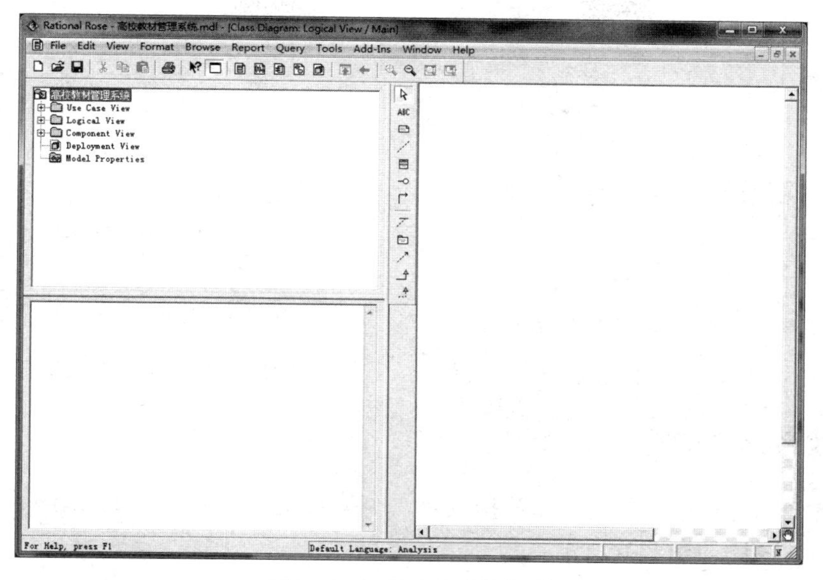

图 D-1　创建项目系统模型

D.2.1　创建系统用例模型

创建系统用例的第一步是确定系统的参与者。高校教材管理系统的参与者包含三种：①学生；②教师；③系统管理员。

此三名参与者如图 D-2 所示。

然后，我们根据参与者的不同分别画出各个参与者的用例图。

（1）学生用例图：学生在本系统中可以进行登录、教材费用查询和教材使用情况查询的相关操作，通过这些活动创建的学生用例图如图 D-3 所示。

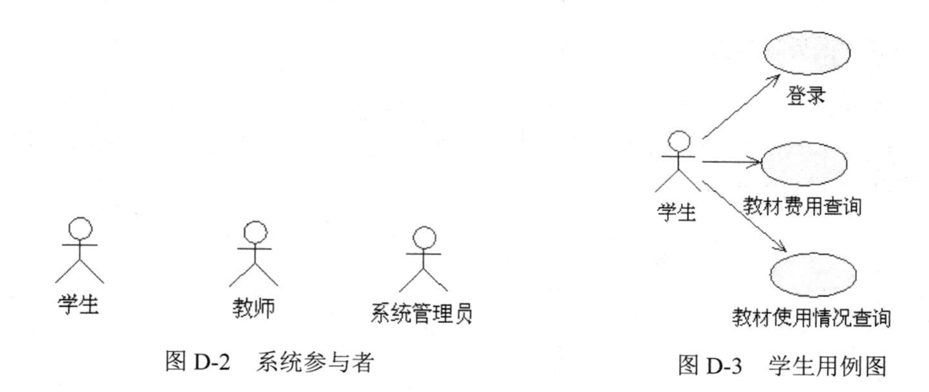

图 D-2　系统参与者

图 D-3　学生用例图

（2）教师用例图：教师在本系统中可以进行登录、查询教材费用和教材使用情况查询的操作，通过这些活动创建的教师用例图如图 D-4 所示。

（3）系统管理员用例图：系统管理员在本系统中可以进行登录、教材订购资料输入、生成订购单、统计教材费用、统计教材使用情况和管理各类信息的操作，通过这些活动创建的系统管理员用例图如图 D-5 所示。

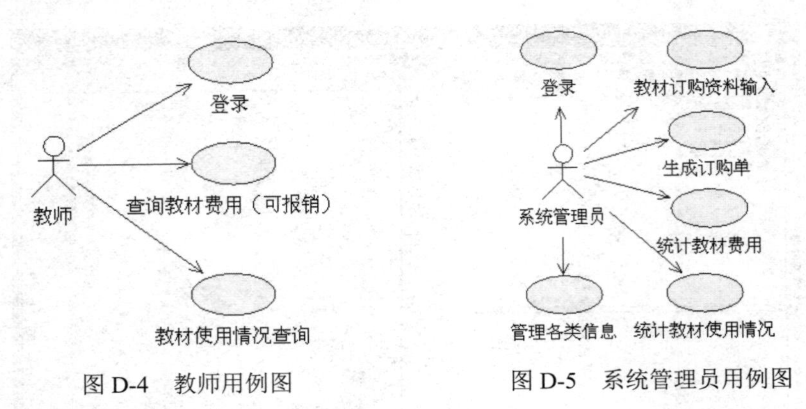

图 D-4　教师用例图　　　　图 D-5　系统管理员用例图

D.2.2　创建系统静态模型

从前面的需求分析中，我们可以依据主要六个类对象：学生、教师、班级、教材、库存和订单创建完整的类图如图 D-6 所示。

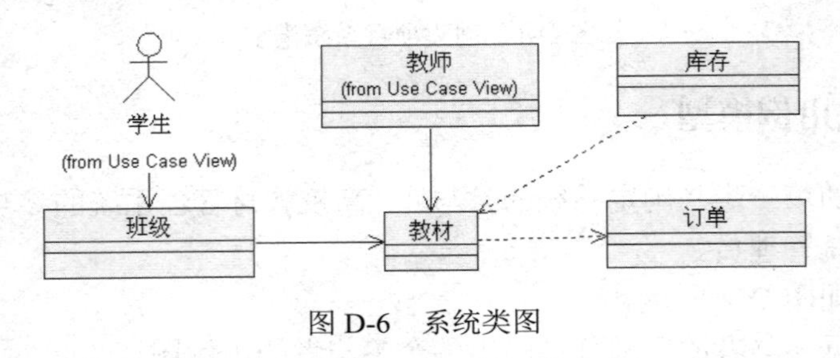

图 D-6　系统类图

D.2.3　创建系统动态模型

系统的动态模型可以使用交互作用图、状态图和活动图来描述。

1. 创建序列图和协作图

学生在本系统中活动步骤分为：①进行注册个人信息；②登录通过身份验证；③选择查询的教材；④查询使用情况；⑤返回查询结果；⑥退出系统。根据以上步骤创建的序列图和协助图，如图 D-7 和图 D-8 所示。

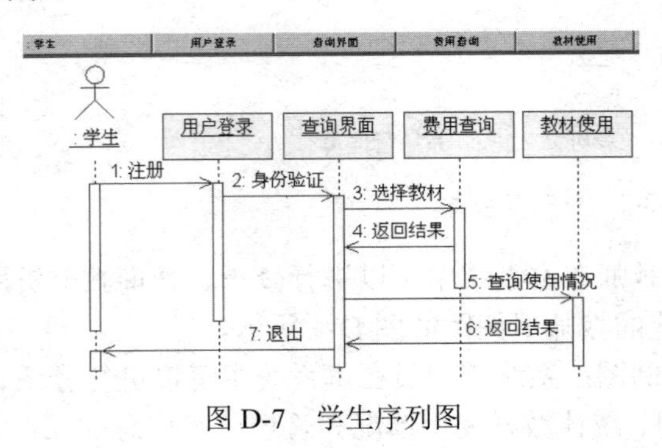

图 D-7　学生序列图

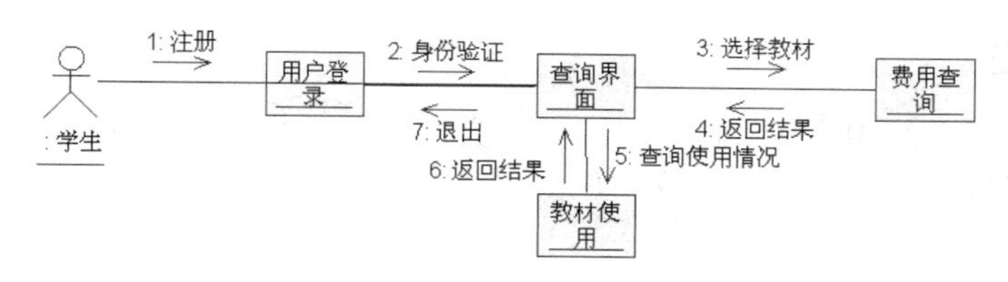

图 D-8　学生协作图

表示教师的序列图和协作图与学生序列图和协作图相似，只是把学生换成了教师。

系统管理员在本系统活动的步骤分为：①进行注册个人信息；②登录通过身份验证；③管理学生信息、管理教师信息或管理教材信息；④退出系统。根据以上步骤创建的序列图和协作图，如图 D-9 和图 D-10 所示。

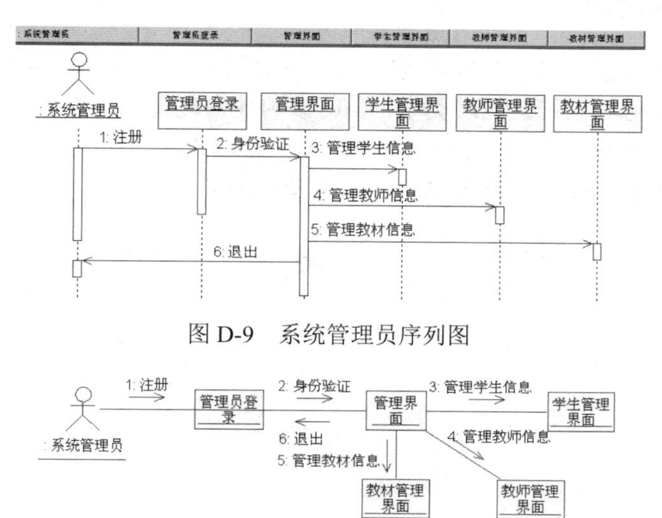

图 D-9　系统管理员序列图

图 D-10　系统管理员协作图

2. 创建活动图

我们还可以利用系统的活动图来描述系统的参与者是如何协同工作的。高校教材管理系统中，根据教材管理人员、学生和教师的活动步骤，我们可以创建活动图如图 D-11 所示。

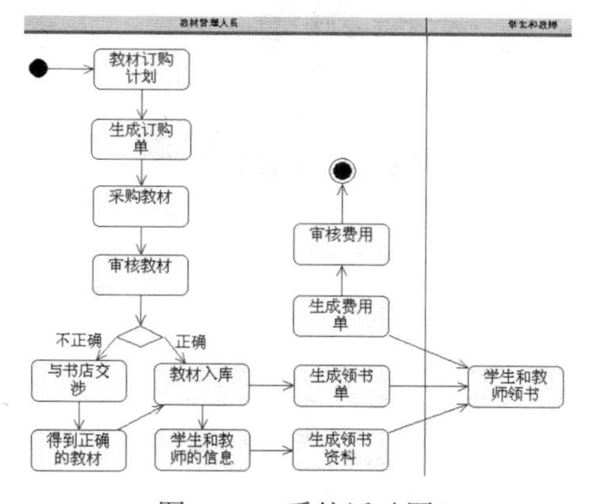

图 D-11　系统活动图

3. 创建状态图

在高校教材管理系统中，有明确状态转换的类是系统参与者，在整个验证过程前后有各种不同的状态。本系统的状态图如图 D-12 所示。

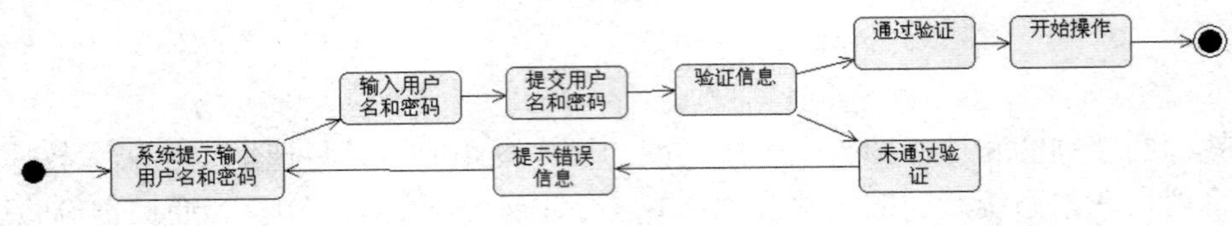

图 D-12　参与者状态图

D.2.4　创建系统部署模型

对系统的实现结构进行建模的方式包括两种，即构件图和部署图。高校教材管理系统的构件图我们通过构件映射到系统的实现类中，说明该构件物理实现的逻辑类，在本系统中，我们可以对学生类、系统管理员类、教师类、教材库存、订单类、教材类和班级类分别创建对应的构件进行映射，创建的高校教材管理系统的构件图如图 D-13 所示。

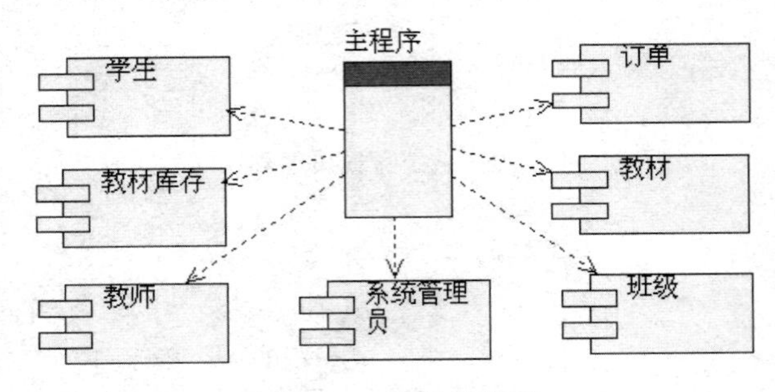

图 D-13　系统构件图

高校教材管理系统的部署图描绘的是系统节点上运行资源的安排。包括四个节点，分别是：客户端浏览器、Http 服务器、数据库服务器和打印机，创建后的部署图如图 D-14 所示。

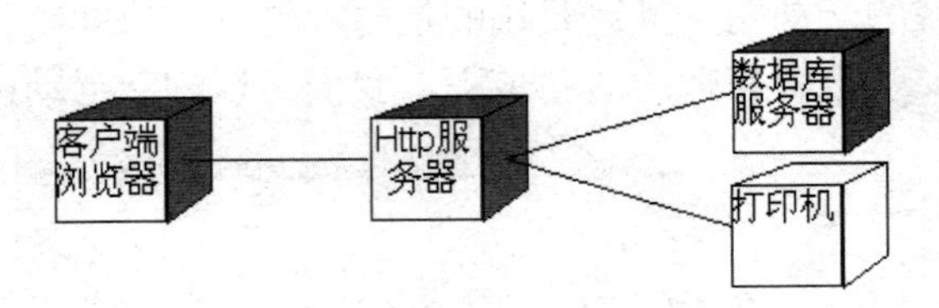

图 D-14　系统部署图

附录 E

汽车租赁系统

汽车租赁系统是专门针对汽车租赁企业所开发的一种实现以经营管理为基础、以决策分析为核心的企业信息管理系统，它涵盖了汽车租赁业务的所有环节，将原始的人工统计方法转换为先进的电脑管理模式。本章就将介绍一个简单的汽车租赁系统的建模方法。

E.1 需求分析

汽车租赁系统的需求分析简述如下：

（1）客户可以通过电话、网上和前台预订租借车辆。

（2）客户填写预订单后，职员查看客户租赁记录，如果记录无问题，同意客户的预订。如果记录情况不佳，拒绝预订的请求。如果没有客户记录查到，建立新的客户记录后，办理租借手续，并通知客户。

（3）客户取车时出示通知，职员查看无误后，要求客户支付押金，填写工作记录并更新车辆状态，将车借于客户。

（4）客户转换还车时，结清租借车辆的金额，职员更新车辆状态，填写客户记录，更新工作记录。

E.2 系统建模

在系统建模以前，我们首先需要在 Rational Rose 2007 中创建一个模型。并命名为“汽车租赁系统”，该名称将会在 Rational Rose 2007 的顶端出现，如下图 E-1 所示。

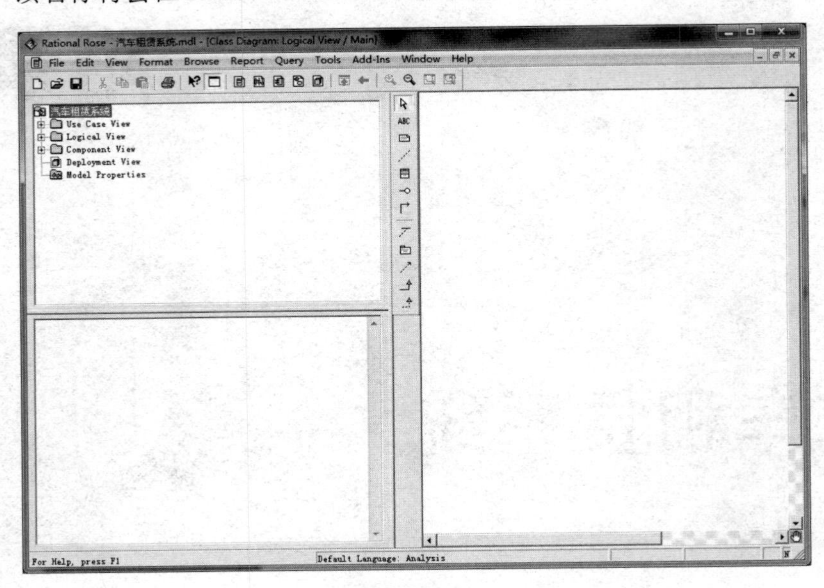

图 E-1　创建项目系统模型

E.2.1　创建系统用例模型

创建系统用例的第一步是确定系统的参与者。考试成绩管理系统的参与者包含两种：①客户；②职员。

二名参与者如图 E-2 所示。

然后，我们根据参与者的不同分别画出各个参与者的用例图。

图 E-2　系统参与者

（1）客户用例图：客户在本系统中可以进行预订汽车（电话租车和网上租车）、得到汽车和归还汽车的操作，通过这些活动创建的客户用例图如图 E-3 所示。

（2）职员用例图：职员在本系统中能够进行系统登录、处理预订、交付汽车和结束租车业务的相关操作，通过这些活动创建的职员用例图如图 E-4 所示。

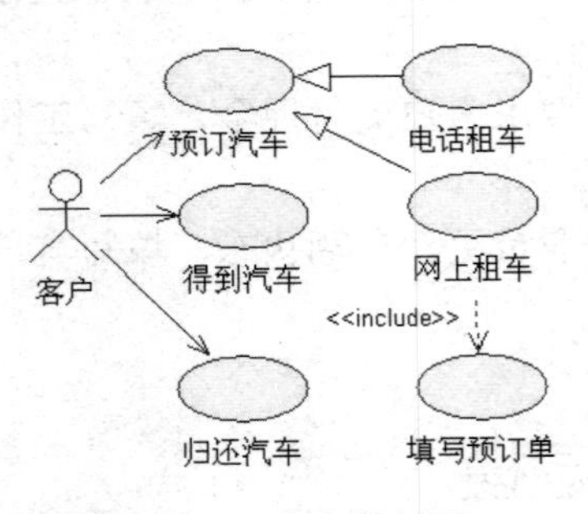

图 E-3　客户用例图

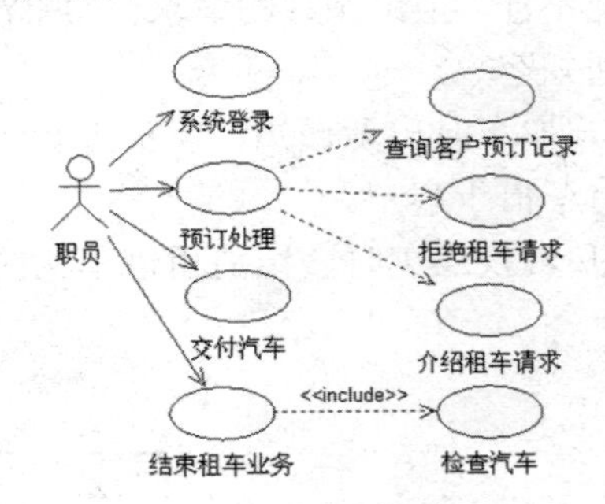

图 E-4　职员用例图

E.2.2 创建系统静态模型

从前面的需求分析中，我们可以依据主要的七个类对象：汽车、客户、职员、工作记录、请求订单、客户记录和服务记录创建完整的类图如图 E-5 所示。

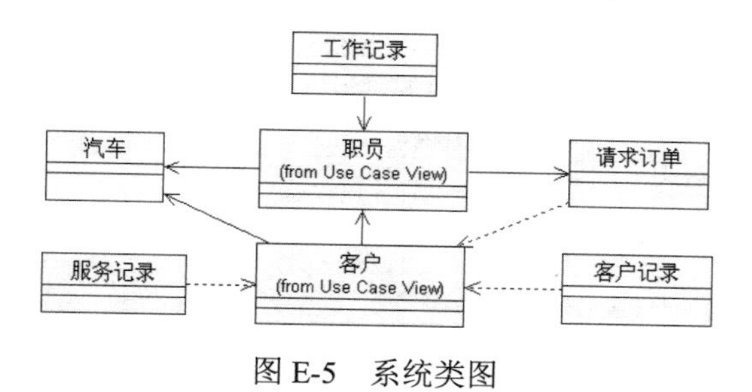

图 E-5 系统类图

E.2.3 创建系统动态模型

系统的动态模型我们可以使用交互作用图、状态图和活动图来描述。

1. 创建序列图和协作图

客户取车的活动步骤包括：①客户出示取车的通知；②职员查看通知无误；③客户支付押金；④职员填写工作记录；⑤更新车辆的状态；⑥客户取车。根据以上步骤创建的序列图和协助图，如图 E-6 和图 E-7 所示。

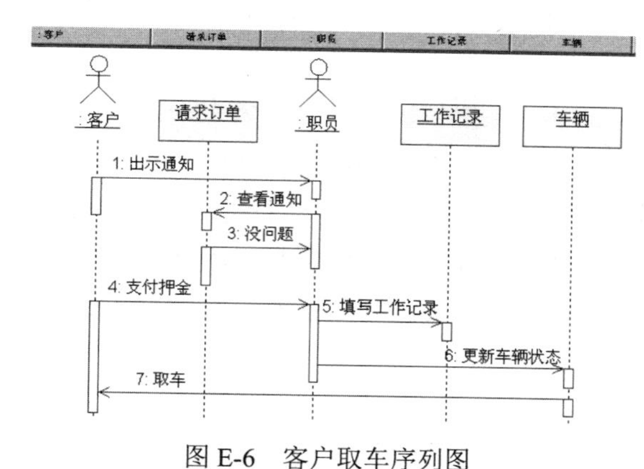

图 E-6 客户取车序列图

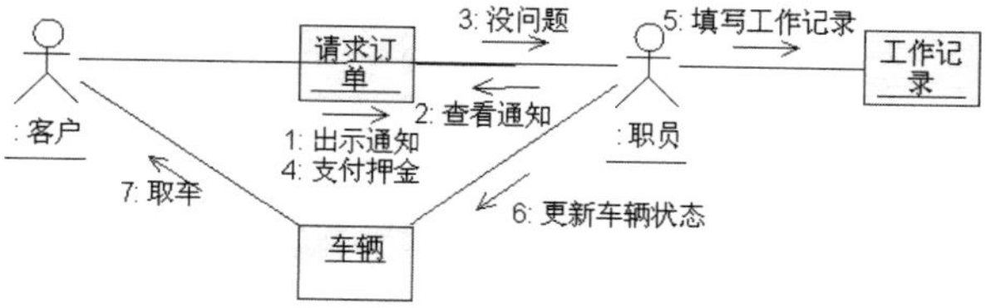

图 E-7 客户取车协助图

客户还车的活动步骤包括：①归还车辆；②职员检查车辆的状态并添加服务记录；③通知付款；④客户付清钱款；⑤职员更新车辆状态。根据以上步骤创建的序列图和协作图，如图

E-8 和图 E-9 所示。

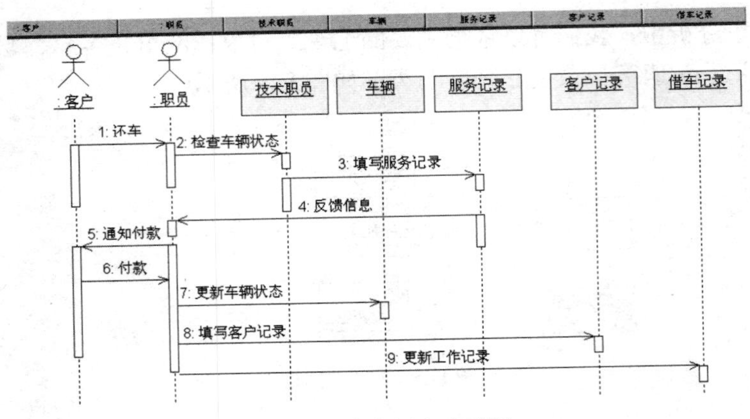

图 E-8　客户还车序列图

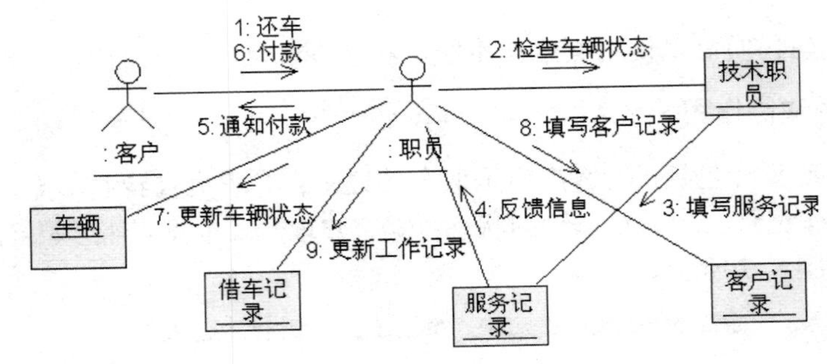

图 E-9　客户还车协作图

客户预订车辆的活动步骤包括：①客户填写预订单；②职员检查预订单并检查客户记录；③办理租车的手续；④完成手续后，建立新的客户手续；⑤同意租车请求；⑥通知客户。根据以上步骤创建的序列图和协作图，如图 E-10 和图 E-11 所示。

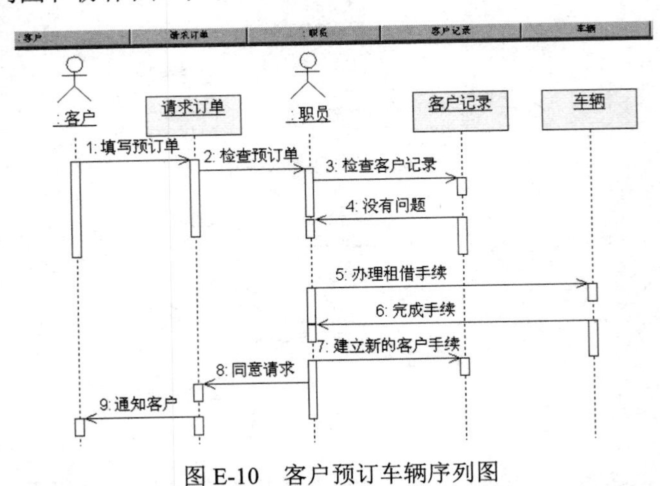

图 E-10　客户预订车辆序列图

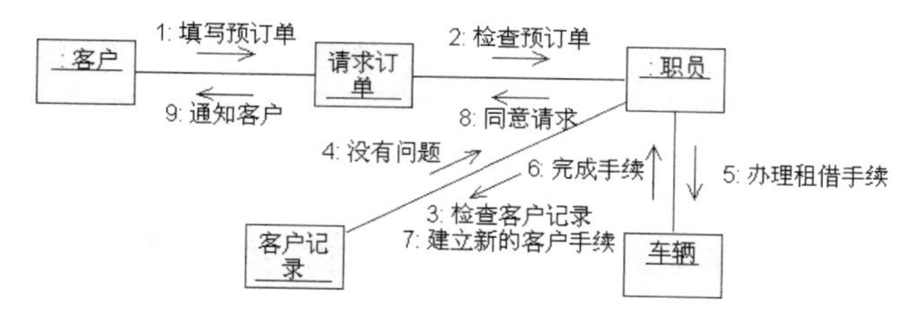

图 E-11　客户预订车辆协作图

2. 创建活动图

我们还可以利用系统的活动图来描述系统的参与者是如何协同工作的。汽车租赁系统中，根据客户和职员的活动步骤我们可以创建活动图如图 E-12 所示。

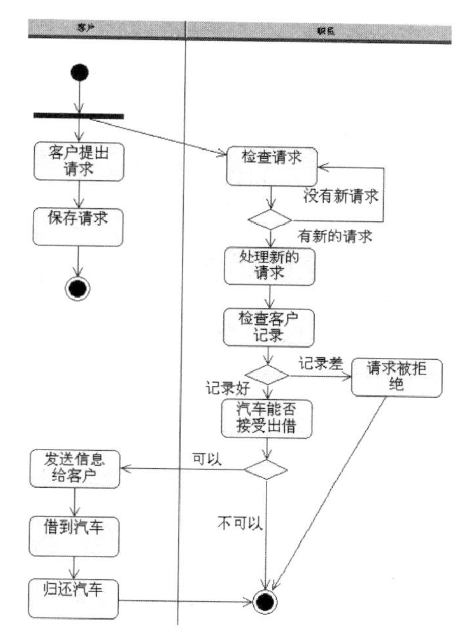

图 E-12　系统活动图

3. 创建状态图

在汽车租赁系统中，从客户开始发送租车请求道最后客户归还租借的车辆为止，整个系统的状态图如图 E-13 所示。

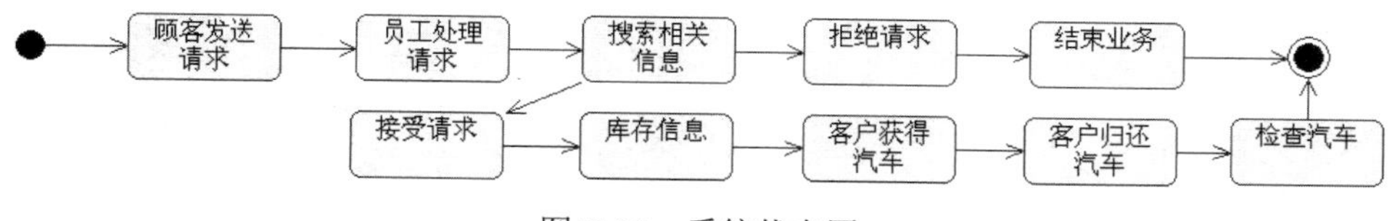

图 E-13　系统状态图

E.2.4　创建系统部署模型

对系统的实现结构进行建模的方式包括两种，即构件图和部署图。网上教学管理系统的构件图我们通过构件映射到系统的实现类中，说明该构件物理实现的逻辑类，在本系统中，我们可以对汽车类、职员类、服务记录类、客户类、工作记录类、客户记录类和请求订单类分别创建对应的构件进行映射。汽车租赁系统的构件图如图 E-14 所示。

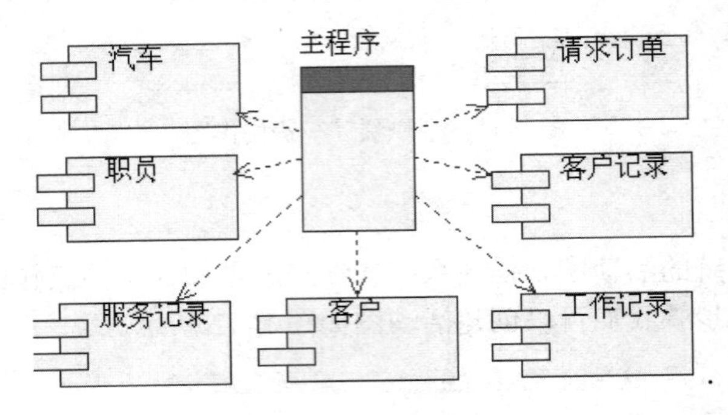

图 E-14　系统构件图

汽车租赁系统的部署图描绘的是系统节点上运行资源的安排。包括三个节点，分别是：客户端浏览器、Http 服务器、数据库服务器，创建后的部署图如图 E-15 所示。

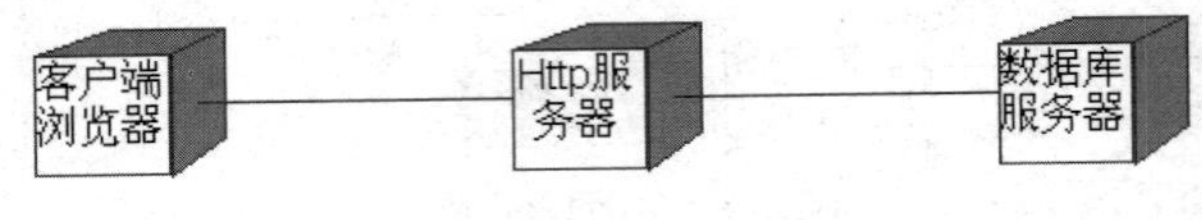

图 E-15　系统部署图

附录 F

ATM 自动取款机系统

ATM 自动取款机（automatic teller machine）是银行系统在银行营业大厅、超市、商业机构、机场、车站、码头和闹市区设置的一种小型机器，利用一张信用卡大小的胶卡上的磁带〔或芯片卡上的芯片〕记录客户的基本户口资料，让客户可以透过机器进行提款、存款、转账等银行柜台服务。这里介绍使用 Rational Rose 工具为 ATM 自动取款机系统进行建模。

F.1 需求分析

ATM 自动取款机系统的需求分析简述如下：

（1）客户将银行卡插入读卡器，读卡器识别卡的真伪，并在显示器上提示输入密码。

（2）客户通过键盘输入密码，取款机验证密码是否有效。如果密码错误提示错误信息，如果正确，提示客户进行选择操作的业务。

（3）客户根据自己的需要可进行存款、取款、查询账户、转账、修改密码的操作。

（4）在客户选择后显示器进行交互提示和操作确认等信息。

（5）操作完毕后，客户可自由选择打印或不打印凭条。

（6）银行职员可进行对 ATM 自动取款机的硬件维护和添加现金的操作。

F.2 系统建模

在系统建模以前，我们首先需要在 Rational Rose 2007 中创建一个模型。并命名为“ATM

自动取款机系统”，该名称将会在 Rational Rose 2007 的顶端出现，如图 F-1 所示。

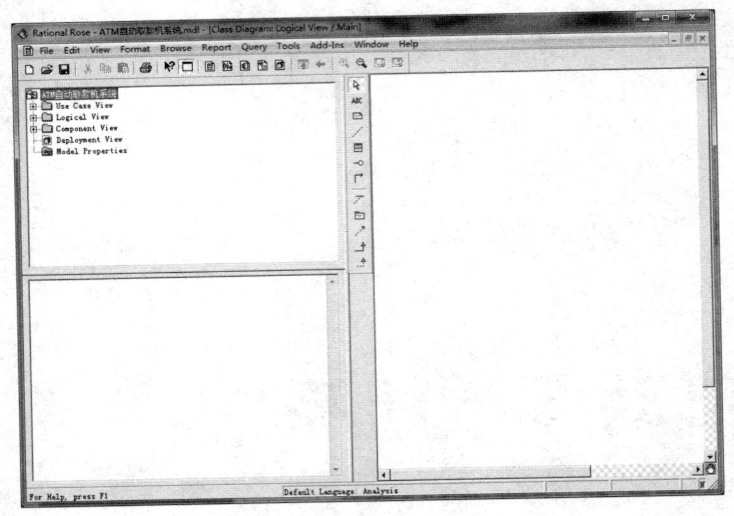

图 F-1　创建项目系统模型

F.2.1　创建系统用例模型

创建系统用例的第一步是确定系统的参与者。考试成绩管理系统的参与者包含三种：①客户；②银行职员；③信用系统。

参与者如图 F-2 所示。

图 F-2　系统参与者

然后，我们根据参与者的不同分别画出各个参与者的用例图。

客户用例图：客户在本系统中可以进行取款、存款、转账、查询余额、修改密码和还款的相关操作，通过这些活动创建的客户用例图如图 F-3 所示。

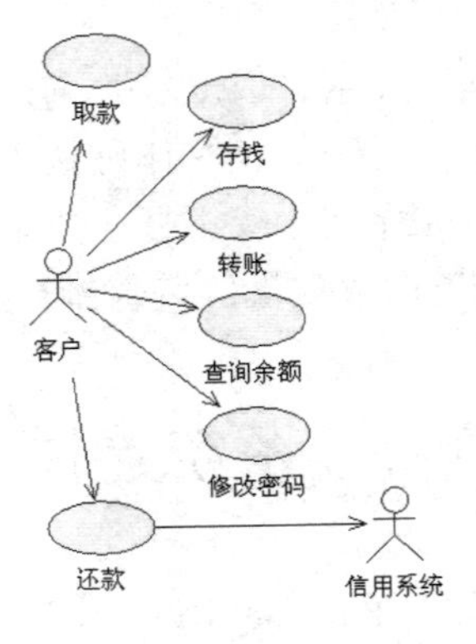

图 F-3　客户用例图

银行职员用例图：银行职员在本系统中能够进行硬件维护、修改密码和添加现金的相关操作，通过这些活动创建的银行职员用例图如图 F-4 所示。

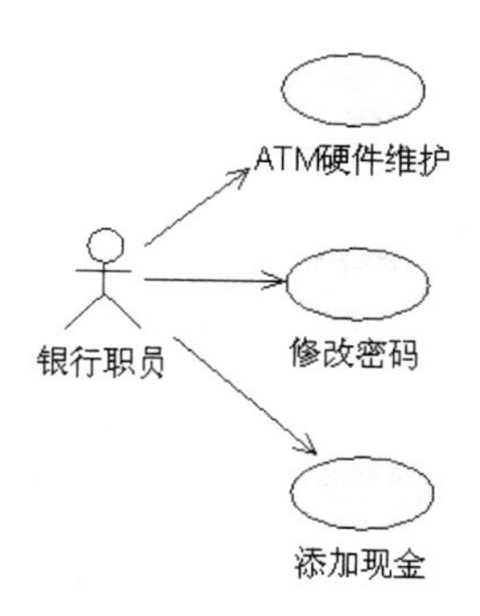

图 F-4　银行职员用例图

F.2.2　创建系统静态模型

从前面的需求分析中，我们可以依据主要的九个类对象：ATM 自动提款机、客户、银行职员、信用系统、数据库连接、银行账户、ATM 屏幕、ATM 键盘和 ATM 读卡器创建完整的类图如图 F-5 所示。

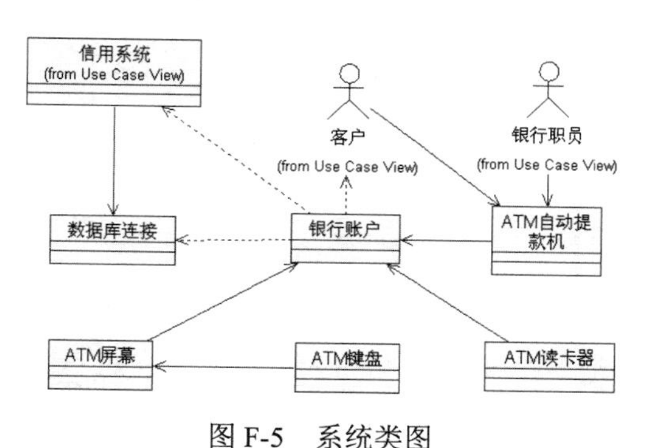

图 F-5　系统类图

F.2.3　创建系统动态模型

系统的动态模型可以使用交互作用图、状态图和活动图来进行描述。

1. 创建序列图和协作图

客户取款的活动步骤分为：①客户插入银行卡；②读卡机读取卡号；③初始化屏幕；④读卡机打开账户并提示输入密码；⑤用户输入密码；⑥验证密码；⑦屏幕提示选择操作；⑧用户选择取款操作；⑨银行账户扣除钱款；⑩吐钱机提供钱和收据以及用户取钱并退卡。根据以上步骤创建的序列图和协助图，如图 F-6 和图 F-7 所示。

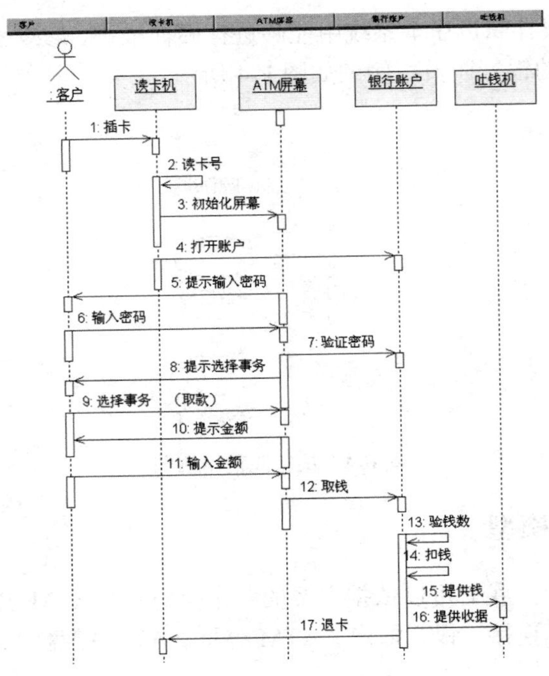

图 F-6　客户取款序列图

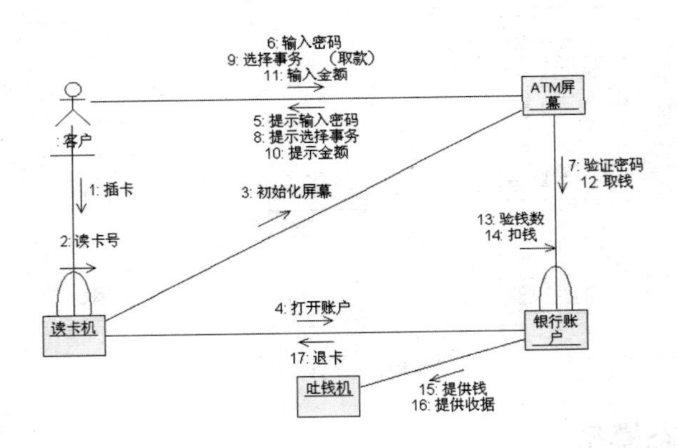

图 F-7　客户取款协作图

2. 创建活动图

我们还可以利用系统的活动图来描述系统的参与者是如何协同工作的。ATM 自动取款机系统中，根据用户开立新账户的步骤，我们可以创建活动图如图 F-8 所示。

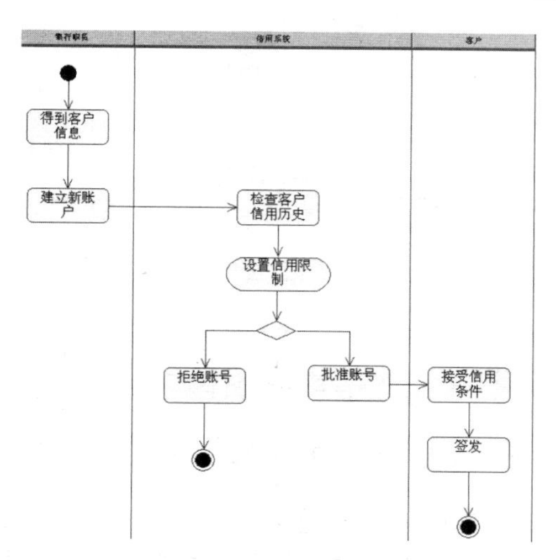

图 F-8　系统活动图

3. 创建状态图

在 ATM 自动取款机系统中，有明确状态转换的类是银行账户，从账户的打开到账户关闭的过程，状态会发生明显的变化。创建后的系统状态图如图 F-9 所示。

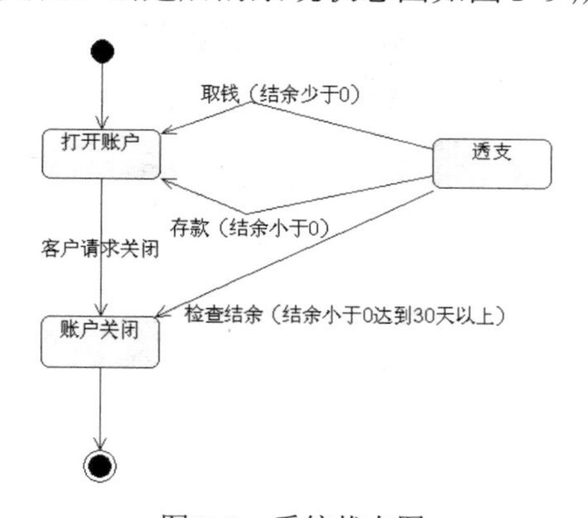

图 F-9　系统状态图

F.2.4　创建系统部署模型

对系统的实现结构进行建模的方式包括两种，即构件图和部署图。ATM 自动取款系统的构件图我们通过构件映射到系统的实现类中，说明该构件物理实现的逻辑类，在本系统中，我们可以对银行账户、信用系统、客户、ATM 屏幕、ATM 取款机、ATM 键盘、银行职员、读卡器和数据库服务器分别创建对应的构件进行映射。ATM 自动取款机系统的构件图如图 F-10 所示。

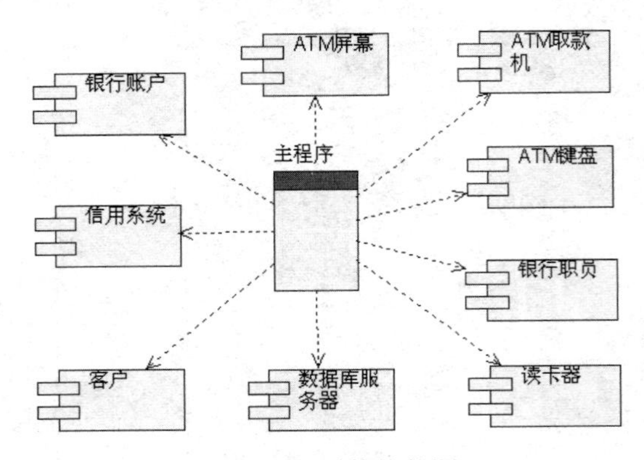

图 F-10　系统构件图

ATM 自动取款机系统的部署图描绘的是系统节点上运行资源的安排。包括了四个节点，分别是：ATM 客户端、地区 ATM 服务器、银行数据库服务器和打印机。创建后的部署图如图 F-11 所示。

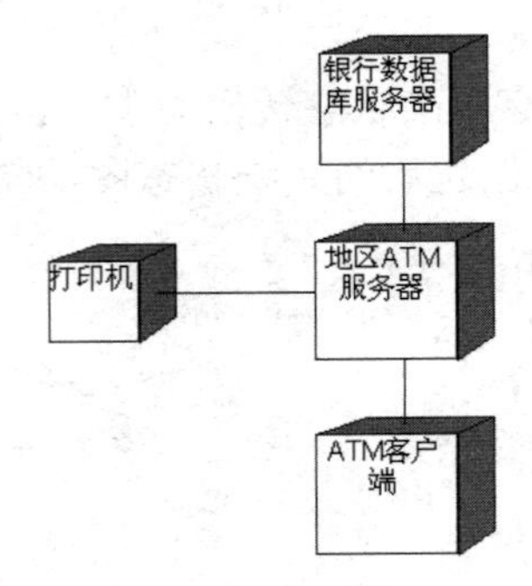

图 F-11　系统部署图

附录 G

网上选课系统

网上选课系统的产生是因为目前高校扩招后，在校学生日益增多。如果仍然通过传统的纸上方式选课，既浪费大量的人力物力，又浪费时间。同时，在人为的统计过程中不可避免出现的错误。因此，通过借助网络系统，让学生只要在计算机中输入自己的个人选课信息来替代有纸化的手工操作成为高校管理的必然趋势。该信息系统能够为学生提供方便的选课功能，也能够提高高等院校对学生和教学管理的效率。

G.1 需求分析

网上选课系统的功能性需求包括以下内容：

（1）系统管理员负责系统的管理维护工作，维护工作包括课程的添加、删除和修改，对学生基本信息的添加、修改、查询和删除。

（2）学生通过客户机浏览器根据学号和密码进入选课界面，在这里学生可以进行查询已选课程、指定自己的选修课程以及对自己基本信息的查询。

满足上述需求的系统主要包括以下几个小的系统模块：

（1）基本业务处理模块。基本业务处理模块主要用于实现学生通过合法认证登录到该系统中进行网上课程的选择和确定。

（2）信息查询模块。信息查询模块主要用于实现学生对选课信息的查询和自身信息的查询。

（3）系统维护模块。系统维护模块主要用于实现系统管理员对系统的管理和对数据库的维护，系统的管理包括学生信息、课程信息等信息的维护。数据库的维护包括数据库的备份、恢复等数据库管理操作。

G.2 系统建模

在系统建模以前，我们首先需要在 Rational Rose 2007 中创建一个模型。并命名为“网上选课系统”，该名称将会在 Rational Rose 2007 的顶端出现，如图 G-1 所示。

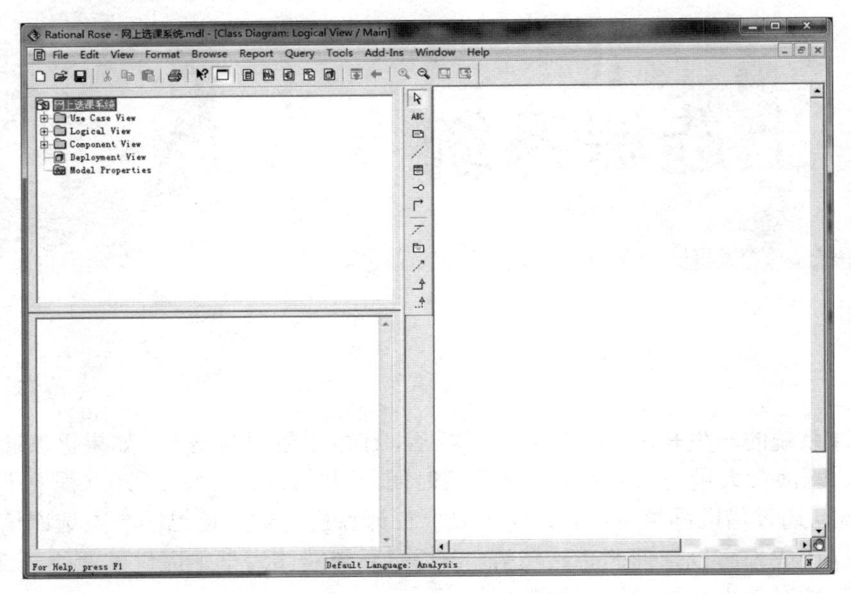

图 G-1　创建项目系统模型

G.2.1　创建系统用例模型

创建系统用例的第一步是确定系统的参与者。网上选课系统的参与者包含二种，分别是 Student（学生）和 SystemManager（系统管理员），如图 G-2 所示。

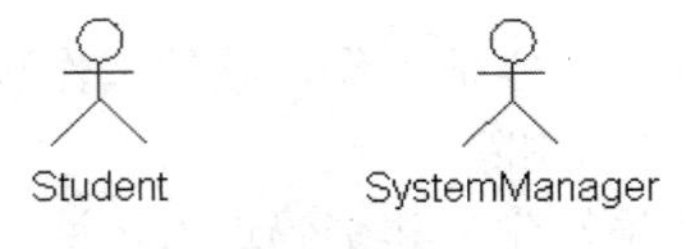

图 G-2　系统参与者

然后，我们根据参与者的不同分别画出各个参与者的用例图。

- 学生用例图：学生在本系统中的可以进行登录、查询课程、选择课程和查询个人信息的相关操作。通过这些活动创建的学生用例图如图 G-3 所示。
- 系统管理员用例图：系统管理员在本系统中能够进行登录、修改学生信息、添加、修改和删除课程、添加和删除学生信息的相关操作。通过这些活动创建的系统管理员用例图如图 G-4 所示。

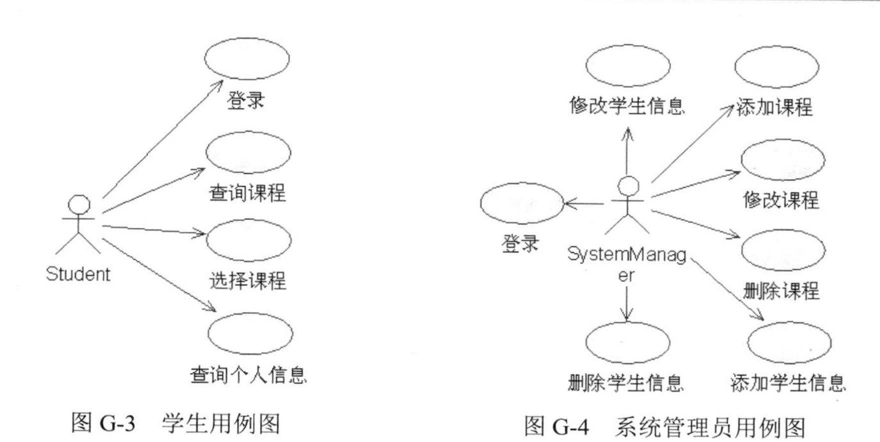

图 G-3 学生用例图 图 G-4 系统管理员用例图

G.2.2 创建系统静态模型

从前面的需求分析中，我们可以根据主要的五个类对象：学生类、系统管理员类、课程类、数据控制类和界面类创建完整的类图如图 G-5 所示。

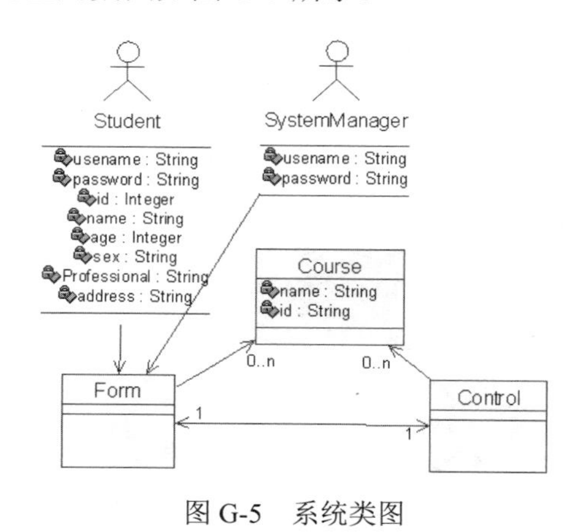

图 G-5 系统类图

G.2.3 创建系统动态模型

系统的动态模型可以使用交互作用图、状态图和活动图来进行描述。

1. 创建序列图和协作图

学生选择课程的活动步骤包括：①进入选择课程的界面；②选择需要的课程；③查询课程信息；④数据控制类判断课程可以被选择；⑤数据库执行选课并保存信息；⑥返回选课成功的信息；⑦在界面显示选课成功的信息。根据以上步骤创建的序列图和协助图，如图 G-6 和图 G-7 所示。

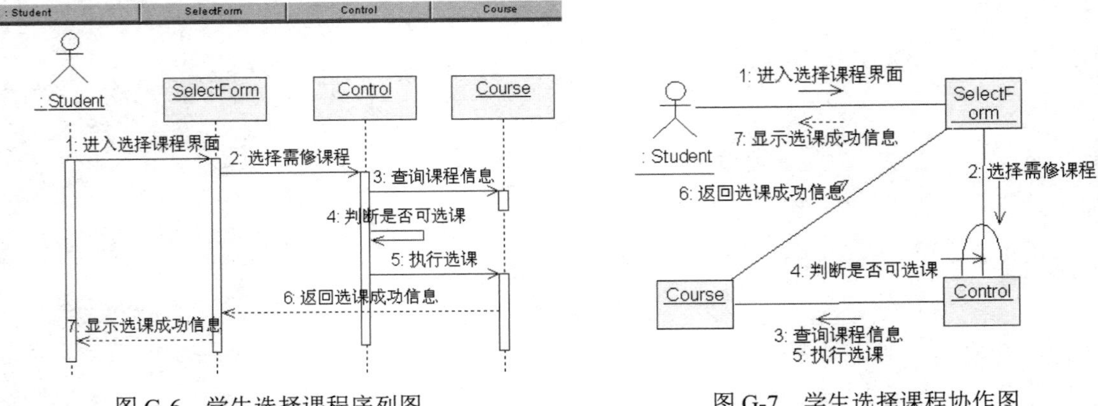

图 G-6　学生选择课程序列图　　　　图 G-7　学生选择课程协作图

2. 创建活动图

我们还可以利用系统的活动图来描述系统的参与者是如何协同工作的。网上选课系统中，根据学生选课的活动步骤，我们可以创建活动图如图 G-8 所示。

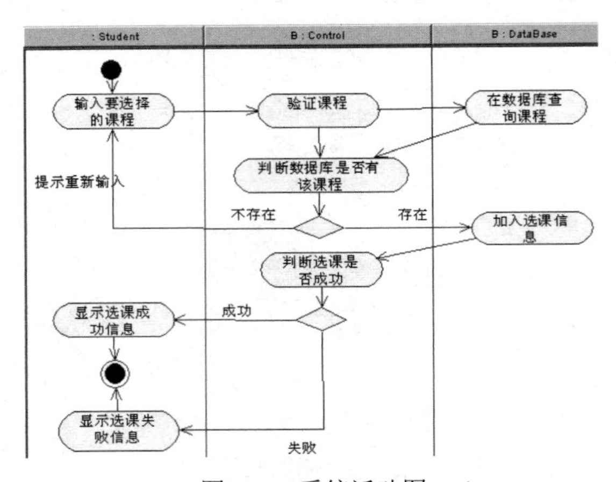

图 G-8　系统活动图

3. 创建状态图

网上选课系统中，有明确状态转换的类是课程，整个对课程进行操作的过程中，系统的状态图如图 G-9 所示。

图 G-9　系统状态图

G.2.4　创建系统部署模型

对系统的实现结构进行建模的方式包括两种，即构件图和部署图。网上选课系统的构件图我们通过构件映射到系统的实现类中，说明该构件物理实现的逻辑类，在本系统中，我们可以对学生类、课程类、界面类、数据控制类和系统管理员类分别创建对应的构件进行映射。网上选课系统的构件图如图 G-10 所示。

网上选课系统的部署图描绘的是系统节点上运行资源的安排。包括四个节点，分别是：客户端浏览器、Http 服务器、数据库服务器和打印机，创建后的部署图如图 G-11 所示。

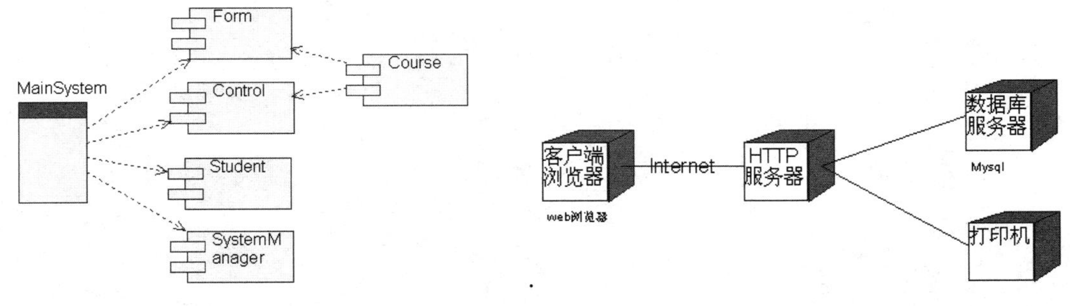

图 G-10　系统构件图

图 G-11　系统部署图

参考文献

1.[美] Wendy Boggs、Michael Boggs 著，邱仲潘等译. UML 与 Rational Rose 2002 从入门到精通. 北京：电子工业出版社，2002

2. [美] Philippe Kruchten 著，周伯生，吴超英，王佳丽译. Rational 统一过程引论（原书第二版）. 北京：机械工业出版社，2002.5

3. [美] Craig Larman 著，姚淑珍，李虎译. UML 和模式应用面向对象分析和设计导论. 北京：机械工业出版社，2002.1

4. [美] James Rumbaugh、Ivar Jacobson、Grady Booch 著，姚淑珍，唐发根等译. UML 参考手册. 北京：机械工业出版社，2001.1

5. [美] Joseph Schmuller 著，李虎，赵龙刚译. UML 基础、案例与应用. 北京：人民邮电出版社，2004.8

6. [美] Jacquie Barker、Grant Palmer 著，韩磊，戴飞译. Beginning C# Objects ——从概念到代码. 北京：电子工业出版社，2006.6

7. [美] Alan Shalloway、James R.Trott 著，徐言声译. 设计模式解析（第 2 版）. 北京：人民邮电出版社，2006.6

8. 徐宝文，周毓明，卢红敏编著. UML 与软件建模. 北京：清华大学出版社，2006.1

9. 蔡敏，徐慧慧，黄炳强编著. UML 基础和 Rose 建模教程. 北京：人民邮电出版社，2006.1